모아
건축설비산업기사

필기 (핵심이론+과년도)

이현석

MOAG

건축설비산업기사 자격시험 알아보기

01 건축설비산업기사는 어떤 일을 하는가?

A. 건축물이 대규모화되고 건축설비 부분에서 종류와 규모가 방대해지고, 운영에 있어서 높은 수준의 기술이 필요하게 됨에 따라 전문 인력으로서 건축물에 설치될 열원설비, 공기조화설비, 환기설비 및 위생설비 등을 각 건축물의 조건에 적합하게 설계, 시공, 유지, 관리 등의 업무를 수행한다.

02 건축설비산업기사 자격시험은 어떻게 시행되는가?

시행기관
한국산업인력공단

시험과목 (필기)
건축설비계획
건축설비설계
건축설비관련법규

시험과목 (실기)
건축설비설계 및 시공 실무

검정방법 (필기)
객관식 과목당 20문항
(과목당 30분)

검정방법 (실기)
필답형(2시간 30분)

합격기준
필기 : 100점 만점에 과목당 40점 이상,
전 과목 평균 60점 이상
실기 : 100점 만점에 60점 이상

01 2024년 건축설비산업기사 자격시험은 언제 시행되는가?

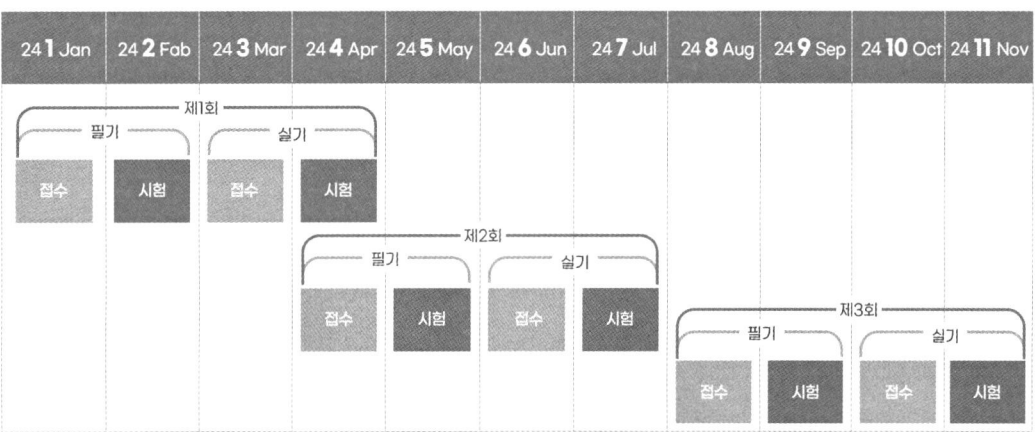

02 건축설비산업기사 최근 합격률은 어떠한가?

연도	필기			실기		
	응시	합격	합격률	응시	합격	합격률
2022	2,978명	1,507명	50.6%	1,736명	559명	32.2%
2021	1,953명	943명	48.3%	1,002명	181명	18.1%
2020	793명	410명	51.7%	527명	100명	19%
2019	892명	290명	32.5%	422명	77명	18.2%
2018	807명	262명	32.5%	442명	101명	22.9%
2017	862명	326명	37.8%	448명	121명	27%

03 건축설비산업기사 자격시험 응시 사이트는 어디인가?

A. 큐넷, http://www.q-net.or.kr
원서 접수는 온라인(인터넷, 모바일앱)에서만 가능합니다.
스마트폰, 태블릿PC 사용자는 모바일앱 프로그램을 설치한 후 접수 및 취소, 환불 서비스를 이용하시기 바랍니다.

content

PART 01 공기조화설비

CHAPTER 01. 기초역학 ··· 8
CHAPTER 02. 열역학 ··· 12
CHAPTER 03. 유체역학 ··· 20
CHAPTER 04. 공기선도 ··· 29
CHAPTER 05. 공기조화 ··· 37
CHAPTER 06. 공기조화기기 ··· 44
CHAPTER 07. 건축환경 ··· 47

PART 02 위생설비

CHAPTER 01. 급수 급탕설비 ··· 52
CHAPTER 02. 위생기구 및 배수통기 설비 ································· 60
CHAPTER 03. 가스설비 ··· 65

PART 03 건축일반 및 건축설비관계법규

CHAPTER 01. 건축법규 ··· 68
CHAPTER 02. 소방법규 ··· 89

PART 04 모아풀기 계산문제

모아풀기 계산문제 ·· 98

PART 05 7개년 기출문제 풀이

2023년 4회(CBT) 기출 ……………………………………… 116
2023년 2회(CBT) 기출 ……………………………………… 128
2023년 1회(CBT) 기출 ……………………………………… 142
2022년 4회(CBT) 기출 ……………………………………… 155
2022년 2회(CBT) 기출 ……………………………………… 168
2022년 1회(CBT) 기출 ……………………………………… 181
2021년 4회(CBT) 기출 ……………………………………… 193
2021년 2회(CBT) 기출 ……………………………………… 207
2021년 1회(CBT) 기출 ……………………………………… 220
2020년 4회(CBT) 기출 ……………………………………… 232
2020년 3회 기출 …………………………………………… 245
2020년 1회 기출 …………………………………………… 263
2019년 4회 기출 …………………………………………… 281
2019년 2회 기출 …………………………………………… 297
2019년 1회 기출 …………………………………………… 313
2018년 4회 기출 …………………………………………… 330
2018년 2회 기출 …………………………………………… 347
2018년 1회 기출 …………………………………………… 365
2017년 4회 기출 …………………………………………… 383
2017년 2회 기출 …………………………………………… 399
2017년 1회 기출 …………………………………………… 416

P·A·R·T
01

공기조화설비

CHAPTER 01 기초역학

01 단위계

- 법률에서 단위계는 국제표준단위계인 SI단위계를 채택하고 있다.
- 아직 시험에서는 단위 변환과 문제점을 구성하기 위해 기타 단위계를 혼용하고 있어 완전히 배제할 수 없다.
- 영국 파운드법 등 시험과 거의 무관한 단위는 교재에서 논외로 하기로 한다.

1 SI 7개 기본단위

길이	질량	시간	온도	광도	전류	물질량
m	kg	sec	K	cd	A	mol

2 유도단위

속도	가속도	힘	일	일률(동력)	압력
m/sec	m/sec^2	N	J	W	Pa

※ 다음 단위는 시험문제에서 매우 자주 사용된다.

$$Nm = J$$
$$N/m^2 = Pa$$

$1cal \fallingdotseq 4.19J$ 이며 $1kcal \fallingdotseq 4.19kJ$
$J/\sec = W$ 이므로 $J = W \cdot Sec$ 또는 Wh
$kJ = kW \cdot Sec$ 또는 kWh로 표현

(1) 동력단위

① $1kW = 102 kgf \cdot m/s = 860 kcal/h$

② $1HP = 76 kgf \cdot m/s = 641 kcal/h$

③ $1PS = 75 kgf \cdot m/s = 632 kcal/h$ (미터법 기준 프랑스마력)

 **압력**

1 압력단위

(1) 압력의 정의 : 단위 면적당 수직으로 작용하는 힘

$$P = \frac{F}{A} \qquad F : 힘[N] \\ A : 단위 면적[m^2]$$

※ 많은 분들이 단위와 기호를 혼동한다. 또한 기호를 불변의 절대적인 것으로 잘못 생각하는 경우가 많다. 원칙적으로 단위는 [대괄호]를 사용한다. 기호는 외워야 할 것이 아닌 이해해야 할 것으로, 언제든 편의를 위해 바뀔 수 있음을 주의하자.

2 압력의 분류

(1) 표준대기압 [1atm] : 지구의 대기를 이루고 있는 공기가 누르는 압력을 대기압이라 한다. 대기압은 토리첼리의 실험에 의하여 얻어진 값으로 단위에 따라 다음과 같이 표현될 수 있다.

$$1기압(atm) = 10.332 mAq = 10.332 mH_2O = 10332 mmAq (수두 또는 수주)$$
$$= 1.0332 kgf/cm^2$$
$$= 760 mmHg (수은주)$$
$$= 0.101325 MPa = 101.325 kPa = 1.013 bar$$

(2) 절대압력(Absolute Pressure) : 완벽한 진공을 0점으로 두고 측정한 압력

(3) 게이지압력(Gauge Pressure) : 국소대기압의 기준을 0으로 하여 측정한 기기의 압력

(4) 국소대기압 : 환경에 따라 측정 지점, 시점의 대기압 상태를 나타낸다. 이때 절대기압으로 표현하고 이로부터 게이지압이 측정된다.

(5) 진공압력 : 게이지압력과는 반대로 대기압을 기준을 0으로 하여 그 이하로 내려온 압력 크기[(-)부압]

※ 부압은 -값을 가지고 있는 것이 아니라 개념을 가지기 위해 [-]로 표기한다.

※ 그러므로 진공압은 표준대기압에서 내려온 정도라고 기억하면 쉽다.

※ 절대압력 = 대기압 + 게이지압 또는 절대압력 = 대기압 - 진공압

3 진공도(Degree of Vacuum)

대기압의 기준을 0으로 하여 완전진공 사이를 측정한 % 값, 진공도를 절대압력으로 환산하면 완전진공으로부터 대기압 사이를 100%로 하여 진공도로 뺀 값과 같다.

$$\frac{대기압 - 절대압력}{대기압} \times 100 = 진공도\%$$

4 압력단위의 환산

$$\frac{x[mmHg]}{760[mmHg]} \times 10.332[mAq] = y[mAq]$$

※ 환산하려는 값 x를 같은 단위의 1기압 기준으로 나누어(단위를 상각하고) 구하려는 단위의 1기압 기준을 곱하면 구하려는 단위의 y값을 얻을 수 있다.

※ 기본적 압력단위에 능숙해지면 $\rho \times g = \gamma$ $P/r = H[mAq]$ 등을 사용한다.

03 밀도, 비체적, 비중, 비중량

1 밀도 : 단위 체적[m³]당 질량[kg]

보통 기호로 ρ(로)를 사용한다.

(체적)비질량이란 용어로 쓰일 만도 하였으나, 밀도는 오랫동안 계량으로 쓰여 온 개념으로 관례적 용어가 채택되어 쓰인 것으로 보인다.

2 비체적(Specific Volume)[m³/kg] : 단위 질량[kg]당 체적[m³]

보통 기호로 v(백터)를 사용한다. (질량)비체적이란 용어가 쓰이며, 단위로 보나 용어로 보나 밀도의 역수임을 알 수 있다.

※ 액체와 고체의 경우 압력에 따라 밀도와 비체적은 거의 변하지 않는 비압축성 유체임에 비하여 기체의 경우 밀도와 비체적은 압력에 따라 큰 폭의 변화가 크다. 이에 따라 기체를 압축성 유체로 분류한다.

3 비중량(Specific Weight)[N/m³][kgf/m³] : 단위 체적[m³]당 힘=중량[N], [kgf]

(체적)비중량이란 용어가 쓰인다. 보통 기호로 γ(감마)를 사용한다.

[kgf(킬로그램중)]은 1kg의 물체가 중력가속도에 의해 땅으로 떨어지려는 힘을 의미한다. [$1kg \times 9.8m/s^2$]

※ 중량[kgf]과 질량[kg]은 다른 단위임에도 불구하고 많은 교재에서 혼용하여 수험자 혼란을 초래할 뿐만 아니라 이를 이용한 실수를 유도하는 시험문제도 빈번하니, 다른 개념으로 생각하자. 구분하지 않으면 밀도와 비중량은 같은 개념이 된다.

[예] $9.8[N] = 1[kgf] = 1[kg] \times 9.8[m/sec^2]$

4 비중

(1) (액체)비중 : 일반적으로 비중이라고 하면 기준(4℃, 1atm 물)과 비교한 비를 말한다. 액체, 고체에 한한다. 단위는 분모와 분자의 단위가 상각되어 없다. 무차원(무단위)이다.

[예] $\dfrac{x\,[kg/m^3]}{4\,°C\ 1atm\ 물\,[kg/m^3]}$, $\dfrac{x\,[KN/m^3]}{4\,°C\ 1atm\ 물\,[KN/m^3]}$

(2) (가스)비중 : 가스 비중은 공기의 평균분자량과 비교한 어떠한 가스의 분자량의 비를 말한다. 기체만 해당된다.

[예] $\dfrac{x의\ g\ 분자량}{공기의\ 평균 g\ 분자량}$

※ 평균분자량으로 표현된 것은 공기의 성분이 항상 일정한 것이 아닌 이유다.

CHAPTER 02 열역학

01 온도

1 온도의 개념
온도는 물체의 열 정도를 나타내는 물리적 척도로 분자의 운동속도(또는 떨림)를 말한다.

(1) 온도의 단위

① 섭씨온도[℃] : 물의 어는 점(빙점 = 융점 = 녹는점)을 0℃로 물의 끓는점(비점)을 100℃로 100등분하여 사용한 것

② 캘빈온도[K] : 자연계 최저온도를 0K(약 -273℃)로 설정하고 물의 어는점을 약 273K로, 물의 끓는점을 373K로 100등분하여 사용한 것

③ 화씨온도[℉] : 물의 어는점을 32℉로, 물의 끓는점을 212℉로 180등분하여 사용한 것

④ 랭킨온도[R] : 자연계 최저온도를 0R로 설정하고 물의 어는점을 492R로, 물의 끓는점을 672R로 180등분하여 사용한 것

(2) 측정 구분에 따른 온도

① 건구온도[DB ; Dry Bulb Temperature, t℃] : 온도계로 측정 가능한 온도, 습도와 관계없이 측정되는 온도

② 습구온도[WB ; Wet Bulb, t ℃] : 봉상온도계(유리온도계)의 수은 부분에 명주를 물에 적셔 수분이 대기 중에 증발될 때 측정된 온도를 말한다. 이는 증발원이 있는 물체, 대표적으로 인체 등 실제적으로 느낄 수 있는 온도로 해석될 수 있다.

③ 흑구온도 : 복사온도를 측정하기 위한 온도(복사온도는 태양 등 열원의 전자기파를 물체가 흡수하였을 때 열에너지로 변환되는 경우의 온도를 말한다)

④ 노점온도[DT ; Dew Point Temperature] : 대기 중 존재하는 수증기가 응축하여 이슬이 맺히기 시작하는 온도를 말한다. 건축설비에서 노점은 절대습도와 건구온도의 조건 아래에서 이슬이 생기는 온도(온도 차이)를 측정함으로써 결로 방지를 위한 척도로 사용된다.

(3) 유효온도

① 유효온도(체감온도, Effective Temperature) : 유효온도는 온도, 기류, 습도를 조합한 감각 지표로서 실효온도 또는 감각온도라고도 한다.

② 수정유효온도(Corrected Effective Temperature) : CET는 유효온도에 복사열을 더 조합하여 복사의 영향을 고려하기 위해 고안되었다.

③ 신유효온도(ET*) : 유효온도의 상대습도 100% 기준 대신에 50% 선과 건구온도의 교차로 표시한 쾌적지표를 기준으로 한다.

④ 표준유효온도(SET : Standard Effective Temperature) : 신유표온도를 발전시킨, 상대습도 50%, 풍속 0.125m/s, 활동량 1Met, 착의량 0.6clo(clo : 의복의 열저항 단위)의 동일한 표준환경에서 환경변수들을 조합한 쾌적지표로 활동량, 착의량 및 환경조건에 따라 달라지는 온열감, 불쾌적 및 생리적 영향을 비교 평가할 때 유용하다.

02 열과 열량

1 열역학 법칙

(1) 제 0법칙 : 물체의 고온과 저온에서 마침내 열평형을 이룬다.

(2) 제 1법칙 : 일은 열로, 열은 일로 교환할 수 있다.

예 일의 열당량, 열의 일당량

① 일의 열당량(일을 열로 전환할 때 발생되는 열량)

$$1/427 kcal/(kgf \cdot m)$$

② 열의 일당량(열량으로 할 수 있는 일의 양)

$$427 kgf \cdot m/kcal = 4.19 kJ/kcal = 4.19 kNm/kcal$$

(3) 제 2법칙 : 자연계는 비가역적인 변화가 일어난다(가역적 변화 없음 = 등가 교환 없음 = 손실 발생). 자연계에 아무런 변화도 남기지 않고 열은 저온에서 고온으로 이동하지 않는다. 즉, 성적계수가 무한대인 냉동기의 제작은 불가능하다(= 무한동력기는 없다).

(4) 제 3법칙 : 절대온도 0도에 이르게 할 수 없다.

2 열, 열량과 비열

(1) 열(Heat) : 열은 온도 차이에 의하여 물체 간 이동하는 에너지의 일종이다.

(2) 열량(Heat Capacity) : 열량은 열의 이동량을 말한다. 열량의 단위로는 [kcal] 또는 [kJ]이 사용된다.

(3) 비열(Specific Heat) : 비열은 단위 용량의 어떤 물질을 1℃ 올릴 때 필요한 열량을 말한다. [kcal/(kg℃)], [kJ/(kgK)] - 따라서 단위에 온도가 들어간다.

① [kcal]는 1Kg의 물 1℃ 올릴 때 필요한 열량을 기준으로 한 단위이다.
(Cal는 1g의 물)

② [J] = [N·m]은 단위변환에서 설명되었다. 1Kcal = 4.19KJ임은 반드시 기억해야 한다. 또한 단위로 [kgf·m], [Wh] 등이 쓰인다.

(4) 열용량 : 어떤 물질의 지금 현상 그대로 전부를 1℃ 올릴 때 필요한 열량은 열용량이라 한다.

03 물의 상태 변화

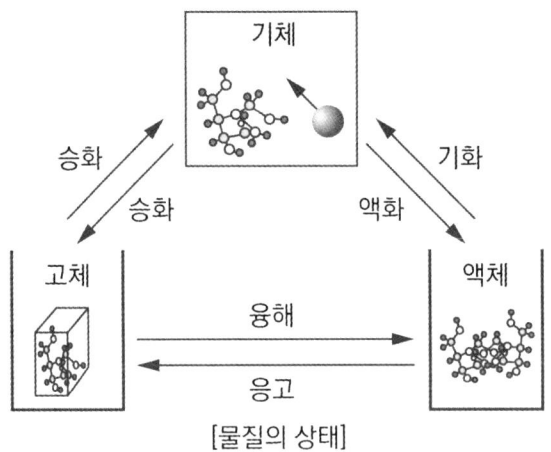

[물질의 상태]

1 열역학 법칙 현열(감열)과 잠열

(1) 현열(감열) : 온도변화만 일으키는 열(상태변화 없음)

(2) 잠열 : 상태변화만 일으키는 열(온도변화 없음)

① 얼음의 융해(응고) 잠열 : 79.68[kcal/kg] ≒ 334[kJ/kg]

② 물의 증발(응축) 잠열 : 539[kcal/kg] ≒ 2257[kJ/kg]

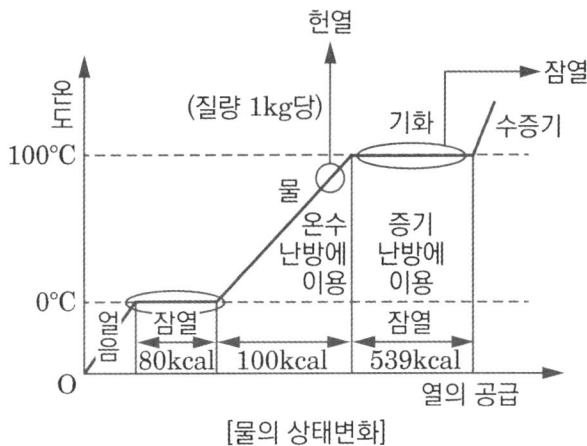

[물의 상태변화]

※ 잠열은 비열이 아니다. 잠열은 온도변화가 없어 단위에 온도가 들어갈 수 없다.

※ 빙점 = 융점, 끓는점(증발) = 비점

※ 냉동톤
- 1냉동톤(RT) : 0℃ 물 1ton을 24시간 동안에 0℃ 얼음으로 만드는 능력

$$1RT = \frac{79.68 \times 1000}{24} = 3320 kcal/hr = 13900.8 kJ/h = 3.86 kW$$

- 1USRT : 미국 냉동톤 32°F의 순수한 물 2000파운드를 24시간 동안에 32°F의 얼음으로 만드는 데 필요한 능력이다. 3024kcal/hr
- 제빙능력 : 하루 동안 제빙공장에서 생산되는 양을 톤으로 나타낸 것. 25℃ 물 1ton을 24시간 동안 -9℃ 얼음으로 만드는 데 제거하는 냉동능력
  - 25℃ 물 1 ton → 0℃의 물
    1000 × 1 × 25 = 25000kcal/24h
  - 0℃ 물 1ton → 0℃ 얼음
    1000 × 79.68 = 79680kcal/24h
  - 0℃ 얼음 1 ton → -9℃ 얼음
    1000 × 0.5 × = 4500kcal/24h
    총 열량 = 25000 + 79680 + 4500kcal/24h = 109180kcal/24h
- 열손실 20% 고려한 제빙톤
  109180 × 1.2 = 131016kcal/24h = 548563.99kJ/24h
  RT로 고치면 131016/79680 = 1.642RT
  ∴ 1제빙톤 = 1.642RT, 한국 1제빙톤 = 1.65RT

04 열전달

1 열의 이동

열의 이동은 두 물체 사이 항상 온도가 높은 곳에서 낮은 곳으로 이동하여 결국 평형을 이룬다. 두 물체 사이 온도차가 클수록 빠르게 이동된다. 이것을 온도 구배라고도 하며 열역학 0법칙이기도 하다.

(1) 열전도(Conduction) : 두 물체 사이 접촉으로 열이 이동하는 현상

① 열전도율(Heat Conduction Coefficient, λ(람다)) : 물질에 따라 열이 이동하는 정도가 다른데 이것을 열전도율이라 한다(전열재료로 비중이 작은 것일수록 열전도율이 작다. 따라서 단열재는 비중이 작다).

② 열전도율의 단위 : 열전도율은 [kW/(mK)] 또는 [kJ/(mhK)], [kcal/(mh℃)]를 사용하며, 1[kcal/(mh℃)] ≒ 4.19[kJ/(mhK)]이다.

(2) 열대류(Convection) : 대류는 밀폐 공간 내 전도에 의해 온도가 높아진 유체가 상대적으로 밀도가 작아져 가벼워지므로 상승하고 비교적 온도가 낮은 밀도가 높은 유체가 그 부분을 메우게 되어 순환하게 되는 현상 이러한 현상으로 열은 순환된다.

대류는 자연적으로 일어나지만 송풍기 등을 이용하여 강제적 대류를 만들기도 하는데 전자를 자연대류 후자를 강제대류라 한다.

(3) 열복사(Radiation) : 열전달 매체 없이 직접 대상물에 전달되는 현상이다. 대표적으로 태양으로부터 지구로 복사열이 전달된다. 복사는 흑색표면에 잘 흡수되고 광택 표면에서는 잘 반사된다.

2 열의 이동열전도, 열전달, 열통과율, 열저항

(1) 열전도율 q_c : 어떤 단위 두께의 특정 물질의 단위평방당, 시간당, 온도차당 전열량 정도를 말하며, 이때 비례상수를 열전도계수 $\lambda[kJ/(mhK)]$라고 한다.

$$q_c = \lambda \frac{A(t_2 - t_1)}{l} = \lambda \frac{A \Delta T}{\Delta x}$$

$\lambda[kJ/(mhK)]$: 열전도계수
$\Delta T[K]$: 온도차
$\Delta x[m]$: 두께

열전도율, 열전도계수는 특정 물질의 고유한 값이다.

(2) 열전달률 q_h(대류열전달) : 고체에서 기체 또는 액체, 기체 또는 액체에서 고체 사이 열이 전달되는 경우로 특정 물질 사이 단위평방당, 시간당, 온도차당 이동 열량 정도를 열전달률이라고 하며, 이때 온도차에 의한 비례상수를 열전달계수 $h[kJ/(m^2hK)]$라 한다.

$$열전달률 h = \frac{kJ}{m^2hK}$$

$$= h[W/(m^2K)], [kJ/(m^2hK)], [kcal/(m^2hK)]$$

열전달률은 두께가 단위에 없다. 특정 물질 사이의 고유한 값이다.

$$q_h = hA(T_1 - T_2) \quad q_h = 대류열전달률$$

(3) 열통과율 K(= 열관류율) : 벽체 등 복합적인 구조에서 열전달률과 열전도율을 더한 값 (=총 전열량 정도)

(4) 열저항 R : 열저항은 열통과율(열관류률)의 역수로 볼 수 있으며, 전기회로의 저항과 같은 개념으로 이때 열전달률을 전류, 온도차를 전압(전위차)으로 생각할 수 있다.
(열저항 = 열통과율의 역수)

※ (지정)열저항의 경우, (벽체)열저항 = 벽체열전도률의 역수

$$벽체열전달률 \; q = k\frac{A(T_1 - T_2)}{\Delta x} \quad q = \frac{kA(1)}{\Delta x} \quad \therefore R = \frac{1}{q} = \frac{\Delta x}{kA}$$

※ (대류)열저항 = 대류열전달율의 역수

$$대류열전달률 \; q = hA(T_1 - T_2) \quad q = hA(1) \quad \therefore R = \frac{1}{q} = \frac{1}{hA}$$

3 정압비열과 정적비열

(1) 정압비열(C_P) : 압력을 일정하게 하여 가열하였을 때의 비열

① 공기의 정압비열 = 1.01kJ/(kgK) = 0.24kcal/(kg℃)

(2) 정적비열(C_V) : 부피를 일정하게 하여 가열하였을 때의 비열

(3) 비열비(K) : 정적비열에 대한 정압 비열의 비를 말한다.

① 정압비열 > 정적비열 : 정압비열이 항상 크고 정적비열이 항상 작다. 정압비열이 항상 크다. = 압력이 일정하려면 대기압처럼 열린 공간이며, 이때 기체의 확산에 따른 운동에너지가 포함되기 때문에 가열된 에너지가 더 든다. 압력밥솥 같이 부피가 밀폐 공간에서 가열된 에너지가 항상 효율적으로 된다.

$$비열비\ K = \frac{C_P}{C_V} > 1$$

② 비열비는 항상 1보다 크다(정압비열 > 정적비열 : 정압비열이 항상 크고 정적비열이 항상 작다는 의미 = 정적비열이 항상 효율적).

4 열량 계산 방식

(1) 현열 구간일 때

$$Q = GC\Delta T$$

※ 열평형식에서 잘 나오는 식

Q : 열량(현열)[kJ/h],[kW]
G : 물체의 질량유량[kg/h]
C : 비열[kJ/(kgK)], ΔT : 온도차[℃], [K]
※ 두 단위의 절댓값은 같다.

(2) 잠열 구간일 때(온도의 변화가 없다 = 온도 변수가 없다)

$$Q = G \times r$$

Q : 열량(잠열)[kJ/h],[kW]
G : 물체의 질량유량[kg/h]
r : 잠열[kJ/kg]

→ 물의 증발잠열 2257[kJ/kg](539[kcal/kg]), 얼음의 융해잠열 334[kJ/kg] (79.68[kcal/kg] 보통 80)으로 계산한다.

5 엔탈피와 엔트로피

(1) 엔탈피 : 상태함수(경로와 무관한)로 계(System)의 내부에너지와 압력과 부피의 곱을 더한 값이다. 건축설비 공조냉동에 있어서는 일정한 대기압에서 실내 부피를 기준으로 내부에너지, 즉 현열과 습도에 따른 잠열의 에너지를 고려한 전열값이라 이해하는 것이 시험을 보기 위한 빠른 이해다.

①
$$i = u + Pv$$

i : 엔탈피[kJ/kg]
u : 내부에너지[kJ/kg]
P : 압력[N/m²]
v : 비체적[m³/kg]

② 단위 : [kJ/kg], [kcal/kg]

(2) 엔트로피 : 상태함수로 계의 내부 유용하지 않은 에너지 흐름을 설명한다. 열이 일로 전환될 수 있는 가능성을 나타내는 것으로 단순하게는 현재 공급되는 엔탈피를 현상 절대온도로 나눈 값으로 정의 할 수 있다. '엔트로피 증가'라는 것은 '무용한 에너지가 늘어난다'로 볼 수 있으며 자연계에서는 엔트로피는 증가하는 방향으로 일어난다. 다만 엔트로피는 실기 시험과는 거의 무관하다.

① 단위 : kJ/(kgK)

CHAPTER 03 유체역학

01 연속방정식

1 정의
유체 흐름에 질량 보존의 법칙을 적용시킨 방정식

2 종류
비압축성 유체(예 : 물)는 압력에 따라 변동이 없으므로 밀도, 비체적, 비중량 등 기타 환경에 민감하지 않으므로 관계없이 질량 유량으로 변환이 가능하다. 압축성 유체(기체)는 환경에 민감히 변동하므로 이에 맞는 연속방정식을 사용하여야 한다. 그러나 기본적으로 부피유량으로 기준을 잡는 것이 계산을 위해 편한 방법이다.

(1) 부피유량 : $Q[m^3/s] = A[m^2] \times U[m/s]$

※ 관을 지나는 부피유량은 관 단면적에 비례하고 유속에 비례한다.

(2) 질량유량 : $Q[m^3/s] = A[m^2] \times U[m/s]$

$$Q[m^3/s] \times \rho_1[kg/m^3] = A[m^2] \times U[m/s] \times \rho_2[kg/m^3]$$

$$\frac{Q[m^3/s]}{\nu_1[m^3/kg]} = \frac{A[m^2]U[m/s]}{\nu_2[m^3/kg]}$$

$$\therefore Q[kg/s] = A[m^2] \times U[m/s] \times \rho_2[kg/m^3]$$

(3) 중량유량 : $Q[m^3/s] = A[m^2] \times U[m/s]$

$$Q[m^3/s] \times \gamma_1[N/m^3] = A[m^2] \times U[m/s] \times \gamma_2[N/m^3]$$

$$\therefore Q_\gamma[N/s] = A[m^2] \times U[m/s] \times \gamma_2[N/m^3]$$

02 베르누이 방정식

1 정의
유체 흐름에 에너지보존법칙을 적용시킨 식으로 관 내 유체가 정상류이며 층류일 때를 가정하여 에너지 총합은 항상 일정하다는 법칙

(1) 전압 = 정압 + 동압

(2) 전수두 = 압력수두 + 속도수두 + 위치수두

(3) 표현식 : 전수두 $H[mAq] = \dfrac{P}{\gamma} + \dfrac{U^2}{2g} + Z$

$$\text{전수두 } H = \dfrac{P(\text{압력})}{\gamma(\text{비중량})} + \dfrac{U^2(\text{속도})}{2g(\text{중력가속도})} + Z(\text{높이})$$

$$\text{전수두 } H[mAq] = \dfrac{P[N/m^2]}{\gamma[N/m^3]} + \dfrac{U^2[m^2/s^2]}{2g[m/s^2]} + Z[m]$$

(4) 마찰손실을 적용한 경우

$$\text{전수두 } H[mAq] = \dfrac{P}{\gamma} + \dfrac{U^2}{2g} + Z - h[m] \text{ (마찰손실수두)}$$

03 이상기체 법칙

1 보일-샤를의 법칙

(1) 보일 법칙 : 일정온도에서 압력과 부피는 서로 반비례

$$P_1 V_1 = P_2 V_2$$

P_1 : 변하기 전 압력, P_2 : 변한 후의 압력
V_1 : 변하기 전 부피, V_2 : 변한 후의 부피

(2) 샤를 법칙 : 일정압력에서 부피는 절대온도에 서로 비례

$$\dfrac{V_1}{T_1} = \dfrac{V_2}{T_2}$$

T_1 : 변하기 전 온도, T_2 : 변한 후의 온도
V_1 : 변하기 전 부피, V_2 : 변한 후의 부피

(3) 보일 - 샤를의 법칙 : 기체의 부피와 압력은 서로 반비례하고 절대온도에 정비례

$$\frac{P_1 V_1}{T_1} = \frac{P_2 V_2}{T_2}$$

2 mol수 및 아보가드로의 법칙

(1) mol 정의 : 0도씨 1기압에서 6.022×10^{23}개(아보가드로의 수)의 분자 또는 원자가 차지하는 물질의 양으로 무게, 부피 등을 표현할 수 있는 물질의 양 단위이다. 1mol의 부피는 22.4L이며 질량은 g분자량 혹은 g원자량과 같다. 모든 기체는 0도씨 1기압에서 같은 부피에 같은 수의 분자 수를 가진다.

※ 연필 1다스와 같은 개념의 양 단위로 생각하면 쉽다.

3 이상기체 상태방정식 및 특정기체 상태방정식

(1) 정의 : 보일-샤를, mol의 개념을 포함한 방정식으로 이상적인 기체의 분자량 계산을 위해 만들어진 상태방정식

(2) 표현식 : $P[kPa]\,V[m^3] = \dfrac{W(질량)}{M(분자량)} R[kJ/(kmolK)]\,T[K]$

$P[kPa]\,V[m^3] = n[kmol]\,R[kJ/(kmolK)]\,T[K]$

$PV = nRT$

$R = 8.314[kJ/(kmolK)]$

$R = 0.082[atm \cdot m^3/kmolK]$

4 특정기체 상태방정식 및 실제기체 상태방정식

(1) 특정기체 상태방정식 : $PV = nRT$

$PV = \dfrac{W(질량)}{M(분자량)} RT$ 에서

$R^{'} = \dfrac{R}{M}[kJ/(kgK)]$ 특정기체 $R^{'}$값은 규정된다.

$W = G$라 하면

$PV = GR^{'}T$

(2) 실제기체 상태방정식 : 실제기체 중 온도가 높고 낮은 압력에서 이상기체에 가까우며 분자 간 인력까지 계산된 실제기체 상태방정식

※ 실제기체 상태방정식은 실기시험과 거의 무관하니 참조만 한다.

04 펌프 및 송풍기 동력

1 펌프

(1) 전달동력 : 모터 또는 엔진에 공급되는 동력을 말한다.

$$[kW] = \frac{1000HQ}{102\eta}K$$

$$[kW] = \frac{1000[kgf/m^3]H[mAq]Q[m^3/\sec]}{102[kgf \cdot m/\sec]\eta}K$$

$$1[kW] = 102[kgf \cdot m/\sec]$$

$H[mAq]$: 펌프압력
$Q[m^3/\sec]$: 부피유량
K : 여유율
η(에타) : 펌프효율

$$[HP] = \frac{1000HQ}{76\eta}K$$

$$[HP] = \frac{1000H[mAq]Q[m^3/\sec]}{76[kgf \cdot m/\sec]\eta}K$$

$$1[HP] = 76[kgf \cdot m/\sec]$$

$$[PS] = \frac{1000HQ}{75\eta}K$$

$$[PS] = \frac{1000H[mAq]Q[m^3/\sec]}{75[kgf \cdot m/\sec]\eta}K$$

$$1[PS] = 75[kgf \cdot m/\sec]$$

(2) 축동력 : 모터 또는 엔진에 의해 실제로 펌프축 공급에 주어지는 동력을 말한다(여유율을 제외한다).

$$[kW] = \frac{1000HQ}{102\eta} \qquad [HP] = \frac{1000HQ}{76\eta} \qquad [PS] = \frac{1000HQ}{75\eta}$$

(3) 수동력 : 유체로 공급되는 동력을 말한다(여유율과 펌프효율 모두 제외한다).

$$[kW] = \frac{1000HQ}{102} \qquad [HP] = \frac{1000HQ}{76\eta} \qquad [PS] = \frac{1000HQ}{75}$$

※ 참고 : 대표적으로 볼류트펌프와 터빈펌프로 구분할 수 있으며 볼류트펌프는 같은 용량에 유량은 많고 양정은 낮으며 터빈펌프는 볼류트와 비교하여 유량이 적고 양정이 높다.

2 송풍기 동력

(1) 송풍기 전달동력(송풍기 입력) : 모터 또는 엔진에 의해 실제로 송풍기축 공급에 주어지는 동력을 말한다(여유율을 제외한다).

$$[kW] = \frac{1000HQ}{102\eta}K = \frac{PQ}{102\eta}K$$

$$[kW] = \frac{1000[kgf/m^3]P[mmAq] \times \frac{1[mAq]}{1000mmAq}Q[m^3/\sec]}{102[kgf \cdot m/\sec]\eta}K$$

$1[kW] = 102[kgf \cdot m/\sec]$

$$[HP] = \frac{PQ}{76\eta}K \qquad [PS] = \frac{PQ}{75\eta}K$$

$P[mmAq]$: 송풍기 전압
$Q[m^3/\sec]$: 부피유량
K : 여유율
η : 송풍기 효율

(2) 송풍기 축동력(송풍기 출력) : 모터 또는 엔진에 의해 실제로 송풍기축 공급에 주어지는 동력을 말한다(여유율을 제외한다).

$$[kW] = \frac{PQ}{102\eta} \qquad [HP] = \frac{PQ}{76\eta} \qquad [PS] = \frac{PQ}{75\eta}$$

(3) 공기동력 : 유체로 공급되는 동력으로 실제로 펌프축 공급에 주어지는 동력을 말한다(여유율과 송풍기 효율 모두 제외한다).

$$[kW] = \frac{PQ}{102} \qquad [HP] = \frac{PQ}{76} \qquad [PS] = \frac{PQ}{75}$$

※ 참고 : 송풍기의 종류
- 원심형 : 익형, 다익형, 터보형, 리미티드 로드형
- 축류형 : 베인형, 튜브형, 프로펠러형

3 벽을 통한 열통과

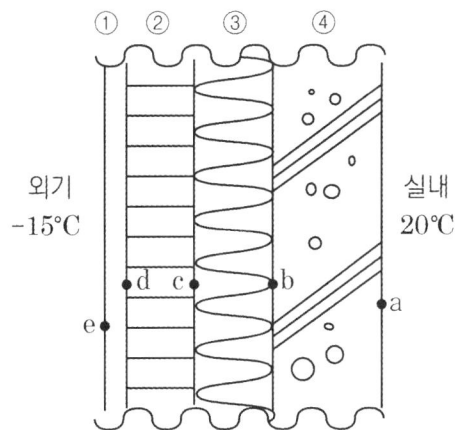

그림과 같은 벽체에 있어서 전체 총 열저항(R_t)을 생각해보면, 총 열저항은 각 열저항의 합과 같으므로 $R_t = R_o + R_1 + R_2 + R_3 + R_4 + R_i$ 가 된다.

$$외기열저항(대류열저항) \; R_o = \frac{1}{hA}$$

단위면적($1m^2$)당 외기열저항으로 표현하고 $h = \alpha$(기호바꿈)이라 하고 정리하면,

$R_o = \dfrac{1}{hA} = \dfrac{1}{h \times 1} = \dfrac{1}{\alpha_o}$ 으로 표현되고(내기대류열저항도 마찬가지로 $R_i = \dfrac{1}{\alpha_i}$)

$$각벽체열저항 \; R_{1-4} = \frac{\Delta x}{kA}$$

단위면적($1m^2$)당 열저항으로 표현하고 $\Delta x = L$, $k = \lambda$(기호바꿈)이라 하고 정리하면

$$각벽체 열저항 \; R_{1-4} = \frac{\Delta x}{kA} = \frac{L}{\lambda} \qquad R_t = R_o + R_1 + R_2 + R_3 + R_4 + R_i$$

∴ 단위면적(m^2)당 총열저항은 단위면적(m^2)당 총열저항은

$R_t = \dfrac{1}{\alpha_o} + \dfrac{L_1}{\lambda_1} + \dfrac{L_1}{\lambda_1} + \dfrac{L_2}{\lambda_2} + \dfrac{L_3}{\lambda_3} + \dfrac{L_4}{\lambda_4} + \dfrac{1}{\alpha_i}$ 로 표현될 수 있다.

또한 열관류율 K는 열저항의 역수이므로, $R_t = \dfrac{1}{K}$ 이고, $K = \dfrac{1}{R_t}$ 이다.

05 상사의 법칙

1 정의

닮은꼴의 두 펌프가 역학적으로 같은 꼴을 되기 위한 조건을 나타내는 법칙

※ 회전수 = N[rpm], 유량 = Q[m³/s], 양정 = H[mAq], 축동력 = kW라고 할 때

유량	$\dfrac{Q_2}{Q_1} = \dfrac{N_2}{N_1}$	유량비는 회전수비에 정비례한다.
양정	$\dfrac{H_2}{H_1} = (\dfrac{N_2}{N_1})^2$	양정비는 회전수비 제곱에 비례한다.
축동력	$\dfrac{kW_2}{kW_1} = (\dfrac{N_2}{N_1})^3$	축동력비는 회전수비 세제곱에 비례한다.

※ 펌프 제어에 있어 회전수를 제어하는 것은 효율적이며 보편적인 방법이 된다.

06 펌프 유효흡입양정(NPSH)과 필요흡입양정(NPSHre)

1 필요흡입양정(NPSH)

펌프가 캐비테이션 현상(공동화현상)을 일으키지 않고 정상작동을 전제로 하는 흡입양정으로 요구되는 양정이다.

※ 필요흡입양정 ≤ 유효흡입양정이어야 정상적인 펌프 작동이 가능하다.

2 유효흡입양정(NPSHre)

문제에서 구체적으로 요구하는 해답으로 정상적으로 작동되는 최고위 펌프위치 측 양정을 말한다.

(1) 펌프가 수면보다 높은 경우

유효흡입양정 = 대기압(또는 국소대기압) - 포화수증기압(현재) - 마찰손실 - 펌프높이

(2) 펌프가 수면보다 낮은 경우

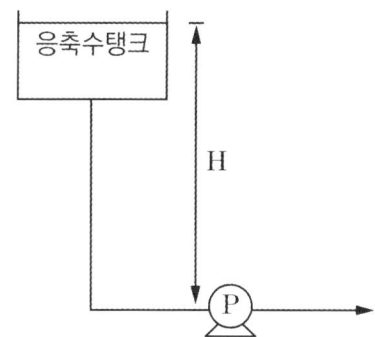

유효흡입양정 = 대기압(또는 국소대기압) - 포화수증기압(현재) - 마찰손실 + 펌프높이
※ 기본적으로 양정의 단위는 mAq이다.

3 펌프의 이상 현상

(1) 캐비테이션 현상(공동화 현상)

펌프 흡입 측 배관에서 발생할 수 있는 현상으로 상태 온도에 따라 형성된 포화수증기압이 끌어올리려는 물의 압력보다 커질 경우 물은 급격히 증발되고 기포가 형성되어 빈 공간을 만들게 되는 현상으로 진동, 소음을 수반하고 양수불능을 초래한다.

① 원인
　㉠ 펌프 1차 측 배관의 마찰손실이 클 때
　㉡ 펌프가 수원보다 높아 흡입수두가 과대할 때
　㉢ 물의 온도가 높아 포화수증기압이 클 때
　㉣ 펌프 1차 측 배관의 유속이 빠를 때
　㉤ 펌프 임펠러 회전속도가 빠를 때

② 방지법
　㉠ 펌프 1차 측 배관의 마찰손실이 적은 배관을 사용한다.
　㉡ 펌프의 높이를 낮춘다.
　㉢ 배관을 보온재 등으로 온도상승을 방지한다.
　㉣ 펌프 1차 측 배관의 관경을 큰 것으로 하거나 양흡입을 사용한다.
　㉤ 펌프 임펠러 회전속도를 낮춘다.

(2) 맥동 현상

여러 원인으로 펌프 2차 측 송출량이 주기적으로 변화하여 배관의 진동과 소음을 동반하는 현상으로 배관 및 기기의 파손 우려가 있다.

① 원인
　㉠ 펌프의 산형 양정곡선의 정상 직전 상승부에서 운전 시
　㉡ 펌프 2차 측 배관 중 공기탱크 또는 공기고임 등 원인이 존재할 때
　㉢ 유량조절 밸브의 위치가 토출 측과 멀고 중간에 물탱크 등이 있을 때

② 방지법
　㉠ 양수량 또는 임펠러 회전수의 변경
　㉡ 공기고임의 우려가 있는 경우 제거한다.
　㉢ 유량조절 밸브를 펌프 2차 토출 측 직후 설치한다.
　㉣ 플렉시블 이음, 진동방지 중량기반 등 진동방지 대책을 적극 사용한다.

(3) 수격작용

유체의 운동에너지가 관로의 급격한 각도 변화 또는 밸브의 급격한 조작에 따라 부딪히고 매질에 따라 반사되어 돌아와 고압력원으로 충격을 동반하는 현상으로 배관 및 기기의 파손 우려가 있다.

① 원인
　㉠ 관로의 급격한 각도 변화
　㉡ 관로의 급격한 축소
　㉢ 펌프의 급격한 기동, 정지 또는 밸브의 급격한 조작

② 방지법
　㉠ 수격방지기를 발생 우려 위치에 설치한다.
　㉡ 배관의 관경을 크게 하여 유속을 낮춘다.
　㉢ 밸브는 송출구 가까이 천천히 제어한다.
　㉣ 플라이 휠 등 펌프의 급격한 속도변화를 방지한다.

CHAPTER 04 공기선도

01 공기

1 공기의 상태변화

(1) 건조공기(Dry Air)
  수증기를 전혀 포함하지 않은 공기를 말한다.

(2) 습공기(Moist Air)
  수증기를 포함한 공기를 말한다.

(3) 포화공기
  ① 공기는 온도에 따라 포함할 수 있는 수증기량에 한계가 있다. 현재 특정 온도에서 최대한도로 수증기를 포함한 공기(= 포화공기)라고 한다.
  ② 공기 온도 상승 시 포화압력도 비례 상승하여 보다 많은 수증기를 함유할 수 있게 되며 온도가 내려가면 공기가 함유할 수 있는 수증기 한도도 작아진다.

(4) 불포화공기
  ① 최대 포화압력에 도달하지 못한 습공기, 실제의 공기는 대부분의 경우 불포화공기
  ② 포화공기를 가열하면 불포화공기가 되고, 냉각하면 일시적 과포화공기가 되며 일부 수분은 이슬이 맺혀지고 나머지는 포화공기가 된다.

2 습공기

(1) 습공기의 상태
  습공기는 건공기와 수증기의 혼합기체로서,
  공기의 압력을 P라고 하면 건공기 분압 P_a와 수증기 분압 P_w의 합으로 볼 수 있다.

$$P = P_a + P_w$$

  따라서 건공기 분압은 수증기 분압을 제외한 값이다.

$$P_a = P - P_w$$

공기의 압력을 P라고 하면

건공기 분압 P_a와 수증기 분압 P_w의 합으로 볼 수 있다.

$$P = P_a + P_w$$

따라서 건공기 분압은 수증기 분압을 제외한 값이다.

$$P_a = P - P_w$$

공기와 수증기의 특정기체 상태 방정식을 적용하면

$$\frac{P_w V = GRT}{P_a V = G'R'T}$$

수증기 특정기체상수 $R = 0.462 kJ/(kgK)$
건공기 특정기체상수 $R' = 0.287 kJ/(kgK)$

체적과 온도는 같으므로 $\dfrac{G}{G'} = \dfrac{R' P_w}{R P_a} = 0.622 \dfrac{P_w}{P - P_w}$ 으로 수증기 분압과 습도 사이 관계를 유도할 수 있다.

(2) 절대습도

습공기 중에 포함되어 있는 건공기 $1 kg'$ 에 대한 수증기의 질량을 말하며, 절대습도는 가습·감습 없이 냉각, 가열만으로는 변화가 없다(다만 이슬점에 도달하지 않은 것으로 전제할 때). 수증기는 공기 중 소량이지만 물의 잠열이 크기 때문에 공기의 열적 성질에 크게 영향을 미친다.

$$x = \frac{\text{수증기 질량}[kg]}{\text{건공기 질량}[kg']}$$

(3) 상대습도

기온에 따른 습하고 건조한 정도를 백분율로 나타낸 것으로 현재 불포화공기 수증기 분압을 포화공기 수증기 분압으로 나눈 것 또는 현재 불포화공기 중 수증기의 질량을 현재 온도의 포화 수증기 질량으로 나눈 것을 말한다.

① 상대습도 = 포화습공기 상태와 현재 습도의 비

관계 습도라고도 불리며 현재 습공기 수증기 분압과 동일온도에서 포화공기의 수증기 분압과의 비로 정의할 수 있다.

$$\phi = \frac{\rho_w}{\rho_s} \times 100 = \frac{P_w}{P_s} \times 100$$

ρ_w : 현재 불포화공기 1m³ 중에 함유된 수분의 질량
ρ_s : 포화공기 1m³ 중에 함유된 수분의 질량
P_w : 현재 불포화공기 상태에서 수증기 분압
P_s : 동일온도, 동일압력에 대한 포화공기 수증기 분압

② 비교습도(비습도) 또는 포화도

비습도는 현재 절대습도와 포화상태의 절대습도 비를 말한다.

$$\psi = \frac{x}{x_s} \times 100$$

x : 현재 공기의 절대습도(kg/kg')
x_s : 동일조건에서 포화습공기의 절대습도(kg/kg')

(4) 습공기의 비체적과 비중량

① 비체적 : 건조공기 1 kg당 습공기 중의 수증기를 포함한 체적$[m^3/kg\ dry air]$

② 비중량 : 습공기 1 m³에 포함되어 있는 수증기의 중량$[N/m^3]$

3 엔탈피

(1) 건공기 엔탈피(h_a)

$$h_a = C_{pa} t$$

C_{pa} : 건공기 정압비열 ≒ $1.01 kJ/kg$ ≒ $0.24 kcal/(kg\,℃)$
t : 공기온도

※ 비엔탈피로 표기되는 경우 단위 질량당 엔탈피를 말한다. [kJ/kg] 용어에 구분 없이 엔탈피로 표기되나 단위 표현이 [kJ/kg]이라면 비엔탈피이다.

(2) 수증기 엔탈피

수증기는 0℃의 물을 기준으로 하므로 물에서 증기로 변화하는 데에 필요한 증발 잠열을 온도만큼의 수증기 정압비열을 계산한 열에 더해야 한다.

$$h_{wa} = \gamma_0 + C_{pw} t$$

γ_0 : 0℃ 물의 증발잠열 ≒ $2501 kJ/kg$ ≒ $597.5 kcal/kg$
C_{pw} : 수증기 정압비열 ≒ $1.82 kJ/(kgK)$ ≒ $0.441 kcal/(kg\,℃)$

※ 증발된 경로에 따라 100℃ 수증기의 엔탈피가 다르다.

① 0℃ 물 ▷ 0℃ 수증기 ▷ 100℃ 수증기 (자연적인)
2501[kJ/kg] + 1.85[kJ/(kgK)] · 100[k] = 2686[kJ/kg]

② 0℃ 물 ▷ 100℃ 물 ▷ 100℃ 수증기 (기계적인)
4.19[kJ/(kgK)] · 100[k] + 2257[kJ/kg] = 2676[kJ/kg]

(3) 따라서 건공기와 수증기가 합쳐진 습공기의 비엔탈피는

$$h = h_a + x h_{wa} \qquad x : 절대습도$$

습공기의 정압비열은 $C_p = C_{pa} + x C_{pw} = 1.01 + 1.81x [kJ/(kgK)]$

∴ 습공기의 비엔탈피는 h = 1.01t + x(2501+1.81t)[kJ/kg Dry Air]

02 선도

1 공기선도

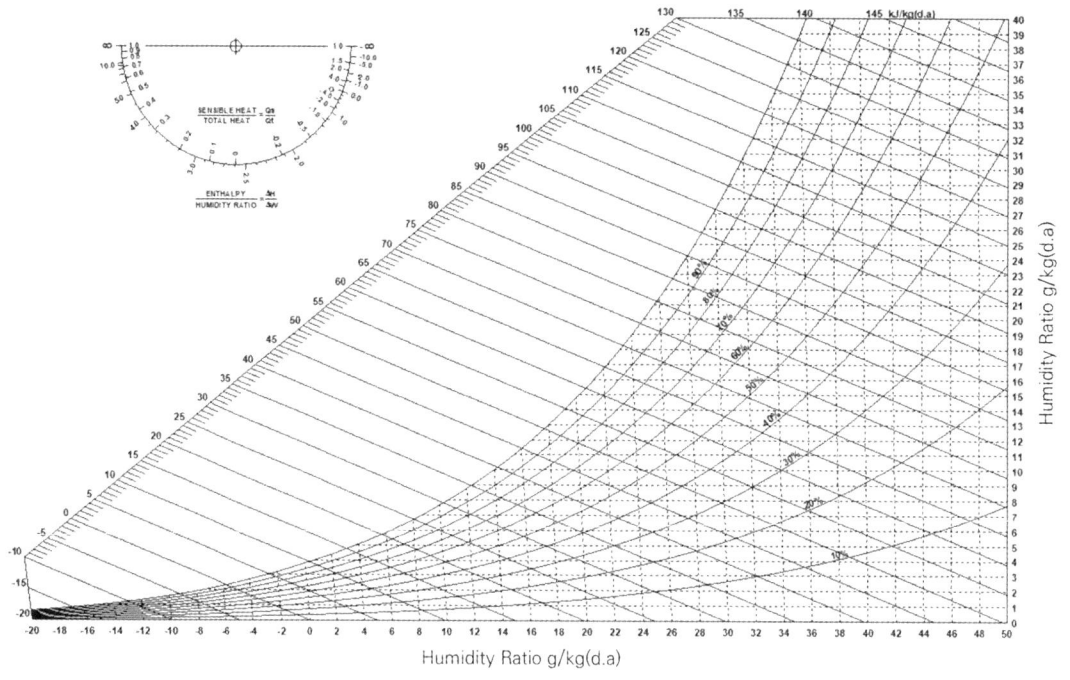

공기는 크게 건공기와 수중기의 혼합물로 두 성분의 독립적 상태변수를 가지고 있다. 이를 선도에 의해 상태량을 한 번에 나타내어 이해하려는 것이 공기선도이다.

선도는 대기압이 일정할 때 습윤공기의 상태량인 건구온도 t, 습구온도 t', 상대습도 φ, 포화도 ψ, 이슬점온도 t", 엔탈피 h, 절대습도 x 등의 상호관계를 좌표평면에 나타내게 된다. 이 중 기준축을 결정하고 두 좌표에 잡는 상태량에 따라서, 공기선도에는 절대습도 x와 비엔탈피 h를 사교좌표로 표현하는 h-x, 절대습도 x 와 건구온도t를 좌표로 표현한 t-x선도, 그리고 건구온도 t 와 비엔탈피 h를 직교좌표에 표현한 t-h 등이 있으나 시험에서 그리고 가장 보편적으로 사용되는 좌표는 h-x 공기선도로 볼 수 있다.

2 공기선도상 공기상태 변화

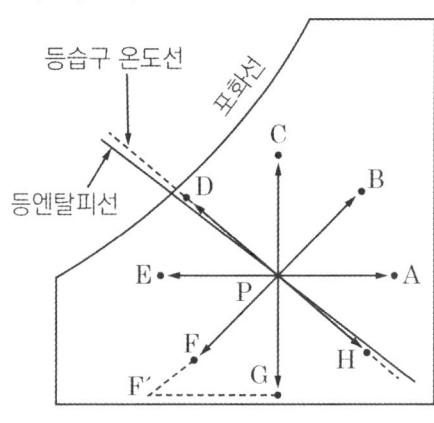

$\overrightarrow{PA}$: 가열 변화
$\overrightarrow{PB}$: 가열 가습 변화
$\overrightarrow{PB}$: 등온 가습 변화
$\overrightarrow{PD}$: 가습 냉각 변화(단열 가습)
$\overrightarrow{PE}$: 냉각 변화
$\overrightarrow{PF}$: 감습 냉각 변화
$\overrightarrow{PG}$: 등온 감습 변화
$\overrightarrow{PH}$: 가열 감습 변화

(1) 냉각·감습과 바이패스 팩터

①→③의 상태로 냉각하는 경우 냉각 코일의 노점 온도는 선분 ①~③의 연장선에서 포화곡선과 만나는 점 ②가 노점 온도가 되고, 여기서 BF(By-Pass Factor)는 ③에서 ② 의 상태이고 CF(Contact Factor)는 ①에서 ③의 상태이다.

※ 바이패스 팩터는 열전달 없이 냉각되지 않고 통과하는 공기의 비율이다.

㉠ $BF = \dfrac{t_3 - t_2}{t_1 - t_2} = \dfrac{h_3 - h_2}{h_1 - h_2} = \dfrac{x_3 - x_2}{x_1 - x_2}$

㉡ $CF = \dfrac{t_1 - t_3}{t_1 - t_2}$

㉢ 바이패스팩터(BF) = 1 - 콘택트팩터
   　　　　　　　　 = 1 - CF

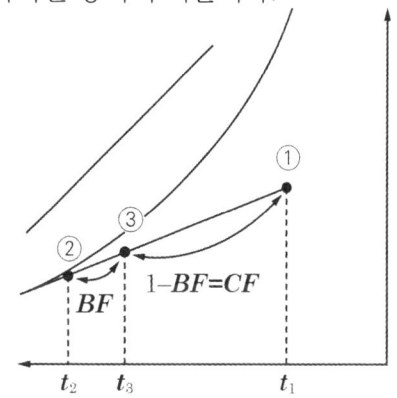

(2) 등온가습

① 수분량

$$L = G(x_2 - x_1)\,[kg/h] \qquad G : [kg/h]$$

② 잠열량

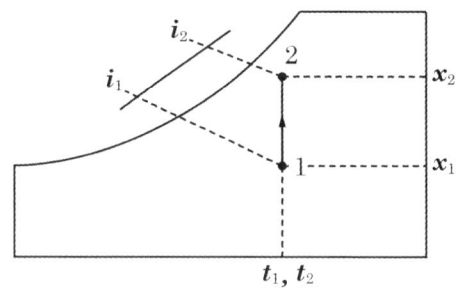

$$q = G(i_2 - i_1)$$
$$q = Q\rho\gamma(i_2 - i_1)$$
$$= Q \times 1.2 \times 2501(x_2 - x_1)[kJ/h]$$

L : 가습량[kg/h]
G : 공기량[kg/h]
Q : 풍량[m³/h]
x : 절대습도[kg/kg']
ρ : 공기밀도[kg/m³]
γ : 물의증발잠열[kJ/kg]

공조에서의 가습은 에어와셔에서 분무수가 증발가습이 되는 냉각가습과 증기가습이 대표적이다. 에어와셔에서 분무수를 가열하지 않고 계속 분무할 경우 분무수의 온도는 입구온도의 습구온도와 같아지고 통과공기는 등습구 온도선을 따라 가습되는 단열변화가 일어난다. 따라서 위 가습은 가습량 기화잠열 만큼 가열을 제공하여 건구온도가 일정하게 유지하는 등온 가습의 형태이다. 실질적으로 에어와셔를 기준으로 하는 경우 등, 습구선을 따른다.

(3) 가습(에어와셔)

① CF(Contact Factor) 단열 포화효율과 BF

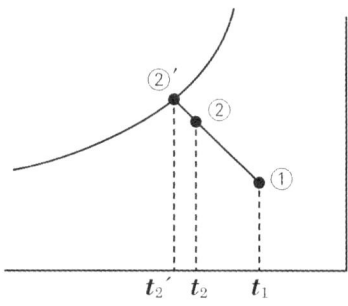

$$\eta_s = \frac{t_1 - t_2}{t_1 - t_2'} \qquad BF = \frac{t_2 - t_2'}{t_1 - t_2'}$$

② 수공기비와 가습효율

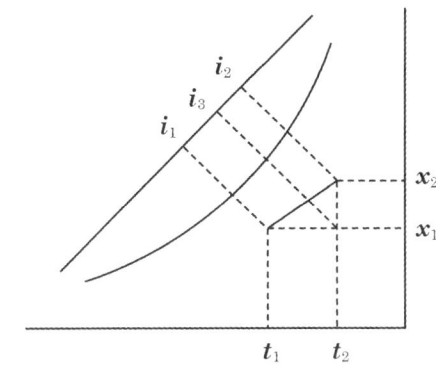

   ㉠   수공기비 = $\dfrac{수량}{공기량}$ = $\dfrac{L[kg/h]}{\rho[kg/m^3] \times Q[m^3/h]}$

   ㉡   가습효율 η_s = $\dfrac{증발수량}{분무수량}$

(4) 가열 · 가습

① 가열 열량계산

$$q_s = GC_p(t_2 - t_1) = G(h_3 - h_1)[kJ/h]$$

G = 풍량 Q[m³/h] × 공기밀도 ρ[kg/m³]
C_p : 비열 1.01[kJ/(kg·K)]

② (가습)잠열량

$$q_l = RL = GR(x_2 - x_1) = G(i_2 - i_3)$$

L : 가습량[kg/h]
R : 물의 증발잠열[kJ/kg]
   (0℃ 물의 증발잠열 : 2500.9kJ/kg)

③ 총 열량

$$q_t = q_s + q_l = G(i_2 - i_1)$$

④ 열수분비 u는 절대습도의 변화량에 대한 엔탈피 변화량이다.

열수분비 $u = \dfrac{i_2 - i_3}{x_2 - x_1}$
$= \dfrac{\Delta i}{\Delta x}$
$= \dfrac{엔탈피의\ 변화량}{절대습도의\ 변화량}$

i_1 : 상태 2인 공기의 엔탈피[kcal/kg]
i_2 : 상태 3인 공기의 엔탈피[kcal/kg]
x_1 : 상태 1인 공기의 절대습도[kg/kg′]
x_2 : 상태 2인 공기의 절대습도[kg/kg′]

⑤ 현열비[SHF ; Sensible Heat Ratio]

현열비는 전체 열량의 변화 중 현열량의 변화분을 비율로 나타낸 것이다.

$$SHF = \frac{i_3 - i_1}{i_2 - i_1} = \frac{\Delta i_t}{\Delta i} = \frac{현열의\ 변화량}{엔탈피의\ 변화량}$$

냉방부하 계산 단계에서 현열과 잠열로 소비된 열량을 구분하기 위해 산정하는 것으로, $SHF = \dfrac{q_s}{q_s + q_L}$ 으로 표현할 수 있다(q_s : 현열량, q_L : 잠열량).

※ 참조 : 열수분비는 주로 분무 가습하게 되는 난방에서 사용되며, 현열비는 주로 냉방부하 계산 시 사용하게 된다.

(5) 단열 혼합

실내환기(리턴량)를 ①= Q_1, 외기풍량을 ②= Q_2라고 한다면 혼합공기 ③의 건구온도 t, 절대습도 x 및 엔탈피 i는 다음과 같다(산술평균으로 볼 수 있다).

$$t_3 = \frac{t_1 Q_1 + t_2 Q_2}{Q_1 + Q_2} \qquad x_3 = \frac{x_1 Q_1 + x_2 Q_2}{Q_1 + Q_2} \qquad i_3 = \frac{i_1 Q_1 + i_2 Q_2}{Q_1 + Q_2}$$

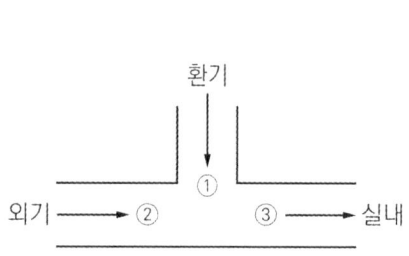
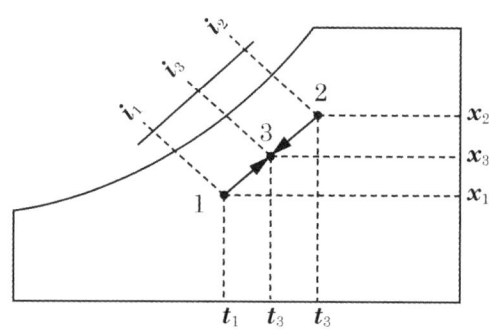

CHAPTER 05 공기조화

01 냉방부하

- 냉방부하에는 실내조건과 외기조건이 필요하다.
- q_{cc} = 실내 취득열량 + 외기부하 + 재열부하 + 기기 취득열량[kJ/h]

1 냉방부하 계산

실내 냉방부하 계산을 위한 조건에는 벽체, 유리, 극간풍, 인체, 기구 등 취득열량(잠열과 관계되는 취득에는 극간풍, 인체부하가 있다)

(1) 외벽, 지붕에서의 태양복사 및 전도에 의한 부하 [kJ/h]

면적[m²] × 열관류율[kJ/m²hK] × 상당 온도차[K]

※ 상당온도차 : 일사를 받는 외벽체를 통과하는 열량을 산출하기 위해 실내·외 온도차에 축열계수를 곱한 것

(2) 유리로 침입하는 열량

① 복사열량(일사량) : 면적[m²] × 최대 일사량[kJ/m²h] × 차폐계수

② 전도대류열량 : 창 면적당 전도대류열량[kJ/m²h] × 면적[m²]

③ 관류열량 : 면적[m²] × 유리 열관류율[kJ/(m²hK)] × 실내외 온도차[K]

(3) 틈새바람에 의한 열량(극간풍)

① 현열(감열) = 풍량[m³/h] × 밀도[1.2kg/m³] × 비열1.01[kJ/kg·K] × 실내외 온도차[K]

② 잠열 = 풍량[m³/h] × 밀도1.2[kg/m³] × 잠열2501[kJ/kg]
   × 실내외 절대습도차[kg/kg']

(4) 송풍량 계산

$$q_s [kJ/h] = \rho Q C \Delta t$$

$$q_s = 1.2 Q \times 1.01 \times \Delta t$$

Q : 환기량[m³/h]
q_s : 현열량

(5) 인체에서 발생하는 열량

　① 현열 = 재실인원수 × 1인당 발생현열량[kJ/h]

　② 잠열 = 재실인원수 × 1인당 발생잠열량[kJ/h]

(6) 기계열부하 전동기

　① 전동기입력(kVA) = 전동기 정격출력(kW) × 부하율 × $\dfrac{1}{\text{전동기 효율}}$

　② 전동기(실내운전)[$kcal/h$] = 전동기입력[kVA] × $860\,kcal/h\,[3600\,kJ/h]$

　③ 백열등 발열량 = W × 전등수 × $0.86\,kcal/h\,(3.6\,kJ/h)$

　④ 형광등 발열량 = W × 전등수 × 1.25 × $0.86\,kcal/h\,(3.6\,kJ/h)$

(7) 기기열 부하

　팬(fan), 배관, 덕트, 댐퍼 등에 의해 생기며 실내취득 부하의 10 ~ 20% 사이에서 산정

(8) 재열부하

　습도가 높은 경우 공기 중 수분제거를 위해 취출온도 이하 냉각된 공기를 취출온도로 가열할 때 부하(취출온도차가 큰 경우 콜드레프트 현상으로 확산의 어려움이 있고 취출온도차가 없는 경우 송풍부하가 커지는 단점이 있다)

(9) 외기부하

　실내환기의 필요에 따라 외기를 도입하여 실내공기의 온·습도를 조정하기 위한 부하

조정현열 $q_s = GC(t_o - t_i)$ [kJ/h]

잠열 $q_L = GR(x_o - x_i)$ [kJ/h]

$G = \rho Q_o$

ρ : 공기밀도[kg/m³]
Q_o : 외기도입량[m³/h]
G : 외기도입 공기 질량[kg/h]
C_p : 공기 비열[kJ/kg·K]
R : 0℃ 물의 증발잠열 2501[kJ/kg]
t_o, t_i : 실내외 공기의 건구온도℃
x_o, x_i : 실내외 공기의 절대습도[kg/kg′]

 **난방부하**

1 방열기

증기, 온수 등의 열매를 사용하여 실내 공기로 열을 방출하는 난방기기이며, 주로 대류난방에 사용되는 직접난방법이다.

(1) 방열기 표준방열량

　① 증기 : 756[W/m²](증기온도 102도, 실내온도 18.5도 기준)

　② 온수 : 523[W/m²](온수온도 80도, 실내온도 18.5도 기준)

(2) 난방부하 계산

$$Q[W] = q[W/m^2] \times EDR[m^2]$$

Q : 난방부하[W]
q : 표준방열량[W/m²]
EDR : 상당방열면적[m²]

(3) 상당방열면적 계산(EDR)

$$방열면적 = \frac{난방부하}{방열기\ 방열량}$$

$$\Rightarrow A = \frac{Q}{q}$$

Q : 난방부하[kJ/h]
q : 방열기 방열량[kJ/m²h]
A : 방열면적[m²]

(4) 방열기 호칭법

　① 주형 : (종별-높이×쪽수)

　② 벽걸이 : (종별-형×쪽수)

종별	기호
2주형	II
3주형	III
3세주형	3
5세주형	5
벽걸이형(수직)	W-V
벽걸이형(수평)	W-H

2 방열량 계산

(1) 표준 방열량

① 증기 : 열매온도 102℃ (증기압 1.1atm), 실내온도 18.5℃일 때의 단위 평방당 방열량

$$Q = K(t_s - t_r) = 33.5 \times (102 - 18.5)$$
$$= 2790 [kJ/m^2 h]$$

K : 방열계수(증기 : $33.5\,kJ/m^2hK$, 온수 : $30.15\,kJ/m^2hK$)
t_s : 증기온도(℃)
t_r : 실내온도(℃)

② 온수 : 열매온도 80℃, 실내온도 18.5℃일 때의 방열량

$$Q = K(t_w - t_r) = 30.15(80-18.5)$$
$$= 1860 [kJ/m^2 h]$$

K : 방열계수
t_w : 열매온도(℃)
t_r : 실내온도(℃)

(2) 벽체 전열손실 부하

구조체에 의한 열손실, 즉 벽, 지붕, 천장, 바닥, 유리창, 문 등

$$q[W] = 열관류율\,K[kJ/(m^2hK)] \times 면적\,A[m^2] \times 실내외온도차\,\Delta T[K] \times 방위계수\,k$$
$$q = KA\Delta Tk$$

※ W(와트)와 kJ/h의 단위 환산에 주의한다.

(3) 외기부하 및 극간풍(틈새바람)에 의한 열손실

① 외기부하 : 재실인원 또는 기계실에 필요한 환기에 의한 열손실 등
외기부하 q, 외기현열부하 q_S, 외기잠열부하 q_L, 도입풍량 Q 라고 하면,
건공기 정압비열 C, 증발잠열 R

$$q = q_S + q_L$$
$$q_S = Q\rho C \Delta T$$
$$q_L = Q\rho R \Delta x$$
$$\therefore q = Q\rho \Delta T + Q\rho R \Delta x = Q\rho \Delta h$$

(4) 가습부하

가습량 : 실내 습도를 일정하게 유지하고자 하는 가습량

$$가습량 G[kg/h] = \rho Q(틈새바람 및 외기도입량) \Delta x(실내외 절대습도차)$$
$$가습부하[W] = G2686[kJ/kg]$$

※ 가습부하 : 0℃ 물 증기 엔탈피 2501[kJ/kg] + 수증기 정압비열 2501[kJ/kg] + 수증기 온도당 정압비열 1.85[kJ/(kgK)] × 100K = 2686[kJ/kg]

03 공기조화 계획

1 공기조화 장치

(1) 열운반장치 : 송풍기, 펌프, 덕트, 배관 등
(2) 공기조화기 : 공기여과기, 공기냉각기, 공기가열기 등
(3) 열원장치 : 보일러, 냉동기, 냉각탑 등
(4) 자동제어장치 : 공조장치 운전 시 경제적 운전을 위한 각종 자동으로 제어되는 장치

※ 에너지 절약 방법으로 건물의 구역설정(Zonning)을 합리적으로 설계되어야 하며, 자동제어를 이용한 방법으로 변풍량 및 시간에 따른 외기냉방, 기기를 이용한 전열교환기기, 히트펌프의 이용 방법이 있다.

2 공기조화식의 분류

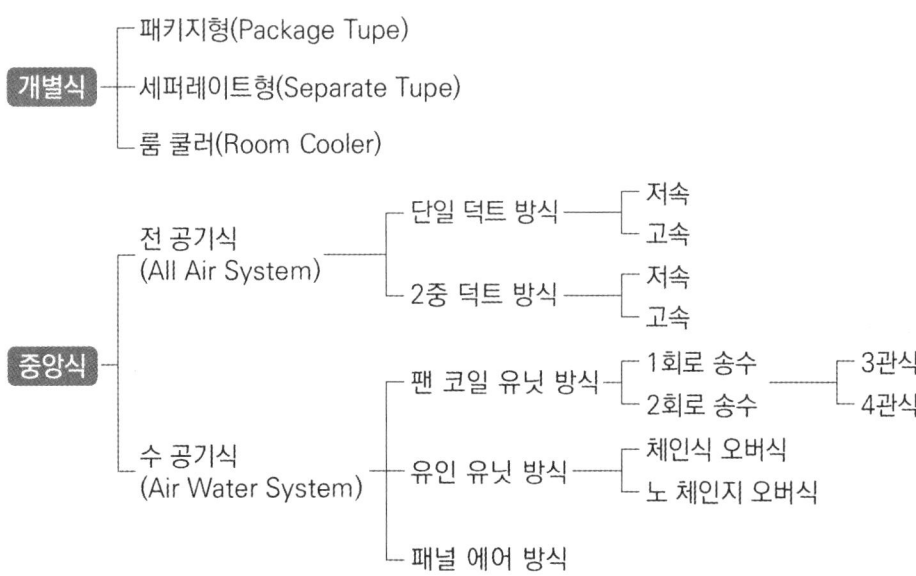

(1) 전공기식

① 단일 덕트방식 : 정풍량, 변풍량 방식으로 세분화됨

② 전공기식은 공기질 유지(청정도)에서 유리함

(2) 패키지 방식 : 공기, 물 이외 냉매를 사용하는 방식

3 열교환

넓은 의미에서는 공기냉각코일, 가열코일을 비롯하여 냉동기의 증발기, 응축기 등도 포함되지만 공조기에서는 증기와 물, 물과 물, 공기와 공기의 것을 말한다.

(1) 냉각코일

① 냉각코일의 종류

㉠ 냉수코일 : 관 내에 냉수(5 ~ 10℃)를 통하는 코일

㉡ 직접 팽창코일 : 관 내에 냉매를 직접 팽창시켜 그 증발열로 공기를 냉각하는 코일

② 냉수코일의 열교환

㉠ 계산은 대수평균온도차나 산술평균으로 구한다.

㉡ 공기와 물의 흐름은 대향류로 하고 대수 평균온도차(LMTD)는 되도록 크게 한다.

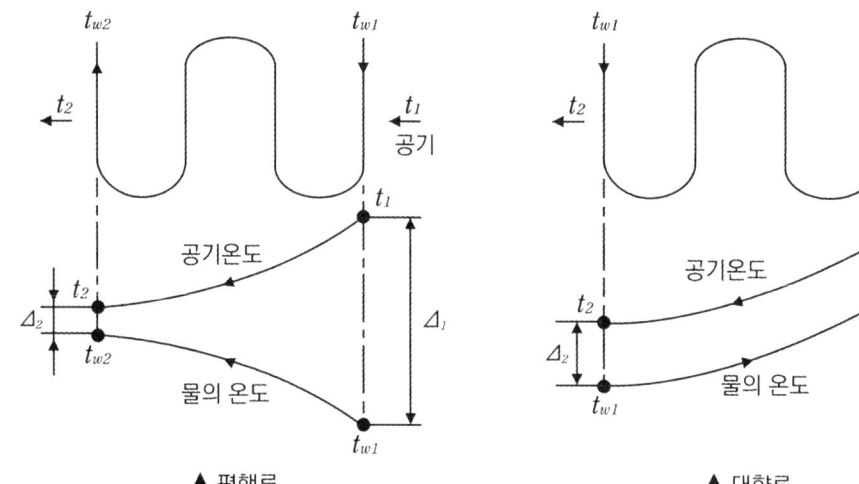

▲ 평행류　　　　　　　　▲ 대향류

$$LMTD = \frac{\Delta_1 - \Delta_2}{2.3\log\frac{\Delta_1}{\Delta_2}} = \frac{\Delta_1 - \Delta_2}{\ln\frac{\Delta_1}{\Delta_2}} = \frac{(t_1 - t_{w1}) - (t_2 - t_{w2})}{\ln\frac{t_1 - t_{w1}}{t_2 - t_{w2}}}$$

Δ_1 : 공기 입구 측에서의 온도차(℃ 또는 K)

Δ_2 : 공기 출구 측에서 온도차(℃ 또는 K)

$$= \frac{(\text{고온 입구} - \text{저온 입구}) - (\text{고온 출구} - \text{저온 출구})}{\ln\frac{\text{고온 입구} - \text{저온 입구}}{\text{고온 출구} - \text{저온 출구}}}$$

ⓒ 평행류(향류) : $\Delta t_1 = t_1 - t_{w1}$, $\Delta t_2 = t_2 - t_{w2}$

ⓔ 대향류(역류) : $\Delta t_1 = t_1 - t_{w2}$, $\Delta t_2 = t_2 - t_{w1}$

ⓜ $t_2 - t_{w1}$을 5℃ 이상, 코일의 열수는 4 ~ 8열, 풍속은 2 ~ 3m/s, 냉매의 유속은 1m/s 전후가 유리

ⓑ 냉수코일의 전열량

$$q = G(i_1 - i_2)$$
$$= G_w C_w \Delta t$$
$$= k \times MTD \times F \times N \times C_m$$

N : 코일의 열수
F : 코일열 전열면적
C_w : 냉각수비열[kJ/(kgK)]
C_m : 습면계수(냉각코일 공기 접촉면의 이슬 형성 시 효율 보정)
q : 전열량[W]
k : 코일의 열관류율[kJ/(m²hK)]
i_1, i_2 : 공기엔탈피[kJ/kg], G_w : 냉수량[kg/h]
Δt : 냉수 입구와 출구의 온도차(℃ 또는 K)
G : 송풍량[kg/h]

③ 가열 코일의 종류

㉠ 온수코일 : 관 내에 온수(40 ~ 60℃)를 통과시켜 공기를 가열 (냉·온수코일)

㉡ 증기코일 : 증기의 응축잠열(100℃의 응축잠열 539kcal/kg)을 이용하여 공기 가열

㉢ 전열코일 : 코일 내 니크롬선을 내장하여 공기 가열

CHAPTER 06 공기조화기기

01 냉열원기기

1 보일러

(1) 보일러의 종류

① 주철제 보일러 : 내식성, 내구성이 우수하고 유지보수가 편리하며 설치가 용이하다.

② 입형 보일러 : 소형이며 수직형(입형)으로 협소한 장소에 설치가 용이하다.

③ 노통연관 보일러 : 고압, 고효율로 산업용이나 내구성이 나쁘고 고가이며, 취급 시 예열시간이 길어 어렵다. 그러나 부하변동도 적응성이 있다.

④ 수관식 보일러 : 다수의 수관으로 벽을 구성하고 헤더가 존재, 산업용 대규모로 증기 발생이 매우 빠르고 열효율이 좋으며, 보유수량이 적다.

(2) 난방도일 : 추운 날씨의 정도로 난방연료 소비량과 비례한다. 실내 설정온도와 일일 평균기온과 온도차를 기간 내 합한 개념으로 냉방의 경우 냉방도일이 있다.

2 냉동기

(1) 압축식 냉동기

① 압축식 냉동기의 종류 : 회전식(로터리, 스크류식), 원심식, 왕복동식

② 운전 순환과정 : 압축 → 응축 → 팽창 → 증발 → 압축

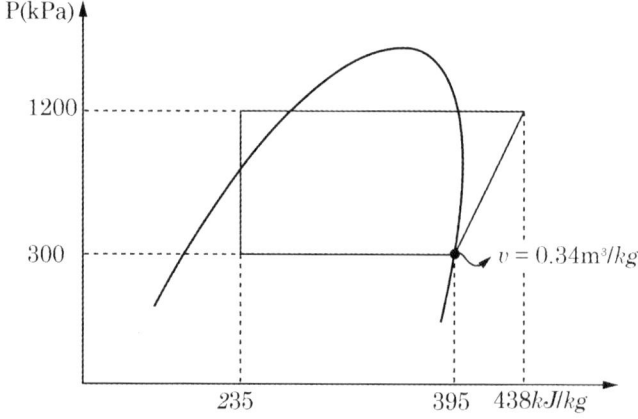

③ 특징
  ㉠ 장점 : 운전 용이, 초기 설치비 저렴
  ㉡ 단점 : 소음이 크며 전력소비가 크다

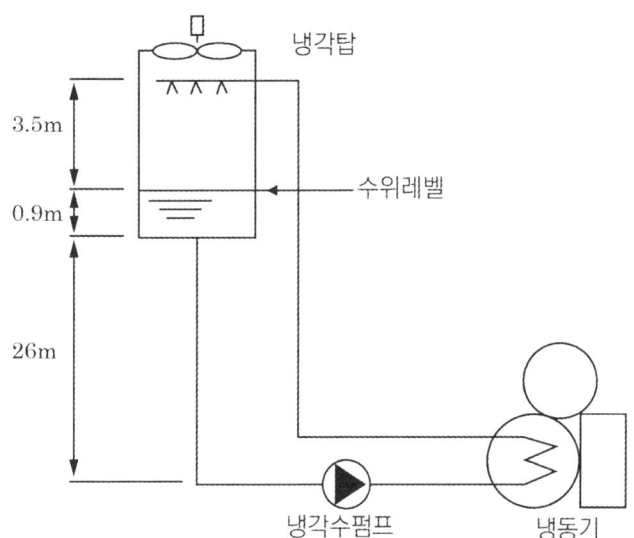

※ 참고 : 냉각탑
  물을 공기와 접촉시켜 냉각하는 장치로 1kg의 물이 증발하면 자체 순환수 열량을 약 2513kJ 정도 흡수. 즉 물 순환량의 2%를 증발시키면 자체 온도를 1℃ 내릴 수 있음
  • 쿨링 어프로치 : 냉각수 출구온도 - 대기 습구온도
  • 쿨링 레인지 : 냉각수 입구온도 - 출구온도
  • 냉각톤 : 냉각탑의 입구수온 37℃, 출구수온 32℃, 대기 습구온도 27℃, 순환수량 13L/min일 때 16330kJ/h의 방열량

(2) 흡수식 냉동기
  ① 운전 순환과정 : 증발 → 흡수 → 발생 → 응축 → 증발로
  ② 특징
    ㉠ 장점 : 소비전력이 적다, 소음이 적다.
    ㉡ 단점 : 보일러가 필요하다.
    ※ 흡수식 냉동장치 구조
    • 구성 : 흡수 냉온수기는 냉동작용을 일으키는 증발기, 압축기의 흡입작용과 같이 냉매를 흡입, 흡수하는 흡수기, 압축기의 압축작용과 같이 냉매증기를 압축, 발생하는 고온재생기 및 저온재생기, 냉매를 응축하는 응축기 등의 기본 열교환기 외에 열효율을 향상시키기 위한 용액 열교환기, 용액 순환 및 냉매 순환을 위한 용액 및 냉매펌프, 기내 진공유지를 위한 추기장치, 열원공급을 위한 연소장치, 용량제어장치 및 안전장치 등의 요소로 구성되어 있음
    • 2중 효용 흡수식 냉동장치 : 고온 발생기(재생기)와 저온 발생기(재생기), 즉 두 개의 재생기를 둠

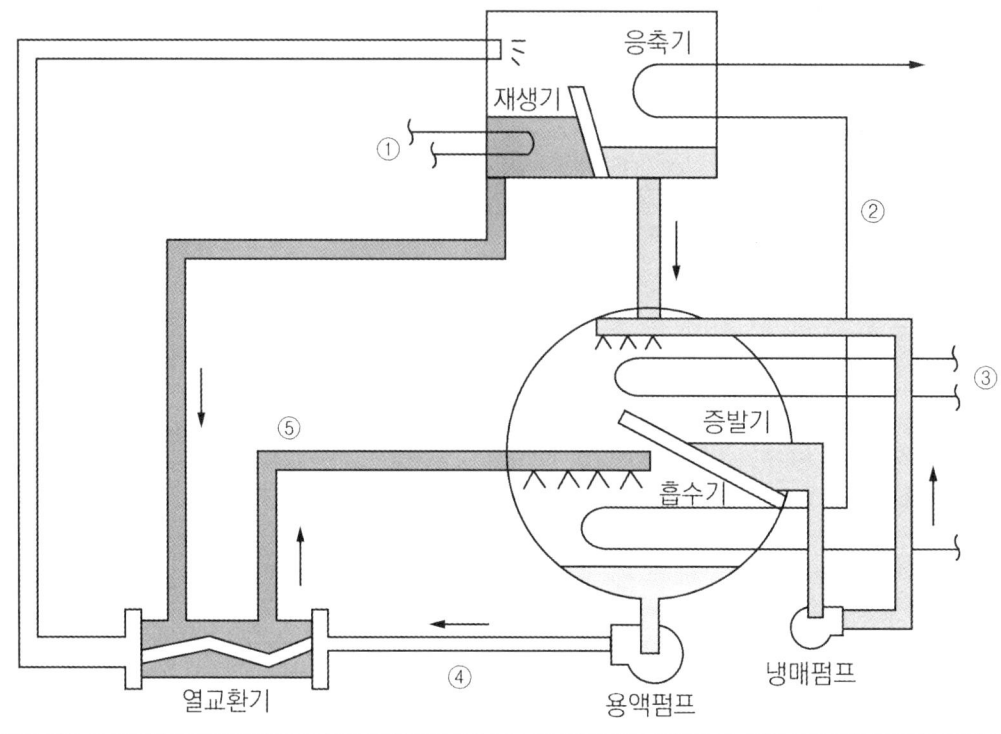

유체명	① 증기	② 냉각수	③ 냉수	④ 혼합용액	⑤ 흡수용액
설명	재생기에서 가열원으로 이용되는 열매로서 증기나 고온수를 사용한다.	응축기와 흡수기를 냉각시켜주는 냉각수이다.	증발기의 증발잠열을 이용하여 냉수를 얻는다.	증발기에서 증발한 냉매를 흡수액이 흡수하여 혼합된 묽은 용액(희석용액) 상태로 열교환기를 거쳐 재생기로 공급된다.	재생기에서 냉매를 증발시킨 진한 흡수용액(농축용액)으로 고온상태이므로 저온의 희석용액과 열교환하여 흡수기로 공급된다.

(3) 빙축열 시스템

① 특징

㉠ 장점 : 심야전력을 이용하여 경제적이며, 공조기기 중 냉열원설비의 용량을 줄일 수 있다. 냉원 공급이 안정적 (보조)역할 및 간헐 운전에 적합하다.

㉡ 단점 : 빙축열의 보온이 까다롭다.

CHAPTER 07 건축환경

01 건축환경

1 새집 증후군

(1) 원인

① 건물의 기밀성 증대로 인한 환기부족 현상

② 건자재, 시공재의 화학물질 사용 증가

(2) 방지책

① 법령강화

② 화학물질 접촉 최소화

③ 물리적 방법 : 식물 기르기, 환기, 난방 등

④ 화학적 방법 : 광촉매 도포

(3) 환기방식

① 제 1종 환기 : 급기기기와 배기기기를 동시에 사용 – 병원, 수술실, 거실, 지하극장

② 제 2종 환기(압입식) : 급기기기만 사용 – 일반실, 무균실, 반도체공장, 식당, 창고

③ 제 3종 환기(흡출식) : 배기기기만 사용 – 유해가스 발생장소, 화장실, 욕실, 주방, 흡연실

2 소음

(1) 음의 단위

① dB : 음압측정비교

② phon : 음 크기 레벨

③ W/m^2 : 음의세기

④ N/m^2 : 음압

(2) 음향효과

　① 칵테일파티 효과 : 여러음이 혼합적으로 들리는 경우에서도 대화 상대의 소리만을 선택적으로 들을 수 있는 것

　② 간섭 : 2개 이상의 음파가 동시에 어떤 점에 도달하면 서로 강화하거나 약화시키는 현상

(3) 잔향이론 : 음원에서 어떤 소리가 끝난 후, 실내에 음압이 (약 60dB)이 될 때까지의 시간, 잔향시간은 실용적에 비례, 흡음력에 반비례

$$RT = k\frac{V}{B}$$

RT : 잔향시간(SEC), k : 비례상수
V : 실의 용적 (m³), B : 흡음력

(4) 잔향시간

영향요소 : 실용적, 실내표면적, 실의 평균 흡음률, 잔향시간이 길면 언어의 명령도가 저하된다.

모아바 www.moa-ba.com
모아소방전기학원 www.moate.co.kr

P·A·R·T
02

위생설비

CHAPTER 01 급수 급탕설비

① 급수설비

1 급수량과 급수량 계산

(1) 급수량

① 평균 사용 수량을 기준으로 하면 여름에는 20% 증가하고 겨울에는 20% 감소, 도시의 1인당 평균 사용수량 = 거주 인명수 × (200 ~ 400) L/cd

② 시간당 평균 예상 급수량 $Q_h = \dfrac{Q_d}{T}[L/h]$는 1일의 총 급수량, $Q_d[L/d]$을 건물의 사용시간 T[h]로 나눈 값

③ 시간당 최대 예상 급수량 $Q_m = (1.5 \sim 2)Q_h[L/h]$(조건에 의한다)

순간 최대 예상 급수량 $Q_p = \dfrac{(3 \sim 4)Q_h}{60}[L/\min]$(단위가 바뀔 수 있음에 주의)

(2) 급수량 계산

① 건물 사용 인원에 의한 산정 방법

$$Q_d = qN$$

Q_d : 그 건물의 1일 사용수량[L/d]
q : 건물별 1인 1일당 급수량[L/(dN)]
N : 급수 대상인원

$Q_d[l/day]$ = 인원 × 1일 평균 사용수량

시간평균급수량 $Q_h[l/h] = \dfrac{Q_d[l/day]}{1일 평균 사용시간[h/day]}$

시간최대급수량 $Q_m[l/h] = (1.5 \sim 2)Q_h[l/h]$

순간최대급수량 $Q_p[l/\min] = \dfrac{(3 \sim 4)Q_h[l/h]}{60[\min/h]}$

(3) 위생기구 급수부하단위로 순간 최대유량 산정

위생기구의 급수부하단위표를 이용 설치 예정 기구 급수부하단위 총합을 구하여 동시사용유량 = 순간 최대유량을 산정하는 방법

① 건물 면적에 의한 산정 방법

$$Q_d = AKNq = qN[L/d]$$

$$A' = A\frac{K}{100}$$

$$N = A' \times a$$

A' : 건물의 유효면적[m²]
a : 유효면적당 인원[인/m²]
A : 건물의 연면적[m²] N : 인원
K : 건물의 연면적에 대한 유효면적 비율
q : 건물 종류별 1일 1일당 급수량[L/인·d]

② 사용기구에 의한 산정 방법

$$Q_d = Q_f FP [L/d]$$

$$Q_m = \frac{Q_d}{h} m [L/d]$$

Q_d : 1인당 급수량[L/d] F : 기구 수[개]
Q_f : 기구의 사용수량[L/d] P : 동시사용률
Q_m : 시간당 최대급수량[L/h] m : 계수[1.5 ~ 2]
h : 사용시간

③ 유속과 필요압력

㉠ 급수관 내 유속은 통상 2m/s 이하로 설계한다.

㉡ 급수를 위한 급수펌프의 양정은 급수기구까지 정압수두(양정) + 마찰손실수두(배관 및 부속) + 급수기구 최저 필요압력으로 구성된다. 이는 급수 펌프의 양정과 같으므로, 급수가압펌프의 총양정 H[mAq]는

$$H \geq h_1 + h_2 + \frac{u^2}{2g}$$

㉢ 고가수조 급수 시 배관 단위길이당 허용 마찰손실수두R

$$R[mAq/m] = \frac{H_1 - h_2}{l + l'}$$

H_1 : 기구에서 고가수조까지 높이(실양정)
h_2 : 기구 필요 최소압력 수두(또는 토출압력수두)
l : 고가수조에서 가장 먼 배관 끝거리
l' : 국부(부속)저항 상당길이

㉣ 그러므로 고가수조 토출압력수두 $h_2[mAq]$는

$$h_2[mAq] = H_1 - R(l + l')$$

④ 각종건물에 있어서의 위생 기구 1개당 1일 사용수량(ℓ/d)

건물별 위생기구	사무실 건물	학교	병원	아파트	공장	회관, 은행	극장, 영화관
대변기(세정 밸브)	900	600	750	200	750	600	750
대변기(세정탱크)	1200	800	1000	240	1000	800	1000
소변기(세정 밸브)	400	240	480	150	420	320	480
소변기(세정탱크)	400	240	480	150	420	320	480
수세기	240	140	180	120	-	160	480
세면기	960	900	400	200	-	640	300
싱크	1200	720	600	550	-	960	3200
욕조	-	-	-	760	-	-	-
청소용싱크	510	440	6100	270	-	440	-

기구명	필요압력[Mpa]
세정 밸브	0.07(최저) 표준 0.1
보통 밸브	0.03 표준 0.1
자동 밸브	0.07
샤워	0.07
순간온수기(대)	0.05
순간온수기(중)	0.04
순간온수기(소)	0.01(저압용)

2 급수설비에 의한 분류 : 직결식 급수법, 옥상탱크식 급수법, 압력탱크식 급수법

(1) 직결식 급수법 : 우물직결식, 수도직결식

① 대규모 건물에서는 급수가 곤란

② 설비비 경제적

③ 급수순서(상수도 → 저수조 → 펌프 → 위생기구)

(2) 옥상탱크식(급수법 : 옥상탱크, 고가수조)

① 고층 및 대규모 빌딩에 급수 가능

② 단수 시 탱크 내 보유 수량이 있어서 급수에 지장이 작음

③ 공급 수압이 항상 일정

④ 고가수조의 용량 기준은 순간 최대 급수량이다.

(3) 압력탱크식 급수법 : 옥상 등 고가탱크의 설치가 불가능할 경우 밀폐된 탱크를 설치하여 물을 압입시킴으로써 탱크 내의 공기가 압축되어 이 압축공기에 의해 급수

　① 고양정의 펌프가 필요

　② 급수 압력이 불균일

　③ 탱크 내 저수량이 적어 정전 시 단수의 우려가 큼

　④ 기밀성 및 고압에 견뎌야 하므로 제작비가 비쌈

　⑤ 취급이 곤란하고 고장이 많음

　※ 압력탱크 필요기기 : 압력계, 수면계, 안전 밸브, 배수 밸브, 압력스위치 등

3 급수배관

(1) 배관의 구배 : 1/250 끝올림 구배(단, 옥상 탱크식에서 수평주관은 내림 구배, 각 층의 수평지관은 올림 구배)

(2) 수격작용 : 세정 밸브나 급속개폐식 수전 사용 시 유속의 불규칙한 변화로 유속을 m/s로 표시한 값의 14배 이상의 압력과 소음을 동반하는 현상

(3) 급수관이 매설 깊이

　① 보통 평지 : 450mm 이상

　② 차량 통로 : 750mm 이상

　③ 중차량 통로, 냉한 지대 : 1m 이상

(4) 급수배관 시험압력

　① 급수배관 : 1.75Mpa/60분[건설기계설비 표준시방서 04010 3.8]

　② 취수배관 : 0.5Mpa 이상/60분[KSC(국가건설기준) 57 30 35]

4 급수 펌프 설치

(1) 펌프와 모터 축심을 일직선으로 맞추고 설치 위치는 되도록 낮출 것

(2) 흡입관의 수평부 : 1/50 ~ 1/100의 끝 올림 구배를 주며, 관지름을 바꿀 때는 편심 이음쇠를 사용(유속저항을 줄이기 위해)

(3) 풋(후트) 밸브 : 동수위면에서 관지름의 2배 이상 물속에 장치

(4) 토출관 : 펌프 출구에서 1m 이상 위로 올려 수평관에 접속하며 토출양정이 18m 이상이 될 때는 펌프의 토출구와 토출 밸브 사이에 체크 밸브를 설치

02 급탕설비

1 급탕설비

급탕을 필요로 하는 개소에는 세면기, 욕조, 샤워, 요리 싱크대 등이 있고, 특히 호텔이나 병원 등에서도 급탕설비는 반드시 되어 있다. 온수의 온도는 용도별로 차이가 있지만 보통 70~80℃의 온수를 공급하여 사용 장소에서 냉수를 혼합해 적당한 온도로 용도에 맞게 사용한다.

※ 서모스탯 (자동온도조절기) : 저탕식 급탕설비에서 급탕의 온도를 일정하게 유지시키기 위해 가스나 전기를 공급 또는 정지하는 것

(1) 급탕 방법

① 개별식 급탕법 : 가스나 전기, 증기 등을 열원으로 하여 욕실이나 싱크대, 세면기 등 더운 물이 필요한 곳에 탕비기를 설치하여 짧은 배관시설에 의해 기구 급탕 전에 연결하여 사용하는 간단한 방법이다.

㉠ 장점
- 배관길이가 짧아서 열손실이 적다.
- 급탕개소가 적을 때는 설비비가 저렴하다.
- 소규모 설비에 급탕이 용이하다.
- 필요한 장소에 간단하게 설비가 가능하다.

② 중앙식 급탕법 : 건물의 지하실 등 일정한 장소에 탕비장치를 설치하여 배관으로 사용처에 급탕하며 열원은 증기, 석탄, 중유 등이 있다.

㉠ 직접가열식
- 보일러에서 가열된 온수를 배관을 통해 직접 세대로 공급하는 방식
- 보일러 내면에 스케일이 많이 생김
- 보일러 신축이 불균일
- 열 효율면에서 경제적
- 건물 높이에 상당하는 수압이 보일러에 가해지기 때문에 고압용 용수를 사용하는 보일러가 필요
- 급탕용 보일러, 난방용 보일러를 각각 설치
- 중·소규모 설비에 적합

ⓒ 간접가열식
- 보일러 내의 고온수나 증기를 저탕조의 가열코일을 통과시켜 물을 간접적으로 가열하여 공급하는 방식
- 보일러 내면에 스케일이 거의 끼지 않음
- 가열코일이 필요
- 저압용 보일러가 필요
- 난방용 보일러로 급탕까지 가능
- 대규모 설비에 적합
- 기계식(강제식) 급탕 순환방식 사용

③ 관의 신축
  ㉠ 스위블 조인트 : 엘보 2개 이상 사용한 신축이음으로 보편적 사용
  ㉡ 슬리브형 : 배관이 겹쳐들어가는 이음 신축으로 인한 응력 발생이 없다.
  ㉢ 벨로즈형 : 주름관의 수축을 이용한 이음 고압배관에 부적합
  ㉣ 루프형 : 신축이 가장 좋고 누수도 가장 적다.
  ㉤ 상온 스프링형 : 상온상태에서 파손 한계 이전 늘린 형태로 열응력 발생 시 원상으로 돌아가는 정도의 신축이음

④ 관의 팽창길이

팽창길이 $L_m[mm] = 1000[mm/m] \times L \times C \times \Delta t$

$L[m]$: 관길이
C : 온도당 선팽창계수
Δt : 온도차

※ 온도변화에 따른 배관의 팽창길이는 배관의 길이와 비례한다.

⑤ 온수 순환펌프의 수량

$Q = \rho W C \Delta t$

W : 순환수량[L/min]
p : 탕의 밀도[kg/L]
C : 탕의 비열[kcal/(kg℃)]
Q : 방열량[W 또는 kcal/h]
Δt : 급탕관탕의 온도차[℃](강제순화식일 때 5 ~ 10℃)

⑥ 급탕의 팽창량

$$팽창량 \Delta V[l] = (v_2 - v_1)m = (\frac{1}{\rho_2} - \frac{1}{\rho_1})m$$

m : 장치보유수량[kg]
v_2 : 팽창 후 비체적[ℓ/kg]
v_1 : 팽창 전 비체적[ℓ/kg]
p_2 : 팽창 후 밀도[kg/ℓ]
p_1 : 팽창 전 밀도[kg/ℓ]

2 보일러

(1) 보일러의 종류

① 열전달 매체에 따른 분류 : 증기, 온수, 열매체보일러

② 열원에 따른 분류 : 가스, 유류, 석탄, 전기, 폐열보일러

③ 본체구조 / 순환방식에 따른 분류

종류	형식
원통보일러	노통연관보일러
	노통보일러(코니시, 랭카셔)
	연관보일러
	입형보일러
수관보일러	강제순환식(기계식) 보일러
	자연순환식
관류보일러	관류보일러(벤손, 슐져)
	소형 관류보일러

(2) 보일러 수질관리

① 보일러 부식 방지 : 물속 용존산소는 금속의 점 부식을 일으키게 되며, 이로 인해 열전달을 방해하고, 보일러 수를 오염시키게 되므로 제거하여 보일러 부식을 방지

② 불순물 및 부유물 제거 : 시스템 고장의 원인이 될 수 있는 불순물 및 부유물을 제거

③ 거품 방지 : 관수가 과 농축 시, 물속의 고형물의 농도가 높아지고, 보일러 표면에 거품을 발생하고 증기와 함께 증발하게 되어 캐리오버 발생 과열기 및 터빈의 축적으로 시스템 손상됨. 따라서 증기의 순도를 유지해야 함

④ 경수를 연화 : 경수에 다량함유 되어 있는 칼슘과 마그네슘은 보일러 내부에 침전되어 보일러의 부식 및 스케일을 발생 후 처리를 통한 경수를 연수로 연화(탄산칼슘 처리)

⑤ 경도 : 용수 내 칼슘, 마그네슘 등의 양을 연화 처리하는 탄산칼슘의 100ppm 기준으로 환산 표시한 것

분류	함유량	특징
극연수	0ppm	증류수 또는 멸균수로 연관, 황동관이 부식됨
연수	90ppm	세탁, 염색, 보일러용에 적합
적수	90~110ppm	-
경수	110ppm 이상	대부분 용도에 부적합

(3) 보일러 순환펌프

① 열교환 효과를 높이기 위해(급탕 온도유지 온수 강제 순환을 위해) 사용되며 내열성, 대유량, 저리프트 특성이 필요하다.

② 펌프의 기동정지는 서모스탯에 의해 급탕의 온도를 계측한다.

(4) 역환수방식의 특징

① 리버스리턴 배관은 배관 길이가 커져 설비비가 높아지나 온수의 유량 분배 균일화의 장점이 있다.

(5) 기수혼합식(열매혼합식) 급탕장치

① 보일러에서 생긴 증기를 급탕용의 물속에 직접 불어넣어 온수를 얻는 방법으로 열효율이 좋고 열교환량이 커서 대규모 급탕용으로 사용한다.

② 소음이 커서 스팀 사일런서 등을 사용 소음을 줄인다.

CHAPTER 02 위생기구 및 배수통기 설비

01 배수관과 통기관

1 통기관

배수트랩의 봉수를 보호하여 배수관에서 발생하는 유취와 유해가스의 옥내 침입을 방지하기 위한 설비로 다음과 같은 목적이 있다.

- 배수관 내의 기압을 유지
- 트랩의 봉수 보호
- 배수관 내의 흐름 원활
- 배수관 내의 환기 역할

(1) 통기배관 방식

① 단관식 : 2 ~ 3층 정도 소규모 건물에 사용

② 복관식 : 기구수가 많고 트랩의 봉수가 없어질 기회가 많은 고층 건물에 사용

    ㉠ 개별(각개) 통기식 : 각 기구마다 통기관을 취출하는 방식(배관은 32A 이상 사용)

    ㉡ 회로통기식
  - 몇 개의 기구를 모아 하나의 통기관을 연결한 통기
  - 기구수는 8개 이내로 할 것

    ㉢ 환상 통기식
  - 회로 통기식 중 통기 수평지관을 통기주관에 연결하지 않고 신정 통기관에 연결하는 방식 2개 이상 8개 이하 기구수 연결
  - 최고층의 경우에 사용, 배관은 40A 이상

    ㉣ 신정 통기관 : 최고층 기구 배수관 접속점에서 입상관을 연장하여 건물 밖으로 뽑아내는 방식으로 단관에서 많이 사용하며 단순하고 경제적이다(배관은 75A 이상 지붕을 관통하는 경우 150A 이상 사용).

    ㉤ 결합 통기관 : 고층 건물에서 통기효과를 높이기 위해 통기수직관과 배수수직관을 연결한 통기관 5개 층마다 설치하며, 배관은 50A 이상

ⓑ 도피(탈출) 통기관 : 최하류 위생기구에 연결하는 통기관으로 루프통기관을 도와 통기가 원활히 이루어지도록 도와주는 역할을 하는 통기관, 배관은 40A 이상

※ 이외 겸용 사용에 따라 습윤 통기관으로 구분할 수 있다. 습윤통기관은 배수관과 통기관 역할을 같이 한다.

※ 자연급배기식 : 급·배기통을 전용 쳄버 내에 접속하여 자연통기력에 의해 배기하는 방식

※ 통기관은 기구의 오버플로우 수면보다 15cm 이상 높아야 한다.

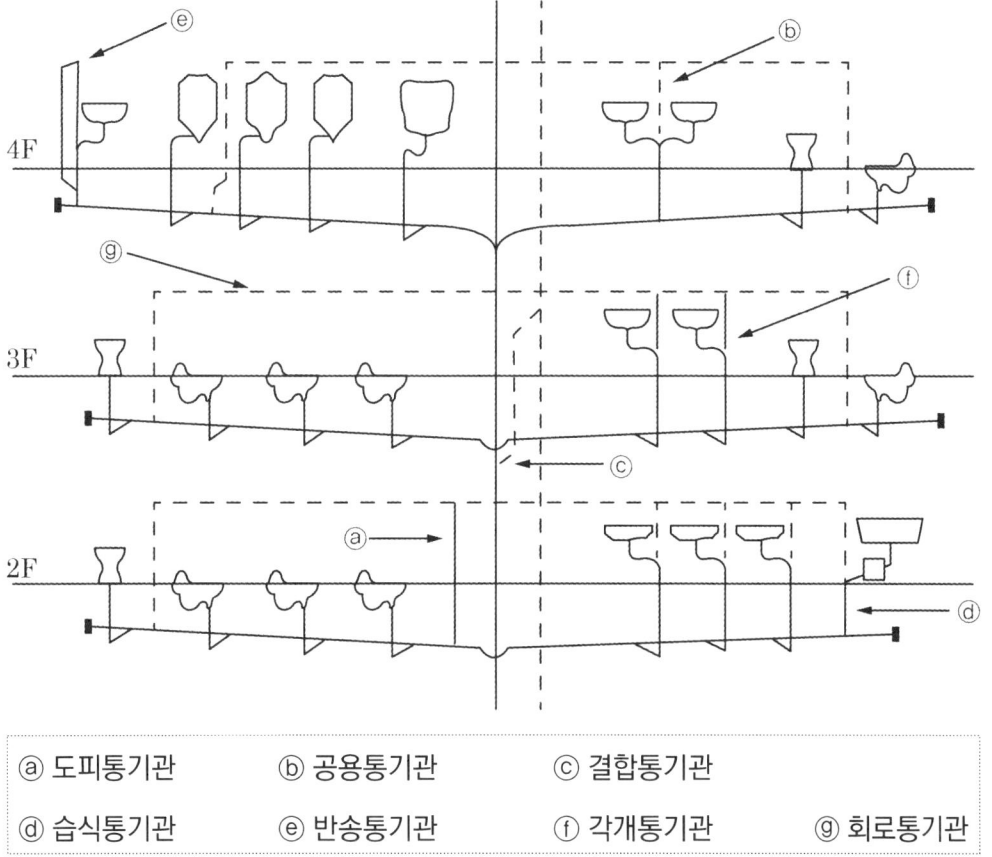

ⓐ 도피통기관   ⓑ 공용통기관   ⓒ 결합통기관
ⓓ 습식통기관   ⓔ 반송통기관   ⓕ 각개통기관   ⓖ 회로통기관

2 배수관과 트랩

(1) 배수관 : 배수관 유속은 0.6 ~ 1.5m/s, 지중 또는 지계층의 바닥 밑에 매설하는 배수관은 50A 이상으로 한다.

① 우수관 : 빗물관으로 공공하수도에 연결되어 배수된다.

② 오수관 : 오수관은 오배수관으로 정화조와 연결되어 1차 정화 후 배수된다.

③ 배수의 분류
  ㉠ 직접배수 : 위생기구와 배수관이 연결된 것(세면기, 욕조, 대변기 등)
  ㉡ 간접배수 : 냉장고, 세탁기, 음료기 등
④ 청소구
  ㉠ 수평지관의 상단부에 관경 100mm 이하 경우 15m 이내, 관경 100mm 이상 경우 30m 이내 설치한다.
  ㉡ 45° 이상의 각도로 구부러진 곳에 설치한다.
⑤ 배수관 및 통기관 시험
  ㉠ 수압시험 : 0.03MPa(3mAq) 압력으로 30분
  ㉡ 기압시험 : 0.035MPa 압력으로 15분
  ㉢ 기밀시험 : 최종시험(연기시험, 박하시험 ~ 전개구부를 밀폐한 다음 각 트랩을 봉수하고 배수 주관에 약 57g의 박하유를 주입한 다음 약 3.8ℓ의 온수를 부어 그 독특한 냄새에 의해 누설되는 곳을 확인하는 방식)

(2) 트랩 : 배수관에서 발생한 유해가스가 배수관을 통해 실내로 침입하기 때문에 이를 방지하기 위해 설치
  ① 트랩에는 물이 채워져 봉수가 되며, 봉수 깊이는 5 ~ 10cm 정도로 할 것
  ② 사이펀작용이나 역압작용에 의해 봉수가 파괴될 우려가 있으므로 봉수 보호를 위해 트랩 가까이에 통기관을 세울 것
  ③ 트랩의 구비조건
    ㉠ 내식성이 클 것
    ㉡ 구조가 간단할 것
    ㉢ 봉수가 유실되지 않는 구조일 것(U 트랩)
    ㉣ 트랩 자신이 세정작용을 할 수 있을 것
  ④ 특수 배수 트랩
    ㉠ 그리스 트랩 : 주방의 조리실 기름용 트랩
    ㉡ 차고 트랩 : 차량 유류용 트랩
    ㉢ 플라스터(석고) 트랩 : 치과, 병원 의료용 석고 사용처
    ㉣ 헤어 트랩 : 미용실
    ※ 배수 설비 트랩은 2중 트랩이 되지 않도록 한다.
  ⑤ 유도 사이펀 작용 : 공기가 감압되면서 사이펀 작용에 의해 봉수가 파괴되는 작용 이외 불순물 등에 모세관 현상 등에 의해 봉수가 파괴될 수 있다.

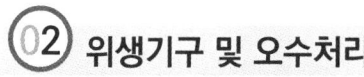

1 위생기구

(1) 세정 밸브(F.V)식 대변기

　① 급수관경은 최소 25A로 방사 필요압력은 0.07MPa이다.

　② 연속으로 사용 가능하나 소음이 커 가정용으로는 사용하지 않음

　③ 다량의 물을 사용한다.

　④ 세정 밸브 대변기에는 진공방지기 등을 설치하여 급수 오염 및 사이펀 작용을 방지

(2) 세정탱크식 대변기

　① 하이 탱크식(소음 크지만 적은 물 사용)과 로우 탱크식(소음 작지만 많은 물 사용)

　② 세정 시 소음이 크다.

　※ 대변기 류가 기구배수(급수) 부하단위가 가장 크다.

　　대변기의 배수관은 최소 75A 이상, 2개 이상인 경우는 100A 이상으로 한다.

2 배관재료

(1) 동관

　① 전기 및 열의 전도성 우수하고 내식성이 높아 부식이 적음

　② 탄산가스를 포함한 공기 중에는 푸른 녹 발생

(2) 스테인레스 강관

　① 기계적 성질이 우수하나 취급이 어렵다.

(3) 부속

　① 체크 밸브

　　㉠ 리프트형(수직배관)

　　㉡ 스윙형(수평, 수직배관 모두 설치 가능, 고형물이 많은 유체에 적용)

3 오수처리

(1) 생물화학적 산소 요구량(BOD) 제거율 : 오수처리설비의 성능을 나타내는 지표

$$BOD 제거율 = \frac{유입 BOD - 유출 BOD}{유입 BOD} \times 100(\%) = \frac{처리 BOD}{유입 BOD} \times 100(\%)$$

※ 참조
- BOD : 생물화학적 산소 요구량
- COD : 화학적 산소 요구량
- DD : 용존산소량
- SS : 부유물질

(2) 오수 정화조 용량 선정

① 인원 산출(처리량) → 오수정화 성능 결정 → 오수량 결정 → 정화조 용량 산정

CHAPTER 03 가스설비

01 가스설비

1 가스설비

(1) 가스 사용시설

① LNG(액화천연가스, Liquefied Natural Gas)

㉠ 메탄(CH_4)이 주성분

㉡ 공기보다 가볍다(비중 = 16g 분자량/29g 공기분자량 = 0.55)

㉢ 도시가스 등 대규모 시설 배관을 통해서 공급

② LPG(액화석유가스, Liquefied Petroleum Gas)

㉠ 프로판(C_3H_8), 부탄(C_4H_{10})이 주성분

㉡ 공기보다 무겁다(비중이 큼. 프로페인 기준 비중 = 44g/29g = 1.51)

③ 도시가스 공급 계통

㉠ 원료 → 제조(공기혼합 열량조정) → 압송 → 홀더 → 정압기(거버너) → 공급

④ 가스관과 전기설비의 이격거리

㉠ 전기계량기 및 전기개폐기 : 60cm

㉡ 전기점멸기 및 전기접속기 : 30cm

⑤ 도시가스 사용시설 가스계량기와 화기 사이 유지거리 → 2m 이상

P·A·R·T
03

건축일반 및 건축설비관계법규

CHAPTER 01 건축법규

01 건축법(법률, 시행령, 시행규칙) 및 기타 규칙 및 기준

1 건축

(1) 정의

① 건축물

토지에 정착(定着)하는 공작물 중 지붕과 기둥 또는 벽이 있는 것과 이에 딸린 시설물, 지하나 고가(高架)의 공작물에 설치하는 사무소·공연장·점포·차고·창고

② 건축

건축물을 신축·증축·개축·재축(再築)하거나 건축물을 이전하는 것

㉠ 신축 : 건축물이 없는 대지에 새로 건축물을 축조(築造)하는 것

㉡ 증축 : 기존 건축물이 있는 대지에서 건축물의 건축면적, 연면적, 층수 또는 높이를 늘리는 것

㉢ 개축 : 기존 건축물의 전부 또는 일부(내력벽·기둥·보·지붕틀 중 셋 이상이 포함되는 경우)를 해체하고 그 대지에 종전과 같은 규모의 범위에서 건축물을 다시 축조하는 것

㉣ 재축 : 건축물이 천재지변이나 그 밖의 재해(災害)로 멸실된 경우 그 대지에 다시 축조하는 것

③ 대수선 : 건축물의 기둥, 보, 내력벽, 주계단 등의 구조나 외부 형태를 수선·변경하거나 증설하는 것, 증축, 개축, 재축 이외 다음에 해당하는 것

㉠ 내력벽을 증설 또는 해체하거나 그 벽면적을 30제곱미터 이상 수선 또는 변경하는 것

㉡ 기둥을 증설 또는 해체하거나 세 개 이상 수선 또는 변경하는 것

㉢ 보를 증설 또는 해체하거나 세 개 이상 수선 또는 변경하는 것

㉣ 지붕틀을 증설 또는 해체하거나 세 개 이상 수선 또는 변경하는 것

㉤ 방화벽 또는 방화구획을 위한 바닥 또는 벽을 증설 또는 해체하거나 수선 또는 변경하는 것

ⓑ 주계단·피난계단 또는 특별피난계단을 증설 또는 해체하거나 수선 또는 변경하는 것

ⓢ 다가구주택의 가구 간 경계벽 또는 다세대주택의 세대 간 경계벽을 증설 또는 해체하거나 수선 또는 변경하는 것

ⓞ 건축물의 외벽에 사용하는 마감재료를 증설 또는 해체하거나 벽면적 30제곱미터 이상 수선 또는 변경하는 것

④ 건축설비 : 건축물에 설치하는 전기·전화 설비, 초고속 정보통신 설비, 지능형 홈네트워크 설비, 가스·급수·배수(配水)·배수(排水)·환기·난방·냉방·소화(消火)·배연(排煙) 및 오물처리의 설비, 굴뚝, 승강기, 피뢰침, 국기 게양대, 공동시청 안테나, 유선방송 수신시설, 우편함, 저수조(貯水槽), 방범시설

⑤ 리모델링 : 건축물의 노후화를 억제하거나 기능 향상 등을 위하여 대수선하거나 건축물의 일부를 증축 또는 개축하는 행위

⑥ 주요구조부 : 내력벽(耐力壁), 기둥, 바닥, 보, 지붕틀 및 주계단(主階段)

⑦ 거실 : 건축물 안에서 거주, 집무, 작업, 집회, 오락, 그 밖에 이와 유사한 목적을 위하여 사용되는 방을 말한다.

⑧ 지하층 : 건축물의 바닥이 지표면 아래에 있는 층으로서 바닥에서 지표면까지 평균 높이가 해당 층 높이의 2분의 1 이상인 것을 말한다.

(2) 옹벽 등의 공작물에의 준용하는 공작물

① 높이 6미터를 넘는 굴뚝

② 높이 4미터를 넘는 장식탑, 기념탑, 첨탑, 광고탑, 광고판

③ 높이 8미터를 넘는 고가수조

④ 높이 2미터를 넘는 옹벽 또는 담장

⑤ 바닥면적 30제곱미터를 넘는 지하대피호

⑥ 높이 6미터를 넘는 골프연습장 등의 운동시설을 위한 철탑, 주거지역·상업지역에 설치하는 통신용 철탑

⑦ 높이 8미터 이하의 기계식 주차장 및 철골 조립식 주차장

⑧ 건축조례로 정하는 제조시설, 저장시설, 유희시설

⑨ 높이 5미터를 넘는 태양에너지를 이용하는 발전설비

(3) 건축물의 용도 분류

건축물의 종류를 유사한 구조, 이용 목적 및 형태별로 묶어 분류한 것

① 단독주택
- ㉠ 단독주택
- ㉡ 다중주택 : 1개 동 바닥면적 합계가 660제곱미터 이하이고 3개 층 이하
- ㉢ 다가구주택 : 1개 동 바닥면적 합계가 660제곱미터 이하이고 3개 층 이하 + 19세대 이하
- ㉣ 공관(公館)

② 공동주택
- ㉠ 아파트 : 주택 층수가 5개 층 이상
- ㉡ 연립주택 : 주택 1개 동의 바닥면적 합계가 660제곱미터를 초과하고, 층수가 4개 층 이하
- ㉢ 다세대주택 : 주택으로 쓰는 1개 동의 바닥면적 합계가 660제곱미터 이하이고, 층수가 4개 층 이하
- ㉣ 기숙사

③ 제1종 근린생활시설
- ㉠ 일용품을 판매하는 소매점 바닥 1천 제곱미터 미만
- ㉡ 휴게음식점, 제과점 등 바닥 합계가 300제곱미터 미만
- ㉢ 의원, 치과의원, 한의원, 침술원, 접골원(接骨院), 조산원, 안마원, 산후조리원 등
- ㉣ 탁구장, 체육도장 바닥면적의 합계가 500제곱미터 미만인 것
- ㉤ 공공업무를 수행하는 시설 바닥 1천 제곱미터 미만인 것
- ㉥ 변전소, 도시가스배관시설, 통신용 시설(바닥 1천 제곱미터 미만인 것), 에너지공급·통신서비스제공이나 급수·배수와 관련된 시설
- ㉦ 일반업무시설 바닥 30제곱미터 미만인 것
- ㉧ 전기자동차 충전소

④ 제2종 근린생활시설
- ㉠ 공연장 바닥 합 500제곱미터 미만
- ㉡ 종교집회장 바닥 합 500제곱미터 미만
- ㉢ 자동차영업소 바닥 합 1천 제곱미터 미만
- ㉣ 총포판매소
- ㉤ 청소년게임제공업소 등 바닥 합 500제곱미터 미만
- ㉥ 휴게음식점 등 바닥 합 300제곱미터 이상

　　　　Ⓢ 일반음식점

　　　　ⓞ 장의사, 동물병원, 동물미용실

　　　　ⓩ 학원, 교습소, 직업훈련소 바닥 합 500제곱미터 미만

　　　　ⓧ 독서실, 기원

　　　　㉿ 주민의 체육 활동을 위한 시설 바닥 합 500제곱미터 미만

　　　　㉾ 일반업무시설로서 바닥 합 500제곱미터 미만

　　　　ⓗ 다중생활시설 바닥 합 500제곱미터 미만

　　　　㉮ 단란주점 바닥 합 150제곱미터 미만

　　　　㉯ 안마시술소, 노래연습장

⑤ 문화 및 집회시설

⑥ 종교시설

⑦ 판매시설

⑧ 운수시설

⑨ 의료시설

⑩ 교육연구시설

⑪ 노유자(老幼者 : 노인 및 어린이)시설

⑫ 수련시설

⑬ 운동시설

⑭ 업무시설

⑮ 숙박시설

⑯ 위락(慰樂)시설

⑰ 공장

⑱ 창고시설

⑲ 위험물 저장 및 처리시설

⑳ 자동차 관련 시설

㉑ 동물 및 식물 관련 시설

㉒ 자원순환 관련 시설

㉓ 교정(矯正)시설

㉔ 국방·군사시설

㉕ 방송통신시설

㉖ 발전시설

㉗ 묘지 관련 시설

㉘ 관광 휴게시설

(4) 리모델링 대비 특례

① 리모델링이 쉬운 구조

㉠ 각 세대는 인접한 세대와 수직 또는 수평 방향으로 통합하거나 분할할 수 있을 것

㉡ 구조체에서 건축설비, 내부 마감재료 및 외부 마감재료를 분리할 수 있을 것

㉢ 개별 세대 안에서 구획된 실(室)의 크기, 개수 또는 위치 등을 변경할 수 있을 것

(5) 다중이용 건축물과 준다중이용 건축물

① 다중이용 건축물 : 문화 및 집회시설, 종교시설, 판매시설, 운수시설 중 여객용 시설, 종합병원, 관광숙박시설, 16층 이상인 건축물 중 바닥 합 5천 제곱미터 이상

② 준다중이용 건축물 : 다중이용 건축물 외 교육연구시설, 노유자시설, 운동시설, 위락시설, 장례시설

(6) 건축법 적용 제외

① 문화재보호법에 따른 지정문화재나 임시지정문화재

② 철도나 궤도의 선로 부지(敷地)에 있는 시설

③ 고속도로 통행료 징수시설

④ 컨테이너를 이용한 간이창고

⑤ 하천법에 따른 하천구역 내의 수문 조작실

(7) 건축기준 허용오차

① 대지 관련 건축기준의 허용오차

항목	허용되는 오차의 범위
건축선의 후퇴거리	3퍼센트 이내
인접대지 경계선과의 거리	3퍼센트 이내
인접건축물과의 거리	3퍼센트 이내
건폐율	0.5퍼센트 이내(건축면적 5제곱미터를 초과할 수 없다)
용적률	1퍼센트 이내(연면적 30제곱미터를 초과할 수 없다)

② 건축물 관련 건축기준의 허용오차

항목	허용되는 오차의 범위
건축물 높이	2퍼센트 이내(1미터를 초과할 수 없다)
평면길이	2퍼센트 이내(건축물 전체길이는 1미터를 초과할 수 없고, 벽으로 구획된 각 실의 경우에는 10센티미터를 초과할 수 없다)
출구너비	2퍼센트 이내
반자높이	2퍼센트 이내
벽체두께	3퍼센트 이내
바닥판두께	3퍼센트 이내

2 건축허가

(1) 건축허가신청에 필요한 설계도서

① 건축계획서

② 배치도

　㉠ 축척 및 방위

　㉡ 대지에 접한 도로의 길이 및 너비

　㉢ 대지의 종·횡단면도

　㉣ 건축선 및 대지경계선으로부터 건축물까지의 거리

　㉤ 주차동선 및 옥외주차계획

　㉥ 공개공지 및 조경계획

③ 평면도

④ 입면도

⑤ 단면도

⑥ 구조도(구조안전 확인 또는 내진설계 대상 건축물에 한함)

⑦ 구조계산서(구조안전 확인 또는 내진설계 대상 건축물에 한함)

(2) 구조안전확인대상 건축물

① 층수가 3층[대지가 연약(軟弱)하여 건축물의 구조 안전을 확보할 필요가 있는 지역으로서 건축조례로 정하는 지역에서는 2층] 이상인 건축물

② 연면적이 1천 제곱미터 이상인 건축물

③ 높이가 13미터 이상인 건축물

④ 처마높이가 9미터 이상인 건축물

(3) 건축허가 사전승인

① 건축계획서 : 설계설명서, 구조계획서, 지질조사서, 시방서

② 기본설계도서

　㉠ 건축 : 투시도, 평면도, 입면도, 단면도, 내외마감표, 주차장 평면도

　㉡ 설비 : 건축설비도, 소방설비도, 상하수도계통도

(4) 초고층 건축물

① 초고층 및 지하연계 복합건축물 재난관리에 관한 특별법에 정의

　층수가 50층 이상 또는 높이가 200미터 이상인 건축물

② 층수 및 높이에 따른 건축물의 분류

구분	층수	높이
고층건축물	30층 이상	120m 이상
준초고층건축물	30층 이상 ~ 50층 미만	120m 이상 ~ 200m 미만
초고층건축물	50층 이상	200m 이상

(5) 건축허가 등의 동의대상물의 범위

① 연면적이 400제곱미터 이상인 건축물과 다음 기준 이상인 건축물

　㉠ 학교시설 : 100제곱미터

　㉡ 노유자시설(노유자시설) 및 수련시설 : 200제곱미터

　㉢ 정신의료기관(입원실이 없는 경우 제외) : 300제곱미터

　㉣ 장애인 의료재활시설 : 300제곱미터

　㉤ 차고·주차장 또는 주차 용도로 사용되는 시설

　　• 차고·주차장으로 사용되는 층 중 바닥면적이 200제곱미터 이상인 층이 있는 시설

　　• 승강기 등 기계장치에 의한 주차시설로서 자동차 20대 이상을 주차할 수 있는 시설

　㉥ 항공기격납고, 관망탑, 항공관제탑, 방송용 송수신탑

　㉦ 지하층 또는 무창층이 있는 건축물로서 바닥면적이 150제곱미터(공연장의 경우에는 100제곱미터) 이상인 층이 있는 것

　㉧ 위험물 저장 및 처리시설, 지하구

㋨ 노유자시설 중 (단독주택 또는 공동주택에 설치되는 시설은 제외)
- 노인 관련 시설
- 아동복지시설
- 장애인 거주시설
- 정신질환자 관련 시설
- 노숙인 관련 시설
- 결핵환자나 한센인이 24시간 생활하는 노유자시설

㋩ 요양병원

3 구조 및 재료

(1) 구조 및 재료

① 내수재료 : 벽돌·자연석·인조석·콘크리트·아스팔트·도자기질재료·유리 및 그 밖에 이와 비슷한 내수성 건축재료

② 내화구조

㉠ 내화구조 일반

ⓐ 철근콘크리트조 또는 철골철근콘크리트조로서 두께가 10센티미터 이상인 것

ⓑ 골구를 철골조로 하고 그 양면을 두께 4센티미터 이상의 철망모르타르(그 바름바탕을 불연재료로 한 것으로 한정한다. 이하 이 조에서 같다) 또는 두께 5센티미터 이상의 콘크리트블록·벽돌 또는 석재로 덮은 것

ⓒ 철재로 보강된 콘크리트블록조·벽돌조 또는 석조로서 철재에 덮은 콘크리트블록 등의 두께가 5센티미터 이상인 것

ⓓ 벽돌조로서 두께가 19센티미터 이상인 것

ⓔ 고온·고압의 증기로 양생된 경량기포 콘크리트패널 또는 경량기포 콘크리트블록조로서 두께가 10센티미터 이상인 것

㉡ 기둥 : 기둥의 경우에는 그 작은 지름이 25센티미터 이상인 것으로서 다음 각 목의 어느 하나에 해당하는 것

ⓐ 철근콘크리트조 또는 철골철근콘크리트조

ⓑ 철골을 두께 6센티미터(경량골재를 사용하는 경우에는 5센티미터) 이상의 철망모르타르 또는 두께 7센티미터 이상의 콘크리트블록·벽돌 또는 석재로 덮은 것

ⓒ 철골을 두께 5센티미터 이상의 콘크리트로 덮은 것

ⓒ 바닥 : 바닥의 경우에는 다음 각 목의 어느 하나에 해당하는 것
  ⓐ 철근콘크리트조 또는 철골철근콘크리트조로서 두께가 10센티미터 이상인 것
  ⓑ 철재로 보강된 콘크리트블록조·벽돌조 또는 석조로서 철재에 덮은 콘크리트블록 등의 두께가 5센티미터 이상인 것
  ⓒ 철재의 양면을 두께 5센티미터 이상의 철망모르타르 또는 콘크리트로 덮은 것

ⓔ 보 : 보(지붕틀을 포함한다)의 경우에는 다음 각 목의 어느 하나에 해당하는 것
  ⓐ 철근콘크리트조 또는 철골철근콘크리트조
  ⓑ 철골을 두께 6센티미터(경량골재를 사용하는 경우에는 5센티미터) 이상의 철망모르타르 또는 두께 5센티미터 이상의 콘크리트로 덮은 것
  ⓒ 철골조의 지붕틀(바닥으로부터 그 아랫부분까지의 높이가 4미터 이상인 것에 한한다)로서 바로 아래에 반자가 없거나 불연 재료로 된 반자가 있는 것

ⓜ 지붕 : 지붕의 경우에는 다음 각 목의 어느 하나에 해당하는 것
  ⓐ 철근콘크리트조 또는 철골철근콘크리트조
  ⓑ 철재로 보강된 콘크리트블록조·벽돌조 또는 석조
  ⓒ 철재로 보강된 유리블록 또는 망입유리(두꺼운 판유리에 철망을 넣은 것을 말한다)로 된 것

ⓗ 계단 : 계단의 경우에는 다음 각 목의 어느 하나에 해당하는 것
  ⓐ 철근콘크리트조 또는 철골철근콘크리트조
  ⓑ 무근콘크리트조·콘크리트블록조·벽돌조 또는 석조
  ⓒ 철재로 보강된 콘크리트블록조·벽돌조 또는 석조
  ⓓ 철골조

③ 방화구조
  ㉠ 방화구조 일반
    ⓐ 철망모르타르로서 그 바름두께가 2센티미터 이상인 것
    ⓑ 석고판 위에 시멘트모르타르 또는 회반죽을 바른 것으로서 그 두께의 합계가 2.5센티미터 이상인 것
    ⓒ 시멘트모르타르 위에 타일을 붙인 것으로서 그 두께의 합계가 2.5센티미터 이상인 것
    ⓓ 심벽에 흙으로 맞벽치기한 것

(2) 계단

　① 계단의 구조 : 건축물의 피난·방화구조 등의 기준에 관한 규칙에 의한다.

　　㉠ 높이가 3미터를 넘는 계단에는 높이 3미터 이내마다 유효너비 120센티미터 이상의 계단참을 설치할 것

　　㉡ 높이가 1미터를 넘는 계단 및 계단참의 양옆에는 난간(벽 또는 이에 대치되는 것을 포함한다)을 설치할 것

　　㉢ 너비가 3미터를 넘는 계단에는 계단의 중간에 너비 3미터 이내마다 난간을 설치할 것. 다만 계단의 단높이가 15센티미터 이하이고, 계단의 단너비가 30센티미터 이상인 경우에는 그러하지 아니하다.

　　㉣ 계단의 유효 높이(계단의 바닥 마감면부터 상부 구조체의 하부 마감면까지의 연직방향의 높이를 말한다)는 2.1미터 이상으로 할 것

　② 계단 단높이 및 단너비의 치수(돌음계단의 단너비는 그 좁은 너비의 끝부분으로부터 30센티미터의 위치에서 측정)

　　㉠ 초등학교의 계단 및 계단참의 유효너비는 150센티미터 이상, 단높이는 16센티미터 이하, 단너비는 26센티미터 이상

　　㉡ 중·고등학교의 계단 및 계단참의 유효너비는 150센티미터 이상, 단높이는 18센티미터 이하, 단너비는 26센티미터 이상

　　㉢ 문화 및 집회시설(공연장·집회장 및 관람장에 한한다)·판매시설 기타 이와 유사한 용도에 쓰이는 건축물의 계단 및 계단참의 유효너비를 120센티미터 이상

　　㉣ 그 외의 건축물의 계단 및 계단참은 유효너비를 120센티미터 이상

　③ 공동주택(기숙사를 제외)·제1종 근린생활시설·제2종 근린생활시설·문화 및 집회시설·종교시설·판매시설·운수시설·의료시설·노유자시설·업무시설·숙박시설·위락시설 또는 관광휴게시설의 용도에 쓰이는 건축물의 주계단·피난계단 또는 특별피난계단에 설치하는 난간 및 바닥은 아동의 이용에 안전하고 노약자 및 신체장애인의 이용에 편리한 구조로 하여야 하며, 양쪽에 벽등이 있어 난간이 없는 경우에는 손잡이를 설치하여야 한다.

　④ 손잡이 기준

　　㉠ 손잡이는 최대지름이 3.2센티미터 이상 3.8센티미터 이하인 원형 또는 타원형의 단면으로 할 것

　　㉡ 손잡이는 벽등으로부터 5센티미터 이상 떨어지도록 하고, 계단으로부터의 높이는 85센티미터가 되도록 할 것

ⓒ 계단이 끝나는 수평부분에서의 손잡이는 바깥쪽으로 30센티미터 이상 나오도록 설치할 것
(3) 직통계단, 피난계단, 특별피난계단 : 피난계단 또는 특별피난계단은 돌음계단으로 해서는 안 되며, 옥상광장을 설치해야 하는 건축물의 피난계단 또는 특별피난계단은 해당 건축물의 옥상으로 통하도록 설치해야 한다. 이 경우 옥상으로 통하는 출입문은 피난방향으로 열리는 구조로서 피난 시 이용에 장애가 없어야 한다.
　① 직통계단의 설치기준
　　㉠ 가장 멀리 위치한 직통계단 2개소의 출입구 간의 가장 가까운 직선거리(직통계단 간을 연결하는 복도가 건축물의 다른 부분과 방화구획으로 구획된 경우 출입구 간의 가장 가까운 보행거리를 말한다)는 건축물 평면의 최대 대각선 거리의 2분의 1 이상으로 할 것. 다만 스프링클러 또는 그 밖에 이와 비슷한 자동식 소화설비를 설치한 경우에는 3분의 1 이상으로 한다.
　　㉡ 각 직통계단 간에는 각각 거실과 연결된 복도 등 통로를 설치할 것
　　㉢ 피난층 또는 지상으로 통하는 직통계단을 설치하는 경우 계단 및 계단참의 유효너비
　　　• 공동주택 : 120센티미터 이상
　　　• 공동주택이 아닌 건축물 : 150센티미터 이상
　　㉣ 판매시설의 용도로 쓰는 층으로부터의 직통계단은 그중 1개소 이상을 특별피난계단으로 설치하여야 한다.
　② 피난계단의 구조 : 건축물의 5층 이상 또는 지하 2층 이하의 층으로부터 피난층 또는 지상으로 통하는 직통계단(지하 1층인 건축물의 경우에는 5층 이상의 층으로부터 피난층 또는 지상으로 통하는 직통계단과 직접 연결된 지하 1층의 계단을 포함)은 피난계단(또는 특별피난계단)으로 설치해야 한다.
　　㉠ 계단실은 창문·출입구 기타 개구부(이하 "창문등"이라 한다)를 제외한 당해 건축물의 다른 부분과 내화구조의 벽으로 구획할 것
　　㉡ 계단실의 실내에 접하는 부분(바닥 및 반자 등 실내에 면한 모든 부분을 말한다)의 마감(마감을 위한 바탕을 포함한다)은 불연재료로 할 것
　　㉢ 계단실에는 예비전원에 의한 조명설비를 할 것
　　㉣ 계단실의 바깥쪽과 접하는 창문등(망이 들어 있는 유리의 붙박이창으로서 그 면적이 각각 1제곱미터 이하인 것을 제외한다)은 당해 건축물의 다른 부분에 설치하는 창문등으로부터 2미터 이상의 거리를 두고 설치할 것

ⓜ 건축물의 내부와 접하는 계단실의 창문등(출입구를 제외한다)은 망이 들어 있는 유리의 붙박이창으로서 그 면적을 각각 1제곱미터 이하로 할 것
　　ⓑ 건축물의 내부에서 계단실로 통하는 출입구의 유효너비는 0.9미터 이상으로 하고, 그 출입구에는 피난의 방향으로 열 수 있는 것으로서 언제나 닫힌 상태를 유지하거나 화재로 인한 연기 또는 불꽃을 감지하여 자동적으로 닫히는 구조로 된 60분 방화문을 설치할 것
　　ⓢ 계단은 내화구조로 하고 피난층 또는 지상까지 직접 연결되도록 할 것
③ 건축물의 바깥쪽에 설치하는 피난계단의 구조
　　㉠ 계단은 그 계단으로 통하는 출입구외의 창문등(망이 들어 있는 유리의 붙박이창으로서 그 면적이 각각 1제곱미터 이하인 것을 제외한다)으로부터 2미터 이상의 거리를 두고 설치할 것
　　㉡ 건축물의 내부에서 계단으로 통하는 출입구에는 60분 방화문을 설치할 것
　　㉢ 계단의 유효너비는 0.9미터 이상으로 할 것
　　㉣ 계단은 내화구조로 하고 지상까지 직접 연결되도록 할 것
④ 특별피난계단의 구조
　　㉠ 건축물의 내부와 계단실은 노대를 통하여 연결하거나 외부를 향하여 열 수 있는 면적 1제곱미터 이상인 창문(바닥으로부터 1미터 이상의 높이에 설치한 것에 한한다) 또는 「건축물의 설비기준 등에 관한 규칙」 제14조의 규정에 적합한 구조의 배연설비가 있는 면적 3제곱미터 이상인 부속실을 통하여 연결할 것
　　㉡ 계단실·노대 및 부속실(「건축물의 설비기준 등에 관한 규칙」 제10조 제2호 가목의 규정에 의하여 비상용승강기의 승강장을 겸용하는 부속실을 포함한다)은 창문등을 제외하고는 내화구조의 벽으로 각각 구획할 것
　　㉢ 계단실 및 부속실의 실내에 접하는 부분(바닥 및 반자 등 실내에 면한 모든 부분을 말한다)의 마감(마감을 위한 바탕을 포함한다)은 불연재료로 할 것
　　㉣ 계단실에는 예비전원에 의한 조명설비를 할 것
　　㉤ 계단실·노대 또는 부속실에 설치하는 건축물의 바깥쪽에 접하는 창문등(망이 들어 있는 유리의 붙박이창으로서 그 면적이 각각 1제곱미터 이하인 것을 제외한다)은 계단실·노대 또는 부속실외의 당해 건축물의 다른 부분에 설치하는 창문등으로부터 2미터 이상의 거리를 두고 설치할 것
　　㉥ 계단실에는 노대 또는 부속실에 접하는 부분 외에는 건축물의 내부와 접하는 창문등을 설치하지 아니할 것

ⓢ 계단실의 노대 또는 부속실에 접하는 창문등(출입구를 제외한다)은 망이 들어 있는 유리의 붙박이창으로서 그 면적을 각각 1제곱미터 이하로 할 것
ⓞ 노대 및 부속실에는 계단실외의 건축물의 내부와 접하는 창문등(출입구를 제외한다)을 설치하지 아니할 것
ⓩ 건축물의 내부에서 노대 또는 부속실로 통하는 출입구에는 60분 방화문을 설치하고, 노대 또는 부속실로부터 계단실로 통하는 출입구에는 60분 방화문 또는 30분 방화문을 설치할 것. 이 경우 방화문은 언제나 닫힌 상태를 유지하거나 화재로 인한 연기 또는 불꽃을 감지하여 자동적으로 닫히는 구조로 해야 하고, 연기 또는 불꽃으로 감지하여 자동적으로 닫히는 구조로 할 수 없는 경우에는 온도를 감지하여 자동적으로 닫히는 구조로 할 수 있다.
ⓒ 계단은 내화구조로 하되, 피난층 또는 지상까지 직접 연결되도록 할 것
ⓚ 출입구의 유효너비는 0.9미터 이상으로 하고 피난의 방향으로 열 수 있을 것

(4) 경사로

① 경사로 구조

㉠ 경사도는 1 : 8을 넘지 아니할 것
㉡ 표면을 거친 면으로 하거나 미끄러지지 아니하는 재료로 마감할 것

(5) 복도

구분	양옆에 거실이 있는 복도	기타의 복도
유치원 ~ 고등학교	2.4m 이상	1.8m 이상
공동주택, 오피스텔	1.8m 이상	1.2m 이상
바닥면적 합계 200m² 이상인 경우	1.5m 이상 (의료시설 1.8m 이상)	1.2m 이상

(6) 조도기준

거실의 용도구분	조도구분	바닥에서 85센티미터의 높이에 있는 수평면의 조도(룩스)
거주	독서·식사·조리	150
	기타	70
집무	설계·제도·계산	700
	일반사무	300

거실의 용도구분	조도구분	바닥에서 85센티미터의 높이에 있는 수평면의 조도(룩스)
작업	기타	150
작업	검사·시험·정밀검사·수술	700
작업	일반작업·제조·판매	300
작업	포장·세척	150
작업	기타	70
집회	회의	300
집회	집회	150
집회	공연·관람	70
오락	오락일반	150
오락	기타	30

(7) 방습 및 내수 기준

① 건축물의 최하층에 있는 거실바닥의 높이는 지표면으로부터 45센티미터 이상으로 방습하여야 한다. 다만 지표면을 콘크리트바닥으로 설치하는 등 방습을 위한 조치를 하는 경우에는 그러하지 아니하다.

② 다음 욕실 또는 조리장의 바닥과 그 바닥으로부터 높이 1미터까지의 안쪽벽의 마감은 이를 내수재료로 해야 한다.

  ㉠ 제1종 근린생활시설 중 목욕장의 욕실과 휴게음식점의 조리장

  ㉡ 제2종 근린생활시설 중 일반음식점 및 휴게음식점의 조리장과 숙박시설의 욕실

(8) 차면시설

인접 대지경계선으로부터 직선거리 2미터 이내에 이웃 주택의 내부가 보이는 창문등을 설치하는 경우에는 차면시설(遮面施設)을 설치하여야 한다.

(9) 피난안전구역

① 정의 : 건축물의 피난 안전을 위하여 건축물 중간층에 설치하는 대피공간

② 설치위치

  ㉠ 초고층 지상층으로부터 30층 이내마다 1개소

  ㉡ 준초고층 전체 층수 1/2에 해당하는 층 기준 위아래 5개 층 이내 1개소

⑩ 피난 옥상광장
   ① 구조 : 높이 1.2미터 이상의 난간을 설치하여야 한다.
   ② 설치대상 : 5층 이상인 층이 제2종 근린생활시설 중 공연장·종교집회장·인터넷컴퓨터게임시설제공업소(해당용도 바닥면적 합계 300제곱미터 이상) 문화 및 집회시설(전시장 및 동·식물원은 제외한다), 종교시설, 판매시설, 위락시설 중 주점영업 또는 장례시설의 용도로 쓰는 경우

⑪ 비상문자동개폐장치
   ① 설치대상 : 피난 옥상 광장을 옥상에 설치해야 하는 건축물 및 피난 용도로 쓸 수 있는 광장을 옥상에 설치하는 다음 각 목의 건축물
      ㉠ 다중이용 건축물
      ㉡ 연면적 1천 제곱미터 이상인 공동주택

⑫ 출구기준
   ① 공연장 개별 관람석 출구기준
      ㉠ 관람실별 2개소 이상
      ㉡ 출구 유효 너비는 1.5m 이상
      ㉢ 개별 관람실 바닥면적 100평방미터마다 0.6미터의 비율로 산정한 너비 이상
   ② 건축물 출입구에 설치하는 회전문의 설치기준
      ㉠ 계단이나 에스컬레이터로부터 2m 이상의 거리
      ㉡ 회전문과 문틀 사이 및 바닥 사이는 다음 각 목에서 정하는 간격을 확보하고 틈 사이를 고무와 고무펠트의 조합체 등을 사용하여 신체나 물건 등에 손상이 없도록 할 것
         • 회전문과 문틀 사이는 5cm 이상
         • 회전문과 바닥 사이는 3cm 이하
      ㉢ 출입에 지장이 없도록 일정한 방향으로 회전하는 구조로 할 것
      ㉣ 회전문의 중심축에서 회전문과 문틀 사이의 간격을 포함한 회전문 날개 끝부분까지의 길이는 140cm 이상이 되도록 할 것
      ㉤ 회전문의 회전속도는 분당 회전수가 8회를 넘지 아니하도록 할 것
      ㉥ 자동회전문은 충격이 가해지거나 사용자가 위험한 위치에 있는 경우에는 전자감지장치 등을 사용하여 정지하는 구조로 할 것

⑬ 지하층의 구조

① 지하층에 설치해야 할 설비

㉠ 거실의 바닥면적이 50제곱미터 이상인 층에는 직통계단 외에 피난층 또는 지상으로 통하는 비상탈출구 및 환기통을 설치할 것. 다만 직통계단이 2개소 이상 설치되어 있는 경우에는 제외

㉡ 제2종 근린생활시설 중 공연장·단란주점·당구장·노래연습장, 문화 및 집회시설 중 예식장·공연장, 수련시설 중 생활권수련시설·자연권수련시설, 숙박시설 중 여관·여인숙, 위락시설 중 단란주점·유흥주점 또는 「다중이용업소의 안전관리에 관한 특별법 시행령」 제2조에 따른 다중이용업의 용도에 쓰이는 층으로서 그 층의 거실의 바닥면적의 합계가 50제곱미터 이상인 건축물에는 직통계단을 2개소 이상 설치

㉢ 바닥면적이 1천 제곱미터 이상인 층에는 피난층 또는 지상으로 통하는 직통계단을 방화구획으로 구획되는 각 부분마다 1개소 이상 설치하되, 이를 피난계단 또는 특별피난계단의 구조로 할 것

㉣ 거실의 바닥면적의 합계가 1천 제곱미터 이상인 층에는 환기설비를 설치할 것

㉤ 지하층의 바닥면적이 300제곱미터 이상인 층에는 식수공급을 위한 급수전을 1개소 이상 설치할 것

② 지하층의 비상탈출구 기준(주택 제외)

㉠ 비상탈출구의 유효너비는 0.75미터 이상으로 하고, 유효높이는 1.5미터 이상으로 할 것

㉡ 비상탈출구의 문은 피난방향으로 열리도록 하고, 실내에서 항상 열 수 있는 구조로 하여야 하며, 내부 및 외부에는 비상탈출구의 표시를 할 것

㉢ 비상탈출구는 출입구로부터 3미터 이상 떨어진 곳에 설치할 것

㉣ 지하층의 바닥으로부터 비상탈출구의 아랫부분까지의 높이가 1.2미터 이상이 되는 경우에는 벽체에 발판의 너비가 20센티미터 이상인 사다리를 설치할 것

㉤ 비상탈출구는 피난층 또는 지상으로 통하는 복도나 직통계단에 직접 접하거나 통로 등으로 연결될 수 있도록 설치하여야 하며, 피난층 또는 지상으로 통하는 복도나 직통계단까지 이르는 피난통로의 유효너비는 0.75미터 이상으로 하고, 피난통로의 실내에 접하는 부분의 마감과 그 바탕은 불연재료로 할 것

㉥ 비상탈출구의 진입부분 및 피난통로에는 통행에 지장이 있는 물건을 방치하거나 시설물을 설치하지 아니할 것

⑭ 무창층 : 개구부의 면적이 바닥면적의 1/30 이하인 경우 무창층이다.

⑮ 무창층이 아닐 개구부 조건

　① 개구부의 크기가 지름 50cm 이상의 원이 내접

　② 개구부의 밑부분까지 높이가 1.2m 이내일 것

　③ 개구부는 도로 또는 차량이 진입할 수 있는 빈터로 향할 것

　④ 내부 또는 외부에서 쉽게 파괴 또는 개방될 것

4 방화구획(Fire-Fighting Partition)

(1) 방화구획 정의

화재 시 화염의 확산을 방지하기 위한 건축물 특정 부분과 다른 특정 부분을 내화구조로 된 바닥, 벽 또는 방화문으로 구획하는 것

(2) 대상

주요구조부가 내화구조 또는 불연재료로 된 건축물로서 연면적이 1000m² 이상

(3) 구획

　① 10층 이하의 층 바닥면적 1000m²(스프링클러 등 자동식 소화설비를 설치한 경우 바닥면적 3000m²) 이내마다 구획 및 층마다 구획

　② 3층 이상의 층과 지하층은 층마다 구획

　③ 11층 이상의 층 바닥면적 200m²(스프링클러 등 자동식 소화설비를 설치한 경우 바닥면적 600m²) 이내마다 구획

(4) 방화문과 방화벽

　① 방화벽의 구조

　　㉠ 내화구조로서 홀로 설 수 있는 구조일 것

　　㉡ 방화벽의 양쪽 끝과 위쪽 끝을 건축물의 외벽면 및 지붕면으로부터 0.5미터 이상 튀어 나오게 할 것

　　㉢ 방화벽에 설치하는 출입문의 너비 및 높이는 각각 2.5미터 이하로 하고, 해당 출입문에는 60+ 방화문 또는 60분 방화문을 설치할 것

　② 방화문의 구분

　　㉠ 60분+ 방화문 : 연기 및 불꽃을 차단할 수 있는 시간이 60분 이상이고, 열을 차단할 수 있는 시간이 30분 이상인 방화문

　　㉡ 60분 방화문 : 연기 및 불꽃을 차단할 수 있는 시간이 60분 이상인 방화문

　　㉢ 30분 방화문 : 연기 및 불꽃을 차단할 수 있는 시간이 30분 이상 60분 미만인 방화문

건축설비 및 에너지 절약 관련법규

1 승강기

(1) 승용승강기

① 설치대상

㉠ 6층 이상으로 연면적 2000m² 이상인 건축물. 단, 층수가 6층인 건축물로서 각층 거실의 바닥면적 300m² 이내마다 1개소 이상의 직통계단을 설치한 건축물은 제외

㉡ 높이 31m 초과 건축물 비상용승강기 추가 설치(비상용승강기 승강장의 바닥면적 대당 6m² 이상)

② 설치대수

건축물의 용도		6층 이상의 거실면적의 합계 3천m² 이하	3천m² 초과
1	가. 문화 및 집회시설(공연장·집회장 및 관람장만 해당한다)	2대	2대에 3천m²를 초과하는 2천m² 이내마다 1대를 더한 대수
	나. 판매시설		
	다. 의료시설		
2	가. 문화 및 집회시설(전시장 및 동·식물원만 해당한다)	1대	1대에 3천m²를 초과하는 2천m² 이내마다 1대를 더한 대수
	나. 업무시설		
	다. 숙박시설		
	라. 위락시설		
3	가. 공동주택	1대	1대에 3천m²를 초과하는 3천m² 이내마다 1대를 더한 대수
	나. 교육연구시설		
	다. 노유자시설		
	라. 그 밖에 시설		

2 배관 및 냉방설비

(1) 건축물 배관설비

① 배관설비 기준

㉠ 배관설비를 콘크리트에 묻는 경우 부식의 우려가 있는 재료는 부식 방지 조치할 것

㉡ 건축물의 주요부분을 관통하여 배관하는 경우에는 건축물의 구조내력에 지장이 없도록 할 것

㉢ 승강기의 승강로 안에는 승강기의 운행에 필요한 배관설비 외의 배관설비를 설치하지 아니할 것

㉣ 압력탱크 및 급탕설비에는 폭발 등의 위험을 막을 수 있는 시설을 설치할 것

② 배수용 배관설비 기준

㉠ 배출시키는 빗물 또는 오수의 양 및 수질에 따라 그에 적당한 용량 및 경사를 지게 하거나 그에 적합한 재질을 사용할 것

㉡ 배관설비에는 배수트랩·통기관을 설치하는 등 위생에 지장이 없도록 할 것

㉢ 배관설비의 오수에 접하는 부분은 내수재료를 사용할 것

㉣ 지하실등 공공하수도로 자연배수를 할 수 없는 곳에는 배수용량에 맞는 강제배수시설을 설치할 것

㉤ 우수관과 오수관은 분리하여 배관할 것

㉥ 콘크리트구조체에 배관을 매설하거나 배관이 콘크리트구조체를 관통할 경우에는 구조체에 덧관을 미리 매설하는 등 배관의 부식을 방지하고 그 수선 및 교체가 용이하도록 할 것

(2) 건축물의 냉방설비

① 상업지역 및 주거지역에서 건축물에 설치하는 냉방시설 및 환기시설의 배기구와 배기장치의 설치기준

㉠ 배기구는 도로면으로부터 2미터 이상의 높이에 설치할 것

㉡ 배기장치에서 나오는 열기가 인근 건축물의 거주자나 보행자에게 직접 닿지 아니하도록 할 것

ⓒ 건축물의 외벽에 배기구 또는 배기장치를 설치할 때에는 외벽 또는 다음 각 목의 기준에 적합한 지지대 등 보호 장치와 분리되지 아니하도록 견고하게 연결하여 배기구 또는 배기장치가 떨어지는 것을 방지할 수 있도록 할 것
- 배기구 또는 배기장치를 지탱할 수 있는 구조일 것
- 부식을 방지할 수 있는 자재를 사용하거나 도장(塗裝)할 것

3 기타구조

(1) 방풍구조

① 정의 : 출입구에서 실내외 공기 교환에 의한 열 출입을 방지할 목적으로 설치하는 방풍실 또는 회전문 등을 설치한 방식을 말한다.

② 예외

㉠ 바닥면적 $300m^2$ 이하의 개별 점포의 출입문

㉡ 주택의 출입문(기숙사 제외)

㉢ 사람의 통행을 주목적으로 하지 않는 출입문

㉣ 너비 1.2m 이하의 출입문

(2) 야간단열장치 설치

정의 : 창의 야간 열손실을 방지할 목적으로 설치하는 단열셔터, 단열덧문으로서 총열관류저항(열관류율의 역수)이 $0.4m^2 \cdot K/W$ 이상인 것을 말한다.

(3) 자연채광계획

① 공동주택의 지하주차장은 $300m^2$ 이내마다 1개소 이상의 외기와 직접 면하는 $2m^2$ 이상의 개폐가 가능한 천장 또는 측창 설치하여야 한다.

② 수영장에는 자연채광을 위한 개구부 설치 1/5 이상

4 기계설비 에너지절약 설계기준

(1) 설계용 실내온도 조건

① 실내온도 : 난방 및 냉방설비의 용량계산을 위한 설계기준 실내온도는 난방의 경우 20℃, 냉방의 경우 28℃를 기준(목욕장 및 수영장은 제외)

※ 난방의 경우 20℃, 냉방의 경우 28℃를 기준으로 한다.

② 위생설비 등 : 위생설비 급탕용 저탕조의 설계온도는 55℃ 이하

(2) 에너지절약계획서 작성기준

　① 에너지절약계획서 중 에너지성능지표 검토서 적합 판정 : 65점 이상(공공기관은 74점 이상)

5 축냉식 전기냉방설비

(1) 정의 : 심야시간에 전기를 이용하여 축냉재(물, 얼음 또는 포접화합물과 공융염 등의 상변화물질)에 냉열을 저장하였다가 이를 심야시간 이외의 시간(이하 "그 밖의 시간"이라 한다)에 냉방에 이용하는 설비로서 이러한 냉열을 저장하는 설비(이하 "축열조"라 한다)·냉동기·브라인펌프·냉각수펌프 또는 냉각탑 등의 부대설비를 포함한다.

(2) 구분

　① 빙축열식 냉방설비

　② 수축열식 냉방설비

　③ 잠열축열식 냉방설비

(3) 중앙집중 냉방설비를 설치할 때 심야전기 이용

중앙집중 냉방설비를 설치할 때에는 해당 건축물에 소요되는 주간 최대 냉방부하의 60% 이상을 심야전기를 이용한 축냉식, 가스를 이용한 냉방방식, 집단에너지사업허가를 받은 자로부터 공급되는 집단에너지를 이용한 지역냉방방식, 소형 열병합발전을 이용한 냉방방식, 신재생에너지를 이용한 냉방방식, 그 밖에 전기를 사용하지 아니한 냉방방식의 냉방설비로 수용하여야 한다.

※ 심야시간 23:00 ~ 익일 09:00까지

(4) 축냉식 전기냉방설비 설치기준 : (축냉식 전기냉방의 설치) 제4조의 규정에 따라 축냉식 전기냉방으로 설치할 때에는 축열률 40% 이상인 축냉방식으로 설치하여야 한다.

※ 열교환기는 시간당 최대냉방열량을 처리할 수 있는 용량으로 하여야 한다.

CHAPTER 02 소방법규

01 소방관련법규

1 소방안전관리자

(1) 소방안전관리자 자격

① 특급 소방안전관리자 자격

㉠ 소방기술사 또는 소방시설관리사의 자격이 있는 사람

㉡ 소방설비기사의 자격을 취득한 후 5년 이상 1급 소방안전관리대상물의 소방안전관리자로 근무한 실무경력자

㉢ 소방설비산업기사의 자격을 취득한 후 7년 이상 1급 소방안전관리대상물의 소방안전관리자로 근무한 실무경력자

㉣ 소방공무원으로 20년 이상 근무한 자

② 1급 소방안전관리자 자격

㉠ 소방설비기사 또는 소방설비산업기사 자격을 가진 자

㉡ 소방공무원으로 7년 이상 근무한 경력자

③ 소방안전관리자를 두어야 하는 특정소방대상물

㉠ 특급 소방안전관리대상물
- 50층 이상(지하층 제외)이거나 높이가 200m 이상인 아파트
- 30층 이상이거나 높이 120m 이상인 특정 소방대상물
- 연면적 10만m^2 이상(아파트 제외)

㉡ 1급 소방안전관리 대상물
- 30층 이상이거나 높이 120m 이상인 아파트
- 11층 이상인 특정 소방대상물(아파트 제외)
- 연면적 1만5천m^2 이상(아파트 및 연립주택 제외)

2 소방시설의 구분

(1) 소화설비 : 물 또는 그 밖의 소화약제를 사용하여 소화하는 기계·기구 또는 설비로서 다음 각 목의 것

① 소화기구
  ㉠ 소화기
  ㉡ 간이소화용구 : 에어로졸식 소화용구, 투척용 소화용구, 소공간용 소화용구 및 소화약제 외의 것을 이용한 간이소화용구
  ㉢ 자동확산소화기

② 자동소화장치
  ㉠ 주거용 주방자동소화장치
  ㉡ 상업용 주방자동소화장치
  ㉢ 캐비닛형 자동소화장치
  ㉣ 가스자동소화장치
  ㉤ 분말자동소화장치
  ㉥ 고체에어로졸자동소화장치

③ 옥내소화전설비[호스릴(Hose Reel) 옥내소화전설비를 포함한다]

④ 스프링클러설비등
  ㉠ 스프링클러설비
  ㉡ 간이스프링클러설비(캐비닛형 간이스프링클러설비를 포함한다)
  ㉢ 화재조기진압용 스프링클러설비

⑤ 물분무등소화설비
  ㉠ 물분무소화설비
  ㉡ 미분무소화설비
  ㉢ 포소화설비
  ㉣ 이산화탄소소화설비
  ㉤ 할론소화설비
  ㉥ 할로겐화합물 및 불활성기체(다른 원소와 화학반응을 일으키기 어려운 기체를 말한다. 이하 같다) 소화설비
  ㉦ 분말소화설비

ⓞ 강화액소화설비

ⓩ 고체에어로졸소화설비

⑥ 옥외소화전설비

(2) 경보설비 : 화재발생 사실을 통보하는 기계·기구 또는 설비로서 다음 각 목의 것

① 단독경보형 감지기

② 비상경보설비

㉠ 비상벨설비

㉡ 자동식사이렌설비

③ 자동화재탐지설비

④ 시각경보기

⑤ 화재알림설비

⑥ 비상방송설비

⑦ 자동화재속보설비

⑧ 통합감시시설

⑨ 누전경보기

⑩ 가스누설경보기

(3) 피난구조설비 : 화재가 발생할 경우 피난하기 위하여 사용하는 기구 또는 설비로서 다음 각 목의 것

① 피난기구

㉠ 피난사다리

㉡ 구조대

㉢ 완강기

㉣ 간이완강기

㉤ 그 밖에 화재안전기준으로 정하는 것

② 인명구조기구

㉠ 방열복, 방화복(안전모, 보호장갑 및 안전화를 포함한다)

㉡ 공기호흡기

㉢ 인공소생기

③ 유도등
- ㉠ 피난유도선
- ㉡ 피난구유도등
- ㉢ 통로유도등
- ㉣ 객석유도등
- ㉤ 유도표지

④ 비상조명등 및 휴대용비상조명등

(4) 소화용수설비 : 화재를 진압하는 데 필요한 물을 공급하거나 저장하는 설비로서 다음 각 목의 것
① 상수도소화용수설비
② 소화수조·저수조, 그 밖의 소화용수설비

(5) 소화활동설비 : 화재를 진압하거나 인명구조활동을 위하여 사용하는 설비로서 다음 각 목의 것
① 제연설비
② 연결송수관설비
③ 연결살수설비
④ 비상콘센트설비
⑤ 무선통신보조설비
⑥ 연소방지설비

3 소방시설

(1) 소화기

① 소화기 설치대상
- ㉠ 연면적 $33m^2$ 이상
- ㉡ 지정문화재 및 가스시설

② 주방용 자동화소화기 설치대상
- ㉠ 아파트 및 30층 이상 오피스텔

(2) 옥내소화전 설비

① 설치대상
- ㉠ 연면적 $3000m^2$ 이상인 소방대상물 이거나 지하층, 무창층 또는 층수가 4층 이상인 층 중 바닥면적이 $600m^2$ 이상인 층은 전층
- ㉡ 근린생활시설, 위락시설, 판매시설, 복합건축물 $1500m^2$ 이상이거나 지하층, 무창층 또는 층수가 4층 이상인 층 중 바닥면적이 $300m^2$ 이상인 층은 전 층

ⓒ 지하가 중 터널길이 1000m 이상인 것

　　② 지정수량 750배 이상의 위험물

　　⑩ 주차용도로 사용되는 바닥면적 200m²

(3) 스프링클러 설비

　① 문화 및 집회시설로 수용인원 100인 이상

　② 판매시설, 운수시설 및 창고시설중 물류터미널 중

　　㉠ 층수가 3층 이하인 건축물 6000m² 이상

　　㉡ 층수가 4층 이하인 건축물 5000m² 이상

　　㉢ 수용인원 500인 이상

　③ 층수가 11층 이상인 특정소방대상물

　④ 지하가 연면적 1000m² 이상

　⑤ 복합건축물 5000m² 이상

(4) 비상경보 설비

　① 연면적 400m² 이상인 것

　② 지하층 또는 무창층의 바닥면적 150m² 이상(공연장의 경우 100m²)

　③ 지하가로 터널길이 500m 이상인 것

　④ 50명 이상의 근로자가 작업하는 옥내작업장

(5) 비상조명등

　① 지하층을 포함하는 층수가 5층 이상인 건축물로 연면적 3000m² 이상인 것

　② 지하층 무창층의 바닥면적 450m² 이상인 것

　③ 지하가 중 터널길이 500m 이상인 것

(6) 인명구조기구

　① 지하층을 포함하는 층수가 7층 이상인 관광호텔 및 5층 이상인 병원에 설치

(7) 소화용수설비(설치대상)

　① 연면적 5000m² 이상인 것

　② 가스시설로 지상에 노출된 탱크의 저장용량 100톤 이상인 것

4 방염

(1) 방염대상 및 기준

① 방염대상 : 방염성능기준 이상의 실내장식물 등을 설치해야 하는 특정소방대상물

㉠ 근린생활시설 중 의원, 조산원, 산후조리원, 체력단련장, 공연장 및 종교집회장

㉡ 건축물의 옥내에 있는 다음 각 목의 시설
- 문화 및 집회시설
- 종교시설
- 운동시설(수영장은 제외한다)

㉢ 의료시설

㉣ 교육연구시설 중 합숙소

㉤ 노유자시설

㉥ 숙박이 가능한 수련시설

㉦ 숙박시설

㉧ 방송통신시설 중 방송국 및 촬영소

㉨ 「다중이용업소의 안전관리에 관한 특별법」 제2조 제1항 제1호에 따른 다중이용업의 영업소(이하 "다중이용업소"라 한다)

㉩ 제1호부터 제9호까지의 시설에 해당하지 않는 것으로서 층수가 11층 이상인 것(아파트등은 제외한다)

② 방염물품

㉠ 창문에 설치하는 커텐류

㉡ 카페트, 두께가 2mm 미만인 벽지류(종이벽지 제외)

㉢ 전시용 합판 또는 섬유판, 무대용 합판 또는 섬유판

㉣ 암막, 무대막

③ 방염성능기준

㉠ 버너의 불꽃을 제거한 때부터 불꽃을 올리며 연소하는 상태가 그칠 때까지 시간은 20초 이내일 것

㉡ 버너의 불꽃을 제거한 때부터 불꽃을 올리지 않고 연소하는 상태가 그칠 때까지 시간은 30초 이내일 것

㉢ 탄화(炭化)한 면적은 50제곱센티미터 이내, 탄화한 길이는 20센티미터 이내일 것

㉣ 불꽃에 의하여 완전히 녹을 때까지 불꽃의 접촉 횟수는 3회 이상일 것

모아바 www.moa-ba.com
모아소방전기학원 www.moate.co.kr

P·A·R·T 04

모아풀기
계산문제

과년도 필기 건축설비산업기사 | 모아풀기 계산문제

01. 열관류율

1. 사무실의 북측 외벽이 다음과 같은 조건에 있을 때, 난방 시 이 벽체로부터의 손실열량은?

> ㉠ 벽체의 면적 : 50m²
> ㉡ 벽체의 열관류율 : 0.4W/m²·K
> ㉢ 실내온도 : 21℃, 외기온도 : -4℃
> ㉣ 방위계수(북쪽) : 1.1
> ㉤ 대기복사에 대한 외기온도의 보정은 무시

① 500W ② 550W
③ 600W ④ 650W

해설 |
q = 50 × 0.4 × 25 × 1.1 = 550W

2. 외기온도 t_0=-10℃, 실내온도 t_i=20℃일 때, 벽체 면적 10m²를 통하여 손실되는 열량은? [단, 벽체의 열관류율 K=0.5[W/(m²·K)]

① 50W ② 100W
③ 150W ④ 200W

해설 |
q = 10 × 0.5 × 30 = 150W

02. 옥내소화전

3. 옥내소화전설비 설치 대상 10층 건축물에서 옥내소화전의 설치개수가 가장 많은 층의 옥내소화전 설치개수가 4개일 경우, 옥내소화전 설비의 수원의 저수량은 최소 얼마 이상이 되도록 하여야 하는가?

① 5.2m³ ② 7m³
③ 10.4m³ ④ 14m³

해설 |
2×130L/min×20min=5.2m³ 옥외소화전

4. 옥외소화전의 설치개수가 3개인 경우, 옥외소화전설비의 수원의 저수량은 최소 얼마 이상이 되도록 하여야 하는가?

① 4.8m³ ② 7.8m³
③ 14m³ ④ 21m³

해설 |
2 × 350L/min × 20min = 14m³

정답 1 ② 2 ③ / 3 ① 4 ③

03. 급수량, 강우량

5. 다음과 같은 조건에서 연면적 20000m²인 사무소에 필요한 1일 급수량(사용수량)은?

- 건물의 유효면적과 연면적의 비 : 56%
- 유효면적당 인원 : 0.2인/m²
- 1일 1인당 급수량(사용수량) : 150L/d/c

① 33.6m³/d ② 43.6m³/d
③ 336m³/d   ④ 406m³/d

해설 |
1일 급수량 = 20000 × 0.56 × 0.2 × 150
= 336000L/d
= 336m³/d

6. 연면적이 10000m²인 사무소 건물에 필요한 1일당 급수량은? (단, 유효면적비율은 60%, 1인 1일당 급수량은 100ℓ, 유효면적당 거주인원은 0.2인/m²이다)

① 12m³   ② 20m³
③ 120m³ ④ 200m³

해설 |
1일 급수량 = 10000 × 0.6 × 0.2 × 100
= 120000L/d
= 120m³/d

7. 수평투영한 지붕면적 450m², 수직 외벽면적 500m²를 가진 지붕의 배수를 위한 우수수직관의 관경은? (단, 강우량 기준은 시간당 100mm로 하며, 수직외벽면은 그 면적의 50%를 수평투영한 지붕면적에 가산한다)

〈우수수직관의 관경〉

관경(mm)	허용 최대 지붕 면적(m²)
50	67
65	135
75	197
100	425
125	770
150	1250
200	2700

① 100mm ② 125mm
③ 150mm ④ 200mm

해설 |

$$\frac{100mm/h \times (450m^2 + \frac{500}{2}m^2)}{100mm/h} = 700m^2$$

그러므로 관경표에서 770m² → 125mm 선정

8. 최대강우량 120mm/h의 지역에 있는 지붕의 수평투영면적이 1200m²인 건물에 4개의 우수수직관을 설치할 경우, 우수수직관의 관경은?

〈강우량 100mm/h일 때 우수수직관의 관경〉

관경(mm)	허용최대지붕면적(m²)
50	67
65	121
75	204
100	427
125	804

① 50mm ② 65mm
③ 75mm ④ 100mm

해설 |

$$\frac{120mm/h \times 1200m^2}{100mm/h} = 1440m^2$$

$$\frac{1440}{4} = 360m^2$$

그러므로 427면적 100mm 선정

04. 축동력

9. 양수량이 200L/min, 전양정이 50m, 효율이 60%인 양수펌프의 축동력은?

① 1.63kW ② 2.72kW
③ 3.70kW ④ 4.22kW

해설 |

$$kW = \frac{1000HQ}{102n} = \frac{1000 \times 50 \times \frac{0.2}{60}}{102 \times 0.6} = 2.72$$

10. 펌프의 전양정이 25m, 양수량이 60m³/h일 때 펌프의 축동력은? (단, 펌프의 효율은 70%)

① 5.84kW ② 6.84kW
③ 58.4kW ④ 68.4kW

해설 |

$$kW = \frac{1000HQ}{102n} = \frac{1000 \times 25 \times \frac{60}{3600}}{102 \times 0.7} = 5.84$$

11. 유량 2m³/min, 양정 50mAq인 펌프의 축동력은? (단, 펌프의 효율은 0.6으로 한다)

① 16.3kW ② 22.2kW
③ 25.3kW ④ 27.2kW

해설 |

$$kW = \frac{1000HQ}{102n} = \frac{1000 \times 50 \times \frac{2}{60}}{102 \times 0.6} = 27.2$$

05. 연속방정식

12. 배관을 통해 고가수조에 매시 25.2m³의 물을 유속 1.5m/s로 양수하려고 할 경우, 필요한 배관의 내경은?

① 약 65mm ② 약 70mm
③ 약 77mm ④ 약 81mm

해설 |
Q = AU 에서
$Q = \dfrac{D^2 \times \pi}{4} \times 1.5 = 25.2\text{m}^3/3600\text{s}$
∴ D = 77.08mm

13. 지하의 수조에서 매시간 27m³의 물을 고가수조로 양수할 때 유속을 1.5m/s로 하면 필요한 양수펌프의 구경은?

① 50mm ② 60mm
③ 70mm ④ 80mm

해설 |
Q = AU 에서
$Q = \dfrac{D^2 \times \pi}{4} \times 1.5 = 27\text{m}^3/3600\text{s}$
∴ D = 80mm

14. 2m/s의 유속으로 35L/min의 유량이 흐르는 배관의 관경을 계산에 의해 구한 값은?

① 약 15.4mm ② 약 19.3mm
③ 약 22.7mm ④ 약 25.2mm

해설 |
Q = AU 에서
$Q = \dfrac{D^2 \times \pi}{4} \times 2 = 35 \times 10^{-3}\text{m}^3/60\text{s}$
∴ D = 19.3mm

15. 관속에 유량 36m³/h의 물이 흐르고 있다. 이때 유속이 2m/sec 이내가 되도록 관경을 결정하려 한다. 관의 안지름은 최소 얼마 이상이 되어야 하는가?

① 65mm ② 80mm
③ 150mm ④ 475mm

해설 |
Q = AU 에서
$Q = \dfrac{D^2 \times \pi}{4} \times 2$
$36\text{m}3/3600\text{s} = \dfrac{D^2 \times \pi}{4} \times 2$
∴ D = 0.07978m ≒ 80mm

16. 배관 내에 1.5m/sec의 유속으로 0.042m³/min의 물이 흐를 때 계산에 의한 배관의 관경은?

① 20.2mm ② 24.4mm
③ 28.5mm ④ 31.6mm

정답 12 ③ 13 ④ 14 ② 15 ② 16 ②

해설 |
Q = AU 에서

$Q = \dfrac{D^2 \times \pi}{4} \times 1.5 = 0.042 m^3/60s$

∴ D = 24.4mm

17. 어떤 수평덕트 내를 흐르는 공기의 전압 및 정압을 측정한 결과 각 33.8mmAq, 25mmAq이었다. 이때 덕트 내 공기의 유속은 얼마인가? (단, 공기의 밀도는 1.2 kg/m³이다)

① 8 m/s ② 10 m/s
③ 12 m/s ④ 14 m/s

해설 |
동압 = 전압-정압 = 33.8-25 = 8.8mmAq

$\dfrac{U^2}{2g}\dfrac{\rho_a}{\rho_w} = \dfrac{U^2}{2g} \times \dfrac{1.2}{1000} = 8.8 \times 10^{-3} mAq$

∴ U = 11.98m/s

18. 흐르는 물에 피토(Pitot)관을 흐름의 방향으로 세웠을 때 수주의 높이가 1mAq이었다. 유속은 얼마인가?

① 4.43m/sec ② 4.78m/sec
③ 5.24m/sec ④ 5.69m/sec

해설 |
$U = \sqrt{2 \times 9.8 \times 1}$ = 4.43m/sec

19. 송풍기의 토출구 풍속이 6m/s일 때, 송풍기 동압은? (단, 공기의 밀도는 1.2kg/m³이다)

① 2.16Pa ② 4.32Pa
③ 21.6Pa ④ 43.2Pa

해설 |
$\dfrac{U^2}{2}\rho = \dfrac{6^2}{2} \times 1.2 = 21.6 Pa$

20. 덕트의 곡부에서 풍속이 15m/sec이고 국부저항 계수가 0.23일 때 국부저항은 얼마인가? (단, 유체의 밀도는 1.2kg/m³이다)

① 약 17Pa ② 약 25Pa
③ 약 31Pa ④ 약 43Pa

해설 |
국부저항 = $\zeta\dfrac{U^2}{2}\rho = 0.35\dfrac{12^2}{2} \times 1.2 = 30.24$

21. 덕트의 방향전환을 위해 사용되는 장방형 단면의 원호형 엘보의 국부저항손실계수가 0.22일 때, 이 엘보에 발생하는 국부저항손실은? (단, 풍속은 10m/s, 공기의 밀도는 1.2kg/m³이다)

① 11.0Pa ② 13.2Pa
③ 15.4Pa ④ 19.6Pa

해설 |
국부저항 = $\zeta\dfrac{U^2}{2}\rho = 0.22\dfrac{10^2}{2} \times 1.2 = 13.2$

정답 17 ③ 18 ① 19 ③ 20 ③ 21 ②

22. 직경이 50cm인 원형덕트에서 동압을 측정한 결과 60Pa이었다. 이때 덕트를 통과하는 풍량은?

① 0.96m³/S   ② 1.96m³/S
③ 2.96m³/S   ④ 3.96m³/S

해설 |
동압에서 속도를 구하면
$$\frac{U^2}{2}\rho = \frac{x^2}{2} \times 1.2 = 60Pa$$
∴ x = 10m/s
Q = AU 에서
$$\frac{0.5^2 \pi}{4} \times 10 = 1.963$$

06. 혼합 온도, 대수평균온도차

23. 10℃의 물 150kg과 80℃의 물 100kg을 혼합할 경우, 혼합된 물의 온도는?

① 28℃   ② 38℃
③ 45℃   ④ 63.2℃

해설 |
$$\frac{10 \times 150 + 80 \times 100}{250} = 38$$

24. 건구온도 26℃, 상대습도 50%인 공기 1000m³과 건구온도 32℃인 공기 500m³를 혼합하였을 때, 혼합공기의 건구온도는?

① 27.2℃   ② 27.6℃
③ 28.0℃   ④ 28.3℃

해설 |
$$\frac{26 \times 1000 + 32 \times 500}{1500} = 28$$

25. 냉수코일에서 코일입구공기의 온도를 28℃, 출구 공기온도를 14℃, 입구수온을 7℃, 출구수온을 12℃라 할 때 대수평균온도차 MTD는 얼마인가? (단, 공기와 냉수의 흐름은 평행류이다)

① 5.78℃   ② 8.08℃
③ 10.88℃   ④ 22.98℃

해설 |
$$\frac{(28-7)-(14-12)}{\ln\frac{(28-7)}{(14-12)}} = 8.08$$

07. 관마찰계수(달시와이스바하)

26. 내경 25mm, 광길이 15m인 매끈한 관을 통하여 물을 1.5m/s의 속도로 보낼 때, 압력손실은? (단, 관마찰계수는 0.03이다)

① 20.25Pa ② 20.25kPa
③ 40.5Pa   ④ 40.5kpa

해설 |
$$h = f\frac{l}{D}\frac{u^2}{2g} = 0.03\frac{15}{0.025}\frac{1.5^2}{2\times9.8}$$
$$= 2.066\text{mAq}$$
$$= 20.25\text{kPa}$$

27. 내경 500mm, 길이 50m인 주철관에 1.7m/s의 유속으로 물이 흐를 때 마찰손실수두는? (단, 마찰계수 λ = 0.03이다)

① 0.44m ② 0.52m
③ 0.78m ④ 0.97m

해설 |
$$h = f\frac{l}{D}\frac{u^2}{2g} = 0.03\frac{50}{0.5}\frac{1.7^2}{2\times9.8} = 0.4466\text{mAq}$$

08. 수도본관압력

28. 수도 본관에서 최고층 급수기구까지 높이 5m, 기구 소요압력 150kPa, 전마찰손실수두압 50kPa일 때, 이 기구 사용에 필요한 수도 본관의 최저 압력은? (단, 수도직결방식의 경우, 10Kpa=1mAq)

① 약 150kPa ② 약 200kPa
③ 약 250kPa ④ 약 500kPa

해설 |
수도본관 최저압력 = 50 + 150 + 50 = 250KPa

29. 수도직결식 급수방식에서 수도본관으로부터 수직 높이 6m에 샤워기를 설치하는 경우 수도 본관의 최소 필요압력은? (단, 샤워기의 최소 필요압력은 70kPa, 수도 본관에서 샤워기까지의 전마찰손실압력은 50kPa이다)

① 약 100kPa ② 약 180kPa
③ 약 570kPa ④ 약 680kPa

해설 |
수도본관 최저압력 = 60 + 70 + 50 = 180KPa

정답 26 ② 27 ① / 28 ③ 29 ②

09. 급탕량

30. 급탕 인원수 150명인 아파트의 1일당 최대 예상급탕량은? (단, 1일 1인당 급탕량은 140L/c/d이다)

① 17800L/d   ② 21000L/d
③ 24000L/d   ④ 16800L/d

해설 |
시간당 급탕량 = 150 × 140 = 21000L/d

10. 유체일반, 상사의 법칙

32. 저수조에 물이 5m 높이까지 채워져 있을 경우, 수조 바닥면에서 받는 압력은?

① 약 0.5kPa   ② 약 5kPa
③ 약 50kPa   ④ 약 500kPa

해설 |
$P[Pa] = \gamma[N/m^3] \times h[m]$이므로
$9800[N/m^3] \times 5[m] = 49000Pa = 49kPa$

31. 정화조의 유입수의 BOD가 500mg/L, 방류수의 BOD가 200mg/L일 때, BOD 제거율은?

① 40%   ② 50%
③ 60%   ④ 70%

해설 |
BOD(생물학적 산소요구량)
세균번식의 정도 측정 제거율

$\dfrac{유입 BOD - 유출 BOD}{유입 BOD}$

$= \dfrac{처리 BOD}{유입 BOD} \times 100\%$

$= \dfrac{300}{500} \times 100\%$

$= 60\%$

33. 송풍량 300m³/min, 정압 30mmAq 인 송풍기의 회전수를 높여 풍량을 360m³/min로 변화시킬 경우 정압은?

① 36mmAq   ② 43.2mmAq
③ 51.8mmAq   ④ 64.6mmAq

해설 |
$\dfrac{x}{30} = \left(\dfrac{360}{300}\right)^2$
$x = 43.2$

정답 30 ② 31 ③ / 32 ③ 33 ②

11. 환기량

34. 외기 CO_2 농도는 350ppm이며, 실내 CO_2의 허용농도를 1000ppm으로 할 때, 호흡 시의 1인당 CO_2 배출량이 $0.02m^3/h$일 경우 1인당 요구되는 필요 환기량은?

① $24.9m^3/h \cdot 인$ ② $27.5m^3/h \cdot 인$
③ $30.8m^3/h \cdot 인$ ④ $35.6m^3/h \cdot 인$

해설 |
$M + QC_0 = QC_i$
$0.02 = Q(1000-350) \times 10^{-6}$
∴ $Q = 30.769$

35. 외기의 이산화탄소(CO_2) 함유량이 300ppm, 사람의 호흡 시 1인당 CO_2 배출량이 $0.017m^3/h$인 경우, 1인당 필요한 환기량은? (단, CO_2의 실내허용농도는 1000ppm이다)

① $24.3m^3/h \cdot 인$ ② $25.9m^3/h \cdot 인$
③ $26.7m^3/h \cdot 인$ ④ $28.3m^3/h \cdot 인$

해설 |
$M + QC_0 = QC_i$
$0.017 = Q(1000-300) \times 10^{-6}$
∴ $Q = 24.29$

12. 현열비

36. 어떤 실내의 취득 현열량이 8000W, 잠열량이 2000W이다. 실내의 공기조건을 26℃, 50%RH로 유지하기 위하여 취출온도를 17℃로 송풍하고자 할 때 현열비(SHF)는?

① 0.8   ② 0.75
③ 0.7   ④ 0.25

해설 |
현열비 = $\dfrac{현열}{전열}$ = $\dfrac{8000}{2000+8000}$ = 0.8

37. 여름철 건물 내 어떤 실의 취득 현열량이 25000W이고 잠열량이 7000W일 경우, 현열비는?

① 0.52   ② 0.64
③ 0.78   ④ 0.90

해설 |
현열비 = $\dfrac{현열}{전열}$ = $\dfrac{25000}{25000+7000}$ = 0.78

13. 상당증발량, 상당발열면적

38. 보일러의 실제 증발량이 2000kg/h이고, 발생증기의 엔탈피는 2768.8kJ/kg, 보일러에 보급되는 급수의 엔탈피는 335.2kJ/kg이다. 이 보일러의 환산증발량(상당증발량)은? (단, 100℃에서 물의 증발잠열은 2257kJ/kg이다)

① 약 1000kg/h   ② 약 1078kg/h
③ 약 1124kg/h   ④ 약 2156kg/h

해설 |
상당증발량

$= \dfrac{\text{발생증기엔탈피} - \text{급수엔탈피}}{\text{증발잠열}}$

$= \dfrac{2000kg/h(2768.8kJ/kg - 335.2kJ/kg)}{2257kJ/kg}$

= 2156kg/h

39. 어떤 실의 전체손실열량이 10000W일 때, 방열기의 상당방열면적은? (단, 열매는 온수이다)

① 13.2m²   ② 15.4m²
③ 19.1m²   ④ 25.8m²

해설 |
온수난방 표준방열량 : 523W/m²

$\dfrac{10000W}{523W/m^2}$ = 19.12m²

14. 팽창량

40. 어떤 배관계 전체에 20℃인 물 10000L가 있다. 이 물을 60℃까지 가열할 경우 물의 팽창량은? (단, 20℃ 물의 밀도는 998.2kg/m³, 60℃ 물의 밀도는 987.5kg/m³이다)

① 약 87L   ② 약 108L
③ 약 137L   ④ 약 152L

해설 |
$\left(\dfrac{1}{987.5} - \dfrac{1}{998.2}\right)1000kg = 108[L]$

정답 38 ④ 39 ③ / 40 ②

15. 선팽창계수

41. 길이 20m의 증기난방 배관에서 관의 온도를 30℃에서 109℃로 높였을 경우 늘어난 길이는? (단, 선팽창계수 $1.3 \times 10^{-5}/℃$ 이다)

① 18.54mm ② 19.54mm
③ 20.54mm ④ 21.54mm

해설 |
선팽창량
20m×1000mm/m×1.3×10^{-5}/℃ × (109−30)
= 20.54mm

42. 길이 20m인 배관 내로 증기가 간헐적으로 흐르고 있다. 증기가 통과할 때의 관온도가 100℃, 흐르지 않고 있을 때의 관온도가 20℃라고 하면, 증기가 통과할 때 늘어나는 관길이는? (단, 배관재료의 선팽창계수는 1.2×10^{-5}/℃ 이다)

① 19.2mm ② 25.2mm
③ 29.4mm ④ 38.4mm

해설 |
선팽창량
20m × 1000mm/m × 1.2×10^{-5}/℃ × (100−80)
= 19.2mm

16. 열평형식-순환량

43. 급탕설비에서 순환 배관로에서의 열손실이 2000W, 급탕과 환탕의 온도차가 5℃일 경우 순환펌프의 순환량은? (단, 물의 비열은 4.2kJ/kg·K, 밀도는 1kg/L이다)

① 1.4L/min ② 2.9L/min
③ 5.7L/min ④ 8.2L/min

해설 |
2[kW] = Q[L/min] × 4.2[kJ/(kgK)]
$\times 5K \times \dfrac{1}{60s/min}$

∴ Q = 5.7[L/min]

44. 급탕배관계통에서 배관 중 총손실열량이 15000W이고 급탕온도가 70℃, 환수온도가 60℃일 때, 순환수량은? (단, 물의 비열은 4.2kJ/kg·K, 밀도는 1kg/L이다)

① 21.4L/min ② 26.5L/min
③ 50.1L/min ④ 72.5L/min

해설 |
15[kW] = Q[L/min] × 4.2[kJ/(kgK)]
$\times 10K \times \dfrac{1}{60s/min}$

∴ Q = 21.4[L/min]

17. 열평형식-풍량(환기량)

45. 다음과 같은 조건에 있는 실의 필요환기량은?

- 실내 발열량 300000W
- 실내온도 33℃, 외기온도 27℃
- 공기의 비열 1.2kJ/m³·K

① 124420m³/h
② 148760m³/h
③ 182624m³/h
④ 196640m³/h

해설 |
풍량은 현열과 실내온도와 취출온도 차이(필요환기량은 외기 100% 환기를 의미하므로 실내온도와 외기온도 차이)를 가지고 구한다.

300[kW] = Q × 1.2(33−27) × $\frac{1}{3600}$

∴ Q = 148760[m³/h]

46. 실내에 열을 발산하는 기기가 있으며 공기에 가해진 열량이 9kW, 실용적이 1000m³인 실을 20℃로 유지하기 위한 필요환기량은? (단, 외기온도 15℃, 공기의 정압비열은 1.01kJ/kg·K, 공기의 밀도는 1.2kg/m³이다)

① 약 2041m³/h   ② 약 2792m³/h
③ 약 5347m³/h   ④ 약 7627m³/h

해설 |
필요환기량은 외기 100% 의미하므로 실내온도와 외기온도 차이를 가지고 구한다.

9[kW] = Q × 1.2 × 1.01(20−15) × $\frac{1}{3600}$

∴ Q = 5347[m³/h]

47. 실내 취득 현열량이 50000W 일 때, 실내의 온도를 26℃로 유지하기 위해 실내에 공급하여야 할 풍량은? (단, 공기의 비열은 1.01kJ/kg·K, 공기의 밀도는 1.2kg/m³이고 실내에 공급되는 공기의 온도는 14.1℃이다)

① 약 9250m³/h   ② 약 10450m³/h
③ 약 12480m³/h ④ 약 15115m³/h

해설 |
필요환기량은 외기 100%를 의미하므로 실내온도와 외기온도 차이를 가지고 구한다.

50[kW] = Q×1.2×1.01(26−14.1)× $\frac{1}{3600}$

∴ Q = 12480[m³/h]

48. 5000W의 열을 발산하는 기계실의 온도를 26℃로 유지시키기 위한 필요 환기량(m³/h)은? (단, 외기온도 6℃, 공기의 밀도 1.2kg/m³, 공기의 정압비열 1.01kJ/kg·K, 기계실의 열전달 손실은 무시한다)

① 225.0m³/h   ② 396.8m³/h
③ 594.1m³/h   ④ 742.6m³/h

해설 |
5[kW] = Q × 1.2 × 1.01(26−6) × $\frac{1}{3600}$

∴ Q = 742.57[m³/h]

18. 열평형식-현열

49. 면적이 300m²인 호텔의 커피숍을 냉방하고자 한다. 이때의 인체 발생현열량은? (단, 재실인원 0.6인/m², 1인당 발생현열량 49W)

① 8820W ② 9250W
③ 10000W ④ 11450W

해설 |
q = 300 × 0.6 × 49 = 8820W

50. 다음과 같은 [조건]에 있는 사무실의 환기에 의한 손실 열량(현열)은?

- 사무실의 크기 : 7m × 5m × 3.5m
- 실내온도 : 20℃
- 외기온도 : 5℃
- 사무실의 환기횟수 : 2회/h
- 공기의 밀도 : 1.2kg/m³
- 공기의 정압비열 : 1.01kJ/kg·K

① 842.01W ② 1075.78W
③ 1237.25W ④ 4274.03W

해설 |
$q = (7 \times 5 \times 3.5) \times 2 \times 1.2 \times 1.01 \times (20-5) \times \dfrac{1000}{3600}$
= 1237.25W

51. 건구온도 25℃의 공기 1000m³를 32℃로 가열하기 위해 필요한 열량은? (단, 공기의 비열은 1.01kJ/kg·K이고, 공기의 밀도는 1.2kg/m³이다)

① 7070kJ ② 8484kJ
③ 9642kJ ④ 9854kJ

해설 |
q = 1000 × 1.2 × 1.01 × (32−25) = 8484[kJ]

52. 다음과 같은 조건에서 난방 시 외기에 의한 현열부하는?

- ㉠ 외기량 : 500kg/h
- ㉡ 외기
  - 건구온도 5℃
  - 절대습도 : 0.002kg/kg'
- ㉢ 실내공기
  - 건구온도 : 24℃
  - 절대습도 : 0.009kg/kg'
- ㉣ 공기의 비열 : 1.01kJ/kg·K

① 2.67kW ② 3.17kW
③ 3.68kW ④ 4.12kW

해설 |
$q = 500 \times 1.01 \times (24-5) \times \dfrac{1}{3600}$ = 2.667kW

정답 49 ① 50 ③ 51 ② 52 ①

19. 열평형식-급탕

53. 다음과 같은 조건에서 전기순간 온수기를 사용하여 매시 500L/h의 급탕을 할 경우 전기소모량은?

- 급탕온도 : 60℃, 급수온도 : 10℃
- 온수기의 효율 : 96%
- 물의 비열 : 4.2kJ/kg·K

① 10.5kW ② 20.2kW
③ 25.3kW ④ 30.4kW

해설 |

$q = 500 \times 4.2 \times (60-10) \times \dfrac{1}{3600 \times 0.96}$

= 30.4[kW]

54. 저탕식 전기가열기를 사용하여 0.2m³/h의 급탕을 공급할 경우 사용 전력은? (단, 물의 비열은 4.2kJ/kg·K, 급탕온도는 60℃, 급수온도는 10℃, 전기효율은 100%이다)

① 3.5kW ② 11.7kW
③ 23.1kW ④ 50.4kW

해설 |

$q[kW] = 200 \times 4.2(60-10) \times \dfrac{1}{3600}$

∴ q = 11.66[kW]

20. 열평형식-보일러

55. 다음과 같은 조건에 있는 증기난방 방식의 건물에서 보일러의 정격출력은?

- ㉠ 발열기의 상당방열면적(EDR) : 1000m²
- ㉡ 급탕량 : 2000L/h
- ㉢ 급탕온도 : 70℃, 급수온도 : 10℃
- ㉣ 온수비열 : 4.2kJ/kg·K
- ㉤ 배관부하 : 난방과 급탕부하 합계의 20%
- ㉥ 예열부하 : 사용출력의 25%

① 994.5kW
② 1344kW
③ 1642.5kW
④ 1760kW

해설 |

정격출력
= 난방부하 + 급탕부하 + 배관부하 + 예열부하
증기표준발열량 0.756kW/m²
난방부하 = 1000 × 0.756 = 756kW

급탕부하 = $2000 \times 4.2(70-10) \times \dfrac{1}{3600}$

= 140kW

∴ 정격출력 = (756 + 140) × 1.2 × 1.25
= 1344kW

21. 열평형식-잠열

56. 다음과 같은 조건에서 실의 환기량이 2500m³/h인 경우, 환기에 의한 잠열부하는?

> ㉠ 실내공기상태 $t_r = 24℃$, $X_r = 0.012$kg/kg'
> ㉡ 외기상태 $t_0 = -5℃$, $X_0 = 0.003$kg/kg'
> ㉢ 0℃에서 물의 증발잠열 2501kJ/kg
> ㉣ 공기의 밀도 1.2kg/m³

① 10.93kW ② 14.19kW
③ 18.76kW ④ 23.73kW

해설 |
잠열은 풍량과 증발잠열과 절대습도 차의 곱으로 구한다. 수증기의 비열분을 계산하는 것이 원칙이나 보통 난방에 있어서 수증기 비열분을 생략한다.
잠열부하 = 2500 × 1.2 × 2501(0.012−0.003)
× $\frac{1}{3600}$ = 18.75kJ/s

57. 건구온도 20℃, 절대습도 0.01kg/kg'인 습공기 10kg의 엔탈피는? (단, 건공기의 정압비열은 1.01kJ/kg·K, 수증기의 정압비열은 1.85kJ/kg·K, 0℃에서 포화수의 증발잠열은 2501kJ/kg이다)

① 201.6kJ ② 254.5kJ
③ 369.6kJ ④ 455.8kJ

해설 |
현열 = 10 × 1.01 × 20 = 202
잠열 = 10 × 0.01(2501 + 1.85 × 20) = 253.8
그러므로 합 = 455.8

22. 열평형식-전열(냉방)

58. 다음과 같은 조건에서 재실인원이 20명인 실내의 냉방에 요구되는 외기부하량은?

> • 실내공기의 엔탈피 : 55.4kJ/kg(DA)
> • 외기의 엔탈피 : 84.8kJ/kg(DA)
> • 1인당 필요외기량 : 25m³/h
> • 공기의 밀도 : 1.2kg/m³

① 3.4kW
② 4.2kW
③ 4.9kW
④ 5.7kW

해설 |
엔탈피가 주어진 경우 전열의 계산은 공기량과 엔탈피 차이로 구한다.
q = 25 × 20 × 1.2(84.8−55.4) × $\frac{1}{3600}$
= 4.9kJ/s

정답 56 ③ 57 ④ / 58 ③

모아바 www.moa-ba.com
모아소방전기학원 www.moate.co.kr

P·A·R·T
05

7개년 기출문제 풀이

❶ 7개년 기출문제 중 개정된 출제범위가 아닌 기출문제는 별도 해설이 없습니다. 학습에 참고 바랍니다.

2023년 4회(CBT)

01. 건축설비계획

1. 다음 중 빛의 단위로 옳지 않은 것은?
① 광속 : W/m·K ② 조도 : lx
③ 광도 : cd   ④ 휘도 : cd/m²

해설 |
광속은 빛의 양으로 단위는 루멘[lm]을 쓴다.

2. 열의 전달에 관한 기본 3가지 형태에 속하지 않는 것은?
① 전도   ② 대류
③ 복사   ④ 증발

해설 |
열의 이동은 전도, 대류, 복사

3. 실내외의 온도차에 의하여 발생하는 환기는?
① 중력 환기   ② 개별 환기
③ 송풍 환기   ④ 기계 환기

해설 |
중력환기 : 더워진 공기의 밀도가 작아져 상승하고 차가워진 공기의 밀도가 커져 하강하는 온도차에 의해 발생되는 환기

4. 흐르는 물에 피토(Pitot)관을 흐름의 방향으로 세웠을 때 수주의 높이가 1mAq이었다. 유속은 얼마인가?
① 4.43m/sec   ② 4.78m/sec
③ 5.24m/sec   ④ 5.69m/sec

해설 |
$U = \sqrt{2 \times 9.8 \times 1} = 4.43$m/sec

5. 간접조명의 특징에 관한 설명으로 옳지 않은 것은?
① 조명효율이 좋다.
② 음영이 적다.
③ 음산한 감을 주기 쉽다.
④ 물건에 입체감을 주기 어렵다.

해설 |
간접조명은 밝기의 효율은 나빠진다.

6. 도시가스 배관 중 지상배관의 표면은 색상은 원칙적으로 어떤 색으로 하는가?
① 적색   ② 황색
③ 청색   ④ 녹색

해설 |
도시가스 기본색은 황색(노란색)이다.

정답 1 ① 2 ④ 3 ① 4 ① 5 ① 6 ②

7. 층류와 난류에 관한 설명으로 옳지 않은 것은?

① 층류영역에서 난류영역 사이를 천이영역이라고 한다.
② 층류에서 난류로 천이할 때의 구간을 평균한 것을 평균유속이라고 한다.
③ 레이놀즈 수에 의해 관 내의 흐름이 층류인지 난류인지를 판별할 수 있다.
④ 유체 유동 중 층류는 유체분자가 규칙적으로 층을 이루면서 흐르는 것이다.

해설 |
평균 유속은 상태 시점에서 관 중심속도의 평균이다.

8. 환기방식에 관한 설명으로 옳지 않은 것은?

① 제3종 환기방식은 지붕에 설치된 모니터를 이용한다.
② 중력환기에 의한 환기량은 실내외 온도차에 비례한다.
③ 치환환기는 실내 온도보다 낮은 온도의 공기를 이용하는 방식이다.
④ 제2종 환기방식은 오염 공기의 침입을 방지하거나 연소용 공기가 필요한 경우에 적합하다.

해설 |
제3종 환기방식은 배출기만 있다.

9. 유체의 성질과 관련하여 다음 설명이 의미하는 것은?

> 에너지보존의 법칙을 유체의 흐름에 적용한 것으로서 유체가 갖고 있는 운동에너지, 중력에 의한 위치에너지 및 압력에너지의 총합은 흐름 내 어디에서나 일정하다.

① 파스칼의 원리
② 스토크스의 법칙
③ 뉴턴의 점성법칙
④ 베르누이의 정리

10. 냉방부하의 종류 중 현열과 잠열을 동시에 보유하고 있지 않은 것은?

① 인체부하   ② 외기부하
③ 조명기구부하 ④ 틈새바람부하

해설 |
조명기구는 현열만 있다.

11. 덕트의 마찰저항에 관한 설명으로 옳지 않은 것은?

① 유속의 제곱에 비례한다.
② 덕트의 직경이 클수록 마찰저항은 커진다.
③ 덕트의 길이가 길수록 마찰저항은 커진다.
④ 원형 덕트가 장방형 덕트에 비해 마찰저항이 작다.

해설 |
덕트의 직경이 작을수록 마찰저항은 커진다.
$$h_L = f \frac{L}{D} \times \frac{U^2}{2g}$$

12. 급탕배관에서 관의 신축을 고려한 조치사항으로 옳지 않은 것은?

① 배관 중간에 신축이음을 설치한다.
② 배관의 굽힘부분에는 스위블 이음으로 접합한다.
③ 건물의 벽관통부분의 배관에는 슬리브를 설치한다.
④ 동종금속 배관재의 접속 시에는 전식(電蝕)방지 이음쇠를 사용한다.

해설 |
이종금속 배관재의 접속 시에는 전식(電蝕)방지 이음쇠를 사용한다.

13. 습공기에 관한 설명으로 옳은 것은?

① 습공기를 가열하면 비체적은 감소한다.
② 습공기를 가열하면 엔탈피는 감소한다.
③ 습공기를 가열하면 상대습도는 증가한다.
④ 습공기를 가열해도 절대습도는 일정하다.

해설 |
습공기 가열 시 상대습도 감소, 절대습도는 일정하다.

14. 급탕배관에 개폐 밸브를 설치하는 목적과 가장 거리가 먼 것은?

① 긴급 시 급수의 차단
② 배관 중 공기 정체 방지
③ 증·개축 시 급탕계통의 차단
④ 배관이나 기구·장치의 수리

해설 |
② 공기빼기 밸브에 관한 설명이다.

15. 다음의 급수방식 중 일반적으로 하향급수 배관 방식으로 배관하는 것은?

① 수도직결방식
② 고가탱크방식
③ 압력탱크방식
④ 펌프직송방식

해설 |
고가수조방식은 하향급수로 낙차만 이용한다.

16. 기구배수부하단위 산정에 기준이 되는 기구는?

① 욕조
② 세면기
③ 소변기
④ 대변기

해설 |
기구급수부하단위의 기준은 세면기 15mm 28L/min

17. 경질 염화 비닐관에 관한 설명으로 옳지 않은 것은?

① 금속관에 비해 열에 약하다.
② 금속관에 비해 전기 절연성이 크다.
③ 금속관에 비해 산, 알칼리에 약하다.
④ 금속관에 비해 온도변화로 인한 신축이 크다.

해설 |
PVC는 산과 알칼리에 모두 강하다.

18. 급수배관에 관한 설명으로 옳지 않은 것은?

① 수평배관에서 물이 고일 수 있는 부분에는 진공방지 밸브를 설치하여야 한다.
② 수평배관에서 공기가 모일 수 있는 부분에는 공기빼기 밸브를 설치하여야 한다.
③ 수평배관은 상향 급수배관 방식의 경우 진행방향에 따라 올라가는 기울기로 한다.
④ 수평배관은 하향 급수배관 방식의 경우 진행방향에 따라 내려가는 기울기로 한다.

해설 |
수평배관에서 물이 고일 수 있는 부분에는 드레인 밸브를 설치하여야 한다.

19. 인화성 액체, 가연성 액체, 타르, 오일, 유성도료, 솔벤트, 래커, 알코올 및 인화성 가스와 같은 유류가 타고 나서 재가 남지 않는 화재의 종류는?

① A급 화재   ② B급 화재
③ C급 화재   ④ D급 화재

해설 |
B급 화재 = 유류화재 = 황색화재

20. 오수처리 방법 중 물리적 처리 방법에 속하지 않는 것은?

① 소독   ② 침전
③ 교반   ④ 스크린

해설 |
소독은 화학적 처리 방법

02. 건축설비설계

21. 대변기의 세정방식 중 세정 밸브식에 관한 설명으로 옳지 않은 것은?

① 소음이 큰 편이다.
② 수압의 제한이 있다.
③ 연속사용이 가능하다.
④ 급수오염의 우려가 없다.

해설 |
높은 방수압으로부터 역류의 우려가 있어 진공방지 밸브 등을 설치한다.

22. 급탕설비에서 보일러, 저탕조 등 밀폐 가열장치 내의 압력상승을 도피시키기 위해 설치되는 것은?

① 팽창탱크
② 용해전
③ 신축이음
④ 스트레이너

해설 |
밀폐 가열장치 내의 압력상승을 도피시키기 위해 설치되는 것은 팽창탱크이다.

23. 급수방식 중 펌프직송방식에 관한 설명으로 옳지 않은 것은?

① 자동제어에 드는 설비비용이 많다.
② 하향급수배관 방식이 주로 이용된다.
③ 전력 차단 시에는 급수가 불가능하다.
④ 작동방식에는 정속방식과 변속방식이 있다.

해설 |
하향급수는 고가수조로부터 낙차에 의한다.

24. 펌프 1개를 운전하는 경우와 비교한 펌프 2개를 병렬로 연결하여 운전하는 경우에 관한 설명으로 옳은 것은? (단, 배관의 마찰저항은 없으며, 펌프는 동일한 특성을 갖는다)

① 유량과 양정 모두 2배가 된다.
② 유량은 변하지 않고 양정이 2배가 된다.
③ 양정은 변하지 않고 유량이 2배가 된다.
④ 유량과 양정은 모두 변하지 않고 동일하다.

해설 |
직렬은 양정이 병렬은 유량이 변한다.

25. 옥내의 공조배관에서 보온 및 보냉을 하지 않는 관은?

① 증기관　　② 냉수관
③ 온수관　　④ 냉각수관

해설 |
냉각수는 기기의 냉각을 위한 것으로 상온에서 크게 벗어나지 않는 온도 이므로 일반적으로 보온 및 보냉을 하지 않는다.

26. 배수배관에서 트랩의 가장 주된 역할은?

① 배수관 내의 유속을 조정한다.
② 급수관 내의 급수 흐름을 원활히 한다.
③ 유도 사이펀 작용에 의한 봉수 파괴를 방지한다.
④ 배수관 내의 악취나 가스가 실내로 유입되는 것을 방지한다.

해설 |
트랩의 가장 주된 역할은 악취, 유해가스, 해충의 유입방지

27. 통기관의 설치에 관한 설명으로 옳지 않은 것은?

① 바닥 아래의 통기관은 금해야 한다.
② 오물정화조의 통기관은 일반 통기관과 연결해서는 안 된다.
③ 우수 계통의 통기관은 일반 가정 오수 계통의 통기관에 연결한다.
④ 오수 피트 및 잡배수 피트 통기관은 양자 모두 개별 통기관을 갖도록 한다.

해설 |
우수관과 오수관은 분리되어야 한다.

28. 배관 내에 흐르고 있는 유체에 발생하는 마찰 저항에 관한 설명으로 옳은 것은?

① 유량이 증가하면 마찰저항은 감소한다.
② 관의 길이가 증가하면 마찰저항은 증가한다.
③ 관의 직경이 증가하면 마찰저항은 증가한다.
④ 관 내를 흐르는 유체의 평균유속이 증가하면 마찰저항은 감소한다.

정답　24 ③　25 ④　26 ④　27 ③　28 ②

해설 |
달시공식 참조 $h = f \dfrac{L}{D} \dfrac{U^2}{2g}$

29. 옥내 배관 시공 시 주철관이 가장 많이 사용되는 것은?

① 급수관   ② 급탕관
③ 오수관   ④ 통기관

해설 |
주철관은 내식성이 크고 값이 싸서 오수관으로 많이 사용된다.

30. 1800m³의 실용적을 갖는 사무실에서 시간당 0.5회의 환기를 할 때 환기량은?

① 750m³/h   ② 750m³/min
③ 900m³/h   ④ 900m³/min

해설 |
1800 × 0.5 = 900m³/h

31. 다음과 같은 특징을 갖는 밸브는?

- 유체의 흐름을 단속하는 밸브이다.
- 유량 조절용으로는 사용이 곤란하다.
- 밸브를 완전히 열면 배관경과 밸브의 구경이 동일하므로 유체의 저항이 적다.

① 게이트 밸브
② 글로브 밸브
③ 체크 밸브
④ 앵글 밸브

해설 |
슬루스 밸브 = 게이트 밸브 = on/off 밸브

32. 중앙식 급탕방식 중 직접가열식 급탕 방법에 관한 설명으로 옳지 않은 것은?

① 저탕조의 구조가 간단하다.
② 급탕온도가 고르지 않게 될 경우가 있다.
③ 보일러 내부의 스케일이 발생하지 않는다.
④ 저탕조와 보일러를 직접 연결하여 순환 가열하는 것이다.

해설 |
직접가열식은 보일러 내부의 스케일 발생 우려가 있다.

33. 다음 중 펌프의 특성 곡선에 나타나지 않는 것은?

① 유속   ② 양정
③ 효율   ④ 축동력

해설 |
펌프의 특성곡선에 유속은 포함되지 않는다.

34. 19층 건물에서 옥내 소화전의 설치개수가 가장 많은 층의 설치개수가 8개일 때, 이 건물에 설치하여야 하는 옥내소화전설비의 수원의 저수량은 최소 얼마 이상이어야 하는가?

① 5.2m³   ② 10.4m³
③ 13m³   ④ 20.8m³

해설 |
2 × 130ℓ/min × 20min = 5.2m³

정답 29 ③ 30 ③ 31 ① 32 ③ 33 ① 34 ①

35. 전열 교환기의 선정 시 유의사항으로 옳지 않은 것은?

① 압력손실이 클 것
② 운전용 동력이 작을 것
③ 가격이 저렴하고 시스템이 복잡하지 않을 것
④ 열 회수율이 좋고 고온 측, 저온 측 유체의 누설이 없을 것

해설 |
압력손실이 작아야 한다.

36. 기계식 증기트랩에 속하는 것은?

① 벨 트랩
② 버킷 트랩
③ 벨로즈 트랩
④ 바이메탈 트랩

해설 |
버킷 트랩은 기계식 증기트랩으로 플로우트 트랩의 일종이다.

37. 냉방부하의 종류 중 현열과 잠열로 구성된 것은?

① 인체의 발생열량
② 유리로부터의 취득열량
③ 벽체로부터의 취득열량
④ 덕트로부터의 취득열량

해설 |
인체 발열량은 열과 땀의 수분증발로 전열 구성이다.

38. 급탕설비에서 순환펌프의 순환수량 결정 방법으로 가장 알맞은 것은?

① 사용 수량과 같게 한다.
② 급수부하 단위의 3/4으로 한다.
③ 급탕량의 15~25%의 범위에서 산출한다.
④ 배관 및 기기로부터의 열손실량으로 산출한다.

해설 |
순환펌프는 배관 손실부하를 보충하는 펌프

39. 다음 중 펌프의 실양정을 바르게 나타낸 것은?

① 흡입실양정 + 전양정
② 흡입실양정 + 손실수두
③ 토출실양정 + 손실수두
④ 흡입실양정 + 토출실양정

해설 |
펌프의 실양정은 저수조 수면으로부터 토출구까지 높이 = 흡입실양정 + 토출실양정

40. 복사난방에 관한 설명으로 옳지 않은 것은?

① 실내 상하의 온도차가 적다.
② 열용량이 작기 때문에 간헐난방에 적합하다.
③ 천정고가 높은 공간에서도 난방감을 얻을 수 있다.
④ 실내에 방열기를 설치하지 않으므로 바닥이나 벽면을 유용하게 이용할 수 있다.

해설 |
축열에 의한 열용량이 크기 때문에 간헐난방에 부적합하다.

정답 35 ① 36 ② 37 ① 38 ④ 39 ④ 40 ②

03. 건축설비관계법규

41. 다음의 소방시설 중 소화설비에 속하지 않는 것은?

① 포소화설비
② 연결살수설비
③ 옥외소화설비
④ 스프링클러설비

해설 |
연결살수설비는 소방대가 쓰는 소화활동설비

42. 배연설비의 설치에 관한 기준 내용으로 옳은 것은?

① 배연구는 손으로 열고 닫지 못하도록 할 것
② 배연창의 유효면적은 0.5m² 이상으로 할 것
③ 배연창의 상변과 천장 또는 반자로부터 수직 거리가 0.5m 이내일 것
④ 배연구는 열감지기 또는 연기감지기에 의해 자동으로 열 수 있는 구조로 할 것

해설 |
건축물의 설비기준 등에 관한 규칙(배연설비)
1. 배연구는 연기감지기 또는 열감지기에 의하여 자동으로 열 수 있는 구조로 하되, 손으로도 열고 닫을 수 있도록 할 것
2. 배연창의 상변과 천장 또는 반자로부터 수직거리가 0.9미터 이내일 것
3. 배연창의 유효면적은 1 제곱미터 이상

43. 다음은 건축물의 에너지절약설계기준에 따른 용어의 정의이다. ( ) 안에 알맞은 것은?

> "중앙집중식 냉·난방설비"라 함은 건축물의 전부 또는 냉난방 면적의 ( ) 이상을 냉방 또는 난방 함에 있어 해당 공간에 순환펌프, 증기난방설비 등을 이용하여 열원 등을 공급하는 설비를 말한다.

① 40%   ② 50%
③ 60%   ④ 70%

해설 |
건축물의 에너지절약설계기준
11. 기계설비부문
자. "중앙집중식 냉·난방설비"라 함은 건축물의 전부 또는 냉난방 면적의 60% 이상을 냉방 또는 난방함에 있어 해당 공간에 순환펌프, 증기난방설비 등을 이용하여 열원 등을 공급하는 설비를 말한다.

44. 비상용승강기 승강장의 바닥면적은 비상용승강기 1대에 대하여 최소 얼마 이상으로 하여야 하는가? (단, 옥내에 승강장을 설치하는 경우)

① 5m²   ② 6m²
③ 8m²   ④ 10m²

해설 |
건축물의 설비기준 등에 관한 규칙
승강장의 바닥면적은 비상용승강기 1대에 대하여 6제곱미터 이상으로 할 것

정답 41 ② 42 ④ 43 ③ 44 ②

45. 건축물의 에너지절약설계기준에 따른 단열재의 두께는 지역별로 다르다. 지역별 분류 중 중부지역에 속하지 않는 곳은?

① 경기도
② 서울특별시
③ 대전광역시
④ 충남 천안시

해설 |
건축물에너지절약기준
대전광역시 : 남부지역

46. 방염성능기준 이상의 실내장식물 등을 설치하여야 하는 특정소방대상물에 속하지 않는 것은?

① 수영장
② 숙박시설
③ 의료시설 중 종합병원
④ 방송통신시설 중 방송국

해설 |
소방시설 설치·유지 및 안전관리에 관한 법률 시행령
(방염성능기준 이상의 실내장식물 등을 설치하여야 하는 특정소방대상물)
2. 건축물의 옥내에 있는 시설로서 다음 각 목의 시설 중
  다. 운동시설(수영장은 제외한다)

47. 공동주택의 난방설비를 개별난방방식으로 하는 경우에 관한 기준 내용으로 옳지 않은 것은?

① 난방구획을 방화구획으로 구획할 것
② 보일러의 연도는 내화구조로서 공동연도로 설치할 것
③ 보일러실의 윗부분에는 그 면적이 0.5m² 이상인 환기창을 설치할 것
④ 보일러를 설치하는 곳과 거실 사이의 경계벽은 출입구를 제외하고는 내화구조의 벽으로 구획할 것

해설 |
건축물의 설비기준 등에 관한 규칙 제13조
1. 보일러를 설치하는 곳과 거실 사이의 경계벽은 출입구를 제외하고는 내화구조의 벽으로 구획할 것
2. 보일러실의 윗부분에는 그 면적이 0.5제곱미터 이상인 환기창을 설치하고, 보일러실의 윗부분과 아랫부분에는 각각 지름 10센티미터 이상의 공기흡입구 및 배기구를 항상 열려 있는 상태로 바깥공기에 접하도록 설치할 것. 다만 전기보일러의 경우에는 그러하지 아니하다.
6. 오피스텔의 경우에는 난방구획을 방화구획으로 구획할 것
7. 보일러의 연도는 내화구조로서 공동연도로 설치할 것. "그러므로 공동주택의 경우 난방구획을 무엇으로 하라고 정의하지 않았다."

48. 건축법령상 다음과 같이 정의되는 용어는?

> 기존 건축물이 있는 대지에서 건축물의 건축면적, 연면적, 층수 또는 높이를 늘리는 것

① 증축   ② 개축
③ 재축   ④ 대수선

해설 |
건축법 - 증축의 정의

49. 건축물에 설치하는 굴뚝의 옥상 돌출부는 지붕면으로부터의 수직거리를 최소 얼마 이상으로 하여야 하는가?

① 0.5m ② 1m
③ 1.5m ④ 2m

해설 |
건축물 피난·방화구조 규칙
굴뚝 : 옥상돌출부는 지붕면으로부터의 수직거리 최소 1m 이상

50. 건축허가 등을 함에 있어서 소방본부장 또는 소방서장의 동의를 받아야 하는 대상 건축물 등에 속하는 것은?

① 항공관제탑
② 주차장으로 사용되는 바닥면적이 $100m^2$인 층이 있는 건축물
③ 무창층이 있는 건축물로서 바닥면적이 $80m^2$인 층이 있는 것
④ 승강기 등 기계장치에 의한 주차시설로서 자동차 10대를 주차할 수 있는 시설

해설 |
소방법 시행령
소방본부장 또는 소방서장의 동의를 받아야 하는 대상
항공관제탑

51. 건축법령상 다음과 같이 정의되는 주택의 유형은?

주택으로 쓰는 1개의 바닥면적 합계가 $660m^2$를 초과하고, 층수가 4개 층 이하인 주택

① 다중주택 ② 연립주택
③ 다가구주택 ④ 다세대주택

해설 |
건축법
아파트 : 지상 5층 이상. 연면적 상관없음
다가구주택 : 지상 3층 이하, 연면적 $660m^2$ 이하
다세대주택 : 지상 4층 이하. 연면적 $660m^2$ 이하
연립주택 : 지상 4층 이하. 연면적 $660m^2$ 초과

52. 다음의 소방시설 중 소화활동설비에 속하는 것은?

① 연결살수설비
② 옥내소화전설비
③ 자동화재탐지설비
④ 상수도소화용수설비

해설 |
소방법 시행령
소화활동설비 : 제연설비, 연결송수관설비, 연결살수설비, 비상콘센트설비, 무선통신보조설비, 연소방지설비

53. 건축물에 설치하는 급수·배수 등의 용도로 쓰이는 배관설비에 관한 기준 내용으로 옳지 않은 것은?

① 배수용 우수관과 오수관은 분리하여 배관 할 것
② 건축물의 주요부분을 관통하여 배관하지 아니할 것
③ 배수용 배관설비의 오수에 접히는 부분은 내수재료를 사용할 것
④ 승강기의 승강로 안에는 승강기의 운행에 필요한 배관 설비외의 배관설비를 설치하지 아니할 것

해설 |
건축물의 주요부분을 슬리브 등을 이용 원활한 보급을 도모한다.

정답 49 ② 50 ① 51 ② 52 ① 53 ②

54. 공사감리자가 필요하다고 인정할 경우 공사 시공자에게 상세시공도면을 작성하도록 요청할 수 있는 대상 건축공사 기준은?

① 연면적의 합계가 3000m² 이상인 건축공사
② 연면적의 합계가 5000m² 이상인 건축공사
③ 연면적의 합계가 10000m² 이상인 건축공사
④ 연면적의 합계가 20000m² 이상인 건축공사

해설 |
건축법
연면적의 합계가 5000m² 이상인 건축공사

55. 건축법령상 단독주택에 속하지 않는 것은?

① 공관
② 다중주택
③ 다세대주택
④ 다가구주택

해설 |
다세대 주택은 공동주택이다.

56. 피난안전구역의 설치에 관한 기준 내용으로 옳지 않은 것은?

① 피난안전구역의 높이는 2.1m 이상일 것
② 피난안전구역의 내부 마감재료는 불연재료로 설치할 것
③ 비상용승강기는 피난안전구역에서 승하차할 수 있는 구조로 설치할 것
④ 건축물의 내부에서 피난안전구역으로 통하는 계단은 피난계단의 구조로 설치할 것

해설 |
건축물 피난·방화구조
건축물의 내부에서 피난안전구역으로 통하는 계단은 특별피난계단의 구조로 설치할 것

57. 건축법령상 고층건축물의 정의로 옳은 것은?

① 층수가 20층 이상이거나 높이가 60m 이상인 건축물
② 층수가 20층 이상이거나 높이가 80m 이상인 건축물
③ 층수가 30층 이상이거나 높이가 90m 이상인 건축물
④ 층수가 30층 이상이거나 높이가 120m 이상인 건축물

해설 |
건축법 제2조
고층건축물 층수가 30층 이상이거나 높이가 120m 이상

정답 54 ② 55 ③ 56 ④ 57 ④

58. 건축물의 설비기준 등에 관한 규칙에 따라 피뢰설비를 설치하여야 하는 대상 건축물의 높이 기준은?

① 10m 이상   ② 20m 이상
③ 30m 이상   ④ 40m 이상

해설 |
건축물설비기준
피뢰설비 : 20m 이상 건축물

59. 건축물의 에너지절약 설계기준상 다음과 같이 정의되는 용어는?

> 냉(난)방기간 동안 또는 연간 총 시간에 대한 온도출현분포중에서 가장 높은(낮은) 온도 쪽으로부터 총 시간의 일정 비율에 해당하는 온도를 제외시키는 비율

① 위험률   ② 온도율
③ 부분부하율   ④ 최대부하율

해설 |
건축물에너지절약기준
"위험률"이라 함은 냉(난)방기간 동안 또는 연간 총 시간에 한 온도출현분포 증에서 가장 높은(낮은) 온도 쪽으로부터 총 시간의 일정 비율에 해당하는 온도를 제외시키는 비율

60. 채광을 위하여 단독주택의 거실에 설치하는 창문등의 면적은 그 거실의 바닥면적의 최소 얼마 이상이어야 하는가? (단, 거실의 용도에 따라 규정된 조도 이상의 조명장치를 설치하지 않은 경우)

① 5분의 1   ② 10분의 1
③ 20분의 1   ④ 30분의 1

해설 |
건축물의 피난·방화구조 등의 기준에 관한 규칙 제17조 (채광 및 환기를 위한 창문등)에 따라 채광을 위하여 거실에 설치하는 창문등의 면적은 그 거실의 바닥면적의 10분의 1 이상이어야 한다. 다만 거실의 용도에 따라 조도 이상의 조명장치를 설치하는 경우에는 그러하지 아니하다.

2023년 2회(CBT)

01. 건축설비계획

1. 열의 전달에 관한 기본 3가지 형태에 속하지 않는 것은?

① 전도 ② 대류
③ 복사 ④ 증발

해설 |
열의 이동은 전도, 대류, 복사

2. 작업환경에서 눈의 피로를 야기할 수 있는 환경요인으로 거리가 먼 것은?

① 부적합한 조도
② 형광등의 깜박거림 현상
③ 불쾌감을 주는 현휘 발생
④ 작업과 배경 사이의 휘도대비가 매우 작을 때

해설 |
휘도가 낮고, 휘도대비가 매우 작은 경우 눈은 편안하다.

3. 주방, 공장, 실험실에서와 같이 실의 일부 구역에서 발생하는 오염물질의 확산 및 방산을 극소화시키려고 할 때 적용하는 환기방식은?

① 희석환기 ② 전체환기
③ 중력환기 ④ 국소환기

해설 |
일부 구역에서 발생은 국소를 의미하고 이에 대한 환기는 국소환기다.

4. 간접조명의 특징에 관한 설명으로 옳지 않은 것은?

① 조명효율이 좋다.
② 음영이 적다.
③ 음산한 감을 주기 쉽다.
④ 물건에 입체감을 주기 어렵다.

해설 |
간접조명은 밝기의 효율은 나빠진다.

5. 실내 환기횟수의 정의로 옳은 것은?

① 환기량(m^3/h) × 실용적(m^3)
② 환기량(m^3/h) × 실용적(m^3) × 2
③ 환기량(m^3/h) / 실용적(m^3)
④ 실용적(m^3) / 환기량(m^3/h)

해설 |
환기횟수 = 환기량/실용적 = 회/h

정답 1 ④ 2 ④ 3 ④ 4 ① 5 ③

6. 실내 음환경에서 잔향시간에 관한 설명으로 옳은 것은?
   ① 음향 청취를 목적으로 하는 공간에서의 잔향시간은 음성 전달을 목적으로 하는 공간에서의 잔향시간보다 짧아야 한다.
   ② 음의 잔향시간은 실의 용적에 비례하며 벽면의 흡음력에 따라 결정된다.
   ③ 실의 형태를 변경하면 잔향시간은 조정이 가능하다.
   ④ 영화관은 전기음향설비가 주가 되므로 잔향시간은 길수록 좋다.

해설 |
T = $0.16 \dfrac{V}{A}$
공간용적V[m³], 흡음력A[m²], 잔향시간T[s]

7. 광도 1200cd인 전등으로부터 2m 떨어진 면에서 조도를 측정하였더니 300lx이었다. 이 면을 전등으로부터 4m 떨어진 곳에 놓으면 그 면에서의 조도는?
   ① 100lx   ② 75lx
   ③ 50lx   ④ 25lx

해설 |
$\dfrac{300}{2^2}$ = 75

8. 건물 에너지 절약을 위하여 고려하여야 할 사항으로 옳지 않은 것은?
   ① 고기밀·고단열 창호의 적용
   ② 주광을 적극적으로 이용하는 조명 방식
   ③ 열전도율이 높은 단열재 사용
   ④ 자연 에너지의 이용

해설 |
열전도율이 높으면 열통과율이 높아져 에너지의 낭비가 된다.

9. 2가지 음이 동시에 귀에 들어와서 한쪽의 음 때문에 다른 쪽의 음이 작게 들리는 현상을 무엇이라 하는가?
   ① 명료도   ② 정재파 현상
   ③ 마스킹 효과   ④ 반향

해설 |
마스킹 효과 : 특정음을 듣고 있을 때, 다른 음이 크게 들리면 특정음의 감도가 줄어들거나 들리지 아니하는 현상

10. 실표면의 총 흡음량이 160m²이고, 실의 크기가 10m×18m×4m인 학교 교실에서 세이빈(Sabine)의 공식을 이용하여 구한 잔향시간은?
    ① 0.42초   ② 0.52초
    ③ 0.62초   ④ 0.72초

해설 |
T = $0.16 \dfrac{V}{A}$ = $0.16 \times \dfrac{720}{160}$ = 0.72
잔향시간T, 흡음력A=160m², 실의 크기V=720m²

정답 6 ② 7 ② 8 ③ 9 ③ 10 ④

11. 화장실 및 호텔의 주방에 일반적으로 채용되는 환기방식은?

① 자연 급기 - 강제 배기
② 자연 급기 - 자연 배기
③ 강제 급기 - 자연 배기
④ 강제 급기 - 강제 배기

해설 |
강제 급기-강제 배기(제1종)
강제 급기-자연 배기(제2종)
자연 급기-강제 배기(제3종)
주방에서는 제3종 기계제연과 국소배출방식을 주로 채용한다.

12. 결로의 원인으로 보기 어려운 것은?

① 생활습관에 의한 잦은 환기 실시
② 시공 직후 콘크리트, 모르타르 등의 미건조 상태
③ 실내와 실외의 큰 온도차
④ 실내 습기의 과다 발생

해설 |
난방 시 환기는 결로 발생 방지에 도움이 된다.

13. 실외로의 공기유출 방지효과와 아울러 출입 인원의 조절을 목적으로 설치하는 문은?

① 셔터
② 망사문
③ 회전문
④ 자재문

해설 |
건축물방화구조 규칙
제12조(회전문의 설치기준) 영 제39조 제2항의 규정에 의하여 건축물의 출입구에 설치하는 회전문은 다음 각 호의 기준에 적합하여야 한다.
〈개정 2005.7.22.〉
1. 계단이나 에스컬레이터로부터 2미터 이상의 거리를 둘 것
2. 회전문과 문틀 사이 및 바닥 사이는 다음 각 목에서 정하는 간격을 확보하고 틈 사이를 고무와 고무펠트의 조합체 등을 사용하여 신체나 물건 등에 손상이 없도록 할 것
   가. 회전문과 문틀 사이는 5센티미터 이상
   나. 회전문과 바닥 사이는 3센티미터 이하
3. 출입에 지장이 없도록 일정한 방향으로 회전하는 구조로 할 것
4. 회전문의 중심축에서 회전문과 문틀 사이의 간격을 포함한 회전문날개 끝부분까지의 길이는 140센티미터 이상이 되도록 할 것
5. 회전문의 회전속도는 분당회전수가 8회를 넘지 아니하도록 할 것
6. 자동회전문은 충격이 가하여지거나 사용자가 위험한 위치에 있는 경우에는 전자감지장치 등을 사용하여 정지하는 구조로 할 것

정답 11 ① 12 ① 13 ③

14. 광속이 3000[lm]인 백열전구로부터 1m 떨어진 책상에서 조도가 400[lx]로 측정되었다. 이 책상을 측정지로부터 2m 떨어진 곳에 놓았을 때 조도는?

① 200[lx]　　② 100[lx]
③ 50[lx]　　　④ 40[lx]

해설 |
조도는 거리 제곱에 반비례한다.
$\frac{400}{2^2} = 100$

15. 오수 중의 유기물이 미생물의 작용에 의해 산화 분해되어 안정한 물질로 변해갈 때 소비하는 산소량을 무엇이라 하는가?

① PPM　　② COD
③ BOD　　④ SS

해설 |
BOD(생화학적 산소요구량)는 오수 중 미생물이 분해 가능한 유기물의 분해에 소비되는 산소량
SS 산소포화도

16. 덕트 내에 흐르는 공기의 풍속이 12m/s, 정압 100Pa일 경우 전압은? (단, 공기의 밀도는 1.2kg/m³이다)

① 108.8Pa　　② 186.4Pa
③ 234.2Pa　　④ 256.6Pa

해설 |
동압 = $\frac{U^2}{2g}\gamma = \frac{U^2}{2}\rho = \frac{12^2}{2}1.2 = 86.41$

17. 겨울철 건물의 외벽체를 통한 열손실을 감소시키는 방법으로 옳지 않은 것은?

① 외단열로 시공한다.
② 벽체에 면적을 작게 한다.
③ 벽체의 열관류율을 작게 한다.
④ 실내의 설계기준 온도를 높인다.

해설 |
열손실은 온도에 비례한다.

18. 펌프의 흡입양정이 3m, 토출양정이 10m, 관 내 마찰손실이 0.02MPa일 때 전양정은? (단, 10kPa=1m)

① 12m　　② 13m
③ 15m　　④ 20m

해설 |
H = 3 + 10 + 2 = 15

19. 건축물에서 사용되는 에스컬레이터에 관한 설명으로 옳지 않은 것은?

① 엘리베이터에 비해 10배 이상의 용량을 보유한다.
② 고객이 매장을 여러 각도에서 보면서 오르내릴 수 있다.
③ 점유면적이 작고 설비비가 저가이다.
④ 고객을 기다리게 하지 않는다.

해설 |
에스컬레이터에 점유면적은 승용승강기에 비해 크고 설비비도 고가이다.

20. 실내음향에 관한 설명으로 옳지 않은 것은?

① 음의 계속시간이 길어지면 높이 감각은 둔해진다.
② 직접음은 전파경로가 가장 짧으므로 수음점에 최초로 도래한다.
③ 계획상 멀리 전달되게 하기도 하고 가까이에서 소멸되도록 하기도 한다.
④ 청중이 많을수록 흡음력이 커서 잔향시간이 적어진다.

해설 |
음의 계속시간이 길어지면 높이 감각은 예민해진다.

02. 건축설비설계

21. 유리창을 통한 일사취득량을 줄이기 위한 방법으로 옳지 않은 것은?

① 입사각을 작게 한다.
② 투과율을 작게 한다.
③ 반사유리를 사용한다.
④ 차폐계수를 작게 한다.

해설 |
입사각을 작게 하는 것은 건축을 통한 일사량 취득 늘이기 위한 방법이다.

22. 배관이음 부속에 관한 설명으로 옳지 않은 것은?

① 캡은 관의 끝을 막는 데 사용한다.
② 티는 관 도중에서 분기하는 데 사용된다.
③ 엘보우는 관의 방향을 바꾸는 데 사용된다.
④ 유니온은 지름이 다른 관을 직선으로 연결하는 데 사용된다.

해설 |
지름이 다른 관을 직선으로 연결 하는 데 사용되는 것은 레듀샤

23. 주방, 화장실 등과 같이 냄새 또는 유해가스나 증기발생이 많은 공간에 주로 사용되는 환기 방식은?

① 자연환기
② 강제급기 + 배기구
③ 급기구 + 강제배기
④ 강제급기 + 강제배기

해설 |
냄새 또는 유해가스나 증기발생이 많은 곳은 급기구 + 강제배기(제3종)를 적용한다.

24. 다음 중 난방 시 벽체의 관류손실 열량을 계산할 때 방위계수를 가장 작게 적용하는 방위는?

① 북쪽 ② 동쪽
③ 남쪽 ④ 남서쪽

해설 |
남쪽이 기준 방위계수 1이 된다.

25. 스프링클러설비에 관한 설명으로 옳지 않은 것은?

① 초기 화재의 진압에 효과적이다.
② 감지부의 구조가 기계적이므로 오보 및 오동작이 적다.
③ 사람이 없는 야간에도 자동으로 화재를 방어할 수 있다.
④ 다른 소화설비에 비해 시공이 단순하며, 유지관리가 용이하다.

해설 |
스프링클러는 초기 자동 화재 진압에 효과적이며 자동으로 화재를 경보하나 시공이 어렵고 비싸며, 유지관리가 까다롭다.

26. 풍량이 1000m³/h인 공기를 건구온도 32℃, 습구온도 27℃, 엔탈피 84.82kJ/kg의 상태에서 건구온도 17℃, 상대습도 95%인 상태까지 냉각할 경우, 필요한 냉각열량은? (단, 건조공기 밀도는 1.2kg/m³이며, 건구온도 17℃의 엔탈피는 46.25kJ/kg이다)

① 10.09kW ② 11.25kW
③ 12.86kW ④ 13.57kW

해설 |
$q = 1000 \times 1.2 \times (84.82 - 46.25) \times \dfrac{1}{3600}$
$= 12.856 \, [kJ/s]$

27. 수도직결식 급수방식에서 수도본관으로부터 수직 높이 6m에 샤워기를 설치하는 경우 수도 본관의 최소 필요압력은? (단, 샤워기의 최소 필요압력은 70kPa, 수도본관에서 샤워기까지의 전마찰손실압력은 50kPa이다)

① 약 100kPa ② 약 180kPa
③ 약 570kPa ④ 약 680kPa

해설 |
수도본관 최저압력 = 60 + 70 + 50 = 180KPa

28. 환기 방식 중 정확한 환기량과 급기량 변화에 의해 실내압을 정압 또는 부압으로 유지할 수 있는 것은?

① 자연환기 방식
② 급기팬과 배기팬의 조합
③ 급기팬과 자연배기의 조합
④ 자연급기와 배기팬의 조합

해설 |
급기팬과 배기팬의 조합(제1종 기계환기)

29. 각종 공기조화방식에 관한 설명으로 옳지 않은 것은?

① 팬코일 유닛방식은 덕트방식에 비해 유닛의 위치 변경이 쉽다.
② 팬코일 유닛방식은 덕트 샤프트나 스페이스가 필요 없거나 작아도 된다.
③ 각층 유닛방식은 부분운전이 불가능하므로 소형 건물에 주로 사용된다.
④ 유인 유닛방식은 각 유닛마다 수배관을 해야 하므로 누수의 우려가 있다.

해설 |
층별 구분 유닛방식은 덕트방식에 비하여 부분 운전이 가능하므로 중대형 건물에 주로 사용된다.

30. 내경 50mm인 파이프 내로 2m/s의 속도로 온수가 흐르고 있다. 배관 길이 20m에 대한 직관부 마찰 손실은? (단, 관 마찰계수는 0.02이다)

① 1.6mAq ② 1.9mAq
③ 2.7mAq ④ 3.2mAq

해설 |
$$h = f\frac{l}{D} \times \frac{u^2}{2g} = 0.02 \frac{20}{50 \times 10^{-3}} \frac{2^2}{2 \times 9.8}$$
= 1.63mAq

31. 화재의 등급에 따른 소화기 표시색 및 화재의 종류의 연결이 옳지 않은 것은?

① A급 화재 - 백색 - 일반화재
② B급 화재 - 황색 - 유류화재
③ C급 화재 - 청색 - 전기화재
④ D급 화재 - 녹색 - 화학화재

해설 |
D급화재는 금속화재로 표시색이 없다.

32. 냉방부하의 종류 중 현열과 잠열을 동시에 보유하고 있는 부하에 속하지 않는 것은?

① 인체부하   ② 외기부하
③ 조명기구부하 ④ 틈새바람부하

해설 |
조명기구의 발열에는 잠열이 없다.

33. 다음 중 실내를 정압(+)으로 유지하여야 하는 곳은?

① 식당   ② 수술실
③ 사무실   ④ 공연장

해설 |
실내를 정압(+)으로 유지하여 외부로부터 오염물질 침입을 방지한다.

34. 관 내 유량을 구하는 공식에서 d가 의미하는 것은?

① 관경
② 유속
③ 관 길이
④ 마찰손실

해설 |
Q=AU
$Q = \dfrac{d^2\pi}{4} \times U$ d : 관경[m]

35. 증기난방설비에 사용되는 플래시 탱크(flash tank)의 역할로 가장 알맞은 것은?

① 고온, 고압의 응축수로부터 재증발 증기를 회수 한다.
② 스팀보일러로부터 발생한 증기를 각 계통으로 분배한다.
③ 환수주관보다 높은 위치에 진공펌프를 설치할 때 사용한다.
④ 보일러의 저수위 면이 안전수위 이하로 내려가는 것을 방지한다.

해설 |
플래시 탱크는 고온, 고압의 응축수를 저압으로 감압시킬 때 발생하는 재증발 증기를 회수한다.

36. 대향류형 냉각탑과 비교한 직교류형 냉각탑의 특징을 설명한 내용 중 옳지 않은 것은?

① 팬 소요동력이 적다.
② 탑내 기류분포가 나쁘다.
③ 구조상 점검·보수가 용이하다.
④ 설치면적이 적고 냉각효율이 높다.

해설 |
직교류형 냉각탑은 높이가 낮아 설치면적이 크며 냉각효율이 나쁘다.

37. 전열교환기에 관한 설명으로 옳지 않은 것은?

① 현열과 잠열을 동시에 교환한다.
② 공기조화용 송풍량이 비교적 많은 곳에서 유리하다.
③ 열 회수율이 좋고, 고온 측 및 저온 측 유체의 누설이 없는 것을 사용한다.
④ 폐열회수에 이용되는 배기는 원칙적으로 주방 및 보일러의 배기가스를 이용한다.

해설 |
폐열 회수에 이용되는 배기는 환기다.

38. 온수난방에서 상당방열면적을 구할 때 기준이 되는 표준방열량은?

① $450W/m^2$
② $523W/m^2$
③ $650W/m^2$
④ $756W/m^2$

해설 |
온수표준방열량 $523W/m^2$
증기표준방열량 $756W/m^2$

정답 34 ① 35 ① 36 ④ 37 ④ 38 ②

39. 덕트의 배치방식에 관한 설명으로 옳지 않은 것은?

① 수평덕트방식은 각개입상덕트방식에 비하여 덕트 스페이스를 적게 차지한다.
② 간선덕트방식은 주덕트인 입상덕트로부터 각 층에서 분기되어 각 취출구로 연결한다.
③ 개별덕트방식은 입상덕트에서 각개의 취출구로 각개의 덕트를 통해 분산하여 송풍하는 방식이다.
④ 환상덕트방식은 2개의 덕트 말단을 루프(loop)상태로 연결함으로써 양쪽 덕트의 정압이 균일하게 된다.

해설 |
수평덕트방식은 입상덕트방식에 비하여 덕트 스페이스를 많이 차지한다.

40. 저수조에 물이 5m 높이까지 채워져 있을 경우, 수조 바닥면에서 받는 압력은?

① 약 0.5kPa
② 약 5kPa
③ 약 50kPa
④ 약 500kPa

해설 |
$P[Pa] = \gamma[N/m^3] \times h[m]$ 이므로
$9800[N/m^3] \times 5[m] = 49000Pa = 49kPa$

03. 건축설비관련법규

41. 건축법령에 따른 아파트의 정의로 알맞은 것은?

① 주택으로 쓰는 층수가 3개 층 이상인 주택
② 주택으로 쓰는 층수가 5개 층 이상인 주택
③ 주택으로 쓰는 층수가 8개 층 이상인 주택
④ 주택으로 쓰는 층수가 10개 층 이상인 주택

해설 |
건축법 시행령
아파트 : 주택으로 쓰는 층수가 5개 층 이상인 주택

42. 건축물의 에너지절약설계기준에 따른 용어의 정의가 옳지 않은 것은?

① "효율"이라 함은 설비기기에 공급된 에너지에 대하여 출력된 유효에너지의 비를 말한다.
② "태양열취득률(SHGC)"이라 함은 입사된 태양열에 대하여 실내로 유입된 태양열취득의 비율을 말한다.
③ "비례제어운전"이라 함은 기기를 여러 대 설치하여 부하상태에 따라 최적 운전상태를 유지할 수 있도록 기기를 조합하여 운전하는 방식을 말한다.
④ "이코노마이저시스템"이라 함은 중간기 또는 동계에 발생하는 냉방부하를 실내 엔탈피보다 낮은 도입 외기에 의하여 제거 또는 감소시키는 시스템을 말한다.

해설 |
〈에너지절약기준〉
"대수분할운전"이라 함은 기기를 여러 대 설치하여 부하상태에 따라 최적 운전상태를 유지할 수 있도록 기기를 조합하여 운전하는 방식을 말한다.

해설 |
건축법 시행령
기존 건축물이 재난으로 인하여 멸실된 대지 안에 종전의 기존 건축물 규모의 같은 범위이면 재축이고, 그 범위를 초과하여 다시 축조하는 것은 신축으로 본다.

43. 다음 중 건축허가신청에 필요한 설계도서에 속하지 않는 것은?

① 투시도　　② 배치도
③ 실내마감도　④ 건축계획서

해설 |
건축허가신청에 필요한 설계도서에 건축계획서, 배치도, 평면도, 단면도, 입면도, 실내마감도

44. 비상용승강기의 승강장의 바닥면적은 비상용승강기 1대에 대하여 최소 얼마 이상으로 하여야 하는가? (단, 승강장을 옥내에 설치하는 경우)

① $3m^2$　　② $6m^2$
③ $9m^2$　　④ $12m^2$

해설 |
건축물의 설비기준 등에 관한 규칙
승강장의 바닥면적은 비상용승강기 1대에 대하여 6제곱미터 이상으로 할 것

45. 기존 건축물이 재난으로 인하여 멸실된 대지 안에 종전의 기존 건축물 규모의 범위를 초과하여 다시 축조하는 건축행위는?

① 신축　　② 증축
③ 개축　　④ 대수선

46. 건축물에 급수·배수(配水)·배수(排水)·환기·난방 등의 설비를 설치하는 경우 건축기계 설비기술사 또는 공조냉동기계기술사의 협력을 받아야 하는 대상 건축물에 속하지 않는 것은?

① 아파트
② 다세대주택
③ 의료시설로서 해당 용도에 사용되는 바닥면적의 합계가 2000m^2인 건축물
④ 숙박시설로서 해당 용도에 사용되는 바닥면적의 합계가 2000m^2인 건축물

해설 |
건축물의 설비기준 등에 관한 규칙
다세대주택은 제외

47. 다음의 옥상광장 등의 설치에 관한 기준 내용 중 ( ) 안에 속하지 않는 건축물의 용도는?

> 5층 이상인 층이 ( )의 용도로 쓰는 경우에는 피난 용도로 쓸 수 있는 광장을 옥상에 설치하여야 한다.

① 종교시설　　② 의료시설
③ 장례시설　　④ 판매시설

정답 43 ① 44 ② 45 ① 46 ② 47 ②

해설 |
건축법 시행령
5층 이상인 층이 제2종 근린생활시설 중 공연장, 종교집회장, 인터넷컴퓨터게임시설제공업소(해당 용도로 쓰는 바닥면적의 합계가 각각 300제곱미터 이상인 경우만 해당한다) 문화 및 집회시설(전시장 및 동·식물원은 제외한다), 종교시설, 판매시설, 위락시설 중 주점영업 또는 장례식장의 용도로 쓰는 경우에는 피난 용도로 쓸 수 있는 광장을 옥상에 설치하여야 한다.

48. 허가 대상 건축물이라 하더라도 미리 특별자치시장·특별자치도지사 또는 시장·군수·구청장에게 국토교통부령으로 정하는 바에 따라 신고를 하면 건축허가를 받은 것으로 보는 경우에 속하지 않는 것은? (단, 3층 미만의 건축물인 경우)

① 바닥면적의 합계가 85m² 이내의 신축
② 바닥면적의 합계가 85m² 이내의 증축
③ 바닥면적의 합계가 85m² 이내의 개축
④ 바닥면적의 합계가 85m² 이내의 재축

해설 |
건축법
바닥면적의 합계가 85m² 이내의 신축

49. 다음은 건축물의 에너지절약설계기준에 따른 야간단열장치의 정의이다. ( ) 안에 알맞은 것은?

> 야간단열장치라 함은 창의 야간 열손실을 방지할 목적으로 설치하는 단열셔터, 단열덧문으로서 총열관류 저항(열관류율의 역수)이 ( ) 이상인 것을 말한다.

① 0.2m²·K/W
② 0.4m²·K/W
③ 0.6m²·K/W
④ 0.8m²·K/W

해설 |
건축물에너지절약기준
야간단열장치라 함은 창의 야간 열손실을 방지할 목적으로 설치하는 단열셔터, 단열덧문으로서 총열관류저항(열관류율의 역수)이 0.4m²·K/W 이상인 것을 말한다.

50. 배연설비의 설치에 관한 기준 내용으로 옳지 않은 것은?

① 배연창의 유효면적은 2m² 이상으로 할 것
② 배연구는 예비전원에 의하여 열 수 있도록 할 것
③ 배연구는 연기감지기 또는 열감지기에 의하여 자동으로 열 수 있는 구조로 할 것
④ 건축물이 방화구획으로 구획된 경우에는 그 구획마다 1개소 이상의 배연창을 설치할 것

해설 |
건축물의 설비기준 등에 관한 규칙
배연창의 유효면적은 1m² 이상으로 할 것

51. 공동주택과 오피스텔의 난방설비를 개별 난방 방식으로 하는 경우에 관한 기준 내용으로 옳지 않은 것은?

① 보일러의 연도는 내화구조로서 공동연도로 설치할 것
② 오피스텔의 경우에는 난방구획을 방화구획으로 구획 것
③ 보일러실의 윗부분에는 그 면적이 0.5m 이상인 환기창을 설치할 것
④ 보일러실의 윗부분에는 공기흡입구를 평상시에 닫혀 있는 상태가 되도록 설치할 것

해설 |
건축물의 설비기준 등에 관한 규칙
보일러실의 윗부분에는 그 면적이 0.5제곱미터 이상인 환기창을 설치하고, 보일러실의 윗부분과 아랫부분에는 각각 지름 10센티미터 이상의 공기흡입구 및 배기구를 항상 열려 있는 상태로 바깥공기에 접하도록 설치할 것. 다만 전기보일러의 경우에는 그러하지 아니하다.

52. 층수가 10층이고, 각 층의 거실면적이 1000m² 업무시설에 설치하여야 하는 승용승강기의 최소 대수는? (단, 8인승 승강기의 경우)

① 1대   ② 2대
③ 3대   ④ 4대

해설 |
6층 이상 거실면적은 5000m²
업무시설 3000까지 1대 + 초과 2000마다 1대 추가 = 2대

53. 다음은 건축법상 건축허가에 관한 기준이다. ( ) 안에 알맞은 것은?

> 건축물을 건축하거나 대수선하려는 자는 특별자치시장·특별자치도지사 또는 시장·군수·구청장의 허가를 받아야 한다. 다만 ( ) 이상의 건축물 등 대통령령으로 정하는 용도 및 규모의 건축물을 특별시나 광역시에 건축하려면 특별시장이나 광역시장의 허가를 받아야 한다.

① 10층   ② 16층
③ 21층   ④ 41층

해설 |
해설 21층 이상의 건축물 특별시나 광역시에 건축하려면 특별시장이나 광역시장의 허가를 받아야 한다.

54. 건축물의 설비기준 등에 관한 규칙에 따라 피뢰설비를 설치하여야 하는 대상 건축물의 높이 기준은?

① 10m 이상
② 20m 이상
③ 30m 이상
④ 50m 이상

해설 |
건축물설비기준
피뢰설비 : 20m 이상 건축물

55. 다음 중 방화구조에 속하지 않는 것은?

① 심벽에 흙으로 맞벽치기한 것
② 철망모르타르로서 그 바름두께가 2cm인 것
③ 시멘트모르타르 위에 타일을 붙인 것으로서 그 두께의 합계가 3cm인 것
④ 석고판 위에 시멘트모르타르를 바른 것으로서 그 두께의 합계가 2cm인 것

해설 |
건축물 피난·방화구조
석고판 위에 시멘트모르타르를 바른 것으로서 그 두께의 합계가 2.5cm 이상인 것

56. 비상방송설비를 설치하여야 하는 특정소방대상물의 연면적 기준은?

① 1500m² 이상
② 2500m² 이상
③ 3500m² 이상
④ 4500m² 이상

해설 |
비상방송설비 설치대상
1. 연면적 3천 5백 제곱미터 이상
2. 층수가 11층 이상 또는 지하층의 층수가 3 이상인 소방대상물

57. 건축물의 피난·안전을 위하여 초고층 건축물 중간층에 설치하는 대피공간인 피난안전구역의 높이는 최소 얼마 이상이어야 하는가?

① 1.8m ② 2.1m
③ 2.4m ④ 4.0m

해설 |
건축물 피난·방화구조기준 규칙
피난안전구역의 내부 마감재료는 불연재료로 설치할 것
건축물의 내부에서 피난안전구역으로 통하는 계단은 특별피난계단의 구조로 설치할 것
비상용승강기는 피난안전구역에서 승하차할 수 있는 구조로 설치할 것
피난안전구역의 높이는 2.1미터 이상일 것

58. 특별시나 광역시에 건축하는 경우, 특별시장이나 광역시장의 허가를 받아야 하는 대상 건축물의 연면적 기준은?

① 연면적의 합계가 1만 제곱미터 이상인 건축물
② 연면적의 합계가 5만 제곱미터 이상인 건축물
③ 연면적의 합계가 10만 제곱미터 이상인 건축물
④ 연면적의 합계가 20만 제곱미터 이상인 건축물

해설 |
건축법 시행령
특별시장이나 광역시장의 허가를 받아야 하는 대상 건축물 : 21층 이상, 연면적의 합계가 10만 제곱미터 이상

정답 55 ④ 56 ③ 57 ② 58 ③

59. 비상용승강기 승강장 및 승강로의 구조에 관한 기준 내용으로 옳지 않은 것은?

① 승강로는 당해 건축물의 다른 부분과 내화구조로 구획할 것
② 각층으로부터 피난층까지 이르는 승강로를 단일구조로 연결하여 설치할 것
③ 옥내에 있는 승강장의 바닥면적은 비상용승강기 1대에 대하여 6평방미터 이상으로 할 것
④ 승강장은 각층의 내부와 연결될 수 있도록 하되, 승강로의 출입구를 포함한 출입구에는 갑종방화문을 설치할 것

해설 |
건축물설비기준 규칙
(비상용승강기의 승강장 및 승강로의 구조)
승강장은 각층의 내부와 연결될 수 있도록 하되, 그 출입구(승강로의 출입구를 제외한다)에는 갑종방화문(60분 방화문 이상)을 설치할 것. 다만 피난층에는 갑종방화문(60분 방화문 이상)을 설치하지 아니할 수 있다.

60. 급수·배수·난방 및 환기설비를 건축물에 설치하는 경우, 건축기계설비기술사 또는 공조냉동기계기술사의 협력을 받아야 하는 대상 건축물의 연면적 기준은? (단, 창고시설 제외)

① 1000m^2 이상
② 2000m^2 이상
③ 5000m^2 이상
④ 10000m^2 이상

해설 |
건축법 시행령
건축기계설비기술사 또는 공조냉동기계기술사의 협력을 받아야 하는 대상 건축물의 연면적 기준 10000m^2 이상

01. 건축설비계획

1. 실내외의 온도차에 의하여 발생하는 환기는?

① 중력 환기
② 개별 환기
③ 송풍 환기
④ 기계 환기

해설 |
중력환기 : 더워진 공기의 밀도가 작아져 상승하고 차가워진 공기의 밀도가 커져 하강하는 온도차에 의해 발생되는 환기

2. 실내의 환기량 산정에서 1인당의 환기량을 나타내는 방법으로 옳은 것은?

① $g/m^3 \cdot 인$
② $m^2/h \cdot 인$
③ $kg/m^3 \cdot 인$
④ $m^3/h \cdot 인$

해설 |
건축설비 환기량의 기본 단위는 시간당 입방미터 부피유량이다.

3. 소음조절을 위한 건축계획에 관한 설명으로 옳지 않은 것은?

① 부지경계선에 장벽을 설치한다.
② 아파트는 경계벽을 중심으로 다른 종류의 방을 배치한다.
③ 소음원 쪽에 건물의 배면이 향하도록 배치한다.
④ 침실, 서재 등은 소음원의 반대쪽에 배치한다.

해설 |
아파트 경계벽을 중심으로 다른 종류의 방을 배치하면 이질적인 소음으로 소음 증대 원인이 된다.

4. 환기설비 중 후드를 설치해야 하는 장소는?

① 다용도실   ② 욕실
③ 부엌   ④ 안방

해설 |
후드를 사용한 국부환기는 제한된 장소에서 환기가 필요한 부엌, 조리실 등에 적용된다.

5. 다음 중 유효온도의 구성요소로 옳은 것은?

① 온도, 습도, 복사열
② 온도, 습도, 기류
③ 온도, 습도, 착의량
④ 온도, 기류, 복사열

정답 1 ① 2 ④ 3 ② 4 ③ 5 ②

해설 |
작용온도 : 기온과 주벽의 복사열 및 기류의 영향을 조합시킨 지표
유효온도 : 기온, 습도와 기류의 영향을 조합시킨 지표

8. 5kg의 물을 20℃에서 60℃로 올리는 데 필요한 열량 값은? (단, 물의 비열은 4.2kJ/kg·℃이다)

① 420kJ   ② 630kJ
③ 840kJ   ④ 1050kJ

해설 |
q = 5 × 4.2 × 40 = 840

6. 일사에 의한 복사열의 흡수로 불투명한 벽면 또는 지붕면에서의 외표면 온도는 차츰 상승하게 되는데, 이와 같은 효과로 상승되는 온도에 외기온도를 가산한 값을 의미하는 것은?

① 유효온도
② 상당외기온도
③ 습구온도
④ 효과온도

해설 |
상당외기온도는 냉난방 시 일사 복사열로 벽면이나 지붕면에서 외표면 온도가 상승하고 축열되어 상승된 온도를 외기온도로 보정한 값

9. 조명에 악센트를 주며 상품 등 전시를 대상으로 하여 스포트라이트가 사용되는 조명은?

① 직접조명   ② 간접조명
③ 국부조명   ④ 반간접조명

해설 |
스포트 = 국부

7. 다음에서 설명하는 빛의 단위는?

"빛 에너지가 단위 입체각을 통과하는 비율로서, 단위는 루멘(lm)을 사용한다."

① 조도   ② 광도
③ 광속   ④ 휘도

해설 |
광속은 빛의 양으로 단위로 루멘을 쓴다.

10. 다음 중 열관류율의 단위로 옳은 것은?

① kcal/kg·℃   ② m·℃/kcal
③ W/m·℃   ④ W/m²·K

해설 |
열전도율 W/(m·K)
열대류(전달)률 W/(m²·K)
열관류(통과)률 W/(m²·K)
열저항률 m²·K/W

정답 6 ② 7 ③ 8 ③ 9 ③ 10 ④

11. 실내 다음 환경에서 잔향시간에 관한 설명으로 옳은 것은?

① 음향 청취를 목적으로 하는 공간에서의 잔향시간은 음성 전달을 목적으로 하는 공간에서의 잔향시간보다 짧아야 한다.
② 음의 잔향시간은 실의 용적에 비례하며 벽면의 흡음력에 따라 결정된다.
③ 실의 형태를 변경하면 잔향시간은 조정이 가능하다.
④ 영화관은 전기음향설비가 주가 되므로 잔향시간은 길수록 좋다.

해설 |
$T = 0.16 \dfrac{V}{A}$
공간용적V[m³], 흡음력A[m²], 잔향시간T[s]

12. 다음 중 급수설비에서 수격작용의 발생이 가장 우려되는 경우는?

① 급수관의 지름이 클 경우
② 물을 과도하게 사용할 경우
③ 급수관 내의 유속이 느릴 경우
④ 급수관 내에서 물의 흐름을 갑자기 정지할 경우

해설 |
수격작용은 유속이 빠를 때 급격한 관로의 변경, 급격한 밸브조작 등으로 인한 정지 등 유체의 속도에 따른 운동에너지가 매질을 반송하여 충격파를 전하는 현상이다.

13. 옥상탱크에 시간당 18m³의 물을 보내려 할 때 유속을 2m/s로 하기 위한 펌프의 구경은?

① 47.2mm
② 56.4mm
③ 72.9mm
④ 94.5mm

해설 |
$18m^3/3600s = \dfrac{D^2\pi}{4} \times 2m/s$

∴ D = 56.42mm

14. 다음 중 난방 시 벽체의 관류손실 열량을 계산할 때 방위계수를 가장 작게 적용하는 방위는?

① 북쪽
② 동쪽
③ 남쪽
④ 남서쪽

해설 |
남쪽이 기준 방위계수 1이 된다.

15. 송풍기의 풍량제어법 중 축동력이 가장 적게 소요되는 것은?

① 회전수제어
② 토출댐퍼제어
③ 흡입댐퍼제어
④ 흡입베인제어

해설 |
토출댐퍼제어 > 흡입댐퍼제어 > 흡입베인제어 > 회전수제어
회전수제어가 가장 축동력이 적어 경제적

16. 내경이 50mm인 급수배관에 물이 1.5m/sec의 속도로 흐르고 있을 때, 체적유량은?

① 약 $0.09\text{m}^3/\text{min}$
② 약 $0.18\text{m}^3/\text{min}$
③ 약 $0.24\text{m}^3/\text{min}$
④ 약 $0.36\text{m}^3/\text{min}$

해설 |
Q = AU에서
$$Q = \frac{(50 \times 10^{-3})^2 \pi}{4} 1.5 = 0.18$$

17. 건축 음환경 설계 시 주안점으로 옳지 않은 것은?

① 청중의 일부에게 소리를 집중하기 위한 실의 단면, 평면계획
② 외부로부터 소음을 차단하기 위한 차음계획
③ 소리의 명료도와 효과도를 위한 잔향시간계획
④ 소리의 반향, 음영부분이 없도록 음향 조건계획

해설 |
음환경은 청중 모두이다.

18. 눈부심(Glare)의 방지 방법으로 옳지 않은 것은?

① 휘도가 낮은 광원을 사용한다.
② 플라스틱 커버가 장착된 조명기구를 사용한다.
③ 글래어 존(Glare Zone)에 광원을 설치한다.
④ 광원 주위를 밝게 한다.

해설 |
글레어 존 glare zone : 눈의 수평 위치에서 상방 30도, 좌우 각각 30도 정도 범위 내의 영상이 반사되어 눈부심을 느끼는 시각의 범위를 말한다.

19. 백화점 건축의 에스컬레이터에 관한 설명으로 옳지 않은 것은?

① 엘리베이터보다 설비비가 매우 낮고, 구조계획이 단순하다.
② 엘리베이터보다 수송량이 크다.
③ 고객의 시야가 좋고, 고객을 기다리게 하지 않는다.
④ 설치 시 층 높이에 대한 고려가 필요하다.

해설 |
에스컬레이터는 엘리베이터보다 설비비가 높다.

20. 냉난방 부하계산 시 최저 또는 최고 기온을 적용하지 않고 TAC온도를 적용하는 가장 주된 이유는?

① 대수분리 제어
② 과대용량 억제
③ 비정상 부하계산
④ 계산의 용이성 확보

해설 |
TAC : 경제적인 설계법
보수적인 온도 설정으로 공조설비용량이 적어(과대용량 억제) 초기 투자비가 적고 운전 시 효율이 높아 운전비가 적게 든다.

정답 16 ② 17 ① 18 ③ 19 ① 20 ②

02. 건축설비설계

21. 다음 중 난방용 온수배관 설계 순서에 있어서 가장 먼저 이루어져야 하는 작업은?

① 배관경 결정
② 난방부하 계산
③ 온수순환펌프 결정
④ 각 구간별 온수 순환량 산출

해설 |
설계 순서 중 가장 먼저 이루어져야 하는 작업은 난방부하 계산이다. 이로서 온수순환량 산출과 배관경을 결정하고 온수순환펌프의 결정이 이루어질 수 있다.

22. 배관 내를 흐르는 유체의 마찰에 의해 발생되는 압력손실에 관한 설명으로 옳은 것은?

① 관 내경에 반비례한다.
② 관 길이에 반비례한다.
③ 유체의 밀도에 반비례한다.
④ 유체속도의 제곱에 반비례한다.

해설 |
달시공식 참조 $h = f \dfrac{L}{D} \dfrac{U^2}{2g}$

23. 10℃의 물 150kg과 80℃의 물 100kg을 혼합할 경우, 혼합된 물의 온도는?

① 28℃   ② 38℃
③ 45℃   ④ 63.2℃

해설 |
$$\dfrac{10 \times 150 + 80 \times 100}{250} = 38$$

24. 실외 용적이 5000m³이고 필요 환기량이 10000m³/h일 때, 환기횟수는 시간당 몇 회인가?

① 0.5회   ② 1회
③ 2회   ④ 4회

해설 |
10000m³/h ÷ 5000m³/회 = 2회/h

25. 덕트 경로 중 풍량이 일정한 상태에서 덕트의 크기가 축소되었을 경우 압력변화에 관한 설명으로 옳은 것은?

① 정압이 증가한다.
② 동압이 증가한다.
③ 전압과 정압이 증가한다.
④ 전압, 동압, 정압이 모두 증가한다.

해설 |
유속이 빨라져 동압이 증가한다.

26. 길이 20m의 증기난방 배관에서 관의 온도를 30℃에서 109℃로 높였을 경우 늘어난 길이는? (단, 선팽창계수 1.3 × 10⁻⁵/℃이다)

① 18.54mm   ② 19.54mm
③ 20.54mm   ④ 21.54mm

정답 21 ② 22 ① 23 ② 24 ③ 25 ② 26 ③

해설 |
선팽창량 20m × 1000mm/m × 1.3 × 10⁻⁵/℃ × (109-30) = 20.54mm

27. 2m/s의 유속으로 35L/min의 유량이 흐르는 배관의 관경을 계산에 의해 구한 값은?

① 약 15.4mm ② 약 19.3mm
③ 약 22.7mm ④ 약 25.2mm

해설 |
Q = AU 에서
$Q = \dfrac{D^2 \times \pi}{4} \times 2 = 35 \times 10^{-3} m^3/60s$
∴ D = 19.3mm

28. 겨울철 중력환기를 위한 급기구와 배기구의 설치위치로 가장 알맞은 것은?

① 급기구 및 배기구를 모두 낮은 곳에 설치
② 급기구 및 배기구를 모두 높은 곳에 설치
③ 급기구는 낮은 곳, 배기구는 높은 곳에 설치
④ 급기구는 높은 곳, 배기구는 낮은 곳에 설치

해설 |
높은 온도의 공기가 밀도가 낮아 위로 올라 배출되고 낮은 온도의 공기가 밀도가 높아 아래로 들어온다.

29. 온수난방에 관한 설명으로 옳은 것은?

① 온수순환펌프는 반드시 진공펌프를 사용한다.
② 증기난방보다 열용량이 적으므로 예열시간이 짧다.
③ 증기난방에 비하여 난방부하 변동에 따른 온도 조절이 어렵다.
④ 보일러 정지 후에도 여열이 남아 있어 실내 난방이 어느 정도 지속된다.

해설 |
온수난방은 열용량이 매우 커서 실내 난방이 어느 정도 지속된다.

30. 옥내의 공조배관에서 보온 및 보냉을 하지 않는 관은?

① 증기관   ② 냉수관
③ 온수관   ④ 냉각수관

해설 |
냉각수는 기기의 냉각을 위한 것으로 상온에서 크게 벗어나지 않는 온도 이므로 일반적으로 보온 및 보냉을 하지 않는다.

31. 다음의 배관부속 중 관의 말단을 막을 때 사용하는 것은?

① 부싱   ② 니플
③ 엘보   ④ 플러그

해설 |
관의 암나사 말단을 막는 부속은 플러그
관의 숫나사 말단을 막는 부속은 캡

32.
건구온도 20℃, 절대습도 0.015kg/kg′인 습공기의 엔탈피는? (단, 건공기의 정압비열 1.01kJ/kg·K, 수증기의 정압비열 1.85kJ/kg·K, 0℃에서 포화수의 증발잠열 2501kJ/kg)

① 23.15kJ/kg   ② 35.24kJ/kg
③ 58.27kJ/kg   ④ 67.36kJ/kg

해설 |
현열 = 1.01 X 20 = 20.2
잠열 = 0.015 (2501 + 1.85 X 20) = 38.07
그러므로 합 = 58.27

33.
다음의 냉동기 중 소음 진동이 가장 적은 것은?

① 흡수식   ② 터보식
③ 왕복동식   ④ 스크류식

해설 |
흡수식 냉동기에는 회전체가 없다.

34.
화장실에서 배출되는 오수를 정화시설을 통해 정화하는 가장 주된 이유는?

① 화학적 산소요구량을 줄이기 위해
② 화학적 산소요구량을 늘리기 위해
③ 생물화학적 산소요구량을 줄이기 위해
④ 생물화학적 산소요구량을 늘리기 위해

해설 |
생물화학적 산소요구량(BOD)가 크다는 것은 유기물 농도가 높아 활발한 미생물 번식을 의미한다.

35.
배수관 관경결정에 이용되는 기구배수부하 단위의 기준이 되는 기구는?

① 욕조   ② 소변기
③ 세면기   ④ 대변기

해설 |
기구급수부하단위의 기준은 세면기 15mm 28L/min

36.
연관에 관한 설명으로 옳지 않은 것은?

① 내식성이 작다.
② 가공이 용이하다.
③ 전성, 연성이 풍부하다.
④ 건조한 공기 중에서는 침식되지 않는다.

해설 |
내식성이 크나 알칼리에 쉽게 부식되어 콘크리트 매입관으로 부적당하다.

37.
다음 중 공기조화 설비계획 시 외부 존의 조닝 방법으로 가장 적합한 것은?

① 소음별 조닝
② 방위별 조닝
③ 공기의 청정도별 조닝
④ 관리에 따른 시간별 조닝

해설 |
외부 존은 외부 환경에 따라 밀접하게 영향을 받는 구역을 말하며, 방위에 따라 외부의 특성이 크게 다르기 때문에 방위별로 조닝한다.

정답 32 ③ 33 ① 34 ③ 35 ③ 36 ① 37 ②

38. 펌프의 전양정이 25m, 양수량이 60m³/h 일 때 펌프의 축동력은? (단, 펌프의 효율은 70%)

① 5.84kW
② 6.84kW
③ 58.4kW
④ 68.4kW

해설 |

$$kW = \frac{1000HQ}{102n} = \frac{1000 \times 25 \times \frac{60}{3600}}{102 \times 0.7} = 5.84$$

39. 유량 2m³/min, 양정 50mAq인 펌프의 축동력은? (단, 펌프의 효율은 0.6으로 한다)

① 16.3kW
② 22.2kW
③ 25.3kW
④ 27.2kW

해설 |

$$kW = \frac{1000HQ}{102n} = \frac{1000 \times 50 \times \frac{2}{60}}{102 \times 0.6} = 27.2$$

40. 건축물의 에너지절약 설계기준에 따른 단열재의 두께는 지역별로 다르게 적용된다. 다음 중 중부 지역에 속하지 않는 것은?

① 경기도
② 대전광역시
③ 경상북도 청송군
④ 충청남도 천안시

해설 |
대전광역시는 남부 지역

03. 건축설비관련법규

41. 축냉식 전기냉방설비의 설계기준 내용으로 옳지 않은 것은?

① 축열조는 보온을 철저히 하여 열손실과 결로를 방지하여야 한다.
② 열교환기는 시간당 최대냉방열량을 처리할 수 있는 용량 이하로 설치하여야 한다.
③ 자동제어설비는 필요할 경우 수동조작이 가능하도록 하여야 하며 감시기능 등을 갖추어야 한다.
④ 축열조는 축냉 및 방냉운전을 반복적으로 수행하는 데 적합한 재질의 축냉재를 사용하여야 한다.

해설 |
건축물의 냉방설비에 대한 설치 및 설계기준
열교환기는 시간당 최대냉방열량을 처리할 수 있는 용량 이상으로 설치하여야 한다.

42. 비상용승강기 승강장 및 승강로의 구조에 관한 기준 내용으로 옳지 않은 것은?

① 승강로는 당해 건축물의 다른 부분과 내화구조로구획할 것
② 각층으로부터 피난층까지 이르는 승강로를 단일구조로 연결하여 설치할 것
③ 옥내에 있는 승강장의 바닥면적은 비상용승강기 1대에 대하여 6m² 이상으로 할 것
④ 승강장은 각층의 내부와 연결될 수 있도록 하되, 승강로의 출입구를 포함한 출입구에는 갑종방화문을 설치할 것

해설 |
건축물설비기준 규칙
(비상용승강기의 승강장 및 승강로의 구조)
승강장은 각층의 내부와 연결될 수 있도록 하되, 그 출입구(승강로의 출입구를 제외한다)에는 갑종방화문(60분 방화문 이상)을 설치할 것. 다만 피난층에는 갑종방화문(60분 방화문 이상)을 설치하지 아니할 수 있다.

해설 |
건축법 시행령
5층 이상인 층이 제2종 근린생활시설 중 공연장, 종교집회장, 인터넷컴퓨터게임시설제공업소(해당 용도로 쓰는 바닥면적의 합계가 각각 300제곱미터 이상인 경우만 해당한다), 문화 및 집회시설(전시장 및 동·식물원은 제외한다), 종교시설, 판매시설, 위락시설 중 주점영업 또는 장례식장의 용도로 쓰는 경우에는 피난 용도로 쓸 수 있는 광장을 옥상에 설치하여야 한다.

43. 건축법령상 공사감리자가 수행하여야 하는 감리 업무에 속하지 않는 것은?

① 설계변경의 적정여부의 검토·확인
② 공정표 및 상세시공도면의 작성·확인
③ 시공계획 및 공사관리의 적정여부의 확인
④ 품질시험의 실시 여부 및 시험성과의 검토·확인

해설 |
시공자 업무 : 공정표 및 상세시공도면의 작성·확인

45. 건축물에 설치하는 급수·배수 등의 용도로 쓰이는 배관설비에 관한 기준 내용으로 옳지 않은 것은?

① 배수용 우수관과 오수관은 분리하여 배관 할 것
② 건축물의 주요부분을 관통하여 배관하지 아니할 것
③ 배수용 배관설비의 오수에 접히는 부분은 내수재료를 사용할 것
④ 승강기의 승강로 안에는 승강기의 운행에 필요한 배관 설비외의 배관설비를 설치하지 아니할 것

해설 |
건축물의 주요부분을 관통하여 배관하여 급수와 배수가 원활하여야 한다.

44. 다음 중 피난용도로 쓸 수 있는 광장을 옥상에 설치하여야 하는 대상 건축물은?

① 5층 이상인 층이 판매시설의 용도로 사용되는 건축물
② 5층 이상인 층이 공동주택의 용도로 사용되는 건축물
③ 5층 이상인 층이 업무시설의 용도로 사용되는 건축물
④ 5층 이상인 층이 의료시설의 용도로 사용되는 건축물

정답 43 ② 44 ① 45 ②

46. 건축물을 특별시나 광역시에 건축하고자 하는 경우 특별시장이나 광역시장의 허가를 받아야 하는 건축물의 규모 기준으로 옳은 것은?

① 층수가 11층 이상이거나 연면적의 합계가 10000m² 이상인 건축물
② 층수가 11층 이상이거나 연면적의 합계가 100000m² 이상인 건축물
③ 층수가 21층 이상이거나 연면적의 합계가 10000m² 이상인 건축물
④ 층수가 21층 이상이거나 연면적의 합계가 100000m² 이상인 건축물

해설 |
건축법(특별시장이나 광역시장의 허가를 받아야 하는 대상건축물)
21층 이상 건축물, 연면적 10만 평방미터 이상 건축물(공장, 창고 제외)

47. 배연설비의 설치에 관한 기준 내용으로 옳지 않은 것은?

① 배연창의 유효면적은 2m² 이상으로 할 것
② 배연구는 예비전원에 의하여 열 수 있도록 할 것
③ 배연구는 연기감지기 또는 열감지기에 의하여 자동으로 열 수 있는 구조로 할 것
④ 건축물이 방화구획으로 구획된 경우에는 그 구획마다 1개소 이상의 배연창을 설치할 것

해설 |
건축물의 설비기준 등에 관한 규칙
배연창의 유효면적은 1m² 이상으로 할 것

48. 건축물의 에너지절약설계기준에 따른 용어의 정의가 옳지 않은 것은?

① 일사조절장치라 함은 태양열의 실내 유입을 조절하기 위한 목적으로 설치하는 장치를 말한다.
② 태양열취득률(SHGC)이라 함은 입사된 태양열에 대하여 실내로 유입된 태양열취득의 비율을 말한다.
③ 투광부라 함은 창, 문면적의 30% 이상이 투과체로 구성된 문, 유리블럭, 플라스틱패널 등과 같이 투과재료로 구성되며, 외기에 접하여 채광이 가능한 부위를 말한다.
④ 야간단열장치라 함은 창의 야간 열손실을 방지할 목적으로 설치하는 단열셔터, 단열덧문으로서 총열관류저항(열관류율의 역수)이 $0.4m^2 \cdot K/W$ 이상인 것을 말한다.

해설 |
건축물에너지절약기준
"투광부"라 함은 창, 문면적의 50% 이상이 투과체로 구성된 문, 유리블록, 플라스틱 패널 등과 같이 투과재료로 구성되며, 외기에 접하여 채광이 가능한 부위를 말한다.

49. 건축물의 설비기준 등에 관한 규칙에 따라 피뢰설비를 설치하여야 하는 대상 건축물의 높이 기준은?

① 높이 10m 이상인 건축물
② 높이 20m 이상인 건축물
③ 높이 30m 이상인 건축물
④ 높이 50m 이상인 건축물

해설 |
건축설비기준 등에 관한 규칙
피뢰설비 : 20m 이상 건물

정답 46 ④ 47 ① 48 ③ 49 ②

50. 건축물의 주계단·피난계단 또는 특별피난계단에 설치하는 난간 및 바닥을 이동의 이용에 안전하고 노약자 및 신체장애인의 이용에 편리한 구조로 하여야 하는 대상 건축물에 속하지 않는 것은?

① 판매시설
② 위락시설
③ 문화 및 집회시설
④ 공동주택 중 기숙사

해설 |
건축물 피난·방화구조기준
공동주택(기숙사 제외)

51. 다음 중 6층 이상의 거실면적의 합계가 2000m²인 경우, 승용승강기를 최소 2대 이상 설치하여야 하는 건축물의 용도는? (단, 8인승 승강기 사용)

① 위락시설
② 숙박시설
③ 의료시설
④ 문화 및 집회시설 중 전시장

해설 |
건축물의 설비기준 등에 관한 규칙 별표1의2
승용승강기의 설치기준(제5조 본문 관련)

건축물의 용도	6층 이상의 거실 면적의 합계 3천 제곱미터 이하	3천 제곱미터 초과
1. 가. 문화 및 집회시설(공연장·집회장 및 관람장만 해당한다) 나. 판매시설 다. 의료시설	2대	2대에 3천m²를 초과하는 2천 제곱미터 이내마다 1대를 더한 대수
2. 가. 문화 및 집회시설(전시장 및 동·식물원만 해당한다) 나. 업무시설 다. 숙박시설 라. 위락시설	1대	1대에 3천 제곱미터를 초과하는 2천 제곱미터 이내마다 1대를 더한 대수
3. 가. 공동주택 나. 교육연구시설 다. 노유자시설 라. 그 밖의 시설	1대	1대에 3천 제곱미터를 초과하는 3천 제곱미터 이내마다 1대를 더한 대수

정답 50 ④ 51 ③

52. 건축물의 바깥쪽으로의 출구로 쓰이는 문을 안여닫이로 하여서는 안 되는 대상 건축물에 속하지 않는 것은?

① 종교시설
② 위락시설
③ 문화 및 집회시설 중 관람장
④ 문화 및 집회시설 중 전시장

해설 |
건축법 시행령인 건축물 피난방화 규칙
바깥쪽으로의 출구로 쓰이는 문을 안여닫이 불가
2. 문화 및 집회시설(전시장 및 동·식물원 제외)

53. 다음 중 건축법령상 건축물의 주요구조부에 속하지 않는 것은?

① 기둥
② 내력벽
③ 주계단
④ 옥외 계단

해설 |
건축법
"주요구조부"란 내력벽(耐力壁), 기둥, 바닥, 보, 지붕틀 및 주계단(主階段)을 말한다.

54. 다음의 소방시설 중 소화활동설비에 속하지 않는 것은?

① 연결송수관설비
② 비상콘센트설비
③ 무선통신보조설비
④ 상수도소화용수설비

해설 |
소방법 시행령
소화활동설비 : 제연설비, 연결송수관설비, 연결살수설비, 비상콘센트설비, 무선통신보조설비, 연소방지설비

55. 건축법령상 의료시설에 속하지 않는 것은?

① 한의원
② 치과병원
③ 한방병원
④ 요양병원

해설 |
한의원은 근린생활시설 1종

56. 다음 중 방화에 장애가 되는 용도의 제한과 관련하여 같은 건축물에 함께 설치할 수 없는 것은?

① 기숙사와 오피스텔
② 위락시설과 공연장
③ 아동 관련 시설과 노인복지시설
④ 공동주택과 제2종 근린생활시설 중 다중생활시설

해설 |
건축법 시행령(방화에 장애가 되는 용도의 제한)
의료시설, 노유자시설(아동 관련 시설 및 노인복지시설만 해당한다), 공동주택 또는 장례식장과 위락시설, 위험물저장 및 처리시설, 공장 또는 자동차 관련 시설(정비공장만 해당한다)은 같은 건축물에 함께 설치할 수 없다.
단독주택(다중주택, 다가구주택에 한정한다), 공동주택, 제1종 근린생활시설 중 조산원 또는 산후조리원과 제2종 근린생활시설 중 다중생활시설은 같은 건축물에 함께 설치할 수 없다.

57. 건축물의 거실(피난층의 거실 제외)에 국토교통부령으로 정하는 기준에 따라 배연설비를 하여야 하는 대상건축물에 속하지 않는 것은? (단, 6층 이상인 건축물의 경우)

① 공동주택
② 종교시설
③ 업무시설
④ 장례시설

해설 |
건축법 시행령
피난층과 공동주택은 제외

58. 세대수가 7세대인 주거용 건축물에 설치하는 급수관 지름의 최소 기준은?

① 20mm   ② 25mm
③ 32mm   ④ 40mm

해설 |
건축물의 설비기준 등에 관한 규칙 별표3
주거용 건축물 급수관의 지름(제18조 관련)

가구 또는 세대수	1	2·3	4·5	6~8	9~16	17 이상
급수관 지름의 최소기준 (밀리미터)	15	20	25	32	40	50

59. 문화 및 집회시설 중 공연장의 개별관람석 각 출구의 유효너비는 최소 얼마 이상으로 하여야 하는가? (단, 바닥면적이 300m² 이상인 경우)

① 1m   ② 1.5m
③ 2m   ④ 2.5m

해설 |
건축물방화구조 규칙[제10조(관람실 등으로부터의 출구의 설치기준)]
1. 관람실별로 2개소 이상 설치할 것
2. 각 출구의 유효너비는 1.5미터 이상일 것
3. 개별 관람실 출구의 유효너비의 합계는 개별 관람실의 바닥면적 100제곱미터마다 0.6미터의 비율로 산정한 너비 이상으로 할 것

60. 건축물의 에너지절약 설계기준에 따른 건축부문의 권장사항으로 옳지 않은 것은?

① 외벽 부위는 외단열로 시공한다.
② 공동주택은 인동간격을 좁게 하여 저층부의 일사 수열량을 증대시킨다.
③ 건축물의 체적에 대한 외피면적의 비 또는 연면적에 대한 외피면적의 비는 가능한 작게 한다.
④ 거실의 층고 및 반자 높이는 실의 용도와 기능에 지장을 주지 않는 범위 내에서 가능한 낮게 한다.

해설 |
인동간격은 건축물 동과 동 사이 간격으로 의미간격이 좁으면 일사량은 감소한다.

정답 57 ① 58 ③ 59 ② 60 ②

2022년 4회(CBT)

과년도 필기 — 건축설비산업기사

01. 건축설비계획

1. 온도, 습도, 기류를 조합하여 인체의 실제 체감(體感)을 표시하는 척도가 되는 것은?

① TAC 온도　② 임계온도
③ 절대온도　④ 유효온도

해설 |
유효온도(ET)는 온도, 습도, 기류를 종합한 온도(인체 중심적)

2. 결로발생의 원인이 될 수 있는 요소와 가장 거리가 먼 것은?

① 실내외의 온도차
② 실내의 환기상태
③ 건물지붕의 기울기
④ 건물외피의 단열상태

해설 |
결로발생의 원인은 습도와 온도차

3. 3종 기계 환기 방식이 적합하지 않은 실은?

① 화장실　② 수술실
③ 주방　　④ 욕실

해설 |
기계 3종 환기는 배출기만 있는 형태. 오염공기를 다루는 화장실, 욕실, 주방이 적합

4. 실내 공기 오염의 원인이 아닌 것은?

① 온도의 상승
② 산소의 증가
③ 먼지의 증가
④ 이산화탄소의 증가

해설 |
산소는 실내 공기 오염의 원인이 아닌 해결책이다.

5. 홀 용적 5000m³, 잔향시간 1.6초인 실에서 잔향시간을 1초로 만들기 위해 추가적으로 필요한 흡음력은?

① $220m^2$　② $275m^2$
③ $300m^2$　④ $450m^2$

해설 |
잔향시간 T는
$T = 0.16 \dfrac{V}{A}$
잔향시간 T = 1.6일 때 흡음력 A = 500m²
잔향시간 T = 1일 때 흡음력 A = 800m²이므로 이것의 차는 300m²

6. 열의 전달에 관한 기본 3가지 형태에 속하지 않는 것은?

① 전도　② 대류
③ 복사　④ 증발

해설 |
열의 이동은 전도, 대류, 복사

정답　1 ④　2 ③　3 ②　4 ②　5 ③　6 ④

7. 광도 1200cd인 전등으로부터 2m 떨어진 면에서 조도를 측정하였더니 300lx이었다. 이 면을 전등으로부터 4m 떨어진 곳에 놓으면 그 면에서의 조도는?

① 100lx   ② 75lx
③ 50lx   ④ 25lx

해설 |
$\dfrac{300}{2^2} = 75$

8. 실표면의 총 흡음량이 160m²이고, 실의 크기가 10m × 18m × 4m인 학교 교실에서 세이빈(Sabine)의 공식을 이용하여 구한 잔향시간은?

① 0.42초   ② 0.52초
③ 0.62초   ④ 0.72초

해설 |
$T = 0.16 \dfrac{V}{A} = 0.16 \times \dfrac{720}{160} = 0.72$

9. 오수 중의 유기물이 미생물의 작용에 의해 산화 분해되어 안정한 물질로 변해갈 때 소비하는 산소량을 무엇이라 하는가?

① PPM   ② COD
③ BOD   ④ SS

해설 |
BOD(생화학적 산소요구량)는 오수 중 미생물이 분해 가능한 유기물의 분해에 소비되는 산소량
SS 산소포화도

10. 실내의 환기량 산정에서 1인당의 환기량을 나타내는 방법으로 옳은 것은?

① $g/m^3 \cdot 인$ ② $m^2/h \cdot 인$
③ $kg/m^3 \cdot 인$ ④ $m^3/h \cdot 인$

해설 |
건축설비 환기량의 기본 단위는 시간당 입방미터 부피유량이다.

11. 다음 중 열관류율의 단위로 옳은 것은?

① $kcal/kg \cdot ℃$ ② $m \cdot ℃/kcal$
③ $W/m \cdot ℃$ ④ $W/m^2 \cdot K$

해설 |
열전도률 $W/(m \cdot K)$
열대류(전달)률 $W/(m^2 \cdot K)$
열관류(통과)률 $W/(m^2 \cdot K)$
열저항률 $m^2 \cdot K/W$

12. 펌프의 흡입양정이 3m, 토출양정이 10m, 관 내 마찰손실이 0.02MPa일 때 전양정은? (단, 10kPa=1m)

① 12m   ② 13m
③ 15m   ④ 20m

해설 |
H = 3 + 10 + 2 = 15

13. 5kg의 물을 20℃에서 60℃로 올리는 데 필요한 열량 값은? (단, 물의 비열은 4.2kJ/kg·℃이다)

① 420kJ   ② 630kJ
③ 840kJ   ④ 1050kJ

해설 |
q = 5 × 4.2 × 40 = 840

14. 옥상탱크에 시간당 18m³의 물을 보내려 할 때 유속을 2m/s로 하기 위한 펌프의 구경은?

① 47.2mm   ② 56.4mm
③ 72.9mm   ④ 94.5mm

해설 |
$18m^3/3600s = \dfrac{D^2\pi}{4} \times 2m/s$

∴ D = 56.42mm

15. 백화점 건축의 에스컬레이터에 관한 설명으로 옳지 않은 것은?

① 엘리베이터보다 설비비가 매우 낮고, 구조계획이 단순하다.
② 엘리베이터보다 수송량이 크다.
③ 고객의 시야가 좋고, 고객을 기다리게 하지 않는다.
④ 설치 시 층 높이에 대한 고려가 필요하다.

해설 |
에스컬레이터는 엘리베이터보다 설비비가 높다.

16. 실내 다음 환경에서 잔향시간에 관한 설명으로 옳은 것은?

① 음향 청취를 목적으로 하는 공간에서의 잔향시간은 음성 전달을 목적으로 하는 공간에서의 잔향시간보다 짧아야 한다.
② 음의 잔향시간은 실의 용적에 비례하며 벽면의 흡음력에 따라 결정된다.
③ 실의 형태를 변경하면 잔향시간은 조정이 가능하다.
④ 영화관은 전기음향설비가 주가 되므로 잔향시간은 길수록 좋다.

해설 |
$T = 0.16\dfrac{V}{A}$

공간용적V[m³], 흡음력A[m²], 잔향시간T[s]

17. 일사에 의한 복사열의 흡수로 불투명한 벽면 또는 지붕면에서의 외표면 온도는 차츰 상승하게 되는데, 이와 같은 효과로 상승되는 온도에 외기온도를 가산한 값을 의미하는 것은?

① 유효온도
② 상당외기온도
③ 습구온도
④ 효과온도

해설 |
상당외기온도는 냉난방 시 일사 복사열로 벽면이나 지붕면에서 외표면 온도가 상승하고 축열되어 상승된 온도를 외기온도로 보정한 값

정답 13 ③ 14 ② 15 ① 16 ② 17 ②

18. 건축 음환경 설계 시 주안점으로 옳지 않은 것은?

① 청중의 일부에게 소리를 집중하기 위한 실의 단면, 평면계획
② 외부로부터 소음을 차단하기 위한 차음계획
③ 소리의 명료도와 효과도를 위한 잔향시간계획
④ 소리의 반향, 음영부분이 없도록 음향조건계획

해설 |
음환경은 청중 모두이다.

19. 다음 중 난방 시 벽체의 관류손실 열량을 계산할 때 방위계수를 가장 작게 적용하는 방위는?

① 북쪽　　② 동쪽
③ 남쪽　　④ 남서쪽

해설 |
남쪽이 기준 방위계수 1이 된다.

20. 다음 중 급수설비에서 수격작용의 발생이 가장 우려되는 경우는?

① 급수관의 지름이 클 경우
② 물을 과도하게 사용할 경우
③ 급수관 내의 유속이 느릴 경우
④ 급수관 내에서 물의 흐름을 갑자기 정지할 경우

해설 |
수격작용은 유속이 빠를 때 급격한 관로의 변경, 급격한 밸브조작 등으로 인한 정지 등 유체의 속도에 따른 운동에너지가 매질을 반송하여 충격파를 전하는 현상

정답　18 ①　19 ③　20 ④

02. 건축설비설계

21. 배수배관에서 트랩의 가장 주된 역할은?

① 배수관 내의 유속을 조정한다.
② 급수관 내의 급수 흐름을 원활히 한다.
③ 유도 사이펀 작용에 의한 봉수 파괴를 방지한다.
④ 배수관 내의 악취나 가스가 실내로 유입되는 것을 방지한다.

해설 |
배수관 내 악취나 유해가스, 해충의 유입을 방지하는 것이 주 역할이다.

22. 복사난방에 관한 설명으로 옳지 않은 것은?

① 실내 상하의 온도차가 적다.
② 열용량이 작기 때문에 간헐난방에 적합하다.
③ 천정고가 높은 공간에서도 난방감을 얻을 수 있다.
④ 실내에 방열기를 설치하지 않으므로 바닥이나 벽면을 유용하게 이용할 수 있다.

해설 |
축열에 의한 열용량이 크기 때문에 간헐난방에 부적합하다.

23. 공기조화기 내 냉각코일은 통과하는 공기와 열교환을 하게 된다. 이와 관련된 설명으로 옳지 않은 것은?

① 바이패스 팩트와 컨택트 팩트의 곱은 1이다.
② 코일 핀의 형상에 따라 바이패스 팩트의 곱은 1이다.
③ 냉각코일의 열수가 많을수록 바이패스 팩트는 작아진다.
④ 냉각코일을 통과하는 공기의 속도가 빠를수록 바이패스 팩트는 커진다.

해설 |
바이패스 팩트와 컨택트 팩트의 합은 1이다.

24. 옥내소화전설비에서 펌프의 토출 측 주배관 구경은 유속이 최대 얼마 이하가 될 수 있는 크기 이상으로 하여야 하는가?

① 2m/s   ② 3m/s
③ 4m/s   ④ 5m/s

해설 |
국가화재안전기준
주배관 유속은 4m/s이하

25. 연결송수관설비의 송수구에 관한 설명으로 옳지 않은 것은?

① 구경 65mm의 쌍구형으로 한다.
② 건축물마다 1개씩 설치하는 것을 원칙으로 한다.
③ 소방차가 쉽게 접근할 수 있고 잘 보이는 장소에 설치한다.
④ 지면으로부터 높이가 0.5m 이상 1m 이하의 위치에 설치한다.

정답 21 ④ 22 ② 23 ① 24 ③ 25 ②

해설 |
건축물 설치대상
5층이상으로서 연면적 6,000m² 이상이거나, 특정소방대상물로서 지하층을 포함하여 7층이상일 경우 또한, 지하층의 층수가 3개층 이상이고 지하층의 바닥면적의 합계가 1,000m² 이상인 경우

해설 |
$$kW = \frac{1000HQ}{102n} = \frac{1000 \times 50 \times \frac{0.2}{60}}{102 \times 0.6} = 2.72$$

26. 다음 중 통기효과가 가장 우수한 통기방식은?

① 각개통기방식
② 루프통기방식
③ 신정통기방식
④ 결합통기방식

해설 |
효과가 가장 우수하나 비용이 많이 든다.

29. 강관의 이음쇠 중 동일한 관경의 관을 직선 연결할 때 사용되는 것은?

① 티　　　　② 소켓
③ 엘보　　　④ 플러그

해설 |
이음쇠로 소켓, 니플이 있다.

27. 통기관의 설치에 관한 설명으로 옳지 않은 것은?

① 바닥 아래의 통기관은 금해야 한다.
② 오물정화조의 통기관은 일반 통기관과 연결해서는 안 된다.
③ 우수 계통의 통기관은 일반 가정 오수 계통의 통기관에 연결한다.
④ 오수 피트 및 잡배수 피트 통기관은 양자 모두 개별 통기관을 갖도록 한다.

해설 |
우수관과 오수관은 분리되어야 한다.

30. 증기 또는 물을 고속으로 노즐로부터 분사하면 노즐 주위의 압력이 떨어지는 것을 이용하여 물을 흡상·양수하는 펌프는?

① 마찰펌프
② 제트펌프
③ 기어펌프
④ 볼류트펌프

해설 |
제트펌프 : 증기 또는 물을 인젝터(노즐)에서 고속으로 분사하면 동압 증가로 노즐 주위의 정압의 감소를 이용하여 물을 흡상하고 양수하는 특수펌프

31. 다음 중 통기효과 측면에서 가장 이상적인 통기방식은?

① 습윤통기　　② 회로통기
③ 도피통기　　④ 각개통기

28. 양수량이 200L/min, 전양정이 50m, 효율이 60%인 양수펌프의 축동력은?

① 1.63kW　　② 2.72kW
③ 3.70kW　　④ 4.22kW

정답　26 ①　27 ③　28 ②　29 ②　30 ②　31 ④

해설 |
각 위생기구마다 통기관을 연결하는 방식으로 가장 이상적인 통기방식이나 설비비가 많이 든다.

32. 취출구의 취출기류 4영역 중 취출거리의 대부분을 차지하며, 1차 공기(취출공기)가 취출풍속에 의해 도착되는 한계영역은?

① 제1영역
② 제2영역
③ 제3영역
④ 제4영역

해설 |
제1영역 - 취출구의 최초 풍속을 유지하는 구간
제2영역 - 제1영역 이후 2차 공기가 유입되기 시작하는 사이 구간(취출속도는 거리의 제곱근에 반비례) - 천이구역
제3영역 - 2차 공기가 유입되기 시작하여 제4영역 전까지 취출속도가 거리에 반비례하는 구간
제4영역 - 취출기류의 에너지가 소모되고 주위로 확산되는 구간으로 도달거리의 마지막 구간

33. 다음과 같은 조건에 있는 증기난방 방식의 건물에서 보일러의 정격출력은?

  ㉠ 방열기의 상당방열면적(EDR) : 1000m²
  ㉡ 급탕량 : 2000L/h
  ㉢ 급탕온도 : 70℃, 급수온도 : 10℃
  ㉣ 온수비율 : 4.2KJ/Kg·K
  ㉤ 배관부하 : 난방과 급탕부하 합계의 20%
  ㉥ 예열부하 : 상용출력의 25%

① 994.5kW
② 1344kW
③ 1642.5kW
④ 1760kW

해설 |
정격출력
= 난방부하 + 급탕부하 + 배관부하 + 예열부하
증기표준발열량 0.756kW/m²
난방부하 = 1000 × 0.756 = 756kW

급탕부하 = 2000 × 4.2(70-10) × $\frac{1}{3600}$
= 140kW

∴ 정격출력 = (756 + 140) × 1.2 × 1.25
= 1344kW

34. 배수수직관과 통기수직관을 연결하는 통기관은?

① 신정통기관
② 반송통기관
③ 공용통기관
④ 결합통기관

해설 |
배수수직관과 통기수직관을 연결하는 통기관은 결합통기관으로 주배수관의 원활한 배수를 돕는다.

35. 중앙식 공기조화방식 중 전수방식의 일반적 특징으로 옳지 않은 것은?

① 덕트 스페이스가 필요없다.
② 팬코일 유닛방식 등이 있다.
③ 실내의 배관에 의해 누수될 우려가 있다.
④ 송풍 공기량이 많아서 실내 공기의 오염이 적다.

해설 |
전수식은 송풍 공기량이 없거나 적어 실내 공기의 관리가 필요하다.

정답 32 ③ 33 ② 34 ④ 35 ④

36. 단일덕트방식에 관한 설명으로 옳지 않은 것은?

① 전공기방식의 특성이 있다.
② 냉풍과 온풍을 혼합하는 혼합상자가 필요 없다.
③ 각 실이나 존의 부하변동에 즉시 대응할 수 있다.
④ 2중덕트방식에 비해 덕트 스페이스를 적게 차지한다.

해설 |
이중덕트방식이 각 실이나 존의 부하변동에 즉시 대응할 수 있다.

37. 습공기에 관한 설명으로 옳지 않은 것은?

① 습공기를 가열하면 엔탈피가 증가한다.
② 습공기를 냉각하면 비체적은 감소한다.
③ 습공기를 가열하면 상대습도는 감소한다.
④ 습공기를 냉각하면 절대습도는 증가한다.

해설 |
절대습도는 변함이 없다.

38. 다음 중 냉난방 설계용 외기온도 설정 시 TAC온도를 적용하는 이유와 가장 관계가 먼 것은?

① 에너지 절약
② 합리적인 적용
③ 과대 장치용량 지양
④ 혹한기나 혹서기 대비

해설 |
TAC(Technical Advisory Committee 미국공조냉동기술자문위원회) 온도
냉난방 설계 시 외기온도를 결정할 때 사용, 건설교통부 고시 자료를 바탕으로 각 지역의 온도를 적용한다.
이때 TAC온도를 적용하는데 이는 과도한 설비를 방지하기 위함이다.

39. 온수난방 배관에서 역환수방식(Reverse Return System)을 채택하는 가장 주된 이유는?

① 재료비 절감
② 수격작용 방지
③ 펌프동력 절감
④ 균등한 유량분배

해설 |
균등한 유량분배로 균등한 열량 분배

40. 증기코일의 배관법에 관한 설명으로 옳지 않은 것은?

① 각 코일에는 별개의 트랩을 설치한다.
② 응축수가 발생하는 곳에는 상향구배를 한다.
③ 코일을 쉽게 떼어낼 수 있는 곳에 플랜지를 접속한다.
④ 증기의 횡주관 으로부터 지관의 분기는 횡주관의 윗부분에서 한다.

해설 |
응축수가 발생하는 곳에는 중력 환수되도록 하향구배를 한다.

정답 36 ③ 37 ④ 38 ④ 39 ④ 40 ②

03. 건축설비관련법규

41. 건축법령상 다세대주택의 정의로 옳은 것은?

① 주택으로 쓰는 1개 동의 바닥면적 합계가 330m² 이하이고, 층수가 4개 층 이하인 주택
② 주택으로 쓰는 1개 동의 바닥면적 합계가 330m² 초과하고, 층수가 4개 층 이하인 주택
③ 주택으로 쓰는 1개 동의 바닥면적 합계가 660m² 이하이고, 층수가 4개 층 이하인 주택
④ 주택으로 쓰는 1개 동의 바닥면적 합계가 660m² 초과하고, 층수가 4개 층 이하인 주택

해설 |
- 아파트 : 층수가 5개층 이상
- 다가구주택 : 주택으로 쓰는 1개 동의 바닥면적 합계가 660m² 이하하고, 층수가 3개 층 이하이며 19세대 이하
- 연립주택 : 주택으로 쓰는 1개 동의 바닥면적 합계가 660m² 초과하고, 층수가 4개 층 이하인 주택

42. 건축물의 피난·방화구조 등의 기준에 관한 규칙에 따라 채광 및 환기를 위한 창문 등이나 설비를 설치하여야 하는 대상에 속하지 않는 것은?

① 의료시설의 병실
② 공동주택의 거실
③ 종교시설의 집회실
④ 교육연구시설 중 학교의 교실

해설 |
건축법 시행령
종교시설의 집회실은 해당이 없다.

43. 방염성능기준 이상의 실내장식물 등을 설치하여야 하는 특정소방대상물에 속하지 않는 것은? (단, 건축물의 옥내에 있는 시설로 층수가 11층 미만인 것)

① 종교시설
② 업무시설
③ 문화 및 집회시설
④ 운동시설 중 볼링장

해설 |
소방법 시행령
업무시설은 해당 없음

44. 다음의 소방시설 중 피난설비에 속하지 않는 것은?

① 구조대
② 공기호흡기
③ 객석유도등
④ 자동식사이렌설비

해설 |
자동식사이렌설비는 경보설비다.

45. 건축물의 에너지절약 설계기준에서 사용되는 용어의 정의가 옳지 않은 것은?

① 거실의 외벽이라 함은 거실의 벽 중 외기에 직접 면하는 부위만을 말한다.
② 외기에 직접 면하는 부위라 함은 바깥쪽이 외기이거나 외기가 직접 통하는 공간에 면한 부위를 말한다.
③ 외피라 함은 거실 또는 거실 외 공간을 둘러싸고 있는 벽·지붕·바닥·창 및 문 등으로서 외기에 직접 면하는 부위를 말한다.

정답 41 ③ 42 ③ 43 ② 44 ④ 45 ①

④ 방풍구조라 함은 출입구에서 실내외 공기 교환에 의한 열출입을 방지할 목적으로 설치하는 방풍실 또는 회전문 등을 설치한 방식을 말한다.

해설 |
에너지 절약기준
거실의 외벽이라 함은 거실의 벽 중 외기에 직접 또는 간접 면하는 부위를 말한다.

46. 건축물의 설비기준 등에 관한 규칙에 따라 피뢰설비를 설치하여야 하는 대상 건축물의 높이 기준은?

① 20m 이상
② 24m 이상
③ 27m 이상
④ 31m 이상

해설 |
건축설비기준 등에 관한 규칙
피뢰설비 - 20m 이상 건물

47. 다음의 소방시설 중 소화설비에 속하지 않는 것은?

① 포소화설비
② 연결살수설비
③ 옥외소화설비
④ 스프링클러설비

해설 |
연결살수설비는 소방대가 쓰는 소화활동설비

48. 6층 이상의 거실면적의 합계가 20000m² 인 15층 아파트에 설치하여야 할 승용승강기의 최소 대수는? (단, 12인승 승용승강기의 경우)

① 5대
② 6대
③ 7대
④ 8대

해설 |
기본 3천 제곱미터 1대 + 17000/3000 6대 = 7대
건축물의 설비기준 등에 관한 규칙 별표1의2
<승용승강기의 설치기준(제5조 본문 관련)>

건축물의 용도	6층 이상의 거실면적의 합계 3천 제곱미터 이하	3천 제곱미터 초과
가. 공동주택 나. 교육연구시설 다. 노유자시설 라. 그 밖의 시설	1대	1대에 3천 제곱미터를 초과하는 3천 제곱미터 이내마다 1대를 더한 대수

49. 연면적이 200m²을 초과하는 초등학교에 설치하는 복도의 유효너비는 최소 얼마 이상으로 하여야 하는가? (단, 양옆에 거실이 있는 복도)

① 1.2m
② 1.5m
③ 1.8m
④ 2.4m

해설 |
건축물 피난·방화구조
초등학교 양옆에 거실의 경우 복도의 유효 너비
 : 2.4m

정답 46 ① 47 ② 48 ③ 49 ④

50. 건축물의 에너지절약설계기준상 야간단열장치의 총열 관류저항은 최소 얼마 이상이 되어야 하는가?

① $0.1 m^2 \cdot K/W$ ② $0.4 m^2 \cdot K/W$
③ $0.5 m^2 \cdot K/W$ ④ $0.8 m^2 \cdot K/W$

해설 |
건축물에너지절약기준
야간단열장치의 총열관류저항 : $0.4 m^2 \cdot K/W$ 이상

51. 다음의 소방시설 중 피난설비에 속하지 않는 것은?

① 완강기 ② 유도등
③ 인공소생기 ④ 비상콘센트설비

해설 |
비상콘센트 설비는 소화활동설비

52. 허가 대상 건축물이라 하더라도 미리 특별자치시장·특별자치도지사 또는 시장·군수·구청장에게 신고를 하면 건축허가를 받은 것으로 보는 건축물의 대수선 기준은?

① 연면적이 $200 m^2$ 미만이고 3층 미만인 건축물의 대수선
② 연면적이 $200 m^2$ 미만이고 5층 미만인 건축물의 대수선
③ 연면적이 $300 m^2$ 미만이고 3층 미만인 건축물의 대수선
④ 연면적이 $300 m^2$ 미만이고 5층 미만인 건축물의 대수선

해설 |
건축법
연면적이 $200 m^2$ 미만이고 3층 미만인 건축물의 대수선

53. 건축물의 옥상에 설치하는 대피공간에 관한 기준 내용으로 옳지 않은 것은?

① 특별피난계단 또는 피난계단과 연결되도록 할 것
② 대피공간의 면적은 지붕 수평투영면적의 15분의 1 이상일 것
③ 관리사무소 등과 긴급 연락이 가능한 통신시설을 설치할 것
④ 출입구는 유효너비 0.9m 이상으로 하고, 그 출입구에는 갑종방화문을 설치할 것

해설 |
건축물의 피난·방화구조 등의 기준에 관한 규칙
대피공간의 면적은 지붕 수평투영면적의 10분의 1 이상일 것

54. 다음 중 소방안전관리대상물의 소방계획서에 포함되어야 하는 사항이 아닌 것은?

① 공동 및 분임 소방안전관리에 관한 사항
② 화재예방을 위한 자체점검계획 및 진압대책
③ 소방시설·피난시설 및 방화시설의 설치 계획
④ 피난층 및 피난시설의 위치와 피난경로의 설정 등을 포함한 피난계획

해설 |
소방법 시행령
소방시설·피난시설 및 방화시설의 점검, 정비계획

정답 50 ② 51 ④ 52 ① 53 ② 54 ③

55. 다음 중 층수와 관계없이 방염성능기준 이상의 실내 장식물 등을 설치하여야 하는 특정소방대상물에 속하지 않는 것은?

① 기숙사
② 종합병원
③ 숙박시설
④ 숙박이 가능한 수련시설

해설 |
교육연구시설 중 합숙소는 포함대상이나 기숙사는 포함대상이 아니다.
소방시설 설치·유지 및 안전관리에 관한 법률 시행령 제19조(방염성능기준 이상의 실내장식물 등을 설치하여야 하는 특정소방대상물)
1. 근린생활시설 중 체력단련장, 숙박시설, 방송통신시설 중 방송국 및 촬영소
2. 건축물의 옥내에 있는 시설로서 다음 각 목의 시설
   가. 문화 및 집회시설
   나. 종교시설
   다. 운동시설(수영장은 제외한다)
3. 의료시설 중 종합병원, 요양병원 및 정신의료기관
3의2. 노유자시설 및 숙박이 가능한 수련시설
4. 「다중이용업소의 안전관리에 관한 특별법」 제2조 제1항 제1호에 따른 다중이용업의 영업장
5. 제1호부터 제4호까지의 시설에 해당하지 아니하는 것으로서 층수(「건축법 시행령」 제119조 제1항 제9호에 따라 산정한 층수를 말한다. 이하 같다)가 11층 이상인 것(아파트는 제외한다)
6. 별표2 제8호에 따른 교육연구시설 중 합숙소

56. 다음은 건축설비 설치의 원칙에 관한 기준 내용이다. ( ) 안에 알맞은 것은?

> 건축물에 설치하는 급수·배수·냉방·난방·환기·피뢰 등 건축설비의 설치에 관한 기술적 기준은 (㉠)으로 정하되, 에너지 이용합리화와 관련한 건축설비의 기술적 기준에 관하여는 (㉡)과 협의하여 정한다.

① ㉠ 국토교통부령
   ㉡ 기획재정부장관
② ㉠ 국토교통부령
   ㉡ 산업통상자원부장관
③ ㉠ 산업통상자원부령
   ㉡ 국토교통부장관
④ ㉠ 산업통상자원부령
   ㉡ 기획재정부장관

해설 |
건축법 시행령
건축설비의 기술적 기준은 국토교통부령으로 정하되, 에너지 이용 합리화와 관련한 기술적 기준은 산업통상자원부장관과 협의하여 정한다.

정답 55 ① 56 ②

57. 비상용 승강기의 설치에 관한 기준 내용으로 옳지 않은 것은?

① 예비전원으로 작동하는 조명설비를 설치할 것
② 승강장의 바닥면적은 승강기 1대당 5m² 이상으로 할 것
③ 각 층으로부터 피난층까지 이르는 승강로를 단일구조로 연결하여 설치할 것
④ 승강장의 출입구 부근의 잘 보이는 곳에 해당 승강기가 피난용 승강기임을 알리는 표지를 설치할 것

해설 |
건축물의 설비기준 등에 관한규칙
옥내에 있는 승강자의 바닥면적은 비상용승강기 1대에 대하여 6m² 이상으로 설치할 것

58. 높이 31m 넘는 각 층의 바닥면적 중 최대 바닥면적이 3000m²인 사무소 건축에 원칙적으로 설치하여야 하는 비상용승강기의 최소 대수는?

① 1대   ② 2대
③ 3대   ④ 4대

해설 |
건축법 시행령
비상용승강기 1500까지 1대 + 초과 3,000마다 1대 = 2대

59. 건축물의 일부를 완공하여 임시로 사용하고자 할 때 임시사용승인의 기간은 몇 년 이내를 원칙으로 하는가?

① 1년
② 2년
③ 3년
④ 4년

해설 |
건축법 시행규칙
임시사용의 기간은 2년 이내

60. 특정소방대상물이 문화 및 집회시설인 경우, 모든 층에 스프링클러설비를 설치하여야 하는 수용인원 기준은? (단, 동·식물원은 제외)

① 50명 이상
② 100명 이상
③ 150명 이상
④ 200명 이상

해설 |
국가화재안전기준
문화 및 집회시설(동·식물원 제외) 수용인원 100명 이상인 것

정답 57 ② 58 ② 59 ② 60 ②

2022년 2회(CBT)

01. 건축설비계획

1. 결로발생의 방지 방법으로 옳지 않은 것은?
① 실내에서 수증기 발생을 억제한다.
② 비난방실 등으로의 수증기 침입을 억제한다.
③ 벽체의 표면온도를 실내공기의 노점온도보다 크게 한다.
④ 적절한 투습저항을 갖춘 방습층을 단열재의 저온 측에 설치한다.

해설 |
결로는 벽체 중에 고온 측(실내 측)에 발생되므로 고온 측에 설치한다.

2. 음에 관한 설명으로 옳지 않은 것은?
① 음의 높이는 음의 주파수에 따라 달라진다.
② 음의 크기는 진폭이 큰 음이 진폭이 작은 음보다 크게 느껴진다.
③ 음의 크기를 객관적인 물리적 양의 개념으로 표현하기 위한 단위로 손(Sone)이 있다.
④ 큰 소리와 작은 소리를 동시에 들을 때 큰 소리만 들리고 작은 소리는 들리지 않는 현상을 마스킹 효과(Masking Effect)라고 한다.

해설 |
사람의 감각적(청각적) 음의크기가 손(Sone)이다.

3. 다음과 같은 조건에서 실내 측 벽면의 표면 온도는?

- 벽체의 크기 : 1m × 1m
- 벽체의 두께 : 100mm
- 외기온도 : 12℃
- 실내 공기온도(평균치) : 20℃
- 벽체 열관류율 : 2W/m²·K
- 실내 측 표면 열전달률 : 8W/m²·K

① 18℃   ② 19℃
③ 20℃   ④ 21℃

해설 |
$2(20 - 12) = 8(20 - x)$
∴ $x = 18$

4. 실내외의 온도차에 의하여 발생하는 환기는?
① 중력 환기   ② 개별 환기
③ 송풍 환기   ④ 기계 환기

해설 |
중력환기 : 더워진 공기의 밀도가 작아져 상승하고 차가워진 공기의 밀도가 커져 하강하는 온도차에 의해 발생되는 환기

정답 1 ④ 2 ③ 3 ① 4 ①

5. 실내 음환경에서 잔향시간에 관한 설명으로 옳은 것은?
   ① 음향 청취를 목적으로 하는 공간에서의 잔향시간은 음성 전달을 목적으로 하는 공간에서의 잔향시간보다 짧아야 한다.
   ② 음의 잔향시간은 실의 용적에 비례하며 벽면의 흡음력에 따라 결정된다.
   ③ 실의 형태를 변경하면 잔향시간은 조정이 가능하다.
   ④ 영화관은 전기음향설비가 주가 되므로 잔향시간은 길수록 좋다.

   해설 |
   $T = 0.16\dfrac{V}{A}$
   공간용적V[m^3], 흡음력A[m^2], 잔향시간T[s]

6. 2가지 음이 동시에 귀에 들어와서 한쪽의 음 때문에 다른 쪽의 음이 작게 들리는 현상을 무엇이라 하는가?
   ① 명료도   ② 정재파 현상
   ③ 마스킹 효과   ④ 반향

   해설 |
   마스킹 효과 : 특정음을 듣고 있을 때, 다른 음이 크게 들리면 특정음의 감도가 줄어들거나 들리지 아니하는 현상

7. 덕트 내에 흐르는 공기의 풍속이 12m/s, 정압 100Pa일 경우 전압은? (단, 공기의 밀도는 1.2kg/m^{3}이다)
   ① 108.8Pa   ② 186.4Pa
   ③ 234.2Pa   ④ 256.6Pa

   해설 |
   동압 = $\dfrac{U^2}{2g}\gamma = \dfrac{U^2}{2}\rho = \dfrac{12^2}{2}1.2 = 86.41$
   그러므로 100 + 86.41 = 186.4[Pa]

8. 펌프의 흡입양정이 3m, 토출양정이 10m, 관 내 마찰손실이 0.02MPa일 때 전양정은? (단, 10kPa=1m)
   ① 12m   ② 13m
   ③ 15m   ④ 20m

   해설 |
   H = 3 + 10 + 2 = 15

9. 급기구와 배기구 모두 기기가 설치되는 환기는?
   ① 제1종 기계환기   ② 제0종 기계환기
   ③ 제2종 기계환기   ④ 제3종 기계환기

   해설 |
   • 제1종 기계환기: 급기+배기 모두
   • 제2종 기계환기: 급기구만
   • 제3종 기계환기: 배기구만 설치

10. 조명에 악센트를 주며 상품 등 전시를 대상으로 하여 스포트라이트가 사용되는 조명은?
    ① 직접조명   ② 간접조명
    ③ 국부조명   ④ 반간접조명

    해설 |
    일국소 = 스포트라이트 = 국부조명

정답 5 ② 6 ③ 7 ② 8 ③ 9 ① 10 ③

11. 다음 중 난방 시 벽체의 관류손실 열량을 계산할 때 방위계수를 가장 작게 적용하는 방위는?

① 북쪽 ② 동쪽
③ 남쪽 ④ 남서쪽

해설 |
남쪽이 기준 방위계수 1이 된다.

12. 건축 음환경 설계 시 주안점으로 옳지 않은 것은?

① 청중의 일부에게 소리를 집중하기 위한 실의 단면, 평면계획
② 외부로부터 소음을 차단하기 위한 차음계획
③ 소리의 명료도와 효과도를 위한 잔향시간계획
④ 소리의 반향, 음영부분이 없도록 음향조건계획

해설 |
음환경은 청중 모두이다.

13. 눈부심(Glare)의 방지 방법으로 옳지 않은 것은?

① 휘도가 낮은 광원을 사용한다.
② 플라스틱 커버가 장착된 조명기구를 사용한다.
③ 글래어 존(Glare Zone)에 광원을 설치한다.
④ 광원 주위를 밝게 한다.

해설 |
글레어 존 glare zone : 눈의 수평 위치에서 상방 30도, 좌우 각각 30도 정도 범위 내의 영상이 반사되어 눈부심을 느끼는 시각의 범위를 말한다.

14. 다음 중 열관류율의 단위로 옳은 것은?

① kcal/kg·℃ ② m·℃/kcal
③ W/m·℃ ④ W/m²·K

해설 |
열전도율 W/(m·K)
열대류(전달)률 W/(m²·K)
열관류(통과)률 W/(m²·K)
열저항률 m²·K/W

15. 인화성 액체, 가연성 액체, 타르, 오일, 유성도료, 솔벤트, 래커, 알코올 및 인화성 가스와 같은 유류가 타고 나서 재가 남지 않는 화재의 종류는?

① A급 화재 ② B급 화재
③ C급 화재 ④ D급 화재

해설 |
B급 화재 = 유류화재 = 황색화재

정답 11 ③ 12 ① 13 ③ 14 ④ 15 ②

16. 배수트랩이 갖추어야 할 요건에 속하지 않는 것은?

① 자정 작용이 가능할 것
② 봉수깊이는 50mm 이상 100mm 이하일 것
③ 기구내장 트랩의 내벽 및 배수로의 단면형상에 급격한 변화가 없을 것
④ 유수의 힘으로 가동부분이 열리고 유수가 끝나면 자동으로 닫히게 되는 구조일 것

해설 |
배수트랩은 가동부분이 없어야 한다.

17. 결로의 원인으로 보기 어려운 것은?

① 생활습관에 의한 잦은 환기 실시
② 시공 직후 콘크리트, 모르타르 등의 미건조 상태
③ 실내와 실외의 큰 온도차
④ 실내 습기의 과다 발생

해설 |
난방 시 환기는 결로 발생 방지에 도움이 된다.

18. 오수 중의 유기물이 미생물의 작용에 의해 산화 분해되어 안정한 물질로 변해갈 때 소비하는 산소량을 무엇이라 하는가?

① PPM   ② COD
③ BOD   ④ SS

해설 |
BOD(생화학적 산소요구량)는 오수 중 미생물이 분해 가능한 유기물의 분해에 소비되는 산소량
SS 산소포화도

19. 겨울철 건물의 외벽체를 통한 열손실을 감소시키는 방법으로 옳지 않은 것은?

① 외단열로 시공한다.
② 벽체에 면적을 작게 한다.
③ 벽체의 열관류율을 작게 한다.
④ 실내의 설계기준 온도를 높인다.

해설 |
열손실은 온도에 비례한다.

20. 5kg의 물을 25℃에서 65℃로 올리는 데 필요한 열량 값은? (단, 물의 비열은 4.2kJ/kg·℃이다)

① 420kJ   ② 630kJ
③ 840kJ   ④ 1050kJ

해설 |
q = 5 × 4.2 × 40 = 840

02. 건축설비설계

21. 펌프 1개를 운전하는 경우와 비교한 펌프 2개를 병렬로 연결하여 운전하는 경우에 관한 설명으로 옳은 것은? (단, 배관의 마찰저항은 없으며, 펌프는 동일한 특성을 갖는다)

① 유량과 양정 모두 2배가 된다.
② 유량은 변하지 않고 양정이 2배가 된다.
③ 양정은 변하지 않고 유량이 2배가 된다.
④ 유량과 양정은 모두 변하지 않고 동일하다.

해설 |
직렬은 양정이 병렬은 유량이 변한다.

22. 급탕배관 내에 흐르는 유체의 온도변화로 인하여 발생하는 관의 신축을 흡수할 목적으로 사용되는 신축이음쇠에 속하는 것은?

① 레듀서
② 소켓이음
③ 스트레이너
④ 스위블 조인트

해설 |
스위블 조인트는 2개 이상 엘보를 사용한 것으로 가장 보편적인 신축이음

23. 다음 중 펌프의 비교회전수가 가장 적은 것은?

① 사류펌프
② 축류펌프
③ 터빈펌프
④ 볼류트펌프

해설 |
비교회전수는 펌프의 유량 특성을 나타낸다. 양정을 목적으로 하는 터빈펌프가 가장 적다.

24. 배관 내에 1.5m/sec의 유속으로 0.042m³/min의 물이 흐를 때 계산에 의한 배관의 관경은?

① 20.2mm
② 24.4mm
③ 28.5mm
④ 31.6mm

해설 |
Q=AU 에서
$Q = \dfrac{D^2 \times \pi}{4} \times 1.5 = 0.042 m^3/60s$
∴ D = 24.4mm

25. 건축물의 설비기준 등에 관한 규칙에 따라 피뢰설비를 설치하여야 하는 건축물의 높이 기준은?

① 10m 이상
② 15m 이상
③ 20m 이상
④ 31m 이상

해설 |
〈건축물 설비기준등에 관한 규칙〉
피뢰설비 : 20m 이상 건물

26. 옥내소화전설비 설치 대상 10층 건축물에서 옥내소화전의 설치개수가 가장 많은 층의 옥내소화전 설치개수가 4개일 경우, 옥내소화전 설비의 수원의 저수량은 최소 얼마 이상이 되도록 하여야 하는가?

① 5.2m³
② 7m³
③ 10.4m³
④ 14m³

해설 |
2 × 130L/min × 20min = 5.2m³

27. 건축법령상 건축허가신청에 필요한 설계도서에 속하지 않는 것은?

① 투시도　　② 배치도
③ 실내마감도　④ 건축계획서

해설 |
건축허가신청에 필요한 설계도서에 건축계획서, 배치도, 평면도, 단면도, 입면도, 실내마감도

28. 다음은 정풍량 단일덕트 공조방식의 개념도이다. 그림에서 외기(OA) 및 배기(EA) 덕트가 없을 경우 발생하는 현상은?

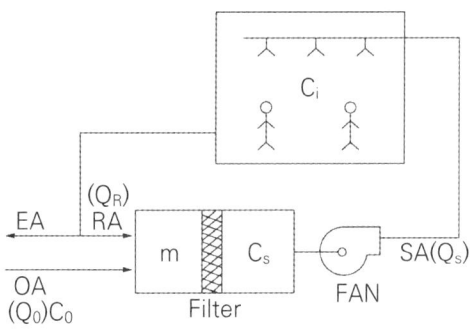

① 에너지소비가 과다해진다.
② 급기팬의 정압손실이 증가된다.
③ 급기온도의 조절이 어렵게 된다.
④ 실내의 쾌적한 공기질을 보장할 수 없다.

해설 |
외기와 내기순환(리턴)의 %는 실내의 오염도와 필터의 능력에 따라 계산된다.
따라서 외기 및 배기 덕트가 없을 경우 실내의 공기질을 보장할 수 없게 된다.

29. 어떤 수평덕트 내를 흐르는 공기의 전압 및 정압을 측정한 결과 각 33.8mmAq, 25mmAq이었다. 이때 덕트 내 공기의 유속은 얼마인가? (단, 공기의 밀도는 1.2kg/m³이다)

① 8 m/s　　② 10 m/s
③ 12 m/s　　④ 14 m/s

해설 |
동압 = 전압−정압 = 33.8−25 = 8.8mmAq
$$\frac{U^2}{2g}\frac{\rho_a}{\rho_w} = \frac{U^2}{2g} \times \frac{1.2}{1000} = 8.8 \times 10^{-3} \text{mAq}$$
∴ U = 11.98m/s

30. 게이트 밸브라고도 하며 유체의 흐름을 단속하는 밸브로써 배관용으로 사용되는 것은?

① 콕　　　　② 감압 밸브
③ 슬루스 밸브　④ 글로브 밸브

해설 |
슬루스 밸브 = 게이트 밸브 = on/off 밸브

31. 급탕설비에 사용되는 밀폐식 팽창탱크에 관한 설명으로 옳지 않은 것은?

① 안전 밸브를 설치할 필요가 있다.
② 보급수관에는 역류방지 밸브를 설치한다.
③ 급수방식이 압력탱크방식이나 펌프직송방식인 중앙식 급탕설비의 경우에는 사용할 수 없다.
④ 탱크내의 기체를 압축하여 팽창량을 흡수하므로 급탕계통 내의 압력은 급수압력보다 상승한다.

해설 |
중앙식 급탕설비의 경우에 주로 사용된다.

32. 열팽창에 의한 배관계통의 자유로운 움직임을 구속하거나 제한하기 위한 장치는?

① 서포트   ② 브레이스
③ 파이프 수   ④ 레스트레인트

해설 |
열팽창에 의한 배관계통의 자유로운 움직임을 구속하거나 제한하기 위한 장치
레스트레인트 - 앵커, 스톱퍼, 가이드
이와 달리 배관 지지철물 - 행거, 서포트,

33. 간접배수에서 음료용 저수탱크의 간접배수관의 배수구 공간은 최소 얼마 이상으로 하여야 하는가?

① 50mm   ② 100mm
③ 150mm   ④ 200mm

해설 |
간접배수관의 배수구 공간(토수구 공간)은 150mm 이상으로 한다.

34. 펌프설치 시 유효흡입양정을 고려하는 이유는?

① 고양정을 얻기 위해서
② 대유량을 얻기 위해서
③ 수격작용을 방지하기 위해서
④ 캐비테이션을 방지하기 위해서

해설 |
공동화현상(캐비테이션 현상) 방지

35. 송풍기의 관한 설명으로 옳지 않은 것은?

① 방사형은 자기청소(self clening)의 특성이 있다.
② 측류형은 낮은 충압에 많은 풍량을 송풍하는 데 적합하다.
③ 후곡형은 효율이 높고 논오버로드(Nonover Load) 특성이 있다.
④ 다익형은 다른 형식에 비해 동일 용량에 대해서 회전수가 가장 많다.

해설 |
다익형은 다른 형식에 비해 동일 용량에 대해서 날개 수가 가장 많다.

36. 다음과 같은 특징을 갖는 밸브는?

• 유체의 흐름 방향을 90℃로 전환시킬 수 있다.
• 내부 구조는 글로브 밸브와 동일하며 유량 조절용으로 사용된다.

① 콕   ② 볼 밸브
③ 앵글 밸브 ④ 체크 밸브

해설 |
유체흐름의 방향을 특정각도로 바꿀 수 있어 앵글 밸브라 한다.

정답 31 ③ 32 ④ 33 ③ 34 ④ 35 ④ 36 ③

37. 외기 CO_2 농도는 350ppm이며, 실내 CO_2의 허용농도를 1000ppm으로 할 때, 호흡 시의 1인당 CO_2 배출량이 $0.02m^3/h$일 경우 1인당 요구되는 필요환기량은?

① $24.9m^3/h \cdot 인$
② $27.5m^3/h \cdot 인$
③ $30.8m^3/h \cdot 인$
④ $35.6m^3/h \cdot 인$

해설 |
$M + QC_0 = QC_i$
$0.02 = Q(1000-350) \times 10^{-6}$
$\therefore Q = 30.769$

38. 건구온도 20℃, 절대습도 $0.01kg/kg'$인 습공기 10kg의 엔탈피는? (단, 건공기의 정압비열은 $1.01kJ/kg \cdot K$, 수증기의 정압비열은 $1.85kJ/kg \cdot K$, 0℃에서 포화수의 증발잠열은 $2501kJ/kg$ 이다)

① 201.6kJ
② 254.5kJ
③ 369.6kJ
④ 455.8kJ

해설 |
현열 = $10 \times 1.01 \times 20 = 202$
잠열 = $10 \times 0.01(2501 + 1.85 \times 20) = 253.8$
그러므로 합 = 455.8

39. 급탕설비에 사용하는 순환펌프에 관한 설명으로 옳지 않은 것은?

① 피스톤 펌프와 사류 펌프가 주로 사용된다.
② 소규모 설비에서는 배관도중에 설치하는 라인펌프(line pump)가 사용된다.
③ 순환펌프의 수량은 순환관로의 열손실과 급탕관, 반탕관의 온도차로 구한다.
④ 순환펌프의 양정이 지나치게 높으며 관 내를 진공상태로 만들기 쉽기 때문에 충분히 주의해야 한다.

해설 |
급탕설비에 사용하는 순환펌프는 주로 원심펌프가 사용된다.

40. 보일러의 출력 중 난방부하와 급탕부하를 합한 용량으로 표시되는 것은?

① 상용출력
② 정미출력
③ 정격출력
④ 과부하출력

해설 |
정미출력 = 난방부하 + 급탕부하
상용출력 = 정미출력 + 배관부하
정격출력 = 상용출력 + 예열부하
과부하출력 = 정격출력의 1.1~1.2
과부하출력은 운전 초기나 과부하 발생 시의 출력

정답 37 ③ 38 ④ 39 ① 40 ②

03. 건축설비관련법규

41. 다음은 건축물의 에너지절약설계기준에 따른 용어의 정의이다. ( ) 안에 알맞은 것은?

> "중앙집중식 냉·난방설비"라 함은 건축물의 전부 또는 냉난방 면적의 ( ) 이상을 냉방 또는 난방 함에 있어 해당 공간에 순환펌프, 증기난방설비 등을 이용하여 열원 등을 공급하는 설비를 말한다.

① 40% ② 50%
③ 60% ④ 70%

해설 |
건축물의 에너지절약설계기준
11. 기계설비부문
자. "중앙집중식 냉·난방설비"라 함은 건축물의 전부 또는 냉난방 면적의 60% 이상을 냉방 또는 난방함에 있어 해당 공간에 순환펌프, 증기난방설비 등을 이용하여 열원 등을 공급하는 설비를 말한다.

42. 다음 중 신고대상에 속하는 건축물의 용도변경은?

① 운동시설에서 수련시설로의 용도변경
② 숙박시설에서 종교시설로의 용도변경
③ 위락시설에서 방송통신시설로의 용도변경
④ 운수시설에서 자동차 관련 시설로의 용도변경

해설 |
신고대상 : 각 호의 어느 하나에 해당하는 시설군(施設群)에 속하는 건축물의 용도를 하위군(아래로)에 해당하는 용도로 변경하는 경우
1. 자동차 관련 시설군
2. 산업 등의 시설군
3. 전기통신시설군
4. 문화 및 집회시설군
5. 영업시설군
6. 교육 및 복지시설군
7. 근린생활시설군
8. 주거업무시설군
9. 그 밖의 시설군
운동시설은 영업시설군 수련시설은 교육 및 복지시설군이다.

43. 방염성능기준 이상의 실내장식물 등을 설치하여야 하는 특정소방대상물에 속하지 않는 것은?

① 수영장
② 숙박시설
③ 의료시설 중 종합병원
④ 방송통신시설 중 방송국

해설 |
소방시설 설치·유지 및 안전관리에 관한 법률 시행령 (방염성능기준 이상의 실내장식물 등을 설치하여야 하는 특정소방대상물)
2. 건축물의 옥내에 있는 시설로서 다음 각 목의 시설 중
   다. 운동시설(수영장은 제외한다)

정답 41 ③ 42 ① 43 ①

44. 공동주택에서 리모델링이 쉬운 구조에 관한 기준 내용으로 옳지 않은 것은?

① 공동주택의 층수, 건축면적 또는 연면적을 변경할 수 있을 것
② 구조체에서 건축설비, 내부 마감재료 및 외부마감재료를 분리할 수 있을 것
③ 개별 세대 안에서 구획된 실(室)의 크기, 개수 또는 위치 등을 변경할 수 있을 것
④ 각 세대는 인접한 세대와 수직 또는 수평 방향으로 통합하거나 분할할 수 있을 것

해설 |
공동주택의 층수, 건축면적 또는 연면적은 건축 준공으로 규정화되어 있는 사항으로 바꿀 수 없다. 리모델링이 쉬운 구조란 리모델링 허가를 위해 조건을 갖추고 있는가에 대한 판단 근거이다.

45. 다음 중 방화구조가 아닌 것은?

① 심벽에 흙으로 맞벽치기한 것
② 철망모르타르로서 그 바름두께가 2cm 인 것
③ 시멘트모르타르 위에 타일을 붙인 것으로서 그 두께의 합계가 2cm인 것
④ 석고판 위에 시멘트모르타르를 바른 것으로서 그 두께의 합계가 2.5cm인 것

해설 |
건축물 피난·방화구조 규칙
시멘트모르타르 위에 타일을 붙인 것으로서 그 두께의 합계가 2.5cm인 것

46. 다음 중 건축법령상 건축물의 주요구조부에 속하지 않는 것은?

① 보   ② 차양
③ 바닥   ④ 지붕틀

해설 |
건축법
"주요구조부"란 내력벽(耐力壁), 기둥, 바닥, 보, 지붕틀 및 주계단(主階段)을 말한다

47. 화재안전기준에 따라 소화기구를 설치하여야 하는 특정소방대상물의 연면적 기준은?

① 10m² 이상   ② 25m² 이상
③ 33m² 이상   ④ 45m² 이상

해설 |
국가화재안전기준
연면적 33m² 이상인 것

48. 다음은 건축설비 설치의 원칙에 관한 기준 내용이다. ( ) 안에 알맞은 것은?

> 연면적이 ( ) 이상인 건축물의 대지에는 국토교통부령으로 정하는 바에 따라 「전기사업법」 제2조 제2호에 따른 전기사업자가 전기를 배전(配電)하는 데 필요한 전기설비를 설치할 수 있는 공간을 확보하여야 한다.

① 100m²   ② 200m²
③ 500m²   ④ 1000m²

해설 |
건축법 시행령 제87조 제6항
500m² 이상

정답 44 ① 45 ③ 46 ② 47 ③ 48 ③

49. 다음 중 주요구조부를 내화구조로 하여야 하는 대상 건축물은?

① 장례시설의 용도로 쓰는 건축물로서 집회실의 바닥면적의 합계가 200m²인 건축물
② 판매시설의 용도로 쓰는 건축물로서 그 용도로 쓰는 바닥면적의 합계가 200m²인 건축물
③ 운수시설의 용도로 쓰는 건축물로서 그 용도로 쓰는 바닥면적의 합계가 200m²인 건축물
④ 문화 및 집회시설 중 전시장의 용도로 쓰는 건축물로서 그 용도로 쓰는 바닥면적의 합계가 200m²인 건축물

해설 |
건축법 시행령
문화 및 집회시설(전시장 및 동·식물원 제외), 종교시설, 위락시설 중 주점영업 및 장례시설: 바닥면적의 합계가 200m² 이상
판매,운수,문화집회시설(전시장 및 동식물원): 바닥면적의 합계가 500m² 이상

50. 숙박시설의 용도로 쓰는 건축물로서 방송 공동 수신설비를 설치하여야 하는 건축물의 바닥면적 기준은?

① 바닥면적의 합계가 1000m² 이상인 건축물
② 바닥면적의 합계가 2000m² 이상인 건축물
③ 바닥면적의 합계가 5000m² 이상인 건축물
④ 바닥면적의 합계가 10000m² 이상인 건축물

해설 |
건축법 시행령
공동주택(아파트, 연립주택, 다세대주택)
바닥면적의 합계가 5천 제곱미터 이상으로서 업무시설이나 숙박시설의 용도로 쓰는 건축물

51. 바닥면적이 200m²인 학교 교실에 채광을 위하여 설치하는 창문등의 최소 면적은? (단, 별도의 조명장치를 설치하지 않고 창문등으로만 채광을 하는 경우)

① 10m² ② 20m²
③ 30m² ④ 40m²

해설 |
건축물의 피난·방화구조 등의 기준에 관한 규칙 제17조 (채광 및 환기를 위한 창문등)에 따라 채광을 위하여 거실에 설치하는 창문등의 면적은 그 거실의 바닥면적의 10분의 1 이상이어야 한다. 다만 거실의 용도에 따라 조도 이상의 조명장치를 설치하는 경우에는 그러하지 아니하다.

52. 건축물의 에너지절약 설계기준에 따른 야간단열장치의 총열관류저항은 최소 얼마 이상 되어야 하는가?

① 0.1 m²·K/W 이상
② 0.2 m²·K/W 이상
③ 0.3 m²·K/W 이상
④ 0.4 m²·K/W 이상

해설 |
건축물의 에너지절약 설계기준
야간단열장치 총열관류저항 0.4m²·K/W 이상

53. 건축물의 용도변경과 관련된 시설군 중 주거 업무 시설군에 속하지 않는 것은?

① 공동주택 ② 업무시설
③ 노유자시설 ④ 교정 및 군사시설

해설 |
주거 업무 시설군 - 단독주택, 공동주택, 업무시설, 교정 및 군사시설

54. 건축물의 거실(피난층의 거실 제외)에 국토교통부령으로 정하는 기준에 따라 배연설비를 하여야 하는 대상 건축물에 속하지 않는 것은? (단, 6층 이상인 건축물의 경우)

① 종교시설 ② 판매시설
③ 운동시설 ④ 공동주택

해설 |
건축법 시행령
피난층과 공동주택은 해당되지 않는다.

55. 다음의 소방시설 중 소화활동설비에 속하는 것은?

① 소화기구 ② 비상방송설비
③ 옥외소화전설비 ④ 비상콘센트설비

해설 |
소방법 시행령
소화활동설비 - 제연설비, 연결송수관설비, 연결살수설비, 비상콘센트설비, 무선통신보조설비, 연소방지설비

56. 건축물의 에너지절약 설계기준에 따른 건축부문의 권장사항으로 옳지 않은 것은?

① 외벽 부위는 외단열로 시공한다.
② 공동주택은 인동간격을 좁게 하여 저층부의 일사 수열량을 증대시킨다.
③ 건축물의 체적에 대한 외피면적의 비 또는 연면적에 대한 외피면적의 비는 가능한 작게 한다.
④ 거실의 층고 및 반자 높이는 실의 용도와 기능에 지장을 주지 않는 범위 내에서 가능한 낮게 한다.

해설 |
인동간격은 건축물 동과 동 사이 간격으로 의미간격이 좁으면 일사량은 감소한다.

57. 건축물 지하층에 설치하는 비상탈출구에 관한 기준내용으로 옳지 않은 것은?

① 비상탈출구의 유효높이는 1.5m 이상으로 할 것
② 비상탈출구의 유효너비는 0.75m 이상으로 할 것
③ 비상탈출구의 문은 피난방향으로 열리도록 할 것
④ 비상탈출구는 출입구로부터 2m 이상 떨어진 곳에 설치할 것

해설 |
건축물 피난·방화구조 규칙
비상탈출구는 출입구로부터 3m 이상 떨어진 곳에 설치할 것

58. 화재예방, 소방시설 설치·유지 및 안전관리에 관한 법률 시행령에 따른 피난층의 정의로 틀린 것은?

① 지상 1층
② 지하와 지상이 연결되는 통로가 있는 층
③ 곧바로 지상으로 갈 수 있는 출입구가 있는 층
④ 곧바로 무창층으로 갈 수 있는 직통계단이 있는 층

해설 |
소방법 시행령
피난층 – 곧바로 지상으로 갈 수 있는 출입구가 있는 층

59. 건축물의 관람실 또는 집회실로서 그 바닥면적이 200m² 이상인 것의 반자의 높이를 4m 이상으로 하여야 하는 대상 건축물에 속하지 않는 것은? (단, 기계환기장치를 설치하지 않은 경우)

① 종교시설
② 장례식장
③ 문화 및 집회시설 중 전시장
④ 문화 및 집회시설 중 공연장

해설 |
건축물의 피난·방화구조 등의 기준에 관한 규칙
문화 및 집회시설(전시장 및 동·식물원 제외), 종교시설, 장례식장 또는 위락시설 중 유흥주점의 용도에 쓰이는 건축물의 관람석 또는 집회실로서 그 바닥면적이 200제곱미터 이상인 것의 반자 높이는 4미터 이상

60. 기계환기설비를 설치하여야 하는 다중이용시설 중 판매시설의 필요 환기량 기준은?

① 25m³/(인·h) 이상
② 27m³/(인·h) 이상
③ 29m³/(인·h) 이상
④ 36m³/(인·h) 이상

해설 |
건축물설비기준 규칙 별표1의6
판매시설 : 29m³/(인·h) 이상

정답 58 ④ 59 ③ 60 ③

2022년 1회(CBT)

01. 건축설비계획

1. Sabine의 잔향식에 관한 설명으로 옳지 않은 것은?

① 잔향시간은 실내 흡음량에 비례한다.
② 잔향시간은 실용적에 비례한다.
③ 비례상수는 0.16이다.
④ 잔향시간은 흡음 재료의 설치 위치와는 무관하다.

해설 |
잔향시간은 실내 흡음량에 반비례한다.

2. 실내 어느 1점에서 수평면조도를 측정하니 220lx이었다. 옥외 전천공 수평면조도를 20000lx로 할 때 실내 이 지점의 주광률을 구하면?

① 1.1%   ② 2.1%
③ 3.1%   ④ 4.1%

해설 |
$\dfrac{\text{1국소 수평면조도}}{\text{전천공 수평면조도}} \times 100\% = \text{주광률}$

3. 표면결로 방지 대책으로 옳지 않은 것은?

① 습한 공기를 제거하기 위해 환기가 잘 되게 한다.
② 벽의 단열성을 좋게 하여 열관류 저항을 크게 한다.
③ 실내수증기압을 낮추어 실내공기의 노점온도를 낮게 한다.
④ 방습재는 저온 측(실외)에, 단열재는 고온 측(실내)에 배치한다.

해설 |
방습재는 고온 측(실내)에, 단열재는 저온 측(실외)에 배치한다.

4. 기온, 기류 및 주벽면온도의 3요소의 조합과 체감과의 관계를 나타내는 열환경 지표는?

① 유효온도   ② 불쾌지수
③ 등온지수   ④ 작용온도

해설 |
작용온도(OT) : 복사난방 효과에 주로 이용되는 열적 쾌감도로 기온, 기류 및 주벽면온도의 3요소의 조합과 체감과의 관계를 나타내는 열환경 지표이다.

정답 1 ① 2 ① 3 ④ 4 ④

5. 열의 전달에 관한 기본 3가지 형태에 속하지 않는 것은?

① 전도
② 대류
③ 복사
④ 증발

해설 |
열의 이동은 전도, 대류, 복사

6. 작업환경에서 눈의 피로를 야기할 수 있는 환경요인으로 거리가 먼 것은?

① 부적합한 조도
② 형광등의 깜박거림 현상
③ 불쾌감을 주는 현휘 발생
④ 작업과 배경 사이의 휘도대비가 매우 작을 때

해설 |
휘도가 낮고, 휘도대비가 매우 작은 경우 눈은 편안하다.

7. 다음 중 건물의 급수량 계산에 고려할 사항과 가장 관계가 먼 것은?

① 급수기구의 종류
② 급수기구의 수
③ 건물의 용적률
④ 사용 인원수

해설 |
건물의 용적률은 건축허가 신고와 관계된다.

8. 내부결로의 방지대책으로 옳지 않은 것은?

① 단열재를 가능한 한 벽의 내측에 설치
② 벽체 내부온도를 그 부분의 노점온도보다 높게 할 것
③ 실내의 수증기 발생 억제
④ 벽체 내부의 수증기압을 포화수증기압보다 작게 할 것

해설 |
단열재를 가능한 한 벽의 외측에 설치한다.

9. 다음 설명에 알맞은 화재의 종류는?

> 인화성 액체, 가연성 액체, 타르, 오일, 유성 도료, 솔벤트, 래커, 알코올 및 인화성 가스와 같은 유류가 타고나서 재가 남지 않는 화재

① A급 화재
② B급 화재
③ C급 화재
④ K급 화재

해설 |
B급 화재 유류화재 황색화재

10. 다음의 급수방식 중 일반적으로 하향급수 배관 방식으로 배관하는 것은?

① 수도직결방식
② 고가탱크방식
③ 압력탱크방식
④ 펌프직송방식

해설 |
고가수조방식은 하향급수로 낙차만 이용한다.

정답 5 ④ 6 ④ 7 ③ 8 ① 9 ② 10 ②

11. 오수 중의 유기물이 미생물의 작용에 의해 산화 분해되어 안정한 물질로 변해갈 때 소비하는 산소량을 무엇이라 하는가?

① PPM ② COD
③ BOD ④ SS

해설 |
BOD(생화학적 산소요구량)는 오수 중 미생물이 분해 가능한 유기물의 분해에 소비되는 산소량

12. 결로의 원인으로 보기 어려운 것은?

① 생활습관에 의한 잦은 환기 실시
② 시공 직후 콘크리트, 모르타르 등의 미건조 상태
③ 실내와 실외의 큰 온도차
④ 실내 습기의 과다 발생

해설 |
난방 시 환기는 결로 발생 방지에 도움이 된다.

13. 배관의 마찰저항에 관한 설명으로 옳지 않은 것은?

① 마찰저항은 유속에 반비례한다.
② 마찰저항은 관길이에 비례한다.
③ 마찰저항은 관내경에 반비례한다.
④ 마찰저항은 관마찰계수에 비례한다.

해설 |
달시공식에서 마찰저항은 유속 제곱에 비례한다.

14. 급수설비에서 워터해머를 방지하기 위한 배관 구성 방법으로 옳지 않은 것은?

① 관 내의 수압은 평상시 높아지지 않도록 구획한다.
② 배관에 전자 밸브, 모터 밸브 등 급폐쇄형 밸브를 설치한다.
③ 배관은 가능한한 우회하지 않고 직선이 되도록 계획한다.
④ 계획적 배려가 곤란한 경우에는 워터해머 흡수기를 적절하게 설치한다.

해설 |
완폐쇄형 밸브를 설치한다.

15. 수도직결식 급수방식에 관한 설명으로 옳지 않은 것은?

① 고층으로의 급수가 어렵다.
② 정전 등으로 인한 단수의 염려가 없다.
③ 위생성 측면에서 가장 바람직한 방식이다.
④ 수도본관의 압력이 변동되어도 급수압력이 일정하다.

해설 |
수도본관의 사용량과 시간대에 따라 압력이 변동되어 급수압력의 변동이 심하다.

16. 먹는물의 수질기준에서 건강상 유해영향 유기물질에 관한 기준의 대상에 포함되지 않는 것은?

① 페놀 ② 대장균
③ 벤젠 ④ 톨루엔

해설 |
대장균은 먹는 물의 수질기준에서 유기물질이 아닌 미생물 항목에 포함된다.

17. 고층건물의 급수시스템을 저층건물과 같이 단일계통으로 할 경우의 문제점과 가장 거리가 먼 것은?

① 저층부 수질 저하
② 저층부 소음 증대
③ 저층부 수압 과대 작용
④ 저층부 워터 해머 발생

해설 |
구조상 수질 저하와 관계가 없다.

18. 먹는물 중 수돗물의 경도는 최대 얼마를 넘지 아니하여야 하는가?

① 100mg/L ② 300mg/L
③ 1000mg/L ④ 1200mg/L

해설 |
먹는 물의 경도는 300mg/L를 넘지 아니할 것

19. 포집기의 종류와 그 사용 용도의 연결이 옳지 않은 것은?

① 오일 포집기 - 주유소의 배수
② 모발용 포집기 - 미용실의 배수
③ 린드리 포집기 - 치과 병원의 배수
④ 그리스 포집기 - 영업용 조리장의 배수

해설 |
린드리 포집기 : 세탁기의 배수
플라스터 포집기 : 치과 병원의 배수

20. 습도의 표시 중 공기의 습한 정도의 상태를 말하는 상대습도를 나타내는 식으로 옳은 것은?

① $\dfrac{현재수증기량}{공기량} \times 100(\%)$

② $\dfrac{현재수증기량}{포화수증기량} \times 100(\%)$

③ $\dfrac{건공기량}{현재수증기량} \times 100(\%)$

④ $\dfrac{포화수증기량}{현재수증기량} \times 100(\%)$

해설 |
상대습도는 포화 수증기량과 현재 수증기량의 비이다.

02. 건축설비설계

21. 도달거리가 길며 소음이 적은 축류형 취출구는?

① 팬형   ② 노즐형
③ 아네모스탯형   ④ 브리즈라인형

해설 |
노즐형은 도달거리가 길며 소음이 적어 대형 취출구 사용

22. 급탕 인원수 150명인 아파트의 1일당 최대 예상급탕량은? (단, 1일 1인당 급탕량은 140L/c/d이다)

① 17800L/d   ② 21000L/d
③ 24000L/d   ④ 16800L/d

해설 |
시간당 급탕량 = 150 × 140 = 21000L/d

23. 배관을 통해 고가수조에 매시 25.2m³의 물을 유속 1.5m/s로 양수하려고 할 경우, 필요한 배관의 내경은?

① 약 65mm   ② 약 70mm
③ 약 77mm   ④ 약 81mm

해설 |
Q =AU 에서
$Q = \dfrac{D^2 \times \pi}{4} \times 1.5 = 25.2 m^3/3600s$
∴ D = 77.08mm

24. 배수관 계통에서 통기관을 설치하는 목적은?

① 배관의 결로방지를 위하여
② 트랩의 봉수를 보호하기 위하여
③ 배관의 수명을 연장하기 위하여
④ 배관 내의 소음을 방지하기 위하여

해설 |
봉수보호가 주목적

25. 수도 본관에서 최고층 급수기구까지 높이 5m, 기구 소요압력 150kPa, 전마찰손실수두압 50kPa 일 때, 이 기구 사용에 필요한 수도 본관의 최저 압력은? (단, 수도 직결방식의 경우)

① 약 150kPa   ② 약 200kPa
③ 약 250kPa   ④ 약 500kPa

해설 |
수도본관 최저압력 = 50 + 150 + 50 = 250KPa

26. 간접가열식 급탕방식에 관한 설명으로 옳지 않은 것은?

① 직접가열식에 비해 열효율이 낮다.
② 간접가열의 열매로 증기만이 사용된다.
③ 가열보일러는 난방용 보일러와 겸용할 수 있다.
④ 일반적으로 규모가 큰 건물의 급탕에 적용된다.

해설 |
간접가열 열매로 증기가 많이 쓰이기는 하나 물, 공기 등 어떤 열매도 사용할 수 있다.

정답 21 ② 22 ② 23 ③ 24 ② 25 ③ 26 ②

27. 가스사용시설에서 가스계량기는 전기계량기로부터 최소 얼마 이상의 거리를 유지하여야 하는가?

① 15cm ② 30cm
③ 45cm ④ 60cm

해설 |
전기점멸기(스위치) 30cm 이상
전기개폐기 및 전기계량기 60cm 이상
화기 2m 이상

28. 수격작용에 관한 설명으로 옳지 않은 것은?

① 수격압은 관 내의 유속과 반비례한다.
② 수격작용은 밸브를 급속도로 개폐할 때 발생한다.
③ 수격작용으로 인하여 배관이 진동되고 소음이 발생되기도 한다.
④ 수격작용의 발생을 방지하기 위하여 위생기구 근처에 공기실을 설치한다.

해설 |
수격작용을 일으키는 에너지는 관내 동압으로 유속과 비례한다.

29. 급수배관의 설계 및 시공상의 주의점으로 옳지 않은 것은?

① 고가수조에서의 수평주관은 하향기울기로 한다.
② 수평배관에는 공기나 오물이 정체하지 않도록 한다.
③ 급수주관으로부터 분기하는 경우에는 반드시 엘보(elbow)를 사용한다.
④ 주배관에는 적당한 위치에 플랜지 이음을 하여 보수 점검을 용이하게 한다.

해설 |
엘보는 방향을 바꾸는 부속으로 분기의 기능이 없다. 주로 T를 사용한다.

30. 유량 2m³/min, 양정 50mAq인 펌프의 축동력은? (단, 펌프의 효율은 0.6으로 한다)

① 16.3kW ② 22.2kW
③ 25.3kW ④ 27.2kW

해설 |
$$kW = \frac{1000HQ}{102n} = \frac{1000 \times 50 \times \frac{2}{60}}{102 \times 0.6} = 27.2$$

31. 냉방부하 중 송풍기 풍량의 산출 요인과 관계가 없는 것은?

① 인체의 발생열량
② 벽체로부터의 취득열량
③ 극간풍에 의한 취득열량
④ 외기의 도입으로 인한 취득열량

해설 |
송풍기 풍량은 취출온도와 실내온도 차로 구한다.
①~③은 실내온도의 구성요소이다.

32. 다음 중 온수난방 배관에서 역환수(Reverse Return) 방식을 사용하는 이유로 가장 알맞은 것은?

① 배관의 신축을 흡수하기 위하여
② 배관의 부식을 방지하기 위하여
③ 온수의 유량공급을 동일하게 하기 위하여
④ 배관 내의 공기배출을 용이하게 하기 위하여

해설 |
온수의 유량공급을 동일하게 하여 방열량의 편차를 적게 하기 위하여

33. 다음의 가습방법 중 열수분비가 가장 큰 경우는?

① 5℃의 온수가습
② 50℃의 증기가습
③ 100℃의 온수가습
④ 100℃의 증기가습

해설 |
열수분비는 = (dh/dx)로
100℃의 증기는 2681[kJ/kg]이다. 온수의 열수분비는 증기보다 작다.

34. 덕트의 배치방식에 관한 설명으로 옳지 않은 것은?

① 수평덕트방식은 각개입상덕트방식에 비하여 덕트 스페이스를 적게 차지한다.
② 간선덕트방식은 주덕트인 입상덕트로부터 각 층에서 분기되어 각 취출구로 연결한다.
③ 개별덕트방식은 입상덕트에서 각개의 취출구로 각개의 덕트를 통해 분산하여 송풍하는 방식이다.
④ 환상덕트방식은 2개의 덕트 말단을 루프(loop)상태로 연결함으로써 양쪽 덕트의 정압이 균일하게 된다.

해설 |
수평덕트방식은 입상덕트방식에 비하여 덕트 스페이스를 많이 차지한다.

35. 실외 용적이 5000m³이고 필요 환기량이 10000m³/h일 때, 환기횟수는 시간당 몇 회인가?

① 0.5회   ② 1회
③ 2회   ④ 4회

해설 |
10000m³/h ÷ 5000m³/회 = 2회/h

36. 면적이 300m²인 호텔의 커피숍을 냉방하고자 한다. 이때의 인체 발생현열량은? (단, 재실인원 0.6인/m², 1인당 발생현열량 49W)

① 8820W   ② 9250W
③ 10000W   ④ 11450W

해설 |
q = 300 × 0.6 × 49 = 8820W

37. 어떤 배관계 전체에 20℃인 물 10000L가 있다. 이 물을 60℃까지 가열할 경우 물의 팽창량은? (단, 20℃ 물의 밀도는 998.2kg/m³, 60℃ 물의 밀도는 987.5kg/m³이다)

① 약 87L
② 약 108L
③ 약 137L
④ 약 152L

해설 |
$(\frac{1}{987.5} - \frac{1}{998.2})10000 kg$ = 108[L]

38. 송풍기의 관한 설명으로 옳지 않은 것은?

① 방사형은 자기청소(self clening)의 특성이 있다.
② 측류형은 낮은 충압에 많은 풍량을 송풍하는 데 적합하다.
③ 후곡형은 효율이 높고 논오버로드(Nonover Load) 특성이 있다.
④ 다익형은 다른 형식에 비해 동일 용량에 대해서 회전수가 가장 많다.

해설 |
다익형은 다른 형식에 비해 동일 용량에 대해서 날개 수가 가장 많다.

39. 냉방부하 계산 시 잠열을 계산하지 않아도 되는 것은?

① 인체의 발생열량
② 유리로부터의 취득열량
③ 극간풍에 의한 취득열량
④ 외기의 도입으로 인한 취득열량

해설 |
유리로 수분이 통과하지 않는다.

40. 습공기의 건구온도와 습구온도를 알 때 습공기 선도상에서 알 수 없는 것은?

① 엔탈피   ② 상대습도
③ 복사온도   ④ 절대습도

해설 |
습공기 선도에 일사온도는 표기되지 않는다.

03. 건축설비관련법규

41. 비상용승강기 승강장의 바닥면적은 비상용승강기 1대에 대하여 최소 얼마 이상으로 하여야 하는가? (단, 옥내에 승강장을 설치하는 경우)

① $5m^2$ ② $6m^2$
③ $8m^2$ ④ $10m^2$

해설 |
건축물의 설비기준 등에 관한 규칙
승강장의 바닥면적은 비상용승강기 1대에 대하여 6제곱미터 이상으로 할 것

42. 공동주택의 거실에 설치하는 반자의 높이는 최소 얼마 이상으로 하여야 하는가?

① 1.8m   ② 2.1m
③ 2.7m   ④ 4.0m

해설 |
건축물방화구조 규칙(거실의 반자높이)
① 영 제50조의 규정에 의하여 설치하는 거실의 반자(반자가 없는 경우에는 보 또는 바로 윗층의 바닥판의 밑면 기타 이와 유사한 것을 말한다. 이하 같다)는 그 높이를 2.1미터 이상으로 하여야 한다.

43. 기존 건축물이 재난으로 인하여 멸실된 대지 안에 종전의 기존 건축물 규모의 범위를 초과하여 다시 축조하는 건축행위는?

① 신축   ② 증축
③ 개축   ④ 대수선

해설 |
건축법 시행령
기존 건축물이 재난으로 인하여 멸실된 대지 안에 종전의 기존 건축물 규모의 같은 범위이면 재축이고, 그 범위를 초과하여 다시 축조하는 것은 신축·증축으로 본다.

44. 다음은 건축물의 냉방설비에 대한 설치 및 설계 기준에 따른 축열률의 정의이다. ( ) 안에 알맞은 것은?

> 축열률이라 함은 통계적으로 ( )을 기준으로 그 밖의 시간에 필요한 냉방열량 중에서 이용이 가능한 냉열량이 차지하는 비율을 말하며 백분율(%)로 표시한다.

① 연중 최소냉방부하를 갖는 날
② 연중 최대냉방부하를 갖는 날
③ 연중 최소냉방부하를 갖는 달
④ 연중 최대냉방부하를 갖는 달

해설 |
건축물냉방설비기준
축열률이라 함은 통계적으로(연중 최대냉방부하를 갖는 날)을 기준으로 하여 그 밖의 시간에 필요한 냉방열량 중에서 이용이 가능한 냉열량이 차지하는 비율을 말하며 백분율(%)로 표시함.

45. 건축법령에 따른 아파트의 정의로 알맞은 것은?

① 주택으로 쓰는 층수가 3개 층 이상인 주택
② 주택으로 쓰는 층수가 5개 층 이상인 주택
③ 주택으로 쓰는 층수가 8개 층 이상인 주택
④ 주택으로 쓰는 층수가 10개 층 이상인 주택

해설 |
건축법 시행령
아파트 : 주택으로 쓰는 층수가 5개 층 이상인 주택

46. 환기를 위하여 교육연구시설 중 학교의 교실에 설치하는 창문등의 면적은 그 교실 바닥면적의 최소 얼마 이상이어야 하는가? (단, 기계환기장치 및 중앙관리방식의 공기조화 설비를 설치하지 않은 경우)

① 1/10 이상
② 1/20 이상
③ 1/30 이상
④ 1/40 이상

해설 |
건축물 피난·방화구조
환기 : 1/20 이상
채광 : 1/10 이상
환기와 채광 구분 주의

47. 비상용승강기를 설치하여야 하는 건축물의 높이 기준은?

① 21m 초과
② 31m 초과
③ 41m 초과
④ 51m 초과

해설 |
건축법 시행령
비상용승강기를 설치하여야 하는 건축물의 높이 31m 초과 시

정답 44 ② 45 ② 46 ② 47 ②

48. 철근콘크리트조인 경우 두께와 상관없이 내화구조에 속하는 것은?

① 벽
② 바닥
③ 지붕
④ 외벽 중 비내력벽

해설 |
철근콘크리트조의 지붕과 보는 두께와 상관없이 내화구조에 속한다.

49. 연면적이 10000m²이고 층수가 10층인 백화점에 설치하여야 하는 승용승강기의 최소 대수는? (단, 각 층의 거실면적은 600m²이며, 15인승 승강기를 설치하는 경우)

① 1대
② 2대
③ 3대
④ 4대

해설 |
6층 이상 면적 600 × 5 = 3000
판매시설 기본 3000에 2대 + 추가 2000마다 1대
기본만이므로 = 2대
15인승 = 1대로 산정

50. 배연설비의 설치에 관한 기준 내용으로 옳은 것은?

① 배연구는 손으로 열고 닫지 못하도록 할 것
② 배연창의 유효면적은 0.5m² 이상으로 할 것
③ 배연창의 상변과 천장 또는 반자로부터 수직 거리가 0.5m 이내일 것
④ 배연구는 열감지기 또는 연기감지기에 의해 자동으로 열 수 있는 구조로 할 것

해설 |
건축물의 설비기준 등에 관한 규칙(배연설비)
1. 배연구는 연기감지기 또는 열감지기에 의하여 자동으로 열 수 있는 구조로 하되, 손으로도 열고 닫을 수 있도록 할 것
2. 배연창의 상변과 천장 또는 반자로부터 수직거리가 0.9미터 이내일 것
3. 배연창의 유효면적은 1제곱미터 이상

51. 건축물에 설치하는 지하층의 비상탈출구에 관한 기준 내용으로 옳지 않은 것은?

① 비상탈출구의 유효너비는 0.75m 이상으로 할 것
② 비상탈출구의 문은 피난방향으로 열리도록 할 것
③ 비상탈출구는 출입구로부터 3m 이상 떨어진 곳에 설치할 것
④ 비상탈출구에서 피난층 또는 지상으로 통하는 복도나 직통계단까지 이르는 피난통로의 유효 너비는 최소 0.9m 이상으로 할 것

해설 |
건축물 피난·방화구조
비상탈출구에서 피난층 또는 지상으로 통하는 복도나 직통계단까지 이르는 피난통로의 유효너비는 최소 0.75m 이상으로 할 것

52. 건축법령상 공사감리자가 수행하여야 하는 감리 업무에 속하지 않는 것은?

① 설계변경의 적정여부의 검토·확인
② 공정표 및 상세시공도면의 작성·확인
③ 시공계획 및 공사관리의 적정여부의 확인
④ 품질시험의 실시 여부 및 시험성과의 검토·확인

해설 |
시공자 업무 : 공정표 및 상세시공도면의 작성·확인

53. 허가 대상 건축물이라 하더라도 미리 특별자치시장·특별자치도지사 또는 시장·군수·구청장에게 국토교통부령으로 정하는 바에 따라 신고를 하면 건축허가를 받은 것으로 보는 경우에 속하지 않는 것은? (단, 3층 미만의 건축물인 경우)

① 바닥면적의 합계가 85m² 이내의 신축
② 바닥면적의 합계가 85m² 이내의 증축
③ 바닥면적의 합계가 85m² 이내의 개축
④ 바닥면적의 합계가 85m² 이내의 재축

해설 |
건축법
신축은 허가대상

54. 다음은 특정소방대상물의 소방시설 설치의 면제기준 내용이다. ( ) 안에 알맞은 설비는?

물분무등소화설비를 설치하여야 하는 차고·주차장에 ( )를 화재안전기준에 적합하게 설치한 경우에는 그 설비의 유효범위에서 설치가 면제된다.

① 연결살수설비
② 스프링클러설비
③ 옥내소화전설비
④ 옥외소화전설비

해설 |
물분무등소화설비 = 스프링클러설비 상호면제

55. 자동화재탐지설비를 설치하여야 하는 특정소방대상물의 연면적 기준은? (단, 판매시설의 경우)

① 300m² 이상
② 1000m² 이상
③ 1200m² 이상
④ 2000m² 이상

해설 |
소방법 시행령 별표5
자동화재탐지설비 설치대상 : 판매시설 1000m² 이상

56. 급수·배수·난방 및 환기설비를 건축물에 설치하는 경우, 건축기계설비기술사 또는 공조냉동기계기술사의 협력을 받아야 하는 대상 건축물의 연면적 기준은? (단, 창고시설 제외)

① 1000m² 이상
② 2000m² 이상
③ 5000m² 이상
④ 10000m² 이상

해설 |
건축법 시행령
건축기계설비기술사 또는 공조냉동기계기술사의 협력을 받아야 하는 대상 건축물의 연면적 기준 10000m² 이상

57. 다음 중 방화구조에 속하는 것은?

① 심벽에 흙으로 맞벽치기한 것
② 철망모르타르로서 그 바름두께가 1.5cm인 것
③ 시멘트모르타르 위에 타일을 붙인 것으로서 그 두께의 합계가 2cm인 것
④ 석고판 위에 시멘트모르타르를 바른 것으로서 그 두께의 합계가 2cm인 것

해설 |
방화구조
심벽에 흙으로 맞벽치기한 것
철망모르타르로서 그 바름두께가 2cm 이상인 것
시멘트모르타르 위에 타일을 붙인 것으로서 그 두께의 합계가 2.5cm 이상인 것
석고판 위에 시멘트모르타르를 바른 것으로서 그 두께의 합계가 2.5cm 이상인 것

58. 비상용승강기 승강장 및 승강로의 구조에 관한 기준 내용으로 옳지 않은 것은?

① 승강로는 당해 건축물의 다른 부분과 내화구조로 구획할 것
② 각층으로부터 피난층까지 이르는 승강로를 단일구조로 연결하여 설치할 것
③ 옥내에 있는 승강장의 바닥면적은 비상용승강기 1대에 대하여 6m² 이상으로 할 것
④ 승강장은 각층의 내부와 연결될 수 있도록 하되, 승강로의 출입구를 포함한 출입구에는 갑종방화문을 설치할 것

해설 |
건축물설비기준 규칙
(비상용승강기의 승강장 및 승강로의 구조)
승강장은 각층의 내부와 연결될 수 있도록 하되, 그 출입구(승강로의 출입구를 제외한다)에는 갑종방화문(60분 방화문 이상)을 설치할 것. 다만 피난층에는 갑종방화문(60분 방화문 이상)을 설치하지 아니할 수 있다.

59. 송풍기에 관한 법칙으로 옳지 않은 것은?

① 풍량은 회전속도비에 비례하여 변화한다.
② 동력은 회전속도비의 3제곱에 비례하여 변화한다.
③ 압력은 송풍기 크기비의 2제곱에 비례하여 변화한다.
④ 동력은 송풍기 크기비의 4제곱에 비례하여 변화한다.

해설 |
상사의 법칙 : 동력은 송풍기 크기비(임펠러 직경비)의 5제곱에 비례하여 변화한다.

60. 다음의 소방시설 중 경보설비에 속하지 않는 것은?

① 비상방송설비
② 자동화재탐지설비
③ 자동화재속보설비
④ 무선통신보조설비

해설 |
무선통신보조설비는 소화활동설비이다.

01. 건축설비계획

1. 다음 용어의 단위로서 옳지 않은 것은?

① 열전도율 : W/m·K
② 열전달율 : W/m²·K
③ 열관류율 : W/m³·K
④ 열용량 : J/K

해설 |
열관류율 : W/m²·K

2. 실내음향설계 시 주의할 사항으로 옳지 않은 것은?

① 직접음과 반사음의 시간차를 가능한 크게 하여 충분한 음보강이 되도록 한다.
② 강연이나 연극 등 언어를 주사용 목적으로 할 경우 잔향시간은 비교적 짧게 처리한다.
③ 방해가 되는 소음이나 진동을 완전히 차단하도록 한다.
④ 실의 어느 위치에서나 음 분포가 균등하도록 한다.

해설 |
실내음향설계에서 직접음과 반사음의 시간차를 크게하면 잔향시간이 길어지며, 음보강과 관계없다.

3. 실내의 환기량 산정에서 1인당의 환기량을 나타내는 방법으로 옳은 것은?

① g/m³·인 ② m²/h·인
③ kg/m³·인 ④ m³/h·인

해설 |
건축설비 환기량의 기본 단위는 시간당 입방미터 부피유량이다.

4. 천장의 채광 효과를 얻기 위하여 천장의 위치에 설치하고, 비막이에 좋은 측창의 구조적 장점을 살리기 위하여 연직에 가까운 방향으로 한 창에 의한 채광법으로 주광률 분포의 균일성이 요구되는 곳에 사용되는 것은?

① 측광 ② 정광
③ 정측광 ④ 산란광

해설 |
천장의 정광과 측창의 측광을 합한 채광법

5. 간접조명의 특징에 관한 설명으로 옳지 않은 것은?

① 조명효율이 좋다.
② 음영이 적다.
③ 음산한 감을 주기 쉽다.
④ 물건에 입체감을 주기 어렵다.

해설 |
간접조명은 밝기의 효율은 나빠진다.

6. 실내 환기횟수의 정의로 옳은 것은?

① 환기량(m^3/h) × 실용적(m^3)
② 환기량(m^3/h) × 실용적(m^3) × 2
③ 환기량(m^3/h) / 실용적(m^3)
④ 실용적(m^3) / 환기량(m^3/h)

해설 |
환기횟수 = 환기량(m^3/h) / 실용적(m^3)회 = 회/h

7. 화장실 및 호텔의 주방에 일반적으로 채용되는 환기방식은?

① 자연 급기 - 강제 배기
② 자연 급기 - 자연 배기
③ 강제 급기 - 자연 배기
④ 강제 급기 - 강제 배기

해설 |
강제 급기-강제 배기(제1종)
강제 급기-자연 배기(제2종)
자연 급기-강제 배기(제3종)
주방에서는 제3종 기계제연과 국소배출방식을 주로 채용한다.

8. 실외로의 공기유출 방지효과와 아울러 출입 인원의 조절을 목적으로 설치하는 문은?

① 셔터
② 망사문
③ 회전문
④ 자재문

해설 |
건축물방화구조 규칙
제12조(회전문의 설치기준) 영 제39조 제2항의 규정에 의하여 건축물의 출입구에 설치하는 회전문은 다음 각 호의 기준에 적합하여야 한다.
〈개정 2005.7.22.〉
1. 계단이나 에스컬레이터로부터 2미터 이상의 거리를 둘 것
2. 회전문과 문틀 사이 및 바닥 사이는 다음 각 목에서 정하는 간격을 확보하고 틈 사이를 고무와 고무펠트의 조합체 등을 사용하여 신체나 물건 등에 손상이 없도록 할 것
   가. 회전문과 문틀 사이는 5센티미터 이상
   나. 회전문과 바닥 사이는 3센티미터 이하
3. 출입에 지장이 없도록 일정한 방향으로 회전하는 구조로 할 것
4. 회전문의 중심축에서 회전문과 문틀 사이의 간격을 포함한 회전문날개 끝부분까지의 길이는 140센티미터 이상이 되도록 할 것
5. 회전문의 회전속도는 분당회전수가 8회를 넘지 아니하도록 할 것
6. 자동회전문은 충격이 가하여지거나 사용자가 위험한 위치에 있는 경우에는 전자감지장치 등을 사용하여 정지하는 구조로 할 것

9. 오수 중의 유기물이 미생물에 의해 분해되고 안정된 물질로 변화되기까지 오수 중의 산소량이 얼마만큼 소비되는가를 나타내는 수질오염의 지표가 되는 용어는?

① SS
② DO
③ COD
④ BOD

해설 |
BOD(생물학적 산소요구량) : 세균번식의 정도 측정

10. 소음조절을 위한 건축계획에 관한 설명으로 옳지 않은 것은?

① 부지경계선에 장벽을 설치한다.
② 아파트는 경계벽을 중심으로 다른 종류의 방을 배치한다.
③ 소음원 쪽에 건물의 배면이 향하도록 배치한다.
④ 침실, 서재 등은 소음원의 반대쪽에 배치한다.

해설 |
아파트 경계벽을 중심으로 다른 종류의 방을 배치하면 이질적인 소음으로 소음 증대 원인이 된다.

11. 환기설비 중 후드를 설치해야 하는 장소는?

① 다용도실   ② 욕실
③ 부엌   ④ 안방

해설 |
후드를 사용한 국부환기는 제한된 장소에서 환기가 필요한 부엌, 조리실 등에 적용된다.

12. 다음에서 설명하는 빛의 단위는?

"빛 에너지가 단위 입체각을 통과하는 비율로서, 단위는 루멘(lm)을 사용한다."

① 조도   ② 광도
③ 광속   ④ 휘도

해설 |
광속은 빛의 양으로 단위로 루멘을 쓴다.

13. 다음 중 급수설비에서 수격작용의 발생이 가장 우려되는 경우는?

① 급수관의 지름이 클 경우
② 물을 과도하게 사용할 경우
③ 급수관 내의 유속이 느릴 경우
④ 급수관 내에서 물의 흐름을 갑자기 정지할 경우

해설 |
수격작용은 유속이 빠를 때 급격한 관로의 변경, 급격한 밸브조작 등으로 인한 정지 등 유체의 속도에 따른 운동에너지가 매질을 반송하여 충격파를 전하는 현상이다.

14. 건축 음환경 설계 시 주안점으로 옳지 않은 것은?

① 청중의 일부에게 소리를 집중하기 위한 실의 단면, 평면계획
② 외부로부터 소음을 차단하기 위한 차음계획
③ 소리의 명료도와 효과도를 위한 잔향시간계획
④ 소리의 반향, 음영부분이 없도록 음향조건계획

해설 |
음환경의 대상은 청중 모두이다.

정답 10 ② 11 ③ 12 ③ 13 ④ 14 ①

15. 송풍기의 풍량제어법 중 축동력이 가장 적게 소요되는 것은?

① 회전수제어
② 토출댐퍼제어
③ 흡입댐퍼제어
④ 흡입베인제어

해설 |
토출댐퍼제어 > 흡입댐퍼제어 > 흡입베인제어 > 회전수제어
회전수제어가 가장 축동력이 적어 경제적

16. 실외 용적이 5000m³이고 필요 환기량이 10000m³/h일 때, 환기횟수는 시간당 몇 회인가?

① 0.5회 ② 1회
③ 2회   ④ 4회

해설 |
$\dfrac{10000 m^3/h}{5000 m^3/회} = 2회/h$

17. 일사에 의한 복사열의 흡수로 불투명한 벽면 또는 지붕면에서의 외표면 온도는 차츰 상승하게 되는데, 이와 같은 효과로 상승되는 온도에 외기온도를 가산한 값을 의미하는 것은?

① 유효온도
② 상당외기온도
③ 습구온도
④ 효과온도

해설 |
상당외기온도는 냉난방 시 일사 복사열로 벽면이나 지붕면에서 외표면 온도가 상승하고 축열되어 상승된 온도를 외기온도로 보정한 값

18. 실내 다음 환경에서 잔향시간에 관한 설명으로 옳은 것은?

① 음향 청취를 목적으로 하는 공간에서의 잔향시간은 음성 전달을 목적으로 하는 공간에서의 잔향시간보다 짧아야 한다.
② 음의 잔향시간은 실의 용적에 비례하며 벽면의 흡음력에 따라 결정된다.
③ 실의 형태를 변경하면 잔향시간은 조정이 가능하다.
④ 영화관은 전기음향설비가 주가 되므로 잔향시간은 길수록 좋다.

해설 |
$T = 0.16 \dfrac{V}{A}$
공간용적V[m³], 흡음력A[m²], 잔향시간T[s]

19. 내경이 50mm인 급수배관에 물이 1.5m/sec의 속도로 흐르고 있을 때, 체적유량은?

① 약 0.09m³/min
② 약 0.18m³/min
③ 약 0.24m³/min
④ 약 0.36m³/min

해설 |
Q = AU에서
$Q = \dfrac{(50 \times 10^{-3})^2 \pi}{4} \cdot 1.5 = 0.18$

정답 15 ① 16 ③ 17 ② 18 ② 19 ②

20. 조명에 악센트를 주며 상품 등 전시를 대상으로 하여 스포트라이트가 사용되는 조명은?

① 직접조명
② 간접조명
③ 국부조명
④ 반간접조명

해설 |
스포트 = 국부

02. 건축설비설계

21. 배수배관에 통기관을 설치하는 목적과 가장 관계가 먼 것은?

① 배수의 흐름을 원활하게 한다.
② 관 내의 기압을 높여 악취를 배출한다.
③ 배수계통 내의 공기의 흐름을 원활하게 한다.
④ 자기사이펀 작용, 유도사이펀 작용 등으로부터 봉수를 보호한다.

해설 |
통기관은 관 내 기압을 대기압에 맞춘다.

22. 다음의 물의 경도에 관한 설명 중 ( ) 안에 알맞은 용도는?

| 물의 경도는 물 속에 녹아있는 칼슘, 마그네슘 등의 염류의 양을 ( )의 농도로 환산하여 나타낸다. |

① 불소
② 탄산칼슘
③ 탄산나트륨
④ 탄산마그네슘

해설 |
탄산칼슘은 칼슘, 마그네슘 등의 완충제 역할

23. 배관 시공 시 바닥이나 벽에 배관을 통과시키기 위해 설치하는 것은?

① 앵커
② 슬리브
③ 지수 밸브
④ 스트레이너

정답 20 ③ / 21 ② 22 ② 23 ②

해설 |
슬리브는 구조물을 통과할 때 설치하는 것으로 진동이 구조물에 전달되는 것을 방지하고 신축이 자유롭고 수리 시 용이성을 위해 설치된다.

24. 트랩의 봉수파괴 원인 중 통기관을 설치하여도 봉수파괴를 방지할 수 없는 것은?

① 모세관 현상
② 자기사이펀 현상
③ 역압에 의한 분출작용
④ 감압에 의한 흡인작용

해설 |
모세관 현상 : 머리카락 등 이물질에 의해 형성된다.

25. 가스사용시설에서 가스계량기와 전기계량기의 이격거리는 최소 얼마 이상으로 하여야 하는가?

① 15cm
② 30cm
③ 60cm
④ 90cm

해설 |
전기점멸기(스위치) 30cm 이상
전기개폐기, 전기계량기 60cm 이상
화기 2m 이상

26. 다음 중 생활배수와 같은 유기성 오수에 포함된 오염물질의 양과 질에 대한 지표로 가장 대표적으로 이용되는 것은?

① pH
② OD
③ BOD
④ 총질소

해설 |
생화학적 산소소비량으로 유기물 오염 정도를 나타낼 때 사용한다.

27. 가스의 연소성을 나타내는 것은?

① 비열비
② 가버너
③ 웨버지수
④ 단열지수

해설 |
웨버지수는 가스기구에 대한 가스의 입열량을 표시하는 지수로 가스의 연소 특성을 나타낸다.

웨버지수 = $\dfrac{H}{\sqrt{s}}$

H : 가스단위체적당 발열량(kcal/m³)
s : 가스비중

28. 급탕설비에 관한 설명으로 옳지 않은 것은?

① 배관은 적정한 압력손실 상태에서 피크시를 충족시킬 수 있어야 한다.
② 냉수, 온수를 혼합사용해도 압력차에 의한 온도변화가 없도록 하여야 한다.
③ 개방형 급탕시스템에는 온도상승에 의한 압력을 도피시킬 수 있는 팽창탱크를 설치하여야 한다.
④ 배관거리가 30m를 초과하는 중앙급탕방식에서는 일정한 급탕온도 유지를 위하여 환탕관과 순환펌프를 설치한다.

해설 |
개방형 시스템은 배관 중에 대기압에 노출된 부분이 있어 수해의 우려가 없다면 팽창탱크가 없어도 된다.

29. 다음의 급수 수직 배관에 관한 설명 중 ( ) 안에 공통으로 들어가는 용어는?

> 수직배관에는 25~30m 구간마다 ( )를 설치하여 유동 정지 시의 역류에너지의 작용을 분산하고, ( ) 상류 측에는 워터해머흡수기를 부착하여 ( )의 파손을 방지하고 워터해머로 인한 소음과 진동을 흡수하도록 하여야 한다.

① 체크 밸브
② 퇴수 밸브
③ 슬루스 밸브
④ 공기빼기 밸브

30. 공기조화의 4요소에 속하지 않는 것은?

① 기류   ② 습도
③ 복사   ④ 청정도

해설 |
공기조화의 4요소 : 온도, 습도, 기류, 청정도

31. 동일한 관경의 관을 직선 연결할 때 사용되는 관 이음쇠는?

① 니플   ② 부싱
③ 크로스   ④ 플러그

해설 |
니플은 나사산을 양쪽으로 만든 파이프 토막으로 동일 관경의 부속과 부속을 연결할 때 사용한다.

32. 다음 중 사용 목적이 동일한 배관 부속의 연결이 아닌 것은?

① 플러그 - 캡
② 티 - 레듀서
③ 유니온 - 플랜지
④ 부싱 - 이경소켓

해설 |
티(tee), 크로스(cross)는 관을 도중에서 분기할 때 사용된다. 레듀서(reducer)는 관경이 서로 다른 관을 접속할 때 사용된다.

33. 사무실의 북측 외벽이 다음과 같은 조건에 있을 때, 난방 시 이 벽체로부터의 손실열량은?

> ㉠ 벽체의 면적 : 50m²
> ㉡ 벽체의 열관류율 : 0.4W/m²·K
> ㉢ 실내온도 : 21℃, 외기온도 : -4℃
> ㉣ 방위계수(북쪽) : 1.1
> ㉤ 대기복사에 대한 외기온도의 보정은 무시

① 500W   ② 550W
③ 600W   ④ 650W

해설 |
$q = 50 \times 0.4 \times 25 \times 1.1 = 550W$

34. 냉동기의 응축기에서 냉각탑으로 흐르는 유체의 명칭은?

① 냉수   ② 온수
③ 응축수   ④ 냉각수

해설 |
냉각수 : 기기를 냉각하기 위한 순환수

35. 다음의 송풍기 풍량제어법 중 축동력이 가장 많이 소요되는 것은?

① 회전수제어
② 흡입베인제어
③ 흡입댐퍼제어
④ 토출댐퍼제어

해설 |
토출댐퍼제어 > 흡입댐퍼제어 > 흡입베인제어 > 회전수제어

36. 증기코일의 배관법에 관한 설명으로 옳지 않은 것은?

① 각 코일에는 별개의 트랩을 설치한다.
② 응축수가 발생하는 곳에는 상향구배를 한다.
③ 코일을 쉽게 떼어낼 수 있는 곳에 플랜지를 접속한다.
④ 증기의 횡주관 으로부터 지관의 분기는 횡주관의 윗부분에서 한다.

해설 |
응축수가 발생하는 곳에는 중력 환수되도록 하향구배를 한다.

37. 냉동기에 관한 설명으로 옳지 않은 것은?

① 냉동기 냉매의 증발온도는 응축온도보다 높아야 한다.
② 흡수식 냉동기는 압축식 냉동기보다 소음·진동이 작다.
③ 흡수식 냉동기는 흡수체로서 LiBr, 냉매로서 물을 사용한다.
④ 압축식 냉동기 냉매는 압축 → 응축 → 팽창 → 증발의 순으로 순환한다.

해설 |
냉동기 냉매의 증발이 시작되는 온도와 응축이 시작되는 온도는 같다.

38. 다음과 같은 조건에서 난방 시 외기에 의한 현열부하는?

⊙ 외기량 : 500kg/h
ⓒ 외기
  · 건구온도 5℃
  · 절대습도 : 0.002kg/kg'
ⓒ 실내공기
  · 건구온도 : 24℃
  · 절대습도 : 0.009kg/kg'
② 공기의 비열 : 1.01KJ/kg·K

① 2.67kW   ② 3.17kW
③ 3.68kW   ④ 4.12kW

해설 |
$q = 500 \times 1.01 \times (24-5) \times \frac{1}{3600} = 2.667 kW$

39. 중앙공기조화방식 중 전공기 방식의 일반적 특징으로 옳지 않은 것은?

① 덕트 스페이스가 필요 없다.
② 중간기에 외기냉방이 가능하다.
③ 실내에 배관으로 인한 누수의 우려가 없다.
④ 외기도입이 가능하여 실내 공기의 오염이 적다.

해설 |
전공기 방식이 공간 필요가 크다.

정답 35 ④ 36 ② 37 ① 38 ① 39 ①

40. 보일러의 실제 증발량이 2000kg/h이고, 발생증기의 엔탈피는 2768.8kJ/kg, 보일러에 보급되는 급수의 엔탈피는 335.2kJ/kg이다. 이 보일러의 환산증발량(상당증발량)은? (단, 100℃에서 물의 증발잠열은 2257kJ/kg이다)

① 약 1000kg/h
② 약 1078kg/h
③ 약 1124kg/h
④ 약 2156kg/h

해설 |

상당증발량 = $\dfrac{\text{발생증기엔탈피} - \text{급수엔탈피}}{\text{증발잠열}}$

∴ 상당증발량
= $\dfrac{2000kg/h(2768.8kJ/kg - 335.2kJ/kg)}{2257kJ/kg}$
= 2156kg/h

03. 건축설비관련법규

41. 승용승강기 설치 대상 건축물에서 승용승강기 설치 대수의 산정 요소로만 나열된 것은?

① 건축물의 용도, 6층 이상의 거실면적의 합계
② 건축물의 층수, 6층 이상의 거실면적의 합계
③ 건축물의 용도, 6층 이상의 바닥면적의 합계
④ 건축물의 층수, 6층 이상의 바닥면적의 합계

해설 |

건축물의 설비기준 등에 관한 규칙 [별표1의2]
승용승강기의 설치기준

건축물의 용도	6층 이상의 거실 면적의 합계	3천m² 이하	3천m² 초과
1. 가. 문화 및 집회시설 (공연장·집회장 및 관람장만 해당한다) 나. 판매시설 다. 의료시설		2대	2대에 3천m²를 초과하는 2천m² 이내마다 1대를 더한 대수

정답 40 ④ / 41 ②

42. 건축법령상 다세대주택의 정의로 옳은 것은?

① 주택으로 쓰는 1개 동의 바닥면적 합계가 330m² 이하이고, 층수가 4개 층 이하인 주택
② 주택으로 쓰는 1개 동의 바닥면적 합계가 330m² 초과하고, 층수가 4개 층 이하인 주택
③ 주택으로 쓰는 1개 동의 바닥면적 합계가 660m² 이하이고, 층수가 4개 층 이하인 주택
④ 주택으로 쓰는 1개 동의 바닥면적 합계가 660m² 초과하고, 층수가 4개 층 이하인 주택

해설 |
정의
아파트 : 층수가 5개층 이상
다가구주택 : 주택으로 쓰는 1개 동의 바닥면적 합계가 660m² 이하하고, 층수가 3개 층 이하이며 19세대 이하
연립주택 : 주택으로 쓰는 1개 동의 바닥면적 합계가 660m² 초과하고, 층수가 4개 층 이하인 주택

43. 국토교통부령으로 정하는 기준에 따라 채광 및 환기를 위한 창문등이나 설비를 설치하여야 하는 대상에 속하지 않는 것은?

① 공동주택의 거실
② 의료시설의 병실
③ 종교시설의 집회실
④ 교육연구시설 중 학교의 교실

해설 |
건축법 시행령
종교시설의 집회실은 해당이 없다.

44. 1급 소방안전관리대상물에 두어야 할 소방안전 관리자의 선임대상자에 속하지 않는 사람은?

① 소방설비기사의 자격이 있는 사람
② 소방설비산업기사의 자격이 있는 사람
③ 소방공무원으로 7년 근무한 경력이 있는 사람
④ 산업안전기사의 자격을 취득한 후 1년간 2급 소방안전관리대상물의 소방안전관리자로 근무한 실무 경력이 있는 사람

해설 |
산업안전기사는 1급 선임자격이 없다.

45. 건축물의 용도변경과 관련된 시설군 중 영업 시설군의 세부 용도에 속하지 않는 것은?

① 판매시설   ② 운동시설
③ 업무시설   ④ 숙박시설

해설 |
건축법 시행령
업무시설은 주거업무시설군이다.

46. 방염성능기준 이상의 실내장식물 등을 설치하여야 하는 특정소방대상물에 속하지 않는 것은? (단, 층수가 10층인 경우)

① 의료시설
② 업무시설
③ 방송통신 시설 중 방송국
④ 숙박의 가능한 수련시설

해설 |

정답 42 ③ 43 ③ 44 ④ 45 ③ 46 ②

10층 업무시설은 포함대상이 아니다.
소방시설 설치·유지 및 안전관리에 관한 법률 시행령 제19조(방염성능기준 이상의 실내장식물 등을 설치하여야 하는 특정소방대상물)
1. 근린생활시설 중 체력단련장, 숙박시설, 방송통신시설 중 방송국 및 촬영소
2. 건축물의 옥내에 있는 시설로서 다음 각 목의 시설
   가. 문화 및 집회시설
   나. 종교시설
   다. 운동시설(수영장은 제외한다)
3. 의료시설 중 종합병원, 요양병원 및 정신의료기관
3의2. 노유자시설 및 숙박이 가능한 수련시설
4. 「다중이용업소의 안전관리에 관한 특별법」제2조 제1항 제1호에 따른 다중이용업의 영업장
5. 제1호부터 제4호까지의 시설에 해당하지 아니하는 것으로서 층수(「건축법 시행령」제119조 제1항 제9호에 따라 산정한 층수를 말한다. 이하 같다)가 11층 이상인 것(아파트는 제외한다)
6. 별표2 제8호에 따른 교육연구시설 중 합숙소

47. 다음 중 방화벽의 구조 기준으로 옳지 않은 것은?

① 내화구조로서 홀로 설 수 있는 구조일 것
② 방화벽에 설치하는 출입문에는 60분 방화문 또는 30분 방화문을 설치할 것
③ 방화벽에 설치하는 출입문의 너비 및 높이는 각각 2.5m 이하로 할 것
④ 방화벽의 양쪽 끝과 위쪽 끝을 건축물의 외벽면 및 지붕면으로부터 0.5m 이상 튀어나오게 할 것

해설 |
건축물의 피난·방화구조 등의 기준에 관한 규칙
출입구에는 60분+ 방화문 또는 60분 방화문을 설치할 것

48. 다음 중 주요 구조부를 내화구조로 하여야 하는 건축물은?

① 종교시설의 용도로 쓰이는 건축물로서 집회실의 바닥면적의 합계가 150m²인 건축물
② 판매시설의 용도로 쓰는 건축물로서 그 용도로 쓰는 바닥면적의 합계가 400m²인 건축물
③ 공장의 용도로 쓰는 건축물로서 그 용도로 쓰는 바닥면적의 합계가 1000m²인 건축물
④ 운수시설의 용도로 쓰는 건축물로서 그 용도로 쓰는 바닥면적의 합계가 500m²인 건축물

해설 |
건축법 시행령
제56조(건축물의 내화구조)
① 주요구조부와 지붕은 내화구조로 해야 한다
2. 문화 및 집회시설 중 전시장 또는 동·식물원, 판매시설, 운수시설, 교육연구시설에 설치하는 체육관·강당, 수련시설, 운동시설 중 체육관·운동장, 위락시설(주점영업의 용도로 쓰는 것은 제외한다), 창고시설, 위험물저장 및 처리시설, 자동차 관련 시설, 방송통신시설 중 방송국·전신전화국·촬영소, 묘지 관련 시설 중 화장시설·동물화장시설 또는 관광휴게시설의 용도로 쓰는 건축물로서 그 용도로 쓰는 바닥면적의 합계가 500제곱미터 이상인 건축물

49. 오피스텔의 난방설비를 개별난방방식으로 하는 경우에 관한 기준 내용으로 옳지 않은 것은?

① 난방구획을 방화구획으로 구획할 것
② 보일러의 연도는 내화구조로서 개별연도로 설치할 것
③ 가스보일러인 경우, 보일러실의 윗부분에는 그 면적이 0.5m² 이상인 환기창을 설치할 것
④ 보일러는 거실외의 곳에 설치하되, 보일러를 설치하는 곳과 거실 사이의 경계벽은 출입구를 제외하고는 내화구조의 벽으로 구획할 것

해설 |
건축물의 설비기준 등에 관한 규칙 제13조
1. 보일러의 연도는 내화구조로서 공동연도로 설치할 것
2. 보일러실 뒷부분에는 그 면적이 최소 1.0m² 이상인 환기창을 설치할 것
3. 보일러를 설치하는 곳과 거실 사이의 경계벽은 출입구를 제외하고는 내화구조의 벽으로 구획할 것

50. 다음은 건축물의 피난·안전을 위하여 건축물 중간층에 설치하는 대피공간인 피난안전구역에 관한 기준 내용이다. ( ) 안에 알맞은 것은?

> 초고층 건축물에는 피난층 또는 지상으로 통하는 직통계단과 직접 연결되는 피난안전구역을 지상층으로부터 최대 ( )개 층마다 1개소 이상 설치하여야 한다.

① 20　　② 30
③ 40　　④ 50

해설 |
건축법 시행령
초고층 건축물에는 피난층 또는 지상으로 통하는 직통계단과 직접 연결되는 피난안전구역을 지상층으로부터 최대 30층마다 1개소 이상 설치하여야 한다.

51. 건축법령상 용도에 따른 건축물의 종류가 옳지 않은 것은?

① 공동주택 - 다세대주택
② 숙박시설 - 유스호스텔
③ 제1종 근린생활시설 - 한의원
④ 제2종 근린생활시설 - 일반음식점

해설 |
수련시설 - 유스호스텔

52. 공사감리자가 필요하다고 인정할 경우 공사 시공자에게 상세시공도면을 작성하도록 요청할 수 있는 대상 건축공사 기준은?

① 연면적의 합계가 3000m² 이상인 건축공사
② 연면적의 합계가 5000m² 이상인 건축공사
③ 연면적의 합계가 10000m² 이상인 건축공사
④ 연면적의 합계가 20000m² 이상인 건축공사

해설 |
건축법
연면적의 합계가 5000m² 이상인 건축공사

53. 다음은 거실등의 방습에 관한 기준 내용이다. ( ) 안에 알맞은 것은?

> 숙박시설의 욕실의 바닥과 그 바닥으로부터 높이 ( )까지의 안벽의 마감은 이를 내수재료로 하여야 한다.

① 0.5m ② 1m
③ 1.2m ④ 1.5m

해설 |
건축물의 피난·방화구조 등의 기준에 관한 규칙
다음 각 호의 어느 하나에 해당하는 욕실 또는 조리장의 바닥과 그 바닥으로부터 높이 1미터까지의 안쪽벽의 마감은 이를 내수재료로 해야 한다.
1. 제1종 근린생활시설중 목욕장의 욕실과 휴게음식점의 조리장
2. 제2종 근린생활시설 중 일반음식점 및 휴게음식점의 조리장과 숙박시설의 욕실

54. 건축물의 에너지절약설계기준에 따른 건축부문의 권장사항으로 옳지 않은 것은?

① 공동주택은 인동간격을 넓게 하여 저층부의 일사 수열량을 증대시킨다.
② 건축물의 체적에 대한 외피면적의 비 또는 연면적에 대한 외피면적의 비는 가능한 작게 한다.
③ 거실의 층고 및 반자 높이는 실의 용도와 기능에 지장을 주지 않는 범위 내에서 가능한 높게 한다.
④ 건물 옥상에는 조경을 하여 최상층 지붕의 열저항을 높이고, 옥상면에 직접 도찰하는 일사를 차단하여 냉방부하를 감소시킨다.

해설 |
거실의 층고 및 반자 높이는 실의 용도와 기능에 지장을 주지 않는 범위 내에서 가능한 낮게 한다.

55. 건축물의 에너지절약 설계기준상 다음과 같이 정의 되는 용어는?

> 중간기 또는 동계에 발생하는 냉방부하를 실내 엔탈피보다 낮은 도입 외기에 의하여 제거 또는 감소시키는 시스템

① 변풍량제어시스템
② 이코너마이저시스템
③ 비례제어운전시스템
④ 대수분할운전시스템

해설 |
"이코노마이저시스템"이라 함은 중간기 또는 동계에 발생하는 냉방부하를 실내 엔탈피보다 낮은 도입 외기에 의하여 제거 또는 감소시키는 시스템을 말한다.

56. 급수·배수(配水)·배수(排水)·환기·난방 설비를 건축물에 설치하는 경우 건축기계설비기술사 또는 공조냉동기계기술사의 협력을 받아야 하는 대상 건축물에 속하지 않는 것은? (단, 해당 용도에 사용되는 바닥면적의 합계가 2,000m²인 건축물의 경우)

① 기숙사   ② 업무시설
③ 의료시설 ④ 숙박시설

해설 |
건축물설비기준 규칙
제2조(관계전문기술자의 협력을 받아야 하는 건축물)
5. 다음 각 목의 어느 하나에 해당하는 건축물로서 해당 용도에 사용되는 바닥면적의 합계가 3천 제곱미터 이상인 건축물
  다. 업무시설

정답 53 ② 54 ③ 55 ② 56 ②

57. 다음은 옥상광장 등의 설치에 관한 기준 내용이다. ( ) 안에 알맞은 것은?

> 옥상광장 또는 2층 이상인 층에 있는 노대나 그 밖에 이와 비슷한 것의 주위에는 높이 ( ) 이상의 난간을 설치하여야 한다. 다만 그 노대 등에 출입할 수 없는 구조인 경우에는 그러하지 아니하다.

① 0.9m ② 1.2m
③ 1.5m ④ 1.8m

해설 |
건축법 시행령
옥상광장 또는 2층 이상인 층에 있는 노대(노출된 바닥) 주위에는 높이 1.2m 이상의 난간을 설치할 것

58. 신축 또는 리모델링하는 경우 시간당 0.5회 이상의 환기가 이루어질 수 있도록 자연환기설비 또는 기계환기설비를 설치하여야 하는 대상 공동주택의 세대수 기준은?

① 10세대 이상의 공동주택
② 20세대 이상의 공동주택
③ 30세대 이상의 공동주택
④ 50세대 이상의 공동주택

해설 |
건축물의 설비기준 등에 관한 규칙
(공동주택 및 다중이용시설의 환기설비기준 등)
신축 또는 리모델링하는 다음 각 호의 어느 하나에 해당하는 주택 또는 건축물(이하 "신축공동주택등"이라 한다)은 시간당 0.5회 이상의 환기가 이루어질 수 있도록 자연환기설비 또는 기계환기설비를 설치해야 한다.
1. 30세대 이상의 공동주택

59. 문화 및 집회시설 중 공연장 개별관람석의 출구에 관한 설명으로 옳지 않은 것은? (단, 개별관람석의 바닥면적이 300m^2 이상인 경우)

① 안여닫이로 할 것
② 관람석별로 2개소 이상 설치할 것
③ 각 출구의 유효너비는 1.5m 이상일 것
④ 개별관람석 출구의 유효너비의 합계는 개별 관람석의 바닥면적 100m^{2}마다 0.6m의 비율로 산정한 너비 이상으로 할 것

해설 |
건축물 피난·방화구조
문화 및 집회시설 중 공연장 개별관람석의 출구는 안여닫이로 하지 않아야 한다.

60. 다음은 특정소방대상물의 소방시설 설치의 면제에 관한 기준 내용이다. ( ) 안에 알맞은 것은?

> 스프링클러설비를 설치하여야 하는 특정소방대상물에 ( )를 화재안전기준에 적합하게 설치한 경우에는 그 설비의 유효범위에서 설치가 면제된다.

① 연결살수설비
② 옥내소화전설비
③ 옥외소화전설비
④ 물분무등소화설비

해설 |
물분무 등 소화설비와 스프링클러 소화설비는 설치 시 상호 면제된다.

2021년 2회(CBT)

과년도 필기 건축설비산업기사

01. 건축설비계획

1. 다음 중 빛의 단위로 옳지 않은 것은?
   ① 광속 : W/m · K
   ② 조도 : lx
   ③ 광도 : cd
   ④ 휘도 : cd/m^2

   해설 |
   광속은 빛의 양으로 단위는 루멘[lm]을 쓴다.

2. 열의 이동에 관한 설명으로 옳지 않은 것은?
   ① 유체를 사이에 두고 양쪽의 고체 사이에 열이 이동하는 현상을 열관류라 한다.
   ② 복사는 열이 고온의 몸체표면으로부터 저온의 물체표면으로 공간을 통하여 전달되는 현상이다.
   ③ 열전도는 열에너지가 주로 고체 속을 고온부에서 저온부로 이동하는 현상이다.
   ④ 물체 내부 열전도로 전달되는 열량은 전열면적, 온도차, 시간에 비례한다.

   해설 |
   1번 설명의 유체와 고체사이 열이동은 열전달이다.

3. 실내외의 온도차에 의하여 발생하는 환기는?
   ① 중력 환기   ② 개별 환기
   ③ 송풍 환기   ④ 기계 환기

   해설 |
   중력환기 : 더워진 공기의 밀도가 작아져 상승하고 차가워진 공기의 밀도가 커져 하강하는 온도차에 의해 발생되는 환기

4. 잔향시간이란 음의 음압레벨이 얼마 감쇠하는 데 소요되는 시간인가?
   ① 50dB   ② 60dB
   ③ 70dB   ④ 80dB

   해설 |
   실내의 평균 음 Energy 밀도가 초기치 보다 60dB 감쇠하는 데 소요된 시간을 말한다.

5. 실외 용적이 $5000m^3$이고 필요 환기량이 $10000m^3/h$일 때, 환기횟수는 시간당 몇 회인가?
   ① 0.5회   ② 1회
   ③ 2회   ④ 4회

   해설 |
   $10000m^3/h ÷ 5000m^3/회 = 2회/h$

정답 1 ① 2 ① 3 ① 4 ② 5 ③

6. 풍력환기가 일어나고 있는 실에서 어느 개구부의 풍압계수가 0.3이라고 할 때, 풍압계수 0.3의 의미로 가장 정확한 것은?

① 외부풍의 전압(全壓)의 3%가 풍압력으로 가해진다.
② 외부풍의 전압(全壓)의 30%가 풍압력으로 가해진다.
③ 외부풍의 동압(動壓)의 3%가 풍압력으로 가해진다.
④ 외부풍의 동압(動壓)의 30%가 풍압력으로 가해진다.

해설 |
풍압계수 0.3 : 외부풍의 동압의 30%가 개구부에 풍압력으로 가해진다는 의미

7. 실내 환기횟수의 정의로 옳은 것은?

① 환기량(m^3/h) × 실용적(m^3)
② 환기량(m^3/h) × 실용적(m^3) × 2
③ 환기량(m^3/h) / 실용적(m^3)
④ 실용적(m^3) / 환기량(m^3/h)

해설 |
환기횟수 = 회/h

8. 인체의 열적 쾌적감에 영향을 미치는 환경요소에 속하지 않는 것은?

① 기온 ② 공기의 청정도
③ 기류 ④ 습도

해설 |
청정도는 열적요소가 아님

9. 간접조명의 특징에 관한 설명으로 옳지 않은 것은?

① 조명효율이 좋다.
② 음영이 적다.
③ 음산한 감을 주기 쉽다.
④ 물건에 입체감을 주기 어렵다.

해설 |
간접조명은 밝기의 효율은 나빠진다.

10. 건물 에너지 절약을 위하여 고려하여야 할 사항으로 옳지 않은 것은?

① 고기밀·고단열 창호의 적용
② 주광을 적극적으로 이용하는 조명 방식
③ 열전도율이 높은 단열재 사용
④ 자연 에너지의 이용

해설 |
열전도율이 높으면 열통과율이 높아져 에너지의 낭비가 된다.

11. 장소별 최적의 잔향시간에 관한 설명으로 옳지 않은 것은?

① 실의 사용목적과 실 용적에 의하여 최적의 잔향시간을 결정한다.
② 강연이나 연극이 이루어지는 실에서는 잔향시간을 비교적 짧게 한다.
③ 음향설비를 이용하는 경우에는 잔향시간을 최적치보다 짧게 한다.
④ 오케스트라나 뮤지컬 등 음악감상이 이루어지는 실에서는 잔향시간을 비교적 짧게 하여 명료도를 높인다.

정답 6 ④ 7 ③ 8 ② 9 ① 10 ③ 11 ④

해설 |
음악감상은 잔향시간을 비교적 길게 한다. 잔향시간을 비교적 짧게 명료도를 높이는 경우는 연설 등 언어전달의 경우이다.

12. 광속이 3000[lm]인 백열전구로부터 1m 떨어진 책상에서 조도가 400[lx]로 측정되었다. 이 책상으로부터 2m 떨어진 곳에 조도는?

① 200[lx]   ② 100[lx]
③ 50[lx]   ④ 40[lx]

해설 |
조도는 거리 제곱에 반비례한다.
$\frac{400}{2^2} = 100$

13. 실내음향에 관한 설명으로 옳지 않은 것은?

① 음의 계속시간이 길어지면 높이 감각은 둔해진다.
② 직접음은 전파경로가 가장 짧으므로 수음점에 최초로 도래한다.
③ 계획상 멀리 전달되게 하기도 하고 가까이에서 소멸되도록 하기도 한다.
④ 청중이 많을수록 흡음력이 커서 잔향시간이 적어진다.

해설 |
음의 계속시간이 길어지면 높이 감각은 예민해진다.

14. 다음 중 유효온도의 구성요소로 옳은 것은?

① 온도, 습도, 복사열
② 온도, 습도, 기류
③ 온도, 습도, 착의량
④ 온도, 기류, 복사열

해설 |
작용온도
기온과 주변 복사열의 영향을 조합시킨 지표
유효온도
기온, 습도와 기류의 영향을 조합시킨 지표

15. 일사에 의한 복사열의 흡수로 불투명한 벽면 또는 지붕면에서의 외표면 온도는 차츰 상승하게 되는데, 이와 같은 효과로 상승되는 온도에 외기온도를 가산한 값을 의미하는 것은?

① 유효온도   ② 상당외기온도
③ 습구온도   ④ 효과온도

해설 |
상당외기온도는 냉난방 시 일사 복사열로 벽면이나 지붕면에서 외표면 온도가 상승하고 축열되어 상승된 온도를 외기온도로 보정한 값

16. 다음 중 열관류율의 단위로 옳은 것은?

① kcal/kg · ℃   ② m · ℃/kcal
③ W/m · ℃   ④ W/m² · K

해설 |
열전도률 W/(m · K)
열대류(전달)률 W/(m² · K)
열관류(통과)률 W/(m² · K)
열저항률 m² · K/W

정답 12 ② 13 ① 14 ② 15 ② 16 ④

17. 실내 다음 환경에서 잔향시간에 관한 설명으로 옳은 것은?

① 음향 청취를 목적으로 하는 공간에서의 잔향시간은 음성 전달을 목적으로 하는 공간에서의 잔향시간보다 짧아야 한다.
② 음의 잔향시간은 실의 용적에 비례하며 벽면의 흡음력에 따라 결정된다.
③ 실의 형태를 변경하면 잔향시간은 조정이 가능하다.
④ 영화관은 전기음향설비가 주가 되므로 잔향시간은 길수록 좋다.

해설 |
$T = 0.16\dfrac{V}{A}$
공간용적V[m³], 흡음력A[m²], 잔향시간T[s]

18. 송풍기의 풍량제어법 중 축동력이 가장 적게 소요되는 것은?

① 회전수제어
② 토출댐퍼제어
③ 흡입댐퍼제어
④ 흡입베인제어

해설 |
토출댐퍼제어 > 흡입댐퍼제어 > 흡입베인제어 > 회전수제어
회전수제어가 가장 축동력이 적어 경제적

19. 내부결로의 방지대책으로 옳지 않은 것은?

① 단열재를 가능한 벽의 내측에 설치
② 벽체 내부온도를 그 부분의 노점온도보다 높게 할 것
③ 실내의 수증기 발생 억제
④ 벽체 내부의 수증기압을 포화수증기보다 작게 할 것

해설 |
단열재를 가능한 벽의 외측에 설치

20. 다음 중 급수설비에서 수격작용의 발생이 가장 우려되는 경우는?

① 급수관의 지름이 클 경우
② 물을 과도하게 사용할 경우
③ 급수관 내의 유속이 느릴 경우
④ 급수관 내에서 물의 흐름을 갑자기 정지할 경우

해설 |
수격작용은 유속이 빠를 때 급격한 관로의 변경, 급격한 밸브조작 등으로 인한 정지 등 유체의 속도에 따른 운동에너지가 매질을 반송하여 충격파를 전하는 현상이다.

02. 건축설비설계

21. 급수방식 중 수도직결방식에 관한 설명으로 옳지 않은 것은?

① 급수압력이 일정하다.
② 고층으로의 급수가 어렵다.
③ 정전으로 인한 단수의 염려가 없다.
④ 위생성 측면에서 바람직한 방식이다.

해설 |
수도직결방식은 공급압력변화와 사용량에 따라 압력의 변동이 생긴다.

22. 오수 중에 분해 가능한 유기물이 용존산소의 존재하에 미생물의 작용에 의해 산화분해되어 안정한 물질로 변해갈 때 소비되는 산소량을 의미하는 것은?

① pH
② ppm
③ BOD
④ COD

해설 |
생화학적 산소소비량으로 유기물 오염 정도를 나타낼 때 사용한다.

23. 베르누이의 정리에 따른 전압, 정압 및 동압에 관한 설명으로 옳은 것은?

① 동압에서 정압을 뺀 것이 전압이다.
② 압력수두에서의 압력은 전압을 의미한다.
③ 배관의 관경이 증가하면 동압은 감소한다.
④ 배관 내 마찰저항이 증가하면 정압은 증가한다.

해설 |
동압에서 정압을 더한 것이 전압이며, 압력수두에서의 압력은 정압을 의미하며, 배관 관경이 증가하면 유속이 감소하여 동압은 감소한다.

24. 대규모 건물에서 간접가열식 중앙식 급탕방식에 관한 설명으로 옳지 않은 것은?

① 직접가열식에 비해 열효율이 높다.
② 가열보일러는 난방보일러와 겸용할 수 있다.
③ 직접가열식에 비해 구조가 약간 복잡해진다.
④ 고온의 탕을 얻기 위해서는 증기 또는 고온수 보일러를 사용한다.

해설 |
간접가열식 중앙식 급탕식은 배관이 길어 손실량이 많아 열효율은 낮아진다.

25. 다음 중 오수정화시설에서 유량조정조를 설치하는 이유와 가장 관계가 먼 것은?

① 처리기능을 안정화할 수 있기 때문에
② 건물 내 오수량의 시간별 차이가 크기 때문에
③ 후속 처리공정의 용량을 줄일 수 있기 때문에
④ 유입되는 오수의 찌꺼기를 제거할 수 있기 때문에

해설 |
유량조정조는 유입 오수량의 시간대별 차이를 완충하는 버퍼 역할로 오수의 찌꺼기 제거와 관계가 적다.

정답 21 ① 22 ③ 23 ③ 24 ① 25 ④

26. 로 탱크식 대변기에 관한 설명으로 옳지 않은 것은?

① 하이 탱크식에 비해 세정소음이 크다.
② 볼탭에 의해 탱크 내에 급수하는 방식이다.
③ 우리나라의 아파트에서 널리 채용되고 있다.
④ 탱크로의 급수압력에 관계없이 대변기 세정압력은 일정하다.

해설 |
압력이 낮아 세정소음이 작다.

27. 강관 이음쇠의 종류와 사용 용도의 연결이 옳지 않은 것은?

① 엘보 - 배관을 굴곡할 때
② 소켓 - 배관의 말단부를 막을 때
③ 크로스 - 배관을 도중에서 분기할 때
④ 니플 - 동일 관경의 배관을 직선 연결할 때

해설 |
소켓은 배관과 배관이음 시 사용, 관 말단을 막을 때는 캡 또는 플러그 사용

28. 다음 중 사용이 금지되는 트랩에 속하지 않는 것은?

① 2중 트랩
② 수봉식 트랩
③ 정부(頂部)통기 트랩
④ 가동부분이 있는 것

해설 |
일반적으로 사용하는 P, U 트랩을 포괄하는 수봉식 트랩은 물로 밀봉하다는 뜻이며 일반적으로 가장 많이 쓰이는 권장 트랩이다.

29. 급탕배관에 개폐 밸브를 설치하는 목적과 가장 거리가 먼 것은?

① 긴급 시 급수의 차단
② 배관 중 공기 정체 방지
③ 증·개축 시 급탕계통의 차단
④ 배관이나 기구·장치의 수리

해설 |
② 공기빼기 밸브에 관한 설명이다.

30. 기구배수부하단위(FU)의 기준이 되는 기구는?

① 세탁기   ② 세면기
③ 소변기   ④ 대변기

해설 |
세면기의 배수량(28.5L/min)을 기준으로 단위화한 것

31. 저수 및 고가탱크 등 상수 탱크에 관한 설명으로 옳지 않은 것은?

① 물의 정체를 방지할 수 있는 조치를 취하여야 한다.
② 건물 최하층의 바닥 밑 또는 바닥 밑의 지중에 설치하지 않는다.
③ 상수관 이외의 관이 상수 탱크를 관통하거나 상부를 횡단하지 않도록 한다.
④ 상수 탱크의 천장·바닥 또는 주변 벽은 건축물의 구조부분과 겸용하도록 한다.

해설 |
상수 탱크의 천장, 바닥 또는 주변 벽은 건축물의 구조 부분과 겸용하지 않도록 한다. 즉 별도의 탱크로 해야 한다.

32. 다음과 같은 조건에 있는 실의 필요환기량은?

- 실내 발열량 300,000W
- 실내온도 33℃, 외기온도 27℃
- 공기의 비열 1.2KJ/m3·K

① 124420 m³/h
② 148760 m³/h
③ 182624 m³/h
④ 196640 m³/h

해설 |
풍량은 현열과 실내온도와 취출온도 차이(필요환기량은 외기 100% 환기를 의미하므로 실내온도와 외기온도 차이)를 가지고 구한다.

300[kW] = Q × 1.2(33-27) × $\frac{1}{3600}$

∴ Q = 148760[m³/h]

33. 현열량과 잠열량의 합인 전열량에 대한 현열량의 비율을 의미하는 것은?

① 현열비   ② 포화도
③ 비체적   ④ 열수분비

해설 |
현열비 = $\frac{현열}{전열}$

34. 실내공기 오염을 평가하는 종합적인 지표로서 이산화탄소 농도를 사용하는 가장 주된 이유는?

① 이산화탄소가 인체에 가장 유해하므로
② 이산화탄소의 측정이 비교적 쉬우므로
③ 이산화탄소의 양이 다른 오염물질보다 많으므로
④ 이산화탄소의 양에 비례해서 다른 오염원의 정도가 변화된다고 판단되므로

해설 |
이산화탄소는 인체에 질식의 우려가 있고 이산화탄소 양에 비례하여 실내 오염도의 척도로 판단되므로 이산화탄소 농도를 종합적 지표로 사용한다.

35. 환기에 관한 설명으로 옳지 않은 것은?

① 제3종 환기는 화장실, 욕실 등의 환기에 적합하다.
② 대규모 주차장의 경우 전체 환기보다 국소환기가 바람직하다.
③ 희석환기는 열기나 유해물질이 실내에 널리 산재되어 있거나 이동되는 경우에 채용된다.
④ 제1종 환기는 정확한 환기량과 급기량 변화에 의해 실내압을 정압(+) 또는 부압(-)으로 유지할 수 있다.

해설 |
대규모 주차장의 경우 전체 환기가 바람직하다.

36. 다음 중 환기공간과 배출요소의 연결이 옳지 않은 것은?

① 전기실 - 열
② 화장실 - 분진
③ 주방 - 수증기
④ 주차장 - 배기가스

해설 |
화장실 - 악취(제3종)

37. 전열교환기에 관한 설명으로 옳지 않은 것은?

① 잠열만이 교환된다.
② 공기 대 공기의 열교환기이다.
③ 공장 등에서 환기에서의 에너지 회수 방식으로 사용한다.
④ 공조시스템에서 보일러나 냉동기의 용량을 줄일 수 있다.

해설 |
전열교환기는 전열을 교환한다.

38. 다음 중 공기조화배관에 사용되는 신축이음의 종류에 속하지 않는 것은?

① 루프형   ② 리프트형
③ 슬리브형   ④ 벨로즈형

해설 |
리프트형 배관은 방열기보다 환수라인이 상위에 있을 때 사용

39. 건구온도 25°C의 공기 1000m³를 32°C로 가열하기 위해 필요한 열량은? (단, 공기의 비열은 1.01kJ/kg·K이고, 공기의 밀도는 1.2kg/m³이다)

① 7070kJ
② 8484kJ
③ 9642kJ
④ 9854kJ

해설 |
q = 1000 × 1.2 × 1.01 × (32-25) = 8484[kJ]

40. 지역난방에 관한 설명으로 옳지 않은 것은?

① 연료비가 절감된다.
② 대기오염을 줄일 수 있다.
③ 보일러 설비가 대용량이 된다.
④ 각 세대의 설비 스페이스가 증대된다.

해설 |
세대에 설비가 배관류, 계량기류 외 없어 스페이스는 극소이다.

정답 36 ② 37 ① 38 ② 39 ② 40 ④

03. 건축설비관련법규

41. 다음은 화재예방, 소방시설 설치·유지 및 안전 관리에 관한 법령에 따른 무창층의 정의이다. 밑줄 친 각 목의 요건 내용으로 옳지 않은 것은?

> "무창층"(無窓層)이란 지상층 중 다음 각 목의 요건을 모두 갖춘 개구부(건축물에서 채광·환기·통풍 또는 출입 등을 위하여 만든 창·출입구, 그밖에 이와 비슷한 것을 말한다)의 면적의 합계가 해당 층의 바닥 면적의 10분의 1이하가 되는 층을 말한다.

① 내부 또는 외부에서 부수거나 열 수 없을 것
② 도로 또는 차량이 진입할 수 있는 빈터를 향할 것
③ 크기는 지름 50cm 이상의 원이 내접(內接)할 수 있는 크기일 것
④ 해당 층의 바닥면으로부터 개구부 밑부분까지의 높이가 1.2m 이내일 것

해설 |
내부 또는 외부에서 쉽게 부수거나 파괴할 수 있을 것

42. 건축물에 설치하는 헬리포트에 관한 기준 내용으로 옳지 않은 것은?

① 헬리포트의 주위한계선은 백색으로 할 것
② 헬리포트의 주위한계선의 너비는 38cm로 할 것
③ 헬리포트의 길이와 너비는 각각 20m 이상으로 할 것
④ 헬리포트의 중심으로부터 반경 12m 이내에는 헬리콥터의 이·착륙에 장애가 되는 건축물, 공작물, 조경시설 또는 난간 등을 설치하지 아니할 것

해설 |
건축물 피난·방화구조
헬리포트의 길이와 너비는 각각 22m 이상으로 할 것

43. 건축물의 출입구에 설치하는 회전문의 설치에 관한 기준으로 옳지 않은 것은?

① 계단으로부터 2m 이상의 거리를 둘 것
② 에스컬레이터로부터 1.5m 이상의 거리를 둘 것
③ 회전문의 회전속도는 분당회전수가 8회를 넘지 아니하도록 할 것
④ 출입에 지장이 없도록 일정한 방향으로 회전하는 구조로 할 것

해설 |
건축물 방화구조 규칙 제12조(회전문의 설치기준)
건축물의 출입구에 설치하는 회전문은 다음 각 호의 기준에 적합하여야 한다.
1. 계단이나 에스컬레이터로부터 2미터 이상의 거리를 둘 것
2. 회전문과 문틀 사이 및 바닥 사이는 다음 각 목에서 정하는 간격을 확보하고 틈 사이를 고무와 고무펠트의 조합체 등을 사용하여 신체나 물건 등에 손상이 없도록 할 것
   가. 회전문과 문틀 사이는 5센티미터 이상
   나. 회전문과 바닥 사이는 3센티미터 이하
3. 출입에 지장이 없도록 일정한 방향으로 회전하는 구조로 할 것
4. 회전문의 중심축에서 회전문과 문틀 사이의 간격을 포함한 회전문날개 끝부분까지의 길이는 140센티미터 이상이 되도록 할 것
5. 회전문의 회전속도는 분당회전수가 8회를 넘지 아니하도록 할 것
6. 자동회전문은 충격이 가하여지거나 사용자가 위험한 위치에 있는 경우에는 전자감지장치 등을 사용하여 정지하는 구조로 할 것

44. 제연설비를 설치하여야 하는 특정소방대상물에 속하지 않는 것은?

① 지하가(터널 제외)로서 연면적 $1000m^2$ 이상인 것
② 종교시설로서 무대부의 바닥 면적이 $200m^2$ 이상인 것
③ 문화 및 집회시설로서 무대부의 바닥 면적이 $150m^2$ 이상인 것
④ 문화 및 집회시설 중 영화상영관으로서 수용 인원 100명 이상인 것

해설 |
소방법 시행령
문화 및 집회시설로서 무대부의 바닥면적이 $200m^2$ 이상인 것

45. 층수가 10층이고, 각 층의 거실면적이 $1000m^2$인 업무시설에 설치하여야 하는 승용승강기의 최소 대수는? (단, 16인승 승강기인 경우)

① 1대
② 2대
③ 3대
④ 4대

해설 |
기본 3000평방미터 1대 + 추가 2000평방미터 1대
= 2대/2 = 1대
16인승은 2대로 계산한다.

46. 거실의 바닥면적이 $50m^2$ 이상인 지하층에 설치하는 비상탈출구에 관한 기준 내용으로 옳지 않은 것은? (단, 주택의 경우 제외)

① 비상탈출구는 출입구로부터 3m 이내의 장소에 설치할 것
② 비상탈출구의 유효너비는 0.75m 이상으로 하고, 유효높이는 1.5m 이상으로 할 것
③ 비상탈출구의 문은 피난방향으로 열리도록 하고, 실내에서 항상 열 수 있는 구조로 할 것
④ 비상탈출구는 피난층 또는 지상으로 통하는 복도나 직통계단에 직접 접하거나 통로 등으로 연결될 수 있도록 설치할 것

해설 |
건축물 피난·방화구조 규칙
비상탈출구는 출입구로부터 3m 이상 떨어진 곳에 설치할 것

47. 다음은 건축물의 바깥쪽으로의 출구의 설치에 관한 기준 내용이다. (　) 안에 알맞은 것은?

> 판매시설의 용도에 쓰이는 피난층에 설치하는 건축물의 바깥쪽으로의 출구의 유효너비의 합계는 해당 용도에 쓰이는 바닥 면적이 100m²마다 (　)의 비율로 산정한 너비 이상으로 하여야 한다.

① 0.6m
② 1.2m
③ 1.5m
④ 1.8m

해설 |
건축물 피난·방화구조기준
100평방미터마다 0.6m의 비율로 산정한 너비 이상

48. 덕트의 곡부에서 풍속이 15m/sec이고 국부저항 계수가 0.23일 때 국부저항은 얼마인가? (단, 유체의 밀도는 1.2kg/m³이다)

① 약 17Pa
② 약 25Pa
③ 약 31Pa
④ 약 43Pa

해설 |
국부저항 $= \zeta \dfrac{U^2}{2}\rho = 0.35 \dfrac{12^2}{2} \times 1.2 = 30.24$

49. 건축물의 바깥쪽에 설치하는 피난계단의 구조에 관한 기준 내용으로 옳지 않은 것은?

① 계단의 유효너비는 0.9m 이상으로 할 것
② 계단실에는 예비전원에 의한 조명설비를 할 것
③ 계단은 내화구조로 하고 지상까지 직접 연결되도록 할 것
④ 건축물의 내부에서 계단으로 통하는 출입구에는 갑종 방화문을 설치할 것

해설 |
건축물의 바깥쪽에 설치하는 피난계단의 구조에는 조명설비의 기준이 없다.
건축물 내부에 설치하는 피난계단의 구조에 관한 기준 계단실에는 예비전원에 의한 조명설비를 할 것

50. 건축법령상 주요구조부에 속하지 않는 것은?

① 보
② 바닥
③ 지붕틀
④ 옥외 계단

해설 |
건축법
"주요구조부"란 내력벽(耐力壁), 기둥, 바닥, 보, 지붕틀 및 주계단(主階段)을 말한다.

51. 건축물의 용도변경과 관련된 시설군 중 영업 시설군에 속하지 않는 것은?

① 판매시설
② 운동시설
③ 업무시설
④ 숙박시설

해설 |
건축법 시행령
업무시설은 주거업무시설군이다.

52. 아파트에 설치하여야 하는 대피공간에 관한 기준 내용으로 옳지 않은 것은?

① 대피공간은 바깥의 공기가 접할 것
② 대피공간은 실내의 다른 부분과 방화구획으로 구획될 것
③ 대피공간의 바닥면적은 각 세대별로 설치하는 경우에는 최소 $2m^2$ 이상일 것
④ 대피공간의 바닥면적은 인접 세대와 공동으로 설치하는 경우에는 최소 $4m^2$ 이상일 것

해설 |
건축법 시행령
인접 세대와 공동으로 설치하는 경우에는 최소 $3m^2$ 이상일 것

53. 건축법령에 따른 용도별 건축물의 종류 중 의료시설에 속하지 않는 것은?

① 한의원　　② 한방병원
③ 치과병원　　④ 요양병원

해설 |
건축법 시행령
한의원은 제1종 근린생활시설

54. 건축물 관련 건축기준의 허용오차범위가 옳지 않은 것은?

① 벽체두께 : 2% 이내
② 출구너비 : 2% 이내
③ 반자높이 : 2% 이내
④ 건축물 높이 : 2% 이내

해설 |
건축법 시행규칙 〈별표5〉
2. 건축물 관련 건축기준의 허용오차

항목	허용되는 오차의 범위
건축물 높이	2퍼센트 이내 (1미터를 초과할 수 없다)
평면길이	2퍼센트 이내 (건축물 전체길이는 1미터를 초과할 수 없고, 벽으로 구획된 각 실의 경우에는 10센티미터를 초과할 수 없다)
출구너비	2퍼센트 이내
반자높이	2퍼센트 이내
벽체두께	3퍼센트 이내
바닥판 두께	3퍼센트 이내

55. 건축물 내부에 설치하는 피난계단의 구조에 관한 기준 내용으로 옳지 않은 것은?

① 계단실에는 예비전원에 의한 조명설비를 할 것
② 계단실의 실내에 접하는 부분의 마감은 난연재료로 할 것
③ 계단은 내화구조로 하고 피난층 또는 지상까지 직접 연결되도록 할 것
④ 계단실은 창문·출입구 기타 개구부를 제외한 당해 건축물의 다른 부분과 내화구조의 벽으로 구획할 것

해설 |
계단실의 실내에 접하는 부분의 마감은 불연 재료로 할 것

56. 건축법령상 다음과 같이 정의되는 용어는?

> 건축물의 실내를 안전하고 쾌적하며 효율적으로 사용하기 위하여 내부 공간을 칸막이로 구획하거나 벽지, 천장재, 바닥재, 유리 등 대통령령으로 정하는 재료 또는 장식물을 설치하는 것

① 실내건축 ② 실내장식
③ 리모델링 ④ 실내디자인

57. 공동주택의 거실에서 채광을 위하여 설치하는 창문등의 면적은 그 거실의 바닥면적의 최소 얼마 이상이어야 하는가? (단, 거실의 용도에 따른 조도 기준 이상의 조명장치를 설치하지 않은 경우)

① 5분의 1   ② 10분의 1
③ 20분의 1 ④ 30분의 1

해설 |
건축물 피난·방화구조기준
환기 1/20, 채광 1/10

58. 공동주택과 오피스텔의 난방설비를 개별난방방식으로 하는 경우에 관한 기준 내용으로 옳지 않은 것은?

① 보일러실의 윗부분에는 그 면적이 $0.5m^2$ 이상인 환기창을 설치할 것
② 보일러의 연도는 내화구조로서 공동연도로 설치할 것
③ 기름보일러를 설치하는 경우에는 기름저장소를 보일러실 외의 다른 곳에 설치할 것
④ 보일러를 설치하는 곳과 거실 사이의 경계벽은 출입구를 제외하고는 방화구조의 벽으로 구획할 것

해설 |
보일러를 설치하는 곳과 거실 사이의 경계벽은 출입구를 제외하고는 내화구조의 벽으로 구획할 것

59. 비상용승강기를 설치하여야 하는 건축물의 높이 기준은?

① 25m를 넘는 건축물
② 31m를 넘는 건축물
③ 41m를 넘는 건축물
④ 55m를 넘는 건축물

해설 |
건축법 시행령
31m를 넘는 건축물은 비상용승강기를 설치하여야 한다.

60. 건축허가 등을 함에 있어서 소방본부장 또는 소방서장의 동의를 받아야 하는 대상 건축물 등에 속하는 것은?

① 항공관제탑
② 주차장으로 사용되는 바닥면적이 $100m^2$ 인 층이 있는 건축물
③ 무창층이 있는 건축물로서 바닥면적이 $80m^2$ 인 층이 있는 것
④ 승강기 등 기계장치에 의한 주차시설로서 자동차 10대를 주차할 수 있는 시설

해설 |
소방법 시행령
소방본부장 또는 소방서장의 동의를 받아야 하는 대상
항공관제탑

정답 56 ① 57 ② 58 ④ 59 ② 60 ①

01. 건축설비계획

1. 건축물 배치계획에서의 인동간격과 가장 거리가 먼 요소는?
① 일조
② 통풍
③ 방화
④ 단위세대의 면적

해설 |
단위세대의 면적과 동과 동 사이 간격은 상관관계가 없다.

2. 진열창(Show Window)의 조명에 관한 설명으로 옳지 않은 것은?
① 전반조명은 시계점, 귀금속점 등에 주로 사용된다.
② 국부조명은 강조할 필요가 있는 고가의 상품에 사용된다.
③ 전반조명으로는 형광등, 할로겐 등이 적합하다.
④ 간접조명은 광선이 부드럽고 그림자가 거의 생기지 않는다.

해설 |
시계, 귀금속의 조명은 국부조명이 효과적

3. 흐르는 물에 피토(Pitot)관을 흐름의 방향으로 세웠을 때 수주의 높이가 1mAq이었다. 유속은 얼마인가?
① 4.43m/sec
② 4.78m/sec
③ 5.24m/sec
④ 5.69m/sec

해설 |
$U = \sqrt{2 \times 9.8 \times 1} = 4.43 \text{m/sec}$

4. 내경 25mm, 광길이 15m인 매끈한 관을 통하여 물을 1.5m/s의 속도로 보낼 때, 압력손실은? (단, 관마찰계수는 0.03이다)
① 20.25Pa
② 20.25kPa
③ 40.5Pa
④ 40.5kpa

해설 |
$h = f \dfrac{l}{D} \dfrac{u^2}{2g} = 0.03 \dfrac{15}{0.025} \dfrac{1.5^2}{2 \times 9.8}$
$= 2.066 \text{mAq}$
$= 20.25 \text{kPa}$

5. 오수 중의 분해 가능한 유기물이 용존 산소의 존재하에 미생물의 작용에 의해 산화분해되어 안정한 물질로 변해갈 때 소비하는 산소량을 무엇이라 하는가?
① PPM
② COD
③ BOD
④ SS

정답 1 ④ 2 ④ 3 ① 4 ② 5 ③

해설 |
부유물질(SS), 용존산소(DO), 수소이온농도(PHL 생물화학적 산소요구량(BOD)

6. 다음과 같은 조건에서 요구되는 수도 본관의 최저 압력은? (단, 10kPa=1mAq)

- 급수방식 : 수도직결방식
- 수도본관에서 최상층 기구까지의 높이 : 7m
- 전 마찰손실수두 : 실양정의 20%
- 최상층 기구 : 샤워기(70kPa)

① 0.084MPa ② 0.154MPa
③ 0.84MPa   ④ 1.54MPa

해설 |
수도본관 최저압력 = 70 × 1.2 + 70 = 0.154MPa

7. 유체에 관한 설명으로 옳지 않은 것은?
① 동점성계수는 점성계수에 비례하고 밀도에 반비례한다.
② 레이놀즈수는 동점성계수 및 관경에 비례하고 유속에 반비례한다.
③ 연속의 법칙에 의하면 관의 단면적이 큰 곳은 유속이 작고, 역으로 단면적이 작은 곳에서는 유속이 크게 된다.
④ 베르누이의 정리에 의하면 유체가 가지고 있는 속도에너지, 위치에너지 및 압력에너지의 총합은 흐름 내 어디에서나 일정하다.

해설 |
$Re = \dfrac{UD}{\nu}$
ν : 동점성계수 U : 유속 D : 관경

8. 펌프의 전양정이 30m이며, 양수량이 2000L/min일 때, 양수펌프의 축동력은? (단, 펌프의 효율은 80%이다)
① 약 9.8kW   ② 약 12.3kW
③ 약 13.3kW ④ 약 16.7kW

해설 |
$kW = \dfrac{1000HQ}{102\eta} = \dfrac{1000 \times 30 \times \frac{2}{60}}{102 \times 0.8} = 12.25$

9. 내경이 50mm인 급수배관에 물이 1.5m/sec의 속도로 흐르고 있을 때, 체적유량은?
① 약 0.09m³/min   ② 약 0.18m³/min
③ 약 0.24m³/min   ④ 약 0.36m³/min

해설 |
Q = AU에서
$Q = \dfrac{(50 \times 10^{-3})^2 \pi}{4} \times 1.5 = 0.18$

10. 유체의 성질과 관련하여 다음 설명이 의미하는 것은?

에너지보존의 법칙을 유체의 흐름에 적용한 것으로서 유체가 갖고 있는 운동에너지, 중력에 의한 위치에너지 및 압력에너지의 총합은 흐름 내 어디에서나 일정하다.

① 파스칼의 원리
② 스토크스의 법칙
③ 뉴턴의 점성법칙
④ 베르누이의 정리

11. 다음 중 엔탈피가 0kJ/kg인 공기는?

① 건구온도 0℃인 건공기
② 건구온도 0℃인 습공기
③ 노점온도 0℃인 습공기
④ 건구온도 0℃인 포화공기

12. 직경 100mm의 강관에 2.4m³/min의 물을 통과시킬 때 강관내의 평균 유속은?

① 2.4m/s   ② 4.2m/s
③ 5.1m/s   ④ 7.2m/s

해설 |
Q=AU
$$\frac{2.4}{60} = \frac{0.1^2 \pi}{4} \times U$$
∴ U = 5.09

13. 다음 중 펌프의 흡입관에서 발생하는 공동현상의 방지 방법과 가장 거리가 먼 것은?

① 흡입양정을 낮춘다.
② 양흡입펌프를 사용한다.
③ 흡입관의 관경을 크게 한다.
④ 펌프의 회전수를 증가시킨다.

해설 |
회전수의 증가는 유속의 속도를 빠르게 하는 결과를 초래한다.

14. 어떤 덕트 내부의 풍속을 측정한 결과 7m/s이었다. 이 때의 동압은 얼마인가? (단, 공기의 밀도는 1.2kg/m³이다)

① 2.5Pa   ② 24.5Pa
③ 29.4Pa ④ 49Pa

해설 |
$$\frac{U^2}{2}\rho = \frac{7^2}{2} \times 1.2 = 29.4$$

15. 층류와 난류에 관한 설명으로 옳지 않은 것은?

① 층류영역에서 난류영역 사이를 천이영역이라고 한다.
② 층류에서 난류로 천이할 때의 구간을 평균한 것을 평균유속이라고 한다.
③ 레이놀즈 수에 의해 관 내의 흐름이 층류인지 난류인지를 판별할 수 있다.
④ 유체 유동 중 층류는 유체분자가 규칙적으로 층을 이루면서 흐르는 것이다.

해설 |
평균 유속은 상태 시점에서 관 중심속도의 평균이다.

16. 송풍기의 특성 곡선에 나타나지 않는 것은?

① 전압   ② 효율
③ 풍속   ④ 축동력

해설 |
풍속은 동압으로 덕트의 환경에 따른다.

17. 화장실, 부엌 및 욕실 등과 같이 부압을 유지해야 하는 공간에 주로 적용되는 환기 방식은?

① 제1종 환기 ② 제2종 환기
③ 제3종 환기 ④ 자연환기

해설 |
3종 환기는 배출기만 있는 형태

19. 다음 중 유효온도의 구성요소로 옳은 것은?

① 온도, 습도, 복사열
② 온도, 습도, 기류
③ 온도, 습도, 착의량
④ 온도, 기류, 복사열

해설 |
유효온도(ET)는 온도, 습도, 기류를 종합한 인체중심의 온도

18. 환기횟수의 의미를 옳게 설명한 것은

① 한 시간 동안에 창문을 여닫는 횟수를 의미한다.
② 하루 동안에 공조기를 작동하는 횟수를 의미한다.
③ 하루 동안의 환기량을 창의 면적으로 나눈 것을 의미한다.
④ 단위시간 동안의 환기량을 실의 용적으로 나눈 것이다.

해설 |
$Q \dfrac{m^3/h}{m^3/회} = 회/h$

20. 실외 용적이 5000m³이고 필요 환기량이 10000m³/h일 때, 환기횟수는 시간당 몇 회인가?

① 0.5회 ② 1회
③ 2회   ④ 4회

해설 |
10000m³/h ÷ 5000m³/회 = 2회/h

정답 17 ③ 18 ④ 19 ② 20 ③

02. 건축설비설계

21. 중앙식 급탕방식에 관한 설명으로 옳지 않은 것은?

① 배관으로부터의 열손실이 적다.
② 시공 후 기구 증설에 따른 배관변경공사를 하기 어렵다.
③ 기계실 등에 다른 설비와 함께 가열장치 등이 설치되므로 관리가 용이하다.
④ 일반적으로 열원장치는 공조설비와 겸용하여 설치되기 때문에 열원단가가 싸다.

해설 |
배관으로부터의 열손실이 크다.

22. 다음 중 건물 내 가스배관의 배관재료로 가장 많이 사용되는 것은?

① 강관　　② 동관
③ 주철관　④ 콘크리트관

23. 다음 중 펌프의 실양정을 바르게 나타낸 것은?

① 흡입실양정 + 전양정
② 흡입실양정 + 손실수두
③ 토출실양정 + 손실수두
④ 흡입실양정 + 토출실양정

해설 |
펌프의 실양정은 저수조 수면으로부터 토출구까지 높이 = 흡입실양정 + 토출실양정

24. 옥내소화전설비에서 펌프의 토출 측 주배관 구경은 유속이 최대 얼마 이하가 될 수 있는 크기 이상으로 하여야 하는가?

① 2m/s　　② 3m/s
③ 4m/s　　④ 5m/s

해설 |
국가화재안전기준
주배관 유속은 4m/s 이하

25. 대변기의 세정방식 중 세정 밸브식에 관한 설명으로 옳지 않은 것은?

① 소음이 큰 편이다.
② 수압의 제한이 있다.
③ 연속사용이 가능하다.
④ 급수오염의 우려가 없다.

해설 |
높은 방수압으로부터 역류의 우려가 있어 진공방지 밸브 등을 설치한다.

26. 급탕설비에서 순환펌프의 순환수량 결정방법으로 가장 알맞은 것은?

① 사용 수량과 같게 한다.
② 급수부하 단위의 3/4으로 한다.
③ 급탕량의 15 ~ 25%의 범위에서 산출한다.
④ 배관 및 기기로부터의 열손실량으로 산출한다.

해설 |
순환펌프는 배관 손실부하를 보충하는 펌프

정답　21 ①　22 ①　23 ④　24 ③　25 ④　26 ④

27. 통기관의 설치에 관한 설명으로 옳지 않은 것은?

① 바닥 아래의 통기관은 금해야 한다.
② 오물정화조의 통기관은 일반통기관과 연결해서는 안 된다.
③ 우수 계통의 통기관은 일반 가정 오수 계통의 통기관에 연결한다.
④ 오수 피트 및 잡배수 피트 통기관은 양자 모두 개별 통기관을 갖도록 한다.

해설 |
우수관과 오수관은 분리되어야 한다.

28. 급수방식 중 펌프직송방식에 관한 설명으로 옳지 않은 것은?

① 자동제어에 드는 설비비용이 많다.
② 하향급수배관 방식이 주로 이용된다.
③ 전력 차단 시에는 급수가 불가능하다.
④ 작동방식에는 정속방식과 변속방식이 있다.

해설 |
하향급수는 고가수조로부터 낙차에 의한다.

29. 강관의 이음쇠 중 동일한 관경의 관을 직선 연결할 때 사용되는 것은?

① 티   ② 소켓
③ 엘보   ④ 플러그

해설 |
이음쇠로 소켓, 니플이 있다.

30. 최대 방수구역에 설치된 스프링클러헤드의 개수가 20개인 경우, 스프링클러설비의 수원의 저수량은 최소 얼마 이상이 되도록 하여야 하는가? (단, 특정소방대상물의 층수는 29층 이하이다)

① $17m^3$ ② $32m^3$
③ $48m^3$ ④ $64m^3$

해설 |
$20 \times 80 ℓ/min \times 20min = 32m^3$

31. 배수·통기 배관의 검사 및 시험 방법 중 위생기구 등의 설치가 완료된 후에 실시하는 것으로 시험을 하고 있는 사람의 후각을 마비시킬 우려가 있기 때문에 누설에 대한 판단이나 누설 부분의 발견이 어렵다는 단점이 있는 것은?

① 만수시험   ② 박하시험
③ 연기시험   ④ 기압시험

32. 다음 중 통기효과 측면에서 가장 이상적인 통기방식은?

① 습윤통기   ② 회로통기
③ 도피통기   ④ 각개통기

정답 27 ③ 28 ② 29 ② 30 ② 31 ② 32 ④

33. 배관 내에 흐르고 있는 유체에 발생하는 마찰 저항에 관한 설명으로 옳은 것은?

① 유량이 증가하면 마찰저항은 감소한다.
② 관의 길이가 증가하면 마찰저항은 증가한다.
③ 관의 직경이 증가하면 마찰저항은 증가한다.
④ 관 내를 흐르는 유체의 평균유속이 증가하면 마찰저항은 감소한다.

해설 |
달시공식 참조 $h = f \dfrac{L}{D} \dfrac{U^2}{2g}$

34. 배수수직관과 통기수직관을 연결하는 통기관은?

① 신정통기관
② 반송통기관
③ 공용통기관
④ 결합통기관

35. 유체를 일정한 방향으로만 흐르게 하고 반대 방향으로는 흐르지 못하게 하는 밸브는?

① 슬루스 밸브
② 글로브 밸브
③ 체크 밸브
④ 스톱 밸브

36. 급탕배관 내에 흐르는 유체의 온도변화로 인하여 발생하는 관의 신축을 흡수할 목적으로 사용되는 신축이음쇠에 속하는 것은?

① 레듀서
② 소켓이음
③ 스트레이너
④ 스위블 조인트

해설 |
스위블 조인트는 2개 이상 엘보를 사용한 것으로 가장 보편적인 신축이음

37. 주방, 공장, 실험실에서와 같이 실의 일부 구역에서 발생하는 오염물질의 확산 및 방산을 극소화시키려고 할 때 적용하는 환기방식은?

① 희석환기
② 전체환기
③ 중력환기
④ 국소환기

38. 습공기에 관한 설명으로 옳지 않은 것은?

① 습공기를 가열하면 엔탈피가 증가한다.
② 습공기를 냉각하면 비체적은 감소한다.
③ 습공기를 가열하면 상대습도는 감소한다.
④ 습공기를 냉각하면 절대습도는 증가한다.

해설 |
절대습도는 변함이 없다.

39. 펌프 1개를 운전하는 경우와 비교한 펌프 2개를 병렬로 연결하여 운전하는 경우에 관한 설명으로 옳은 것은? (단, 배관의 마찰저항은 없으며, 펌프는 동일한 특성을 갖는다)

① 유량과 양정 모두 2배가 된다.
② 유량은 변하지 않고 양정이 2배가 된다.
③ 양정은 변하지 않고 유량이 2배가 된다.
④ 유량과 양정은 모두 변하지 않고 동일하다.

해설 |
직렬은 양정이 병렬은 유량이 변한다.

40. 다음과 같은 특징을 갖는 밸브는?

- 유체의 흐름을 단속하는 밸브이다.
- 유량 조절용으로는 사용이 곤란하다.
- 밸브를 완전히 열면 배관경과 밸브의 구경이 동일하므로 유체의 저항이 적다.

① 게이트 밸브
② 글로브 밸브
③ 체크 밸브
④ 앵글 밸브

해설 |
슬루스 밸브 = 게이트 밸브 = on/off 밸브

03. 건축설비관계법규

41. 용도변경과 관련된 시설군 중 문화집회시설군에 속하는 건축물의 용도가 아닌 것은?

① 종교시설
② 수련시설
③ 위락시설
④ 관광휴게시설

해설 |
건축법 시행령
4. 문화집회시설군
가. 문화 및 집회시설 나. 종교시설 다. 위락시설
라. 관광휴게시설

42. 다음의 소방시설 중 경보설비에 속하지 않는 것은?

① 비상방송설비
② 자동화재탐지설비
③ 자동화재속보설비
④ 무선통신보조설비

해설 |
무선통신보조설비는 소화활동설비

43. 다음은 건축물의 에너지절약설계기준에 따른 기계부분의 권장사항이다. ( ) 안에 알맞은 것은?

위생설비 급탕용 저탕조의 설계온도는 ( ) 이하로 하고 필요한 경우에는 부스터히터 등으로 승온하여 사용한다.

① 45℃
② 50℃
③ 55℃
④ 60℃

정답 39 ③ 40 ① / 41 ② 42 ④ 43 ③

44. 다음은 건축물의 에너지절약설계기준에 따른 설계용 실내온도 조건에 관한 기준 내용이다. ( ) 안에 알맞은 것은?

> 난방 및 냉방설비의 용량계산을 위한 설계기준 실내온도는 난방의 경우 (㉠), 냉방의 경우 (㉡)를 기준으로 하되(목욕장 및 수영장은 제외) 각 건축물 용도 및 개별 실의 특성에 따라 별표8에서 제시된 범위를 참고하여 설비의 용량이 과다해지지 않도록 한다.

① ㉠ 18℃, ㉡ 25℃
② ㉠ 18℃, ㉡ 28℃
③ ㉠ 20℃, ㉡ 25℃
④ ㉠ 20℃, ㉡ 28℃

45. 다음 중 비상경보설비를 설치하여야 하는 특정 소방대상물 기준으로 옳은 것은?

① 15명 이상의 근로자가 작업하는 옥내 작업장
② 30명 이상의 근로자가 작업하는 옥내 작업장
③ 40명 이상의 근로자가 작업하는 옥내 작업장
④ 50명 이상의 근로자가 작업하는 옥내 작업장

해설 |
소방법 시행령
비상경보설비를 설치하여야 하는 특정소방대상물 연면적 400m²(지하가 중 터널 또는 사람이 거주하지 않거나 벽이 없는 축사는 제외) 이상이거나 지하층 또는 무창층의 바닥면적이 150m²(공연장의 경우 100m²) 이상인 것. 지하가 중 터널로서 길이가 500m 이상인 것, 50명 이상의 근로자가 작업하는 옥내 작업장

46. 다음은 건축물의 에너지절약 설계기준에 따른 야간 단열장치의 용어 정의이다. ( ) 안에 알맞은 내용은?

> "야간단열장치"라 함은 창의 야간 열손실을 방지할 목적으로 설치하는 단열셔터, 단열덧문으로서 총열 관류저항이 ( ) 이상인 것을 말한다.

① 0.1m²·K/W
② 0.2m²·K/W
③ 0.3m²·K/W
④ 0.4m²·K/W

47. 건축법령상 제2종 근린생활시설에 속하지 않는 것은?

① 독서실
② 한의원
③ 동물병원
④ 일반음식점

해설 |
한의원은 제1종 근린생활시설로 규모가 작다.
제2종 근린생활시설 > 제1종 근린생활시설

48. 다음은 소방시설의 내진설계에 관한 기준 내용이다. 밑줄 친 대통령령으로 정하는 소방시설에 속하지 않는 것은?

> 「지진·화산재해대책법」 제14조 제1항 각호의 시설 중 대통령령으로 정하는 특정 소방대상물에 <u>대통령령으로 정하는 소방시설</u>을 설치하려는 자는 지진이 발생할 경우 소방시설이 정상적으로 작동될 수 있도록 소방청장이 정하는 내진설계기준에 맞게 소방시설을 설치하여야 한다.

① 옥내소화전설비
② 스프링클러설비
③ 자동화재탐지설비
④ 물분무등소화설비

정답 44 ④ 45 ④ 46 ④ 47 ② 48 ③

해설 |
소방시설의 내진설계 기준
옥내소화전설비, 스프링클러설비, 물분무등소화설비는 이 기준에서 정하는 규정에 적합하게 설치하여야 한다.

해설 |
국가화재안전기준 104

49. 건축물의 설비기준 등에 관한 규칙에 따라 피뢰설비를 설치하여야 하는 건축물의 높이 기준은?

① 10m 이상　② 15m 이상
③ 20m 이상　④ 31m 이상

해설 |
〈건축물 설비기준등에 관한 규칙〉
피뢰설비 : 20m 이상 건물

52. 특급 소방안전관리대상물의 층수 및 높이 기준으로 옳은 것은?

① 10층 이상(지하층을 포함한다)이거나 지상으로부터 높이가 40m 이상인 특정소방대상물
② 20층 이상(지하층을 포함한다)이거나 지상으로부터 높이가 80m 이상인 특정소방대상물
③ 30층 이상(지하층을 포함한다)이거나 지상으로부터 높이가 120m 이상인 특정소방대상물
④ 40층 이상(지하층을 포함한다)이거나 지상으로부터 높이가 160m 이상인 특정소방대상물

50. 건축법령상 건축허가신청에 필요한 설계도서에 속하지 않는 것은?

① 투시도　② 배치도
③ 실내마감도　④ 건축계획서

해설 |
건축허가신청에 필요한 설계도서에 건축계획서, 배치도, 평면도, 단면도, 입면도, 실내마감도

해설 |
화재의 예방 및 안전관리에 관한 법률 시행령 별표4
1. 특급 소방안전관리대상물
　가. 특급 소방안전관리대상물의 범위
　　「소방시설 설치 및 관리에 관한 법률 시행령」 별표2의 특정소방대상물 중 다음의 어느 하나에 해당하는 것
1. 50층 이상(지하층은 제외한다)이거나 지상으로부터 높이가 200미터 이상인 아파트
2. 30층 이상(지하층을 포함한다)이거나 지상으로부터 높이가 120미터 이상인 특정소방대상물(아파트는 제외한다)
3. 2.에 해당하지 않는 특정소방대상물로서 연면적이 10만 제곱미터 이상인 특정소방대상물(아파트는 제외한다)

51. 다음은 특정소방대상물의 소방시설 설치의 면제기준 내용이다. ( ) 안에 알맞은 것은?

> 물분무등소화설비를 설치하여야 하는 차고·주차장에 ( )를 화재안전기준에 적합하게 설치한 경우에는 그 설비의 유효범위에서 설치가 면제된다.

① 연결살수설비　② 옥외소화전설비
③ 옥내소화전설비　④ 스프링클러설비

정답　49 ③　50 ①　51 ④　52 ③

53. 다음 건축공사 중 공사감리자가 공사시공자에게 상세시공도면의 작성을 요청할 수 있는 기준으로 옳은 것은?

① 연면적의 합계가 1000m² 이상인 건축공사
② 연면적의 합계가 2000m² 이상인 건축공사
③ 연면적의 합계가 3000m² 이상인 건축공사
④ 연면적의 합계가 5000m² 이상인 건축공사

해설 |
건축법 제25조(상세시공도면 작성 요청) 연면적 합계 5000m² 이상

54. 건축물을 특별시나 광역시에 건축하는 경우 특별시장이나 광역시장의 허가를 받아야 하는 대상 건축물의 층수 기준은?

① 15층 이상   ② 21층 이상
③ 30층 이상   ④ 41층 이상

해설 |
건축법(특별시장이나 광역시장의 허가를 받아야 하는 대상건축물) 층수가 21층 이상인 건축물

55. 종교시설의 용도에 쓰이는 건축물의 집회실로서 그 바닥면적이 200m² 이상인 경우 반자의 높이는 최소 얼마 이상으로 하여야 하는가? (단, 기계환기장치를 설치하지 않는 경우)

① 2.1m   ② 2.4m
③ 3m   ④ 4m

해설 |
〈건축물의 피난·방화구조 등의 기준에 관한 규칙〉
문화 및 집회시설(전시장 및 동·식물원 제외), 종교 시설, 장례식장 또는 위락시설 중 유흥주점의 용도에 쓰이는 건축물의 관람석 또는 집회실로서 그 바닥면적이 200제곱미터 이상인 것의 반자 높이는 4미터 이상

56. 문화 및 집회시설 중 공연장의 개별관람석 각 출구의 유효너비는 최소 얼마 이상으로 하여야 하는가? (단, 바닥면적이 300m² 이상인 경우)

① 1m   ② 1.5m
③ 2m   ④ 2.5m

해설 |
건축물방화구조 규칙
[제10조(관람실 등으로부터의 출구의 설치기준)]
1. 관람실별로 2개소 이상 설치할 것
2. 각 출구의 유효너비는 1.5미터 이상일 것
3. 개별 관람실 출구의 유효너비의 합계는 개별 관람실의 바닥면적 100제곱미터마다 0.6미터의 비율로 산정한 너비 이상으로 할 것

57. 비상용승강기를 설치하여야 하는 건축물의 높이 기준은?

① 25m를 넘는 건축물
② 31m를 넘는 건축물
③ 41m를 넘는 건축물
④ 55m를 넘는 건축물

해설 |
건축법 시행령
31m를 넘는 건축물은 비상용승강기를 설치하여야 한다.

정답 53 ④ 54 ② 55 ④ 56 ② 57 ②

58. 건축물의 출입구에 회전문을 설치하는 경우 계단이나 에스컬레이터로부터 최소 얼마 이상의 거리를 두고 설치하여야 하는가?

① 1.5m ② 2.0m
③ 2.5m ④ 3.0m

해설 |
건축물의 피난·방화구조 등의 기준에 관한 규칙
계단이나 에스컬레이터로부터 2m 이상의 거리를 둘 것-혼잡을 피하기 위해

59. 상업지역 및 주거지역에서 건축물에 설치하는 냉방시설 및 환기시설의 배기구는 도로면으로부터 최소 얼마 이상의 높이에 설치하여야 하는가?

① 1m ② 1.5m
③ 1.8m ④ 2m

해설 |
건축물의 설비기준 등에 관한 규칙
냉방시설 및 환기시설의 배기구는 도로면으로부터 최소 2m 이상 높이에 설치

60. 6층 이상의 거실면적의 합계가 20000m² 인 업무시설에 설치하여야 하는 승용승강기의 최소 대수는? (단, 16인승 승용승강기를 설치하는 경우)

① 3대 ② 4대
③ 5대 ④ 6대

해설 |
기본 3000평방미터 1대 + 18000평방미터 9대
= 10/2 = 5대
면적은 6층 이상 계산하며, 16인승 이상 승강기는 2대로 계산한다.
건축물의 설비기준 등에 관한 규칙 별표1의2
승용승강기의 설치기준(제5조 본문 관련)

건축물의 용도	6층 이상의 거실 면적의 합계 3천m² 이하	3천m² 초과
1	가. 문화 및 집회시설 (공연장·집회장 및 관람장만 해당한다) 나. 판매시설 다. 의료시설	2대	2대에 3천m²를 초과하는 2천m² 이내마다 1대를 더한 대수
2	가. 문화 및 집회시설 (전시장 및 동·식물원만 해당한다) 나. 업무시설 다. 숙박시설 라. 위락시설	1대	1대에 3천m²를 초과하는 2천m² 이내마다 1대를 더한 대수
3	가. 공동주택 나. 교육연구시설 다. 노유자시설 라. 그 밖의 시설	1대	1대에 3천m²를 초과하는 3천m² 이내마다 1대를 더한 대수

정답 58 ② 59 ④ 60 ③

2020년 4회(CBT)

01. 건축설비계획

1. 건축 음환경 설계 시 주안점으로 옳지 않은 것은?
① 청중의 일부에게 소리를 집중하기 위한 실의 단면, 평면계획
② 외부로부터 소음을 차단하기 위한 차음계획
③ 소리의 명료도와 효과도를 위한 잔향시간계획
④ 소리의 반향, 음영부분이 없도록 음향조건계획

해설 |
음환경은 청중 모두이다.

2. 실내의 조도가 옥외 조도의 몇 퍼센트에 해당하는가를 나타내는 값으로 실내의 밝기 정도를 표시하는 것은?
① 반사율   ② 광속
③ 주광률   ④ 휘도

해설 |
주광률은 외부전천공조도에 대한 실내조도의 비로 자연채광의 유입비율을 말한다.

3. 오수 중의 유기물이 미생물에 의해 분해되고 안정된 물질로 변화되기까지 오수 중의 산소량이 얼마만큼 소비되는가를 나타내는 수질오염의 지표가 되는 용어는?
① SS   ② DO
③ COD ④ BOD

해설 |
BOD(생물학적 산소요구량) : 세균번식의 정도 측정

4. 부패탱크 방식의 정화조에서 1차 처리 장치인 부패조에 주로 이용되는 미생물은?
① 곰팡이균
② 미토콘드리아
③ 혐기성 박테리아
④ 호기성 박테리아

해설 |
혐기성 : 산소가 필요 없이 생육하는 미생물의 성격

5. 내경이 50mm인 급수배관에 물이 1.5m/sec의 속도로 흐르고 있을 때, 체적유량은?
① 약 $0.09m^3/min$
② 약 $0.18m^3/min$
③ 약 $0.24m^3/min$
④ 약 $0.36m^3/min$

정답 1 ① 2 ③ 3 ④ 4 ③ 5 ②

해설 |
Q = AU에서
$Q = \frac{(50 \times 10^{-3})^2 \pi}{4} \times 1.5 = 0.18$

6. 다음의 배관 재료 중 열팽창이 가장 큰 것은?

① 연관 ② 동관
③ 강관 ④ 경질염화비닐관

해설 |
PVC가 열팽창이 가장 크며 취성이 커 온도 저하 시 쉽게 깨진다.

7. 펌프의 흡입양정이 3m, 토출양정이 10m, 관 내 마찰손실이 0.02MPa일 때 전양정은? (단, 10kPa=1m)

① 12m ② 13m
③ 15m ④ 20m

해설 |
H = 3 + 10 + 2 = 15

8. 송풍기의 풍량제어법 중 축동력이 가장 적게 소요되는 것은?

① 회전수제어
② 토출댐퍼제어
③ 흡입댐퍼제어
④ 흡입베인제어

해설 |
토출댐퍼제어 > 흡입댐퍼제어 > 흡입베인제어 > 회전수제어
회전수제어가 가장 축동력이 적어 경제적

9. 덕트의 마찰저항에 관한 설명으로 옳지 않은 것은?

① 유속의 제곱에 비례한다.
② 덕트의 직경이 클수록 마찰저항은 커진다.
③ 덕트의 길이가 길수록 마찰저항은 커진다.
④ 원형 덕트가 장방형 덕트에 비해 마찰저항이 작다.

해설 |
덕트의 직경이 작을수록 마찰저항은 커진다.
$h_L = f \frac{L}{D} \times \frac{U^2}{2g}$

10. 겨울철 건물의 외벽체를 통한 열손실을 감소시키는 방법으로 옳지 않은 것은?

① 외단열로 시공한다.
② 벽체에 면적을 작게 한다.
③ 벽체의 열관류율을 작게 한다.
④ 실내의 설계기준 온도를 높인다.

해설 |
열손실은 온도에 비례한다.

11. 다음 중 난방 시 벽체의 관류손실 열량을 계산할 때 방위계수를 가장 작게 적용하는 방위는?

① 북쪽 ② 동쪽
③ 남쪽 ④ 남서쪽

해설 |
남쪽이 기준 방위계수 1이 된다.

12. 안지름 100mm의 관에서 2m/sec의 유속으로 물이 흐를 때 마찰손실수두가 10m라고 하면 이 관의 길이는 몇 m인가? (단, 마찰손실계수 f는 0.02로 한다)

① 184 ② 245
③ 262 ④ 294

해설 |
마찰손실 계수가 제시되면 달시공식을 이용해 구하라는 문제

$h_L = 10 = 0.02 \times \dfrac{\chi}{0.1} \times \dfrac{2^2}{2 \times 9.8}$

∴ $\chi = 245$

13. 덕트 내에 흐르는 공기의 풍속이 12m/s, 정압 100Pa일 경우 전압은? (단, 공기의 밀도는 1.2kg/m³이다)

① 108.8Pa ② 186.4Pa
③ 234.2Pa ④ 256.6Pa

해설 |
동압 = $\dfrac{U^2}{2g}\gamma = \dfrac{U^2}{2}\rho = \dfrac{12^2}{2} \cdot 1.2 = 86.41$

14. 장소별 최적의 잔향시간에 관한 설명으로 옳지 않은 것은?

① 실의 사용목적과 실 용적에 의하여 최적의 잔향시간을 결정한다.
② 강연이나 연극이 이루어지는 실에서는 잔향시간을 비교적 짧게 한다.
③ 음향설비를 이용하는 경우에는 잔향시간을 최적치보다 짧게 한다.
④ 오케스트라나 뮤지컬 등 음악감상이 이루어지는 실에서는 잔향시간을 비교적 짧게 하여 명료도를 높인다.

해설 |
음악감상은 잔향시간을 비교적 길게 한다. 잔향시간을 비교적 짧게 명료도를 높이는 경우는 연설 등 언어전달의 경우이다.

15. 주방에 일반적으로 채용되는 환기방식은?

① 국소 강제 배기
② 자연 배기
③ 강제 급기
④ 국소 강제 급기

16. 오수 중의 유기물이 미생물의 작용에 의해 산화 분해되어 안정한 물질로 변해갈 때 소비하는 산소량을 무엇이라 하는가?

① PPM ② COD
③ BOD ④ SS

해설 |
BOD(생화학적 산소요구량)는 오수 중 미생물이 분해 가능한 유기물의 분해에 소비되는 산소량
SS 산소포화도

17. 스프링클러헤드의 방수구에서 유출되는 물을 세분시키는 작용을 하는 것은?

① 노즐 ② 가지배관
③ 디프렉타 ④ 솔러레버

해설 |
디프렉터 = 반사판

정답 12 ② 13 ② 14 ④ 15 ① 16 ③ 17 ③

18. 옥상탱크에 시간당 18m³의 물을 보내려 할 때 유속을 2m/s로 하기 위한 펌프의 구경은?

① 47.2mm ② 56.4mm
③ 72.9mm ④ 94.5mm

해설 |

$18m^3/3600s = \dfrac{D^2\pi}{4} \times 2m/s$

∴ D = 56.42mm

19. 펌프의 전양정이 25m, 양수량이 60m³/h일 때 회전수가 1000rpm이였다. 회전수가 2000rpm이 되었을 때 전양정과 양수량으로 맞는 것은?

① 100m, 120m³/h
② 50m, 240m³/h
③ 50m, 120m³/h
④ 100m, 240m³/h

해설 |
상사의 법칙

$\dfrac{y}{25} = \left(\dfrac{2000}{1000}\right)^2$ ∴ y = 100

$\dfrac{x}{60} = \dfrac{2000}{1000}$ ∴ x = 120

양정은 회전수비 제곱에 비례하고, 유량은 회전수비에 정비례한다.

20. 다음 중 급수설비에서 수격작용의 발생이 가장 우려되는 경우는?

① 급수관의 지름이 클 경우
② 물을 과도하게 사용할 경우
③ 급수관 내의 유속이 느릴 경우
④ 급수관 내에서 물의 흐름을 갑자기 정지할 경우

정답 18 ② 19 ① 20 ④

02. 건축설비설계

21. 중앙식 급탕방식 중 직접가열식 급탕방법에 관한 설명으로 옳지 않은 것은?

① 저탕조의 구조가 간단하다.
② 급탕온도가 고르지 않게 될 경우가 있다.
③ 보일러 내부의 스케일이 발생하지 않는다.
④ 저탕조와 보일러를 직접 연결하여 순환 가열하는 것이다.

해설 |
직접가열식은 보일러 내부의 스케일 발생 우려가 있다.

22. 급탕설비에서 보일러, 저탕조 등 밀폐 가열장치 내의 압력상승을 도피시키기 위해 설치되는 것은?

① 팽창탱크
② 용해전
③ 신축이음
④ 스트레이너

23. 2개 이상의 엘보를 사용하여 신축을 흡수하는 이음쇠는?

① 신축곡관
② 스위블 조인트
③ 슬리브형
④ 신축이음 벨로즈형

24. 옥외 소화전설비의 호스접결구 설치 위치로 옳은 것은? (단, 지면으로부터 높이)

① 0.5m 이상 1m 이하
② 0.5m 이상 1.5m 이하
③ 0.8m 이상 1m 이하
④ 0.8m 이상 1.5m 이하

25. 양수펌프 중심으로부터 2m 위에 저수조 수위가 일정하게 있고, 고가수조 수위는 펌프 중심으로부터 30m 위에 있다. 양수배관 전체길이가 38m, 토출압력이 15kPa일 때 최저 필요 양정[mAq]은? (단, 양수배관의 마찰손실수두는 50mmAq/m, 관이음 및 밸브류의 상당관 길이는 배관 길이의 50%로 한다)

① 30.85
② 34.85
③ 32.35
④ 36.35

해설 |
H = (30 − 2) + 38 × (50 × 10⁻³) × 1.5 + 1.5 = 32.35

26. 배수배관에서 트랩의 가장 주된 역할은?

① 배수관 내의 유속을 조정한다.
② 급수관 내의 급수 흐름을 원활히 한다.
③ 유도 사이펀 작용에 의한 봉수 파괴를 방지한다.
④ 배수관 내의 악취나 가스가 실내로 유입되는 것을 방지한다.

27. 급수량의 산정방법에 속하지 않는 것은?

① 인원수에 의한 방법
② 기구수에 의한 방법
③ 유효면적에 의한 방법
④ 사용시간에 의한 방법

28. 도시가스 배관 중 지상배관의 표면 색상은 원칙적으로 어떤 색으로 하는가?

① 적색
② 황색
③ 청색
④ 녹색

29. 옥내 배관 시공 시 주철관이 가장 많이 사용되는 것은?

① 급수관
② 급탕관
③ 오수관
④ 통기관

해설 |
주철관은 내식성이 크고 값이 싸서 오수관으로 많이 사용된다.

30. 다음 중 모든 기구의 트랩에 각개통기 방식을 적용하기 가장 곤란한 이유는?

① 통기가 원활하지 못해서
② 배수관 내의 유수가 원활하지 못해서
③ 설치비용이 다른 방식에 비해 많아서
④ 자기 사이폰 작용의 방지에 효과가 없어서

31. 19층 건물에서 옥내 소화전의 설치개수가 가장 많은 층의 설치개수가 8개일 때, 이 건물에 설치하여야 하는 옥내소화전설비의 수원의 저수량은 최소 얼마 이상이어야 하는가?

① $5.2m^3$
② $10.4m^3$
③ $13m^3$
④ $20.8m^3$

해설 |
$2 \times 130 ℓ/min \times 20min = 5.2m^3$

32. 습공기의 상태변화 성분을 절대습도 변화량에 대한 전열량의 변화량 비율로 나타낸 것은?

① 현열비
② 잠열비
③ 열수분비
④ 바이패스비

정답 27 ④ 28 ② 29 ③ 30 ③ 31 ① 32 ③

33. 다음 중 펌프의 특성 곡선에 나타나지 않는 것은?

① 유속
② 양정
③ 효율
④ 축동력

34. 공기조화기 내 냉각코일은 통과하는 공기와 열교환을 하게 된다. 이와 관련된 설명으로 옳지 않은 것은?

① 바이패스 팩트와 컨택트 팩트의 곱은 1이다.
② 코일 핀의 형상에 따라 바이패스 팩트의 곱은 1이다.
③ 냉각코일의 열수가 많을수록 바이패스 팩트는 작아진다.
④ 냉각코일을 통과하는 공기의 속도가 빠를수록 바이패스 팩트는 커진다.

해설 |
바이패스 팩트와 컨택트 팩트의 합은 1이다.

35. 전열 교환기의 선정 시 유의사항으로 옳지 않은 것은?

① 압력손실이 클 것
② 운전용 동력이 작을 것
③ 가격이 저렴하고 시스템이 복잡하지 않을 것
④ 열 회수율이 좋고 고온 측, 저온 측 유체의 누설이 없을 것

36. 10 × 8 × 3.5m 크기의 강의실에 35명의 사람이 있을 때 실내의 CO_2 농도를 0.1%로 하기 위한 필요 환기량은? (단, 1인당 CO_2 발생량은 $0.02m^3/$인·h이며, 외기의 CO_2의 농도는 0.03%이다)

① $1000m^3/h$
② $1400m^3/h$
③ $1600m^3/h$
④ $2000m^3/h$

해설 |
$35 × 0.02 = Q(0.1-0.03) × 10^{-2}$
$Q = 1000$

37. 냉방부하의 종류 중 현열과 잠열로 구성된 것은?

① 인체의 발생열량
② 유리로부터의 취득열량
③ 벽체로부터의 취득열량
④ 덕트로부터의 취득열량

38. 환기와 관련된 실내압의 설명으로 옳지 않은 것은?

① 연소용 공기가 필요한 경우 실내를 정(+)압으로 한다.
② 다른 실의 오염 공기의 침입을 방지하는 경우 실내를 부(-)압으로 한다.
③ 실내 악취나 유해가스를 다른 실로 유출되지 않도록 하는 경우 실내를 부(-)압으로 한다.
④ 실내공기를 강제적으로 배출시키는 경우 실내는 부(-)압이 된다.

정답 33 ① 34 ① 35 ① 36 ① 37 ① 38 ②

39. 기계식 증기트랩에 속하는 것은?

① 벨 트랩
② 버킷 트랩
③ 벨로즈 트랩
④ 바이메탈 트랩

40. 복사난방에 관한 설명으로 옳지 않은 것은?

① 실내 상하의 온도차가 적다.
② 열용량이 작기 때문에 간헐난방에 적합하다.
③ 천정고가 높은 공간에서도 난방감을 얻을 수 있다.
④ 실내에 방열기를 설치하지 않으므로 바닥이나 벽면을 유용하게 이용할 수 있다.

해설 |
축열에 의한 열용량이 크기 때문에 간헐난방에 부적합하다.

03. 건축설비관련법규

41. 다음 중 소방안전관리대상물의 소방계획서에 포함되어야 하는 사항이 아닌 것은?

① 공동 및 분임방화관리에 관한 사항
② 화재 예방을 위한 자제점검계획 및 진압대책
③ 소방시설, 피난시설 및 방화시설의 설치 계획
④ 피난층 및 피난시설의 위치와 피난경로의 설정 등을 포함한 피난계획

해설 |
소방법 시행령
소방시설·피난시설 및 방화시설의 점검, 정비계획

42. 다음 중 건축물의 부위별 열관류율 기준이 가장 작은 부위는? (단, 중부 지역의 경우)

① 바닥난방인 층간 바닥
② 외기에 직접 면하는 거실의 외벽
③ 외기에 직접 면하는 최하층에 있는 거실의 바닥
④ 외기에 직접 면하는 최상층에 있는 거실의 반자

해설 |
반자는 천장과 바닥 사이 실내에 있다.

43. 다음은 건축법상 지하층의 정의이다. ( ) 안에 알맞은 것은?

"지하층"이란 건축물의 바닥이 지표면 아래에 있는 층으로서 바닥에서 지표면까지 평균 높이가 해당 층높이의 ( ) 이상인 것을 말한다.

① 2분의 1
② 3분의 1
③ 3분의 2
④ 4분의 3

44. 승용승강기를 설치하여야 하는 건축물에서 승용승강기의 설치대수를 결정할 수 있는 직접적 요소로만 나열된 것은?

① 건축물의 용도, 6층 이상의 거실면적의 합계
② 건축물의 층수, 6층 이상의 거실면적의 합계
③ 건축물의 용도, 6층 이상의 바닥면적의 합계
④ 건축물의 층수, 6층 이상의 바닥면적의 합계

해설 |
승용승강기의 설치기준(제5조 본문 관련)

건축물의 용도		6층 이상의 거실 면적의 합계 3천m² 이하	3천m² 초과
1	가. 문화 및 집회시설 (공연장·집회장 및 관람장만 해당한다) 나. 판매시설 다. 의료시설	2대	2대에 3천m²를 초과하는 2천m² 이내마다 1대를 더한 대수
2	가. 문화 및 집회시설 (전시장 및 동·식물원만 해당한다) 나. 업무시설 다. 숙박시설 라. 위락시설	1대	1대에 3천m²를 초과하는 2천m² 이내마다 1대를 더한 대수
3	가. 공동주택 나. 교육연구시설 다. 노유자시설 라. 그 밖의 시설	1대	1대에 3천m²를 초과하는 3천m² 이내마다 1대를 더한 대수

45. 다음의 소방시설 중 경보설비에 속하지 않는 것은?

① 비상방송설비
② 자동화재탐지설비
③ 무선통신보조설비
④ 자동재화속보설비

해설 |
무선통신보조설비는 소화활동설비

46. 건축법령상 다음과 같이 정의되는 주택의 종류는?

> 주택으로 쓰는 1개 동의 바닥면적 합계가 660m²를 초과하고, 층수가 4개 층 이하인 주택

① 아파트　　② 연립주택
③ 다세대주택　　④ 다가구주택

해설 |
660제곱미터 이하는 다세대주택

해설 |
행정규칙
「건축물의 피난·방화구조 등의 기준에 관한 규칙」

구분	양옆에 거실이 있는 복도	기타의 복도
유치원·초등학교 중학교·고등학교	2.4미터 이상	1.8미터 이상
공동주택· 오피스텔	1.8미터 이상	1.2미터 이상
당해 층 거실의 바닥변적 합계가 200제곱미터 이상인 경우	1.5미터 이상 (의료시설의 복도 1.8미터 이상)	1.2미터 이상

47. 특정소방대상물이 판매시설인 경우, 모든 층에 스프링클러설비를 설치하여야 하는 수용인원 기준은?

① 100명 이상　　② 200명 이상
③ 500명 이상　　④ 1000명 이상

해설 |
소방법 시행령
라. 판매시설인 경우, 5000평방미터 이상, 수용인원 500명 이상일 때 모든 층

48. 연면적 200m²를 초과하는 초등학교에 설치하는 복도의 유효너비는 최소 얼마 이상이어야 하는가? (단, 양옆에 거실이 있는 복도)

① 1.5m　　② 1.8m
③ 2.1m　　④ 2.4m

49. 화재예방, 소방시설 설치·유지 및 안전관리에 관한 법률 시행령에 따른 피난층의 정의로 옳은 것은?

① 지상 1층
② 지하와 지상이 연결되는 통로가 있는 층
③ 곧바로 지상으로 갈 수 있는 출입구가 있는 층
④ 곧바로 무창층으로 갈 수 있는 직통계단이 있는 층

해설 |
소방법 시행령
피난층 – 곧바로 지상으로 갈 수 있는 출입구가 있는 층

50. 건축물의 에너지절약 설계기준에 따른 건축부문의 권장사항으로 옳지 않은 것은?

① 외벽 부위는 외단열로 시공한다.
② 공동주택은 인동간격을 좁게 하여 저층부의 일사 수열량을 증대시킨다.
③ 건축물의 체적에 대한 외피면적의 비 또는 연면적에 대한 외피면적의 비는 가능한 작게 한다.
④ 거실의 층고 및 반자 높이는 실의 용도와 기능에 지장을 주지 않는 범위 내에서 가능한 낮게 한다.

51. 주요 구조부를 내화구조로 하여야 하는 대상건축물에 속하지 않는 것은?

① 종교시설의 용도로 쓰는 건축물로서 집회실의 바닥면적의 합계가 200m²인 건축물
② 판매시설의 용도로 쓰는 건축물로서 그 용도로 쓰는 바닥면적의 합계가 500m²인 건축물
③ 운수시설의 용도로 쓰는 건축물로서 그 용도로 쓰는 바닥면적의 합계가 500m²인 건축물
④ 문화 및 집회시설 중 전시장의 용도로 쓰는 건축물로서 그 용도로 쓰는 바닥면적의 합계가 200m²인 건축물

해설 |
건축법 시행령 제56조
문화 및 집회시설 중 전시장의 용도로 쓰는 건축물로서 그 용도로 쓰는 바닥면적의 합계가 500m² 이상인 건축물

52. 건축물의 에너지절약 설계기준상 다음과 같이 정의되는 용어는?

> 중간기 또는 동계에 발생하는 냉방부하를 실내 엔탈피보다 낮은 도입 외기에 의하여 제거 또는 감소시키는 시스템

① 변풍량제어시스템
② 이코노마이저시스템
③ 비례제어운전시스템
④ 대수분할운전시스템

해설 |
이코노마이저시스템 : 외기냉방을 의미

53. 축냉식 전기냉방설비의 설계기준 내용으로 옳지 않은 것은?

① 축열조는 보온을 철저히 하여 열손실과 결로를 방지하여야 한다.
② 열교환기에서 점검을 위한 부분은 해체와 조립이 용이하도록 하여야 한다.
③ 열교환기는 시간당 최대냉방열량을 처리할 수 있는 용량 이상으로 설치하여야 한다.
④ 자동제어설비는 수동조작을 할 수 없도록 하여야 하며 감시기능 등을 갖추어야 한다.

해설 |
자동제어설비는 수동으로도 조작할 수 있어야 한다.

정답 50 ② 51 ④ 52 ② 53 ④

54. 옥내소화전설비를 설치하여야 하는 특정 소방 대상물의 연면적 기준은?

① 1000m² 이상
② 2000m² 이상
③ 3000m² 이상
④ 4000m² 이상

해설 |
국가화재안전기준
연면적 3000평방미터 이상(터널 제외)이거나 지하층, 무창층(축사제외) 또는 층수가 4층 이상인 것 중 바닥면적 600평방미터 이상인 층이 있는 것은 모든 층에 설치하여야 한다.

55. 업무시설의 거실에 설치하는 반자의 높이는 최소 얼마 이상이어야 하는가?

① 1.8m
② 2.1m
③ 2.4m
④ 2.7m

해설 |
건축물방화구조 규칙
제16조(거실의 반자높이)
① 영 제50조의 규정에 의하여 설치하는 거실의 반자(반자가 없는 경우에는 보 또는 바로 윗층의 바닥판의 밑면 기타 이와 유사한 것을 말한다. 이하 같다)는 그 높이를 2.1미터 이상으로 하여야 한다.

56. 건축허가등을 할 때 미리 소방본부장 또는 소방서장의 동의를 받아야 하는 대상 건축물의 층수 기준은?

① 3층 이상
② 6층 이상
③ 10층 이상
④ 12층 이상

해설 |
소방법 시행령
연면적 400m² 이상이거나 6층 이상 건축물

57. 다음 중 대수선에 속하지 않는 것은?

① 내력벽을 증설 또는 해체하는 것
② 기둥 2개를 수선 또는 변경하는 것
③ 다세대주택의 세대 간 경계벽을 증설 또는 해체하는 것
④ 주계단·피난계단 또는 특별피난계단을 수선 또는 변경하는 것

해설 |
건축법 시행령 제3조2
기둥을 증설 또는 해체하거나 3개를 수선 또는 변경하는 것이다.

58. 다음은 초고층 건축물에 설치하는 피난안전구역에 관한 기준 내용이다. ( ) 안에 알맞은 것은?

> 초고층 건축물에는 피난층 또는 지상으로 통하는 직통계단과 직접 연결되는 피난안전구역을 지상층으로부터 최대 (   )층마다 1개소 이상 설치하여야 한다.

① 10개 ② 20개
③ 30개 ④ 50개

해설 |
건축법 시행령 제34조의3
초고층 건축물에는 피난층 또는 지상으로 통하는 직통계단과 직접 연결되는 피난안전구역을 지상층으로부터 최대 30층마다 1개소 이상 설치하여야 한다.

59. 바닥면적이 100m²인 초등학교 교실에 채광을 위하여 설치하여야 하는 창문등의 면적은 최소 얼마 이상이어야 하는가? (단, 거실 용도에 따른 조도기준 이상의 조명장치를 설치하지 않은 경우)

① 5m² ② 10m²
③ 20m² ④ 50m²

해설 |
건축물의 피난·방화구조 등의 기준에 관한 규칙 제17조 (채광 및 환기를 위한 창문등)에 따라 채광을 위하여 거실에 설치하는 창문등의 면적은 그 거실의 바닥면적의 10분의 1 이상이어야 한다. 다만 거실의 용도에 따라 조도 이상의 조명장치를 설치하는 경우에는 그러하지 아니하다.

60. 건축법령상 주요구조부에 속하지 않는 것은?

① 바닥 ② 지붕틀
③ 내력벽 ④ 옥외계단

해설 |
건축법
"주요구조부"란 내력벽(耐力壁), 기둥, 바닥, 보, 지붕틀 및 주계단(主階段)을 말한다.

2020년 3회

과년도 필기 건축설비산업기사

01. 건축일반

1. 다음 중 환경에서 정의하는 음압(Sound Pressure Level)의 단위로 옳은 것은?
   ① 폰(phon)
   ② 데시벨(dB)
   ③ 주파수(Hz)
   ④ 손(sone)

   해설 |
   데시벨은 소리의 어떤 기준 전력에 대한 전력비의 상용로그 값인 벨(bel)의 10분의 1(=데시[d])에 해당하는 양으로 소리의 강약을 나타내는, 즉 음압레벨의 단위이다.

2. 실내 다음 환경에서 잔향시간에 관한 설명으로 옳은 것은?
   ① 음향 청취를 목적으로 하는 공간에서의 잔향시간은 음성 전달을 목적으로 하는 공간에서의 잔향시간보다 짧아야 한다.
   ② 음의 잔향시간은 실의 용적에 비례하며 벽면의 흡음력에 따라 결정된다.
   ③ 실의 형태를 변경하면 잔향시간은 조정이 가능하다.
   ④ 영화관은 전기음향설비가 주가 되므로 잔향시간은 길수록 좋다.

   해설 |
   $T = 0.16 \dfrac{V}{A}$
   공간용적 V[m³], 흡음력 A[m²], 잔향시간 T[s]

3. 광속이 3000[lm]인 백열전구로부터 1m 떨어진 책상에서 조도가 400[lx]로 측정되었다. 이 책상을 백열전구로부터 2m 떨어진 곳에 놓았을 때 조도는?
   ① 200[lx]
   ② 100[lx]
   ③ 50[lx]
   ④ 40[lx]

   해설 |
   조도는 거리 제곱에 반비례한다.
   $\dfrac{400}{2^2} = 100$

4. 결로의 원인으로 보기 어려운 것은?
   ① 생활습관에 의한 잦은 환기 실시
   ② 시공 직후 콘크리트, 모르타르 등의 미건조 상태
   ③ 실내와 실외의 큰 온도차
   ④ 실내 습기의 과다 발생

   해설 |
   난방 시 환기는 결로 발생 방지에 도움이 된다.

정답 1 ② 2 ② 3 ② 4 ①

5. 건축물에서 사용되는 에스컬레이터에 관한 설명으로 옳지 않은 것은?
   ① 엘리베이터에 비해 10배 이상의 용량을 보유한다.
   ② 고객이 매장을 여러 각도에서 보면서 오르내릴 수 있다.
   ③ 점유면적이 작고 설비비가 저가이다.
   ④ 고객을 기다리게 하지 않는다.

   해설 |
   에스컬레이터에 점유면적은 승용승강기에 비해 크고 설비비도 고가이다.

6. 치수조정(Modulor Coordination)에 관한 설명으로 옳지 않은 것은?
   ① 설계 작업이 간편하고 단순하다.
   ② 대량생산이 용이하다.
   ③ 건축계획상 단조롭고 획일화될 우려가 적으며, 창의성이 발휘된다.
   ④ 현장작업이 단순해지고 공기가 단축된다.

   해설 |
   획일화의 우려가 있고 창의성이 제한된다.

7. 호텔의 동선계획에 관한 설명으로 옳지 않은 것은?
   ① 고객동선과 서비스 동선은 분리시킨다.
   ② 숙박고객과 연회고객의 출입구는 분리시킨다.
   ③ 고객동선은 명료하고 단순해야 한다.
   ④ 숙박고객은 프런트를 거치지 않고 직접 주차장으로 가도록 한다.

8. 철근콘크리트 보에 관한 설명으로 옳지 않은 것은?
   ① 인장철근을 증가시키면 전단력에 대하여 유효한 보강법이 된다.
   ② 압축철근은 보의 장기처짐 감소에 기여한다.
   ③ 압축철근을 바꾸지 않고 인장철근을 이동한다.
   ④ 압축철근을 증가시키는 것은 크리프 변형을 줄이는 데 유효하다.

9. 이중복도형 병동에 관한 설명으로 옳지 않은 것은?
   ① 병실의 배치가 용이하다.
   ② 간호가 신속히 이루어지고 간호능력이 향상된다.
   ③ 설비와 서비스부분을 집중시킬 수 없다.
   ④ 코어부에 인공조명과 기계환기설비가 필요하다.

10. 주택의 평면계획에 관한 설명으로 옳지 않은 것은?
    ① 편복도식의 동선은 하나의 복도에 모이고 각 실이 일렬로 있으므로 길이가 길어진다.
    ② 중복도식은 건물의 폭이 커지고 맞은편에 실이 생겨 프라이버시가 침해된다.
    ③ 홀식은 외측에 복도를 갖는 형식으로 실(室)수가 많은 대저택에 유리하다.
    ④ 회랑식은 복도 외면의 어디서나 옥내로 출입이 편리하나 각 실의 독립성이 없다.

정답 5 ③ 6 ③ 7 ④ 8 ① 9 ③ 10 ③

11. 고층사무소 건축에서 층고를 낮게 잡는 이유와 가장 거리가 먼 것은?

① 방화계획상 유리한 이점확보를 위하여
② 건축비를 절감하기 위하여
③ 많은 층수를 확보하기 위하여
④ 실내 공기조화의 효과를 높이기 위하여

12. 목구조의 접합부에 관한 설명으로 옳지 않은 것은?

① 접합부의 강도는 부재의 강도보다 작은 것이 이상적이다.
② 부재의 접합은 응력이 크게 작용하는 위치를 피한다.
③ 못 접합은 목재섬유방향을 고려해야 한다.
④ 이음과 맞춤의 단면은 응력의 직각 방향으로 한다.

13. 일반적인 목조 계단의 구성부재에 속하지 않는 것은?

① 멍에
② 베개보
③ 옆판
④ 챌판

14. 상점 건축에서 진열창(Show Window)에 관한 설명으로 옳지 않은 것은?

① 진열창 내부 조명은 전반조명과 국부조명을 사용한다.
② 진열창의 바닥 높이는 시계, 귀금속 등의 경우 높게 한다.
③ 진열창의 흐림 방지를 위해 진열창에 외기가 통하지 않도록 한다.
④ 진열창의 반사 방지를 위해 진열창 내의 밝기를 외부보다 더 밝게 한다.

15. 철근콘크리트기둥에서 띠철근(Tie Bar)의 가장 주된 역할은?

① 기둥의 축방향 내력을 담당한다.
② 주근의 좌굴을 방지한다.
③ 주근과 콘크리트의 부착력을 증가시킨다.
④ 기둥과 접합된 보의 횡좌굴을 방지한다.

16. 교사의 배치형식에 관한 설명으로 옳지 않은 것은?

① 폐쇄형 - 대지의 효율성이 크다.
② 분산병렬형 - 소음에 유리하다.
③ 집합형 - 동선이 짧아 학생 이동이 유리하다.
④ 클러스터형 - 건물 사이 공간 활용성이 좋다.

정답 11 ① 12 ① 13 ② 14 ③ 15 ② 16 ④

17. 다음 구조형식 중 일체식 구조에 해당하는 것은?

① 철근콘크리트구조
② 벽돌구조
③ 철골구조
④ 목구조

18. 주택단지 내의 건물 배치계획에서 남북간 인동간격의 결정요소와 가장 거리가 먼 것은?

① 대지 경사도
② 태양의 고도
③ 건물의 높이
④ 창의 크기

19. 학교운영방식에 관한 설명으로 옳지 않은 것은?

① 종합교실형에서는 학급수와 교실수가 일치한다.
② 교과교실형에서는 모든 교실이 특정 교과 때문에 만들어지며 일반교실은 없다.
③ 플래툰형은 교사의 수와 적당한 시설이 없으면 실시가 곤란하다.
④ 달톤형에서는 전 학급을 2분단으로 하고, 한쪽이 일반교실을 사용할 때 다른 분단은 특별교실을 사용한다.

20. 사무소건축의 코어에 관한 설명으로 옳지 않은 것은?

① 엘리베이터는 가급적 중앙에 집중되게 한다.
② 코어 내의 각 공간은 각층마다 공통의 위치에 있게 한다.
③ 엘리베이터홀은 출입구문에 최대한 인접하여 배치한다.
④ 계단과 엘리베이터 및 화장실은 가능한 한 접근시킨다.

정답 17 ① 18 ④ 19 ④ 20 ③

02. 위생설비

21. 다음과 같은 조건에서 전기순간 온수기를 사용하여 매시 500L/h의 급탕을 할 경우 전기소모량은?

- 급탕온도 : 60℃, 급수온도 : 10℃
- 온수기의 효율 : 96%
- 물의 비열 : 4.2KJ/Kg·K

① 10.5kW ② 20.2kW
③ 25.3kW ④ 30.4kW

해설 |
$q = 500 \times 4.2 \times (60-10) \times \dfrac{1}{3600 \times 0.96}$
$= 30.4[kW]$

22. 옥내소화전설비 설치 대상 10층 건축물에서 옥내소화전의 설치개수가 가장 많은 층의 옥내소화전 설치개수가 4개일 경우, 옥내소화전 설비의 수원의 저수량은 최소 얼마 이상이 되도록 하여야 하는가?

① 5.2m³ ② 7m³
③ 10.4m³ ④ 14m³

해설 |
2 × 130L/min × 20min = 5.2m³

23. 배수트랩이 갖추어야 할 요건에 속하지 않는 것은?

① 자정 작용이 가능할 것
② 봉수깊이는 50mm 이상 100mm 이하일 것
③ 기구내장 트랩의 내벽 및 배수로의 단면형상에 급격한 변화가 없을 것
④ 유수의 힘으로 가동부분이 열리고 유수가 끝나면 자동으로 닫히게 되는 구조일 것

해설 |
배수트랩은 가동부분이 없어야 한다.

24. 다음 중 원칙적으로 청소구를 설치하여야 하는 장소에 속하지 않는 것은?

① 배수 수직관의 최하부
② 배수 수평주관의 기점(起点)
③ 배수 수평지관의 기점(起点)
④ 배수관이 30°의 각도로 방향을 바꾸는 곳

해설 |
배수관이 45도 이상의 각도로 방향을 바꾸는 곳에 설치한다.

25. 오수 중의 유기물이 미생물의 작용에 의해 산화 분해되어 안정한 물질로 변해갈 때 소비하는 산소량을 무엇이라 하는가?

① PPM ② COD
③ BOD ④ SS

정답 21 ④ 22 ① 23 ④ 24 ④ 25 ③

해설 |
BOD(생화학적 산소요구량)는 오수 중 미생물이 분해 가능한 유기물의 분해에 소비되는 산소량

26. 게이트 밸브라고도 하며 유체의 흐름을 단속하는 밸브로써 배관용으로 사용되는 것은?
① 콕
② 감압 밸브
③ 슬루스 밸브
④ 글로브 밸브

해설 |
슬루스 밸브 = 게이트 밸브 = on/off 밸브

27. 스프링클러헤드의 방수구에서 유출되는 물을 세분시키는 작용을 하는 것은?
① 노즐
② 가지배관
③ 디프렉타
④ 솔러레버

해설 |
디프렉터 = 반사판

28. 급탕설비에서 서모스탯(Thermostat)은 어떤 용도로 사용되는가?
① 안전 밸브 역할
② 유량분배 조절
③ 체적팽창 흡수
④ 온수온도 자동조절

해설 |
서모스탯은 급탕 탱크 안에 일정온도로 저장하기 위한 가열제어장치

29. 폴(Pole)의 공식은 어떤 관의 관경을 산정하기 위한 공식인가?
① 가스관
② 통기관
③ 배수관
④ 급탕관

해설 |
$$Q = K\sqrt{\frac{D^5 \times h}{SL}}$$
Q(가스량), L(관의 길이), P(가스압), S(가스비중), K(유량계수)

30. 급탕배관에서 관의 신축을 고려한 조치사항으로 옳지 않은 것은?
① 배관 중간에 신축이음을 설치한다.
② 배관의 굽힘부분에는 스위블 이음으로 접합한다.
③ 건물의 벽관통부분의 배관에는 슬리브를 설치한다.
④ 이종금속 배관재의 접속 시에는 전식(電蝕)방지 이음쇠를 사용한다.

해설 |
전식(電蝕)은 부식방지를 위한 전기적 방법

31. 배관의 마찰저항에 관한 설명으로 옳지 않은 것은?
① 마찰저항은 유속에 반비례한다.
② 마찰저항은 관길이에 비례한다.
③ 마찰저항은 관내경에 반비례한다.
④ 마찰저항은 관마찰계수에 비례한다.

해설 |
달시공식에서 마찰저항은 유속 제곱에 비례한다.

정답 26 ③ 27 ③ 28 ④ 29 ① 30 ④ 31 ①

32. 로 탱크식 대변기에 관한 설명으로 옳지 않은 것은?

① 하이 탱크식에 비해 세정소음이 크다.
② 볼탭에 의해 탱크 내에 급수하는 방식이다.
③ 우리나라의 아파트에서 널리 채용되고 있다.
④ 탱크로의 급수압력에 관계없이 대변기 세정압력은 일정하다.

해설 |
압력이 낮아 세정소음이 작다.

33. 급수설비에 사용되는 저수 및 고가탱크와 같은 상수 탱크에 관한 설명으로 옳지 않은 것은?

① 상수 탱크에 설치하는 뚜껑은 유효안지름 1000mm 이상의 것으로 한다.
② 상수관 이외의 관은 상수용 탱크를 관통하거나 상부를 횡단해서는 안 된다.
③ 상수 탱크의 천장·바닥 또는 주변 벽은 건축물의 구조부분과 겸용하여 설치한다.
④ 청소 시 급수에 지장이 있을 경우에 대비하여 분할하여 설치하거나 또는 칸막이를 설치한다.

해설 |
상수 탱크의 천장, 바닥 또는 주변 벽은 건축물의 구조 부분과 겸용하지 않도록 한다. 즉, 별도의 탱크로 해야 한다.

34. 강관 이음쇠의 종류와 사용 용도의 연결이 옳지 않은 것은?

① 엘보 - 배관을 굴곡할 때
② 소켓 - 배관의 말단부를 막을 때
③ 크로스 - 배관을 도중에서 분기할 때
④ 니플 - 동일 관경의 배관을 직선 연결할 때

해설 |
소켓은 배관과 배관이음 시 사용, 관 말단을 막을 때는 캡 또는 플러그 사용

35. 통기관은 위생기구의 물 넘친 선보다 최소 얼마 이상 높게 배관하여 연결하여야 하는가?

① 50mm
② 100mm
③ 150mm
④ 200mm

해설 |
통기관에는 물의 유입이 제한되도록 넘침선보다 150mm 이상 높여야 한다.

36. 급수배관에 관한 설명으로 옳지 않은 것은?

① 수평배관에서 물이 고일 수 있는 부분에는 진공방지 밸브를 설치하여야 한다.
② 수평배관에서 공기가 모일 수 있는 부분에는 공기빼기 밸브를 설치하여야 한다.
③ 수평배관은 상향 급수배관 방식의 경우 진행방향에 따라 올라가는 기울기로 한다.
④ 수평배관은 하향 급수배관 방식의 경우 진행방향에 따라 내려가는 기울기로 한다.

해설 |
수평배관에서 물이 고일 수 있는 부분에는 드레인 밸브를 설치하여야 한다.

37. 스테인리스 강관에 관한 설명으로 옳지 않은 것은?

① 내식성이 우수하다.
② 저온 충격성이 크다.
③ 동결에 대한 저항이 크다.
④ 열전도율이 동관에 비해 크다.

해설 |
열전도율은 동관이 크다.

38. 급수설비에서 워터해머를 방지하기 위한 배관 구성 방법으로 옳지 않은 것은?

① 관 내의 수압은 평상시 높아지지 않도록 구획한다.
② 배관에 전자 밸브, 모터 밸브 등 급폐쇄형 밸브를 설치한다.
③ 배관은 가능한 한 우회하지 않고 직선이 되도록 계획한다.
④ 계획적 배려가 곤란한 경우에는 워터해머 흡수기를 적절하게 설치한다.

해설 |
완폐쇄형 밸브를 설치한다.

39. 기계실의 면적이 필요 없는 급수방식은?

① 수도직결방식   ② 압력수조방식
③ 펌프직송방식   ④ 고가수조방식

40. 다음과 같이 정의되는 통기관의 종류는?

맞물림 또는 병렬로 설치한 위생기구의 기구배수란 교차점에 접속하여, 그 양쪽 기구의 트랩 봉수를 보호하는 1개의 통기관

① 공용통기관   ② 각개통기관
③ 결합통기관   ④ 루프통기관

해설 |
공용통기관 : 1개 통기관으로 2개의 맞물림 또는 병렬로 설치한 위생기구 교차점에서 통기하는 방식

정답 36 ① 37 ④ 38 ② 39 ① 40 ①

03. 공기조화설비

41. 다음과 같은 조건에 있는 실의 필요환기량은?

- 실내 발열량 300000W
- 실내온도 33℃, 외기온도 27℃
- 공기의 비열 1.2KJ/m³·K

① 124420m³/h
② 148760m³/h
③ 182624m³/h
④ 196640m³/h

해설 |
풍량은 현열과 실내온도와 취출온도 차이(필요환기량은 외기 100% 환기를 의미하므로 실내온도와 외기온도 차이)를 가지고 구한다.

300[kW] = Q × 1.2(33-27) × $\frac{1}{3600}$

∴ Q = 148760[m³/h]

42. 사무실의 북측 외벽이 다음과 같은 조건에 있을 때, 난방 시 이 벽체로부터의 손실열량은?

- ㉠ 벽체의 면적 : 50m²
- ㉡ 벽체의 열관류율 : 0.4W/m²·K
- ㉢ 실내온도 : 21℃, 외기온도 : -4℃
- ㉣ 방위계수(북쪽) : 1.1
- ㉤ 대기복사에 대한 외기온도의 보정은 무시

① 500W
② 550W
③ 600W
④ 650W

해설 |
q = 50 × 0.4 × 25 × 1.1 = 550W

43. 면적이 300m²인 호텔의 커피숍을 냉방하고자 한다. 이때의 인체 발생현열량은? (단, 재실인원 0.6인/m², 1인당 발생현열량 49W)

① 8820W
② 9250W
③ 10000W
④ 11450W

해설 |
q = 300 × 0.6 × 49 = 8820W

44. 다음은 정풍량 단일덕트 공조방식의 개념도이다. 그림에서 외기(OA) 및 배기(EA) 덕트가 없을 경우 발생하는 현상은?

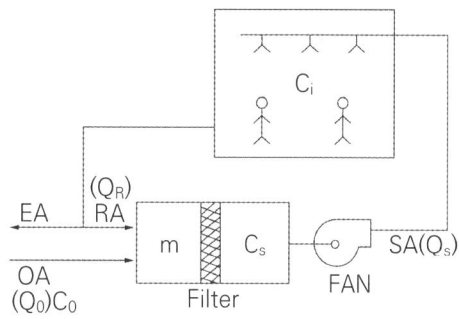

① 에너지소비가 과다해진다.
② 급기팬의 정압손실이 증가된다.
③ 급기온도의 조절이 어렵게 된다.
④ 실내의 쾌적한 공기질을 보장할 수 없다.

45. 급기팬과 자연배기의 조합으로 실내를 가압함으로써 오염공기의 침입을 방지하거나 또는 연소용 공기가 필요한 경우에 적합한 환기방식은?

① 자연환기방식
② 압입방식(제2종 환기)
③ 흡출방식(제3종 환기)
④ 압입흡출병용방식(제1종 환기)

해설 |
급기팬(F)과 자연배기의 조합은 압입방식으로 실내가 양압(비)으로 형성되어 클린룸 등에 주로 적용하며 2종(기계) 환기라 한다.

46. 증기트랩 중 플로트 트랩에 관한 설명으로 옳지 않은 것은?

① 구조상 동결의 우려가 있는 곳에 적합하다.
② 증기해머에 의해 내부손상을 입을 수 있다.
③ 다량 및 소량의 응축수를 모두 처리할 수 있다.
④ 넓은 범위의 압력과 급격한 압력변화에도 원활히 작동한다.

해설 |
플로트 트랩은 기계식트랩으로 동결 시 작동하지 않는다.

47. 건구온도 및 습구온도에 관한 설명으로 옳은 것은?

① 습구온도는 항상 건구온도보다 높다.
② 포화공기는 건구온도와 습구온도가 같다.
③ 습구온도는 공기 중에 수분이 많을수록 낮다.
④ 건구온도와 습구온도의 차가 클수록 공기 중의 상대습도는 높다.

해설 |
포화공기는 100% 상대습도 상으로 더 이상 물이 증발하지 않기 때문에 건구온도와 습구온도가 같아진다.

48. 기온, 습도, 기류의 3요소의 조합에 의한 실내온열감각을 기온의 척도로 나타낸 것은?

① 유효온도   ② 작용온도
③ 노점온도   ④ 등가온도

해설 |
유효온도(ET) : 기온, 습도, 기류의 3요소
작용온도(OT) : 기온, 복사열, 기류의 3요소

49. 옥내의 공조배관에서 보온 또는 보냉을 하지 않는 관은?

① 증기관   ② 냉수관
③ 온수관   ④ 냉각수관

해설 |
냉각수관은 기기에 사용되는 냉각수관이며 보통 상온보다 높아 보온, 보냉을 하지 않는다.

정답 45 ② 46 ① 47 ② 48 ① 49 ④

50. 주철제 보일러에 관한 설명으로 옳지 않은 것은?

① 내식성이 우수하여 수명이 길다.
② 규모가 작은 건물의 난방용으로 사용된다.
③ 재질이 강하여 고압용으로 주로 사용된다.
④ 주철제로 된 여러 장의 섹션을 난방부하의 크기에 따라 조립하여 사용한다.

해설 |
주철제는 충격에 약하여 고압용으로는 부적합

51. 히트펌프에 관한 설명으로 옳지 않은 것은?

① 저온 측과 고온 측의 온도차가 커질수록 성적계수는 커진다.
② 장치 내를 순환하는 작동매체인 냉매는 증발 → 압축 → 응축 → 팽창 → 증발의 변화를 반복한다.
③ 냉동사이클에서 응축기의 방열량을 이용하기 위한 것으로 공기조화에서는 난방용으로 응용된다.
④ 기본적인 구성요소는 저온부의 열교환기인 증발기, 고온부의 열교환기인 응축기, 압축기, 팽창 밸브 등이다.

해설 |
냉동기나 히트펌프에서 저온 측과 고온 측의 온도차가 커질수록 성적 계수는 나빠진다.

52. 다음 중 다단펌프를 사용하는 가장 주된 목적은?

① 흡입양정이 큰 경우
② 토출량을 줄이기 위한 경우
③ 높은 토출양정이 필요한 경우
④ 수중에 펌프를 설치하는 경우

해설 |
양정이 높은 경우 터빈펌프, 다단펌프가 사용된다.

53. 습공기선도에 표현되지 않은 상태값은?

① 엔탈피
② 비체적
③ 열용량
④ 수증기분압

54. 장방형 덕트 단면의 아스펙트비는 원칙적으로 얼마 이하로 하여야 하는가?

① 2 : 1
② 3 : 1
③ 4 : 1
④ 5 : 1

해설 |
아스펙트비 = 장변/단변의 비로 4 : 1 이하로 한다.

정답 50 ③ 51 ① 52 ③ 53 ③ 54 ③

55. 이중효용 흡수식 냉동기에 관한 설명으로 옳은 것은?

① 냉매로서 LiBr 수용액을 사용한다.
② 기계적 에너지에 의해 냉동효과를 얻는다.
③ LiBr 수용액의 농축을 위하여 증발기를 사용한다.
④ 발생기가 저온발생기와 고온발생기로 구성되어 있다.

해설 |
흡수식 냉동기 냉매는 물이며 발생기가 2개인 것이 이중효용이다.

56. 공기조화배관의 배관회로방식 중 개방회로 방식에 관한 설명으로 옳지 않은 것은?

① 배관의 말단이 대기에 개방된 회로이다.
② 개방식냉각탑이 냉각수배관 등에 응용된다.
③ 공기와의 접촉으로 배관 부식의 우려가 높다.
④ 펌프의 양정에 실양정은 포함되지 않으므로 동력비가 적게 든다.

해설 |
개방회로 방식에 있어서는 실양정이 포함된다.

57. 냉동기 주변 배관에 관한 설명으로 옳지 않은 것은?

① 냉각기 또는 응축기의 출입구에는 밸브를 설치한다.
② 냉동기의 냉수배관 입구 측에는 스트레이너를 설치한다.
③ 냉수배관의 가장 높은 부분에는 물빼기 밸브를 설치한다.
④ 흡수식 냉온수기의 냉수배관 입구 측에는 스트레이너를 설치한다.

해설 |
공기빼기 밸브

58. 공기조화방식 중 변풍량 방식에 사용되는 변풍량 유닛에 관한 설명으로 옳지 않은 것은?

① 바이패스형은 천장 내의 조명으로 인한 발생열을 제거할 수 있다.
② 유인형은 고압의 송풍기가 필요하고 실내의 오염물 제거 성능이 낮다.
③ 슬롯형은 송풍덕트 내의 정압제어가 필요없고, 유닛의 소음 발생이 적다.
④ 바이패스형은 송풍동력의 절감이 어렵고, 덕트 계통의 증설이나 개설에 대한 적응성이 적다.

해설 |
슬롯형은 유닛의 소음발생이 크다.

정답 55 ④ 56 ④ 57 ③ 58 ③

59. 어떤 수평덕트 내를 흐르는 공기의 전압 및 정압을 측정한 결과 각각 33.8mmAq, 25mmAq이었다. 이때 덕트 내 공기의 유속은 얼마인가? (단, 공기의 밀도는 1.2kg/m³이다)

① 8m/s ② 10m/s
③ 12m/s ④ 14m/s

해설 |
동압 = 전압 − 정압 = 33.8 − 25 = 8.8mmAq
$$\frac{U^2}{2g}\frac{\rho_a}{\rho_w} = \frac{U^2}{2g} \times \frac{1.2}{1000} = 8.8 \times 10^{-3} \text{mAq}$$
U = 11.98m/s

60. 공기조화설비의 조닝계획에 관한 설명으로 옳은 것은?

① 조닝계획은 실 사용시간과는 무관하다.
② 조닝을 세분화할수록 에너지 소비가 많아진다.
③ 조닝을 세분화할수록 공사비를 감소시킬 수 있다.
④ 조닝계획은 별도의 공조계통을 구분하고자 하는 것이다.

해설 |
조닝계획(zoning)은 실사용구간과 밀접한 관계를 가지며, 조닝을 세분화할수록 에너지 소비는 감소하고 초기 시설비는 증가한다.

04. 건축설비관계법규

61. 건축물에 급수·배수(配水)·배수(排水)·환기·난방 등의 설비를 설치하는 경우 건축기계 설비기술사 또는 공조냉동기계기술사의 협력을 받아야 하는 대상 건축물에 속하지 않는 것은?

① 아파트
② 다세대주택
③ 의료시설로서 해당 용도에 사용되는 바닥면적의 합계가 2000m²인 건축물
④ 숙박시설로서 해당 용도에 사용되는 바닥면적의 합계가 2000m²인 건축물

해설 |
건축물의 설비기준 등에 관한 규칙
다세대주택은 제외

62. 건축물의 에너지절약 설계기준에 따른 건축부문의 권장사항으로 옳지 않은 것은?

① 외벽 부위는 외단열로 시공한다.
② 공동주택은 인동간격을 좁게 하여 저층부의 일사 수열량을 증대시킨다.
③ 건축물의 체적에 대한 외피면적의 비 또는 연면적에 대한 외피면적의 비는 가능한 작게 한다.
④ 거실의 층고 및 반자 높이는 실의 용도와 기능에 지장을 주지 않는 범위 내에서 가능한 낮게 한다.

해설 |
인동간격은 건축물 동과 동 사이 간격으로 의미간격이 좁으면 일사량은 감소한다.

63. 화재예방, 소방시설 설치·유지 및 안전관리에 관한 법률 시행령에 따른 피난층의 정의로 옳은 것은?

① 지상 1층
② 지하와 지상이 연결되는 통로가 있는 층
③ 곧바로 지상으로 갈 수 있는 출입구가 있는 층
④ 곧바로 무창층으로 갈 수 있는 직통계단이 있는 층

해설 |
소방법 시행령
피난층 – 곧바로 지상으로 갈 수 있는 출입구가 있는 층

64. 건축물 지하층에 설치하는 비상탈출구에 관한 기준내용으로 옳지 않은 것은?

① 비상탈출구의 유효높이는 1.5m 이상으로 할 것
② 비상탈출구의 유효너비는 0.75m 이상으로 할 것
③ 비상탈출구의 문은 피난방향으로 열리도록 할 것
④ 비상탈출구는 출입구로부터 2m 이상 떨어진 곳에 설치할 것

해설 |
건축물 피난·방화구조 규칙
비상탈출구는 출입구로부터 3m 이상 떨어진 곳에 설치할 것

65. 건축법령에 따라 건축물에 건축설비를 설치한 경우, 해당 분야의 기술사가 그 설치상태를 확인한 후 건축주 및 공사 감리자에게 제출하여야 하는 것은?

① 공사감리일지
② 감리중간보고서
③ 감리완료보고서
④ 건축설비설치확인서

66. 다음의 옥상광장 등의 설치에 관한 기준 내용 중 ( ) 안에 속하지 않는 건축물의 용도는?

> 5층 이상인 층이 ( )의 용도로 쓰는 경우에는 피난 용도로 쓸 수 있는 광장을 옥상에 설치하여야 한다.

① 종교시설   ② 의료시설
③ 장례시설   ④ 판매시설

해설 |
건축법 시행령
5층 이상인 층이 제2종 근린생활시설 중 공연장, 종교집회장, 인터넷컴퓨터게임시설제공업소(해당 용도로 쓰는 바닥면적의 합계가 각각 300제곱미터 이상인 경우만 해당한다) 문화 및 집회시설(전시장 및 동·식물원은 제외한다), 종교시설, 판매시설, 위락시설 중 주점영업 또는 장례식장의 용도로 쓰는 경우에는 피난 용도로 쓸 수 있는 광장을 옥상에 설치하여야 한다.

67. 축냉식 전기냉방설비의 설계기준 내용으로 옳지 않은 것은?

① 축열조는 보온을 철저히 하여 열손실과 결로를 방지하여야 한다.
② 열교환기는 시간당 최대냉방열량을 처리할 수 있는 용량 이하로 설치하여야 한다.
③ 자동제어설비는 필요할 경우 수동조작이 가능하도록 하여야 하며 감시기능 등을 갖추어야 한다.
④ 축열조는 축냉 및 방냉운전을 반복적으로 수행하는 데 적합한 재질의 축냉재를 사용하여야 한다.

해설 |
건축물의 냉방설비에 대한 설치 및 설계기준
열교환기는 시간당 최대냉방열량을 처리할 수 있는 용량 이상으로 설치하여야 한다.

68. 건축물의 관람실 또는 집회실로서 그 바닥면적이 200m² 이상인 것의 반자의 높이를 4m 이상으로 하여야 하는 대상 건축물에 속하지 않는 것은? (단, 기계환기장치를 설치하지 않은 경우)

① 종교시설
② 장례식장
③ 문화 및 집회시설 중 전시장
④ 문화 및 집회시설 중 공연장

해설 |
건축물의 피난·방화구조 등의 기준에 관한 규칙
문화 및 집회시설(전시장 및 동식물원 제외), 종교시설, 장례식장 또는 위락시설 중 유흥주점의 용도에 쓰이는 건축물의 관람석 또는 집회실로서 그 바닥면적이 200제곱미터 이상인 것의 반자 높이는 4미터 이상

69. 다음 중 건축물 관련 건축기준의 허용오차 범위가 3% 이내인 것은?

① 출구너비
② 벽체두께
③ 평면길이
④ 건축물 높이

해설 |
건축법 시행규칙 〈별표5〉 2. 건축물 관련 건축기준의 허용오차

항목	허용되는 오차의 범위
건축물 높이	2퍼센트 이내(1미터를 초과할 수 없다)
평면길이	2퍼센트 이내(건축물 전체길이는 1미터를 초과할 수 없고, 벽으로 구획된 각실의 경우에는 10센티미터를 초과할 수 없다)
출구너비	2퍼센트 이내
반자높이	2퍼센트 이내
벽체두께	3퍼센트 이내
바닥판두께	3퍼센트 이내

70. 허가 대상 건축물이라 하더라도 미리 특별자치시장·특별자치도지사 또는 시장·군수·구청장에게 신고를 하면 건축허가를 받은 것으로 보는 건축물의 대수선 기준은?

① 연면적이 200m² 미만이고 3층 미만인 건축물의 대수선
② 연면적이 200m² 미만이고 5층 미만인 건축물의 대수선
③ 연면적이 300m² 미만이고 3층 미만인 건축물의 대수선
④ 연면적이 300m² 미만이고 5층 미만인 건축물의 대수선

해설 |
건축법
연면적이 200m² 미만이고 3층 미만인 건축물의 대수선

71. 문화 및 집회시설 중 공연장의 관람실과 접하는 복도의 유효너비는 최소 얼마 이상으로 하여야 하는가? (단, 해당 층에서 해당 용도로 쓰는 바닥면적의 합계가 1000m²인 경우)

① 1.5m   ② 1.8m
③ 2.1m   ④ 2.4m

해설 |
건축물의 피난.방화구조 등의 기준에 관한 규칙
바닥면적의 합계가 1000m² 이상인 경우 복도의 유효너비는 최소 2.4m 이상

72. 건축물의 옥상에 설치하는 대피공간에 관한 기준 내용으로 옳지 않은 것은?

① 특별피난계단 또는 피난계단과 연결되도록 할 것
② 대피공간의 면적은 지붕 수평투영면적의 15분의 1 이상일 것
③ 관리사무소 등과 긴급 연락이 가능한 통신시설을 설치할 것
④ 출입구는 유효너비 0.9m 이상으로 하고, 그 출입구에는 갑종방화문을 설치할 것

해설 |
건축물의 피난·방화구조 등의 기준에 관한 규칙
대피공간의 면적은 지붕 수평투영면적의 10분의 1 이상일 것

73. 다음 중 소방안전관리대상물의 소방계획서에 포함되어야 하는 사항이 아닌 것은?

① 공동 및 분임 소방안전관리에 관한 사항
② 화재예방을 위한 자체점검계획 및 진압대책
③ 소방시설·피난시설 및 방화시설의 설치 계획
④ 피난층 및 피난시설의 위치와 피난경로의 설정 등을 포함한 피난계획

해설 |
소방법 시행령
소방시설·피난시설 및 방화시설의 점검, 정비계획

74. 건축법령에 따른 용도별 건축물의 종류 중 의료시설에 속하지 않는 것은?

① 한의원   ② 한방병원
③ 치과병원   ④ 요양병원

해설 |
건축법 시행령
한의원은 제1종 근린생활시설

75. 비상용승강기를 설치하여야 하는 건축물의 높이 기준은?

① 25m를 넘는 건축물
② 31m를 넘는 건축물
③ 41m를 넘는 건축물
④ 55m를 넘는 건축물

해설 |
건축법 시행령
31m를 넘는 건축물은 비상용승강기를 설치하여야 한다.

76. 다음 중 층수와 관계없이 방염성능기준 이상의 실내 장식물 등을 설치하여야 하는 특정소방대상물에 속하지 않는 것은?

① 기숙사
② 종합병원
③ 숙박시설
④ 숙박이 가능한 수련시설

해설 |
교육연구시설 중 합숙소는 포함대상이나 기숙사는 포함대상이 아니다.
소방시설 설치·유지 및 안전관리에 관한 법률 시행령 제19조(방염성능기준 이상의 실내장식물 등을 설치하여야 하는 특정소방대상물)
1. 근린생활시설 중 체력단련장, 숙박시설, 방송통신시설 중 방송국 및 촬영소
2. 건축물의 옥내에 있는 시설로서 다음 각 목의 시설
   가. 문화 및 집회시설
   나. 종교시설
   다. 운동시설(수영장은 제외한다)
3. 의료시설 중 종합병원, 요양병원 및 정신의료기관
3의2. 노유자시설 및 숙박이 가능한 수련시설
4. 「다중이용업소의 안전관리에 관한 특별법」 제2조 제1항 제1호에 따른 다중이용업의 영업장
5. 제1호부터 제4호까지의 시설에 해당하지 아니하는 것으로서 층수(「건축법 시행령」 제119조 제1항 제9호에 따라 산정한 층수를 말한다. 이하 같다)가 11층 이상인 것(아파트는 제외한다)
6. 별표2 제8호에 따른 교육연구시설 중 합숙소

77. 6층 이상의 거실면적의 합계가 8000m² 인 업무시설에 설치하여야 하는 승용승강기의 최소대수는? (단, 8인승 승강기의 경우)

① 3대　　② 4대
③ 5대　　④ 6대

해설 |
건축물의 설비기준 등에 관한 규칙
승용승강기의 설치기준(제5조 본문 관련)

건축물의 용도	6층 이상의 거실 면적의 합계	3천m² 이하	3천m² 초과
1	가. 문화 및 집회시설 (공연장·집회장 및 관람장만 해당한다) 나. 판매시설 다. 의료시설	2대	2대에 3천m²를 초과하는 2천m² 이내마다 1대를 더한 대수
2	가. 문화 및 집회시설 (전시장 및 동·식물원만 해당한다) 나. 업무시설 다. 숙박시설 라. 위락시설	1대	1대에 3천m²를 초과하는 2천m² 이내마다 1대를 더한 대수
3	가. 공동주택 나. 교육연구시설 다. 노유자시설 라. 그 밖의 시설	1대	1대에 3천m²를 초과하는 3천m² 이내마다 1대를 더한 대수

16인승 미만은 1대로 규정됨
3000에 기본 1대 + 5000에 추가 3대 = 4대

78. 높이 31m 넘는 각 층의 바닥면적 중 최대 바닥면적이 3000m² 인 사무소 건축에 원칙적으로 설치하여야 하는 비상용승강기의 최소 대수는?

① 1대
② 2대
③ 3대
④ 4대

해설 |
건축법 시행령
비상용승강기 1500까지 1대 + 초과 3000마다 1대 = 2대

79. 특정소방대상물 중 특급 소방안전관리대상물의 층수 기준은? (단, 아파트는 제외)

① 30층 이상(지하층 포함)
② 30층 이상(지하층 제외)
③ 50층 이상(지하층 포함)
④ 50층 이상(지하층 제외)

해설 |
소방법 시행령
특급 소방안전관리대상물
일반건물 : 30층 이상(지하층 포함)
아파트 : 50층(지하층 제외)

80. 건축법령상 건축물의 주요구조부에 속하지 않는 것은?

① 기둥
② 바닥
③ 주계단
④ 작은 보

해설 |
건축법
"주요구조부"란 내력벽(耐力壁), 기둥, 바닥, 보, 지붕틀 및 주계단(主階段)을 말한다.

정답 78 ② 79 ① 80 ④

2020년 1회

01. 건축일반

1. 다음 중 열관류율의 단위로 옳은 것은?

① kcal/kg·℃ ② m·℃/kcal
③ W/m·℃   ④ W/m²·K

해설 |
열전도률 : W/(m·K)
열대류(전달)률 : W/(m²·K)
열관류(통과)률 : W/(m²·K)
열저항률 : m²·K/W

2. 실내의 환기량 산정에서 1인당의 환기량을 나타내는 방법으로 옳은 것은?

① g/(m³·인)   ② m²/(h·인)
③ kg/(m³·인) ④ m³/(h·인)

3. 소음조절을 위한 건축계획에 관한 설명으로 옳지 않은 것은?

① 부지경계선에 장벽을 설치한다.
② 아파트 경계벽을 중심으로 다른 종류의 방을 배치한다.
③ 소음원 쪽에 건물의 배면이 향하도록 배치한다.
④ 침실, 서재 등은 소음원의 반대쪽에 배치한다.

해설 |
아파트 경계벽을 중심으로 다른 종류의 방을 배치하면 이질적인 소음으로 소음 증대 원인이 된다.

4. 조명 설계에서 연색성이 의미하는 것으로 옳은 것은?

① 인공광원의 빛의 세기
② 인공광원의 눈부심
③ 인공광원의 명암
④ 사물의 색에 대한 인공광원의 구현능력

5. 사무소 건축에서 엘레베이터 대수 산정의 필요 조건으로 가장 거리가 먼 것은?

① 이용 인원수
② 건물의 구조시스템
③ 건물의 성격
④ 대실면적

정답 1 ④ 2 ④ 3 ② 4 ④ 5 ②

해설 |
면적, 연면적, 건축물의 용도에 따라 산정된다.
건축물의 설비기준 등에 관한 규칙
승용승강기의 설치기준(제5조 본문 관련)

건축물의 용도		6층 이상의 거실 면적의 합계 3천m² 이하	3천m² 초과
1	가. 문화 및 집회시설 (공연장·집회장 및 관람장만 해당한다) 나. 판매시설 다. 의료시설	2대	2대에 3천m²를 초과하는 2천m² 이내마다 1대를 더한 대수
2	가. 문화 및 집회시설 (전시장 및 동·식물원만 해당한다) 나. 업무시설 다. 숙박시설 라. 위락시설	1대	1대에 3천m²를 초과하는 2천m² 이내마다 1대를 더한 대수
3	가. 공동주택 나. 교육연구시설 다. 노유자시설 라. 그 밖의 시설	1대	1대에 3천m²를 초과하는 3천m² 이내마다 1대를 더한 대수

해설 |
건축물방화구조 규칙
제12조(회전문의 설치기준) 영 제39조 제2항의 규정에 의하여 건축물의 출입구에 설치하는 회전문은 다음 각 호의 기준에 적합하여야 한다.
〈개정 2005.7.22.〉
1. 계단이나 에스컬레이터로부터 2미터 이상의 거리를 둘 것
2. 회전문과 문틀 사이 및 바닥 사이는 다음 각 목에서 정하는 간격을 확보하고 틈 사이를 고무와 고무펠트의 조합체 등을 사용하여 신체나 물건 등에 손상이 없도록 할 것
   가. 회전문과 문틀 사이는 5센티미터 이상
   나. 회전문과 바닥 사이는 3센티미터 이하
3. 출입에 지장이 없도록 일정한 방향으로 회전하는 구조로 할 것
4. 회전문의 중심축에서 회전문과 문틀 사이의 간격을 포함한 회전문날개 끝부분까지의 길이는 140센티미터 이상이 되도록 할 것
5. 회전문의 회전속도는 분당회전수가 8회를 넘지 아니하도록 할 것
6. 자동회전문은 충격이 가하여지거나 사용자가 위험한 위치에 있는 경우에는 전자감지장치 등을 사용하여 정지하는 구조로 할 것

6. 실외로의 공기유출 방지효과와 아울러 출입 인원의 조절을 목적으로 설치하는 문은?
   ① 셔터
   ② 망사문
   ③ 회전문
   ④ 자재문

7. 학교의 배치형식 중 분산병렬형의 특징이 아닌 것은?
   ① 편복도로 할 경우 복도면적을 많이 차지하지 않고 유기적인 구성이 가능하다.
   ② 일조, 통풍 등 교실의 환경조건이 균등하다.
   ③ 구조계획이 간단하다.
   ④ 동선이 길어지고 각 건물 사이의 연결을 필요로 한다.

8. 주택설계의 기본방향과 가장 거리가 먼 것은?

① 주부 동선의 확장
② 가족 본위의 주택
③ 가사노동의 경감
④ 생활의 쾌적함 증대

9. 조립식 구조(Precast Concrete)의 특징으로 옳지 않은 것은?

① 연결부위의 응력 전달이 확실하다.
② 주위 환경의 영향을 덜 받는다.
③ 시공 속도가 개선된다.
④ 대량생산으로 품질이 향상된다.

10. 상점별 조명계획에 관한 설명으로 옳지 않은 것은?

① 서점 - 조도를 균일하게 함
② 제화점 - 바닥까지 충분한 조도가 요구됨
③ 피혁, 가방 상점 - 높은 조도가 요구됨
④ 귀금속점 - 전체조도는 높게 하고 국부조도는 낮게 함

11. 상점에서 진열창의 반사방지를 위한 방법이 아닌 것은?

① 진열창 내의 밝기를 인공적으로 높게 한다.
② 차양을 설치한다.
③ 유리면을 직각이 되게 한다.
④ 특수한 경우에는 곡면유리를 사용한다.

12. 표준형 벽돌벽의 두께를 2.0B로 하였을 경우 벽두께는?

① 190mm
② 290mm
③ 390mm
④ 490mm

13. 주택의 실내동선계획에 관한 설명으로 옳지 않은 것은?

① 동선은 현관에서 시작된다.
② 거실의 중앙부를 통과하도록 계획하여 각 실에 쉽게 접근할 수 있도록 한다.
③ 짧고 직선적이어야 한다.
④ 다른 행위를 방해하지 않아야 한다.

14. 철근콘크리트 구조에서 철근의 피복두께를 확보하는 목적으로 볼 수 없는 것은?

① 철근의 부식방지
② 철근의 수축방지
③ 철근과의 부착력 확보
④ 구조물의 내화성 확보

15. 아파트의 편복도형과 계단실형을 비교한 설명 중 옳지 않은 것은?

① 편복도형이 계단실형보다 공사비 대비 경제적이다.
② 편복도형이 계단실형보다 프라이버시에 불리하다.
③ 편복도형이 계단실형보다 엘리베이터 1대당 이용률을 낮다.
④ 편복도형이 계단실형보다 단위 평면 구성에 있어 제한적이다.

16. 사무소건축에 있어서 기준층의 층고 결정과 관계가 먼 것은?

① 건물의 높이제한과 층수
② 채광
③ 엘리베이터의 대수
④ 냉난방설비 덕트의 조건

17. 학교 계획에 관한 설명으로 옳지 않은 것은?

① 강당과 실내체육관을 겸할 경우 강당의 목적에 치중하는 것이 좋다.
② 초등학교 저학년 교실은 저층에 둔다.
③ 교실의 색체 선택은 교실의 종류와 연령에 따라서 달라져야 한다.
④ 교실의 채광은 칠판을 향하여 좌측광선이 무난하다.

18. 계단의 길이가 길거나 돌음 부분이 있는 경우 중간에 설치하는 계단 구성 요소는?

① 계단실(Stair Case)
② 계단참(Stair Ianding)
③ 디딤판(Tread)
④ 챌판(Riser)

19. 호텔의 세부계획에 관한 설명으로 옳지 않은 것은?

① 객실의 평면형은 실폭과 실길이의 종횡비와 욕실, 받침의 위치에 따라 침대와 가구의 배치를 검토하여 결정해야 한다.
② 현관은 호텔의 외부 접객장소로서 로비, 라운지와 분리한다.
③ 로비는 퍼블릭 스페이스의 중심이 되어 휴식, 면회, 담화, 독서 등 다목적으로 사용되는 공간이다.
④ 지배인실은 관리자 개인의 공간으로 외래객과 직접 대면할 수 있는 곳을 피한다.

20. 호텔에 있어서 린넨룸(Linen Room)의 용도는?

① 주방의 식품 보관
② 룸 보이의 대기 공간
③ 숙박비를 계산하는 장소
④ 시트, 수건 등 객실 내부에서 사용하는 물건의 보관

02. 위생설비

21. 다음과 같은 조건에 연면적 2000m²의 사무소 건물에 필요한 1일당 급수량은?

- 건물의 유효면적과 연면적의 비 : 50%
- 유효면적당 인원 : 0.2인/m²
- 1인 1일당 급수량 : 100L/d/c

① 10000L/d ② 20000L/d
③ 30000L/d ④ 40000L/d

해설 |
(2000 × 0.5 × 0.2) × 100 = 20000L/d

22. 연결송수관설비의 송수구에 관한 설명으로 옳지 않은 것은?

① 구경 65mm의 쌍구형으로 한다.
② 건축물마다 1개씩 설치하는 것을 원칙으로 한다.
③ 소방차가 쉽게 접근할 수 있고 잘 보이는 장소에 설치한다.
④ 지면으로부터 높이가 0.5m 이상 1m 이하의 위치에 설치한다.

해설 |
송수구는 쌍구형으로 하며 구경은 최소 65mm 이상으로 한다.

23. 도시가스 배관 중 지상배관의 표면은 색상은 원칙적으로 어떤 색으로 하는가?

① 적색 ② 황색
③ 청색 ④ 녹색

24. 수도직결식 급수방식에 관한 설명으로 옳지 않은 것은?

① 고층으로의 급수가 어렵다.
② 정전 등으로 인한 단수의 염려가 없다.
③ 위생성 측면에서 가장 바람직한 방식이다.
④ 수도본관의 압력이 변동되어도 급수압력이 일정하다.

해설 |
수도본관의 사용량과 시간대에 따라 압력이 변동되어 급수압력의 변동이 심하다.

25. 다음의 급수배관에 관한 설명 중 ( ) 안에 알맞은 것은?

수직배관이 방향을 바꾸어 수평배관으로 이어지고, 수평배관이 다시 수직 하강하는 등의 굴곡배관이 불가피한 경우에는 최초의 수직배관 상단에는 (㉠)를, 두 번째 수직 배관에는 (㉡)를 부착하여 진공발생을 방지하여야 한다.

① ㉠ 퇴수 밸브, ㉡ 워터해머 흡수기
② ㉠ 워터해머 흡수기, ㉡ 퇴수 밸브
③ ㉠ 진공방지 밸브, ㉡ 공기빼기 밸브
④ ㉠ 공기빼기 밸브, ㉡ 진공방지 밸브

26. 배관 이음쇠 중 관을 직선으로 접합할 때 사용되는 것은?

① 소켓 ② 엘보
③ 플러그 ④ 크로스

27. 다음 중 통기효과가 가장 우수한 통기방식은?

① 각개통기방식
② 루프통기방식
③ 신정통기방식
④ 결합통기방식

해설 |
효과가 가장 우수하나 비용이 많이 든다.

28. 인화성 액체, 가연성 액체, 타르, 오일, 유성도료, 솔벤트, 래커, 알코올 및 인화성 가스와 같은 유류가 타고 나서 재가 남지 않는 화재의 종류는?

① A급 화재
② B급 화재
③ C급 화재
④ D급 화재

해설 |
B급 화재 = 유류화재 = 황색화재

29. 수평투영한 지붕면적 450m², 수직 외벽면적 500m²를 가진 지붕의 배수를 위한 우수수직관의 관경은? (단, 강우량 기준은 시간당 100mm로 하며, 수직외벽면은 그 면적의 50%를 수평투영한 지붕면적에 가산한다)

⟨우수수직관의 관경⟩

관경(mm)	허용 최대 지붕 면적(m²)
50	67
65	135
75	197
100	425
125	770
150	1250
200	2700

① 100mm   ② 125mm
③ 150mm   ④ 200mm

해설 |

$$\frac{100mm/h \times (450m^2 + \frac{500}{2}m^2)}{100mm/h} = 700m^2$$

그러므로 관경표에서 770m² - 125mm 선정

30. 다음 설명에 알맞은 통기관의 종류는?

> 오배수 수직관으로부터 분기·입상하여 통기수직관에 접속하는 배관으로, 오배수 수직관 내의 압력을 같게 하기 위한 도피통기관이다.

① 습통기관   ② 결합통기관
③ 신정통기관   ④ 공용통기관

31. 양수량이 200L/min, 전양정이 50m, 효율이 60%인 양수펌프의 축동력은?

① 1.63kW ② 2.72kW
③ 3.70kW ④ 4.22kW

해설 |

$$kW = \frac{1000HQ}{102n} = \frac{1000 \times 50 \times \frac{0.2}{60}}{102 \times 0.6} = 2.72$$

32. 중앙식 급탕방식에 관한 설명으로 옳은 것은?

① 국소식에 비해 배관 및 기기로부터의 열손실이 적다.
② 국소식에 비해 시공 후 기구 증설에 따른 배관변경공사를 하기 쉽다.
③ 기구의 동시이용률을 고려하여 가열장치의 총용량을 적게 할 수 있다.
④ 열원장치는 공조설비와 겸용하여 설치할 수 없기 때문에 열원단가가 비싸다.

해설 |
정답을 제외한 나머지 국소식에 대한 설명

33. 다음 중 사용이 금지되는 트랩에 속하지 않는 것은?

① 2중 트랩
② 수봉식 트랩
③ 정부(頂部)통기 트랩
④ 기동부분이 있는 것

해설 |
일반적으로 사용하는 P, U 트랩을 포괄하는 수봉식 트랩은 물로 밀봉하다는 뜻이며 일반적으로 가장 많이 쓰이는 권장 트랩이다.

34. 다음 중 생활배수와 같은 유기성 오수에 포함된 오염물질의 양과 질에 대한 지표로 가장 대표적으로 이용되는 것은?

① pH   ② OD
③ BOD   ④ 총질소

해설 |
생화학적 산소소비량으로 유기물 오염 정도를 나타낼 때 사용한다.

35. 먹는물의 수질기준에서 건강상 유해영향 유기물질에 관한 기준의 대상에 포함되지 않는 것은?

① 페놀   ② 대장균
③ 벤젠   ④ 톨루엔

해설 |
대장균은 먹는물의 수질기준에서 유기물질이 아닌 미생물 항목에 포함된다.

36. 수도직결식 급수방식에서 수도본관으로부터 수직 높이 6m에 샤워기를 설치하는 경우 수도 본관의 최소 필요압력은? (단, 샤워기의 최소 필요압력은 70kPa, 수도 본관에서 샤워기까지의 전마찰손실압력은 50kPa이다)

① 약 100kPa   ② 약 180kPa
③ 약 570kPa   ④ 약 680kPa

해설 |
수도본관 최저압력 = 60 + 70 + 50 = 180KPa

37. 대변기의 세정방식 중 세정 밸브식에 관한 설명으로 옳지 않은 것은?

① 소음이 큰 편이다.
② 연속사용이 가능하다.
③ 최저 필요 수압의 제한이 있다.
④ 급수관경이 최소 20mm 이상 필요하다.

해설 |
급수관경이 최소 25mm 이상 필요하다.

38. 급탕설비에 사용되는 밀폐식 팽창탱크에 관한 설명으로 옳지 않은 것은?

① 안전 밸브를 설치할 필요가 있다.
② 보급수관에는 역류방지 밸브를 설치한다.
③ 급수방식이 압력탱크방식이나 펌프직송방식인 중앙식 급탕설비의 경우에는 사용할 수 없다.
④ 탱크내의 기체를 압축하여 팽창량을 흡수하므로 급탕계통 내의 압력은 급수압력보다 상승한다.

해설 |
중앙식 급탕설비의 경우에 주로 사용된다.

39. 급탕배관에 개폐 밸브를 설치하는 목적과 가장 거리가 먼 것은?

① 긴급 시 급수의 차단
② 배관 중 공기 정체 방지
③ 증·개축 시 급탕계통의 차단
④ 배관이나 기구·장치의 수리

해설 |
공기빼기 밸브에 관한 설명이다.

40. 증기 또는 물을 고속으로 노즐로부터 분사하면 노즐 주위의 압력이 떨어지는 것을 이용하여 물을 흡상·양수하는 펌프는?

① 마찰펌프
② 제트펌프
③ 기어펌프
④ 볼류트펌프

해설 |
제트펌프 : 증기 또는 물을 인젝터(노즐)에서 고속으로 분사하면 동압 증가로 노즐 주위의 정압의 감소를 이용하여 물을 흡상하고 양수하는 특수펌프

정답 37 ④ 38 ③ 39 ② 40 ②

03. 공기조화설비

41. 현열량과 잠열량의 합인 전열량에 대한 현열량의 비율을 의미하는 것은?

① 현열비 ② 포화도
③ 비체적 ④ 열수분비

해설 |
현열비 = $\dfrac{\text{현열}}{\text{전열}}$

42. 열팽창에 의한 배관계통의 자유로운 움직임을 구속하거나 제한하기 위한 장치는?

① 서포트 ② 브레이스
③ 파이프 슈 ④ 레스트레인트

해설 |
열팽창에 의한 배관계통의 자유로운 움직임을 구속하거나 제한하기 위한 장치
레스트레인트 - 앵커, 스톱퍼, 가이드
이와 달리 배관 지지철물 - 행거, 서포트, 레스트레인트, 브레이스

43. 다음과 같은 조건에 있는 증기난방 방식의 건물에서 보일러의 정격출력은?

  ㉠ 방열기의 상당방열면적(EDR) : 1000m²
  ㉡ 급탕량 : 2000L/h
  ㉢ 급탕온도 : 70℃, 급수온도 : 10℃
  ㉣ 온수비율 : 4.2KJ/Kg·K
  ㉤ 배관부하 : 난방과 급탕부하 합계의 20%
  ㉥ 예열부하 : 상용출력의 25%

① 994.5kW ② 1344kW
③ 1642.5kW ④ 1760kW

해설 |
정격출력
= 난방부하 + 급탕부하 + 배관부하 + 예열부하
증기표준발열량 0.756kW/m²
난방부하 = 1000 × 0.756 = 756kW
급탕부하 = 2000 × 4.2(70-10) × $\dfrac{1}{3600}$
  = 140kW
∴ 정격출력 = (756 + 140) × 1.2 × 1.25
  = 1344kW

44. 취출구의 취출기류 4영역 중 취출거리의 대부분을 차지하며, 1차 공기(취출공기)가 취출풍속에 의해 도착되는 한계영역은?

① 제1영역
② 제2영역
③ 제3영역
④ 제4영역

해설 |
제1영역 - 취출구의 최초 풍속을 유지하는 구간
제2영역 - 제1영역 이후 2차 공기가 유입되기 시작하는 사이 구간(취출속도는 거리의 제곱근에 반비례)-천이구역
제3영역 - 2차 공기가 유입되기 시작하여 제4영역 전까지 취출속도가 거리에 반비례하는 구간
제4영역 - 취출기류의 에너지가 소모되고 주위로 확산되는 구간으로 도달거리의 마지막 구간

정답 41 ① 42 ④ 43 ② 44 ③

45. 어떤 배관계 전체에 20℃인 물 10000L가 있다. 이 물을 60℃까지 가열할 경우 물의 팽창량은? (단, 20℃ 물의 밀도는 998.2kg/m³, 60℃ 물의 밀도는 987.5kg/m³이다)

① 약 87L
② 약 108L
③ 약 137L
④ 약 152L

해설 |
$(\frac{1}{987.5} - \frac{1}{998.2}) 10000 kg = 108[L]$

46. 실내공기 오염을 평가하는 종합적인 지표로서 이산화탄소 농도를 사용하는 가장 주된 이유는?

① 이산화탄소가 인체에 가장 유해하므로
② 이산화탄소의 측정이 비교적 쉬우므로
③ 이산화탄소의 양이 다른 오염물질보다 많으므로
④ 이산화탄소의 양에 비례해서 다른 오염원의 정도가 변화된다고 판단되므로

해설 |
이산화탄소는 인체에 질식의 우려가 있고 이산화탄소 양에 비례하여 실내 오염도의 척도로 판단되므로 이산화탄소 농도를 종합적 지표로 사용한다.

47. 단일덕트 변풍량 방식에 관한 설명으로 옳지 않은 것은?

① 전공기방식의 특성이 있다.
② 실내부하가 적어지면 송풍량이 줄어든다.
③ 각 실이나 존의 온도를 개별제어할 수 없다.
④ 일사량 변화가 심한 페리미터 존에 적합하다.

해설 |
각 실이나 존의 온도를 개별 제어할 수 있는 것이 특징이다.

48. 어떤 실의 전체손실열량이 10000W일 때, 방열기의 상당방열면적은? (단, 열매는 온수이다)

① 13.2m²   ② 15.4m²
③ 19.1m²   ④ 25.8m²

해설 |
온수난방 표준방열량 : 523W/m²
$\frac{10000\,W}{523\,W/m^2} = 19.12 m^2$

49. 중앙식 공기조화방식 중 전수방식의 일반적 특징으로 옳지 않은 것은?

① 덕트 스페이스가 필요없다.
② 팬코일 유닛방식 등이 있다.
③ 실내의 배관에 의해 누수될 우려가 있다.
④ 송풍 공기량이 많아서 실내 공기의 오염이 적다.

해설 |
전수식은 송풍 공기량이 없거나 적어 실내 공기의 관리가 필요하다.

50. 다음 중 천장설치형 흡입구에 속하지 않는 것은?

① 라인형 흡입구
② 격자형 흡입구
③ 머쉬룸형 흡입구
④ 라이트 트로퍼형 흡입구

해설 |
머쉬룸형 흡입구는 바닥설치형

51. 기기주변 배관에 관한 설명으로 옳지 않은 것은?

① 팽창관에는 밸브를 설치하지 않는다.
② 냉동기의 냉수배관 입구 측에는 스트레이너를 설치한다.
③ 냉수 또는 냉각수배관의 가장 낮은 부분에는 물빼기 밸브를 설치한다.
④ 공기조화기에 접속하는 배관에는 원칙적으로 밸브를 설치하지 않는다.

해설 |
팽창관이나 팽창탱크에 접속하는 배관에는 원칙적으로 밸브를 설치하지 않는다.

52. 환기에 관한 설명으로 옳지 않은 것은?

① 제3종 환기는 화장실, 욕실 등의 환기에 적합하다.
② 대규모 주차장의 경우 전체 환기보다 국소환기가 바람직하다.
③ 희석환기는 열기나 유해물질이 실내에 널리 산재되어 있거나 이동되는 경우에 채용된다.
④ 제1종 환기는 정확한 환기량과 급기량 변화에 의해 실내압을 정압(+) 또는 부압(-)으로 유지할 수 있다.

해설 |
대규모 주차장의 경우 전체 환기가 바람직하다.

53. 냉각탑의 종류를 공기 흐름에 따라 분류한 방식에 속하는 것은?

① 흡입식
② 밀폐형
③ 필름형
④ 직교류형

해설 |
직교류형 냉각탑은 높이는 낮고 설치면적은 크며 냉각효율이 나쁘다.

54. 다음 중 물리적 온열 4요소에 속하지 않는 것은?

① 기온
② 습도
③ 열용량
④ 복사열

해설 |
온열 4요소 온도, 습도, 기류, 복사열

55. 다음 중 공기조화 설비계획에서 일반적으로 사용되는 조닝 방법과 가장 거리가 먼 것은?

① 층별 조닝 ② 방위별 조닝
③ 계절별 조닝 ④ 부하 특성별 조닝

해설 |
계절별로 존을 나눌 수 없다.

56. 공기조화방식에 관한 설명으로 옳은 것은?

① 전수방식은 외기도입이 용이하다.
② 냉매방식은 부분운전이 불가능하다.
③ 공기·수방식에는 이중덕트방식 등이 있다.
④ 전공기방식은 중간기에 외기냉방이 가능하다.

해설 |
전수방식은 외기도입이 어렵고, 냉매방식은 부분운전이 가능한 장점이 있고 공기·수방식에는 FCU이 대표적이며 전공기방식은 중간기에 외기냉방이 가능하다.

57. 실내에 열을 발산하는 기기가 있으며 공기에 가해진 열량이 9kW, 실용적이 1000m³인 실을 20℃로 유지하기 위한 필요환기량은? (단, 외기온도 15℃, 공기의 정압비열은 1.01kJ/kg·K, 공기의 밀도는 1.2kg/m³이다)

① 약 2041m³/h ② 약 2792m³/h
③ 약 5347m³/h ④ 약 7627m³/h

해설 |
필요환기량은 외기 100%를 의미하므로 실내온도와 외기온도 차이를 가지고 구한다.

$9[kW] = Q \times 1.2 \times 1.01(20-15) \times \dfrac{1}{3600}$

∴ $Q = 5347[m^3/h]$

58. 다음 중 겨울철 건물의 외벽을 통한 손실 열량을 감소시키는 방법과 가장 거리가 먼 것은?

① 벽체의 두께를 증가시킨다.
② 벽체의 면적을 감소시킨다.
③ 벽체의 열관류율을 감소시킨다.
④ 실내 설계기준 온도를 높인다.

해설 |
실내 설계기준 온도를 높이는 것은 겨울철 건물의 외벽을 통한 손실열량을 감소시키는 방법과 가장 거리가 멀다.

59. 다음 중 공기여과기용 에어필터 선정 시 고려사항과 가장 거리가 먼 것은?

① 압력손실 ② 필터의 중량
③ 분집포집 효율 ④ 적용분진 입자경

60. 다음 중 온도조절식 증기트랩에 속하는 것은?

① 버킷 트랩 ② 드럼 트랩
③ 벨로즈 트랩 ④ 플로트 트랩

해설 |
벨로즈 트랩은 온도차를 이용하는 방식이고, 버킷, 드럼, 플로트 방식은 기계식

04. 건축설비관계법규

61. 건축물의 바깥쪽으로의 출구로 쓰이는 문을 안여닫이로 하여서는 안 되는 대상 건축물에 속하지 않는 것은?

① 종교시설
② 위락시설
③ 문화 및 집회시설 중 관람장
④ 문화 및 집회시설 중 전시장

해설 |
건축법 시행령인 건축물 피난방화 규칙
바깥쪽으로의 출구로 쓰이는 문을 안여닫이 불가
2. 문화 및 집회시설(전시장 및 동·식물원 제외)

62. 다음의 소방시설 중 소화활동설비에 속하는 것은?

① 소화기구
② 비상방송설비
③ 옥외소화전설비
④ 비상콘센트설비

해설 |
소방법 시행령
소화활동설비 – 제연설비, 연결송수관설비, 연결살수설비, 비상콘센트설비, 무선통신보조설비, 연소방지설비

63. 다음 중 6층 이상의 거실면적의 합계가 2000m²인 경우, 승용승강기를 최소 2대 이상 설치하여야 하는 건축물의 용도는? (단, 8인승 승강기 사용)

① 위락시설
② 숙박시설
③ 의료시설
④ 문화 및 집회시설 중 전시장

해설 |
건축물의 설비기준 등에 관한 규칙 별표1의2
승용승강기의 설치기준(제5조 본문 관련)

	6층 이상의 거실 면적의 합계 건축물의 용도	3천m² 이하	3천m² 초과
1	가. 문화 및 집회시설 (공연장·집회장 및 관람장만 해당한다) 나. 판매시설 다. 의료시설	2대	2대에 3천m²를 초과하는 2천m² 이내마다 1대를 더한 대수
2	가. 문화 및 집회시설 (전시장 및 동·식물원만 해당한다) 나. 업무시설 다. 숙박시설 라. 위락시설	1대	1대에 3천m²를 초과하는 2천m² 이내마다 1대를 더한 대수
3	가. 공동주택 나. 교육연구시설 다. 노유자시설 라. 그 밖의 시설	1대	1대에 3천m²를 초과하는 3천m² 이내마다 1대를 더한 대수

정답 61 ④ 62 ④ 63 ③

64. 건축물의 에너지절약설계기준에 따른 용어의 정의가 옳지 않은 것은?

① "효율"이라 함은 설비기기에 공급된 에너지에 대하여 출력된 유효에너지의 비를 말한다.
② "태양열취득률(SHGC)"이라 함은 입사된 태양열에 대하여 실내로 유입된 태양열취득의 비율을 말한다.
③ "비례제어운전"이라 함은 기기를 여러 대 설치하여 부하상태에 따라 최적 운전상태를 유지할 수 있도록 기기를 조합하여 운전하는 방식을 말한다.
④ "이코노마이저시스템"이라 함은 중간기 또는 동계에 발생하는 냉방부하를 실내 엔탈피보다 낮은 도입 외기에 의하여 제거 또는 감소시키는 시스템을 말한다.

해설 |
〈에너지절약기준〉
"대수분할운전"이라 함은 기기를 여러 대 설치하여 부하상태에 따라 최적 운전상태를 유지할 수 있도록 기기를 조합하여 운전하는 방식을 말한다.

65. 건축물의 출입구에 설치하는 회전문의 설치에 관한 기준으로 옳지 않은 것은?

① 계단으로부터 2m 이상의 거리를 둘 것
② 에스컬레이터로부터 1.5m 이상의 거리를 둘 것
③ 회전문의 회전속도는 분당회전수가 8회를 넘지 아니하도록 할 것
④ 출입에 지장이 없도록 일정한 방향으로 회전하는 구조로 할 것

해설 |
건축물 방화구조 규칙 제12조(회전문의 설치기준)
건축물의 출입구에 설치하는 회전문은 다음 각 호의 기준에 적합하여야 한다.
1. 계단이나 에스컬레이터로부터 2미터 이상의 거리를 둘 것
2. 회전문과 문틀 사이 및 바닥 사이는 다음 각 목에서 정하는 간격을 확보하고 틈 사이를 고무와 고무펠트의 조합체 등을 사용하여 신체나 물건 등에 손상이 없도록 할 것
   가. 회전문과 문틀 사이는 5센티미터 이상
   나. 회전문과 바닥 사이는 3센티미터 이하
3. 출입에 지장이 없도록 일정한 방향으로 회전하는 구조로 할 것
4. 회전문의 중심축에서 회전문과 문틀 사이의 간격을 포함한 회전문날개 끝부분까지의 길이는 140센티미터 이상이 되도록 할 것
5. 회전문의 회전속도는 분당회전수가 8회를 넘지 아니하도록 할 것
6. 자동회전문은 충격이 가하여지거나 사용자가 위험한 위치에 있는 경우에는 전자감지장치 등을 사용하여 정지하는 구조로 할 것

66. 다음 중 건축법령상 건축물의 주요구조부에 속하지 않는 것은?

① 기둥   ② 내력벽
③ 주계단   ④ 옥외 계단

해설 |
건축법
"주요구조부"란 내력벽(耐力壁), 기둥, 바닥, 보, 지붕틀 및 주계단(主階段)을 말한다.

67. 다음 중 방화에 장애가 되는 용도의 제한과 관련하여 같은 건축물에 함께 설치할 수 없는 것은?

① 기숙사와 오피스텔
② 위락시설과 공연장
③ 아동 관련 시설과 노인복지시설
④ 공동주택과 제2종 근린생활시설 중 다중생활시설

해설 |
건축법 시행령(방화에 장애가 되는 용도의 제한)
의료시설, 노유자시설(아동 관련 시설 및 노인복지시설만 해당한다), 공동주택 또는 장례식장과 위락시설, 위험물저장 및 처리시설, 공장 또는 자동차 관련 시설(정비공장만 해당한다)은 같은 건축물에 함께 설치할 수 없다.
단독주택(다중주택, 다가구주택에 한정한다), 공동주택, 제1종 근린생활시설 중 조산원 또는 산후조리원과 제2종 근린생활시설 중 다중생활시설은 같은 건축물에 함께 설치할 수 없다.

68. 다음 중 건축허가신청에 필요한 설계도서에 속하지 않는 것은?

① 투시도   ② 배치도
③ 실내마감도 ④ 건축계획서

해설 |
건축허가신청에 필요한 설계도서에 건축계획서, 배치도, 평면도, 단면도, 입면도, 실내마감도

69. 건축물 관련 건축기준의 허용오차범위가 옳지 않은 것은?

① 벽체두께 : 2% 이내
② 출구너비 : 2% 이내
③ 반자높이 : 2% 이내
④ 건축물 높이 : 2% 이내

해설 |
건축법 시행규칙 〈별표5〉
2. 건축물 관련 건축기준의 허용오차

항목	허용되는 오차의 범위
건축물 높이	2퍼센트 이내 (1미터를 초과할 수 없다)
평면길이	2퍼센트 이내 (건축물 전체길이는 1미터를 초과할 수 없고, 벽으로 구획된 각 실의 경우에는 10센티미터를 초과할 수 없다)
출구너비	2퍼센트 이내
반자높이	2퍼센트 이내
벽체두께	3퍼센트 이내
바닥판 두께	3퍼센트 이내

70. 배연설비의 설치에 관한 기준 내용으로 옳지 않은 것은?

① 배연창의 유효면적은 $2m^2$ 이상으로 할 것
② 배연구는 예비전원에 의하여 열 수 있도록 할 것
③ 배연구는 연기감지기 또는 열감지기에 의하여 자동으로 열 수 있는 구조로 할 것
④ 건축물이 방화구획으로 구획된 경우에는 그 구획마다 1개소 이상의 배연창을 설치할 것

해설 |
건축물의 설비기준 등에 관한 규칙
배연창의 유효면적은 $1m^2$ 이상으로 할 것

정답 67 ④ 68 ① 69 ① 70 ①

71. 공동주택과 오피스텔의 난방설빙비를 개별난방방식으로 하는 경우에 관한 기준 내용으로 옳지 않은 것은?

① 보일러실의 윗부분에는 그 면적이 0.5m² 이상인 환기창을 설치할 것
② 보일러의 연도는 내화구조로서 공동연도로 설치할 것
③ 기름보일러를 설치하는 경우에는 기름저장소를 보일러실 외의 다른 곳에 설치할 것
④ 보일러를 설치하는 곳과 거실 사이의 경계벽은 출입구를 제외하고는 방화구조의 벽으로 구획할 것

해설 |
보일러를 설치하는 곳과 거실 사이의 경계벽은 출입구를 제외하고는 내화구조의 벽으로 구획할 것

72. 비상용승강기의 승강장의 바닥면적은 비상용승강기 1대에 대하여 최소 얼마 이상으로 하여야 하는가? (단, 승강장을 옥내에 설치하는 경우)

① 3m²   ② 6m²
③ 9m²   ④ 12m²

해설 |
건축물의 설비기준 등에 관한 규칙
승강장의 바닥면적은 비상용승강기 1대에 대하여 6제곱미터 이상으로 할 것

73. 방염성능기준 이상의 실내장식물 등을 설치하여야 하는 특정소방대상물에 속하지 않는 것은? (단, 층수가 10층인 경우)

① 의료시설
② 업무시설
③ 방송통신 시설 중 방송국
④ 숙박의 가능한 수련시설

해설 |
10층 업무시설은 포함대상이 아니다.
소방시설 설치·유지 및 안전관리에 관한 법률 시행령 제19조(방염성능기준 이상의 실내장식물 등을 설치하여야 하는 특정소방대상물)
1. 근린생활시설 중 체력단련장, 숙박시설, 방송통신시설 중 방송국 및 촬영소
2. 건축물의 옥내에 있는 시설로서 다음 각 목의 시설
   가. 문화 및 집회시설, 나. 종교시설, 다. 운동시설(수영장은 제외한다)
3. 의료시설 중 종합병원, 요양병원 및 정신의료기관
3의2. 노유자시설 및 숙박이 가능한 수련시설
4. 「다중이용업소의 안전관리에 관한 특별법」 제2조 제1항 제1호에 따른 다중이용업의 영업장
5. 제1호부터 제4호까지의 시설에 해당하지 아니하는 것으로서 층수(「건축법 시행령」 제119조 제1항 제9호에 따라 산정한 층수를 말한다. 이하 같다)가 11층 이상인 것(아파트는 제외한다)
6. 별표2 제8호에 따른 교육연구시설 중 합숙소

74.
다음은 지하층과 피난층 사이의 개방공간 설치에 관한 기준 내용이다. ( ) 안에 알맞은 것은?

> 바닥면적의 합계가 ( ) 이상인 공연장·관람장 또는 전시장을 지하층에 설치하는 경우에는 각 실에 있는 자가 지하층 각 층에서 건축물 밖으로 피난하여 옥외 계단 또는 경사로 등을 이용하여 피난층으로 대피할 수 있도록 천장이 개방된 외부 공간을 설치하여야 한다.

① 1000m² ② 2000m²
③ 3000m² ④ 4000m²

75.
다음은 건축물의 냉방설비에 대한 설치 및 설계기준에 따른 축열률의 정의이다. ( ) 안에 알맞은 것은?

> 축열률이라 함은 통계적으로 ( )을 기준으로 그 밖의 시간에 필요한 냉방열량 중에서 이용이 가능한 냉열량이 차지하는 비율을 말하며 백분율(%)로 표시한다.

① 연중 최소냉방부하를 갖는 날
② 연중 최대냉방부하를 갖는 날
③ 연중 최소냉방부하를 갖는 달
④ 연중 최대냉방부하를 갖는 달

해설 |
건축물의 냉방설비에 대한 설치 및 설계기준
축열률이라 함은 통계적으로 (연중 최대냉방부하를 갖는 날)을 기준으로 그 밖의 시간에 필요한 냉방열량 중에서 이용이 가능한 냉열량이 차지하는 비율을 말하며 백분율(%)로 표시한다.

76.
다음의 무창층과 관련된 기준 내용 중 밑줄 친 요건으로 옳지 않은 것은?

> "무창층"이란 지상층 중 다음 각 목의 요건을 모두 갖춘 개구부의 면적의 합계가 해당 층의 바닥면적의 30분의 1이하가 되는 층을 말한다.

① 도로 또는 차량이 진입할 수 있는 빈터를 향할 것
② 내부 또는 외부에서 쉽게 개방 또는 파괴할 수 없을 것
③ 크기는 지름 50cm 이상의 원이 내접할 수 있는 크기일 것
④ 해당 층의 바닥면으로부터 개구부 밑부분까지의 높이가 1.2m 이내일 것

해설 |
내부 또는 외부에서 쉽게 부수거나 파괴할 수 있을 것

77.
건축법령상 시·군·구에 두는 건축위원회의 심의사항에 속하지 않는 것은?

① 건축선의 지정에 관한 사항
② 다중이용 건축물의 구조안전에 관한 사항
③ 특수구조 건축물의 구조안전에 관한 사항
④ 건축물의 건축등과 관련된 분쟁이 조정 또는 재정에 관한 사항

해설 |
건축법 시행령
지방건축위원회의 심의사항
1. 건축선(建築線)의 지정에 관한 사항
2. 법 또는 이 영에 따른 조례(해당 지방자치단체의 장이 발의하는 조례만 해당한다)의 제정·개정 및 시행에 관한 중요 사항
3. 다중이용 건축물 및 특수구조 건축물의 구조안전에 관한 사항
4. 분양을 목적으로 하는 건축물로서 건축조례로 정하는 용도 및 규모에 해당하는 건축물의 건축에 관한 사항

78. 연면적 200m²를 초과하는 건축물에 설치하는 계단의 설치에 관한 기준으로 옳지 않은 것은?

① 중학교 계단의 단너비는 20cm 이상이어야 한다.
② 초등학교 계단이 단높이는 16cm 이하이어야 한다.
③ 고등학교 계단의 유효너비는 150cm 이상이어야 한다.
④ 높이가 3m를 넘는 계단에는 높이 3m 이내마다 유효너비 120cm 이상의 계단참을 설치하여야 한다.

해설 |
건축물방화구조 규칙
중학교의 계단인 경우, 단너비는 26cm 이상으로 한다.

79. 다음은 특정소방대상물의 소방시설 설치의 면제기준 내용이다. ( ) 안에 알맞은 것은?

물분무등소화설비를 설치하여야 하는 차고·주차장에 ( )를 화재안전기준에 적합하게 설치한 경우에는 그 설비의 유효범위에서 설치가 면제된다.

① 연결살수설비
② 옥외소화전설비
③ 옥내소화전설비
④ 스프링클러설비

해설 |
국가화재안전기준 104

80. 연면적이 200m²를 초과하는 오피스텔에 설치하는 복도의 유효너비는 최소 얼마 이상으로 하여야 하는가? (단, 양옆에 거실이 있는 복도의 경우)

① 1.2m
② 1.5m
③ 1.8m
④ 2.4m

해설 |
건축물의 피난 방화구조 등의 기준
양옆에 거실이 있는 복도의 경우 오피스텔, 공동주택에 설치하는 복도의 유효너비(1.8m) 기타 1.2m

2019년 4회

01. 건축일반

1. 장소별 최적의 잔향시간에 관한 설명으로 옳지 않은 것은?

① 실의 사용목적과 실 용적에 의하여 최적의 잔향시간을 결정한다.
② 강연이나 연극이 이루어지는 실에서는 잔향시간을 비교적 짧게 한다.
③ 음향설비를 이용하는 경우에는 잔향시간을 최적치보다 짧게 한다.
④ 오케스트라나 뮤지컬 등 음악 감상이 이루어지는 실에서는 잔향시간을 비교적 짧게 하여 명료도를 높인다.

해설 |
음악감상은 잔향시간을 비교적 길게 한다.
잔향시간을 비교적 짧게 명료도를 높이는 경우는 연설 등 언어전달의 경우이다.

2. 조명에 악센트를 주며 상품전시를 대상으로 하여 스포트라이트가 사용되는 조명은?

① 직접조명   ② 간접조명
③ 국부조명   ④ 반간접조명

해설 |
스포트 = 국부

3. 화장실 및 호텔의 주방에 일반적으로 채용되는 환기방식은?

① 자연 급기-강제 배기
② 자연 급기-자연 배기
③ 강제 급기-자연 배기
④ 강제 급기-강제 배기

해설 |
강제 급기-강제 배기(제1종)
강제 급기-자연 배기(제2종)
자연 급기-강제 배기(제3종)
주방에서는 제3종 기계제연과 국소배출방식을 주로 채용한다.

4. 사무소건축의 코어시스템에 관한 설명으로 옳지 않은 것은?

① 공용부분을 한 곳에 집약시켜 사무소의 유효면적이 증대된다.
② 설비요소의 집약으로 순환성, 효율성이 증대된다.
③ 편심 코어형은 바닥면적이 큰 고층 규모의 오피스에 적합하다.
④ 중심 코어형은 내부공간과 외관이 획일적으로 되기 쉽다.

정답 1 ④ 2 ③ 3 ① 4 ③

5. MC(Modular Coordination)의 특징이 아닌 것은?

① 설계작업이 단순화 된다.
② 부재의 대량생산이 가능하다.
③ 현장작업이 단순해지고 공기가 단축된다.
④ 보다 다양한 입면이 나타난다.

6. 공동주택 건물의 인동간격에 관한 설명으로 옳지 않은 것은?

① 동지를 기준으로 한다.
② 태양의 고도 및 일조권에 관계가 있다.
③ 건물의 높이와 관계가 있다.
④ 최소한 3시간 이상의 일조시간을 유지해야 한다.

7. 호텔의 동선계획에 관한 설명으로 옳지 않은 것은?

① 고객동선과 서비스 동선은 분리시킨다.
② 숙박고객과 서비스 동선은 분리시킨다.
③ 숙박고객은 프런트를 거치지 않고 직접주차장으로 갈 수 있어야 한다.
④ 고객동선은 명료하고 단순해야 한다.

8. 상점건축의 정면(Facade)구성에서 필요한 광고 요소 5가지에 해당되지 않는 것은?

① 주의(Attention)
② 기억(Memory)
③ 특성(Characteristic)
④ 행동(Action)

9. 도서관계획에 관한 설명으로 옳지 않은 것은?

① 열람실은 채광이 좋고 조용하며 서고에서 멀리 떨어진 곳에 배치시킨다.
② 도서관의 신축 시 대지선정과 배치단계에서부터 장해의 성장에 따른 증축 간증한 공간을 확보할 필요가 있다.
③ 서고의 수장능력 기준은 능률적인 작업용량으로서 서고 공간 $1m^3$당 약 66권 정도이다.
④ 서고 내에 있는 서가는 정리, 수납에 중점을 열람의 용이성에 중점을 둔다.

10. 철근코크리트 구조의 철근조립 시 철근의 간격을 유지해야 하는 주된 이유와 가장 거리가 먼 것은?

① 부재의 소요강도 확보
② 재료분리 방지
③ 내화성 확보
④ 콘크리트 티설 시 유동성에 확보

11. 합판, 각종 섬유제 보드류, 석면시멘트판, 석고판 등을 30~60cm 정도의 소형판으로 만들어 반자를 구성한 것은?

① 구성반자
② 작은판반자
③ 내화성 확보
④ 회반죽반자

정답 5 ④ 6 ④ 7 ③ 8 ③ 9 ① 10 ③ 11 ②

12. 목구조의 계단에 설치되는 멍에에 관한 설명으로 옳지 않은 것은?

① 계단의 너비가 약 1m 이상인 경우에 설치한다.
② 디딤판의 휨과 보행 잡음을 방지하기 위하여 설치한다.
③ 디딤판의 진동을 방지하기 위하여 강도가 있는 각재를 사용한다.
④ 계단을 오르내리기에 편리하고 조형적 안정성의 목적으로 설치한다.

13. 목재의 접합에 있어 듀벨과 같이 사용되며 인장력에 작용하는 접합철물로 옳은 것은?

① 리벳   ② 볼트
③ 나사 못   ④ 인서트

14. 기초의 설치 시 유의사항에 관한 설명으로 옳지 않은 것은?

① 지하실은 침하의 방지를 위해 가급적 건물의 일부에만 설치한다.
② 지중보를 충분히 크게 하여 강성을 높여 부동침하를 방지한다.
③ 다른 형태의 기초나 말뚝은 동일건물에 혼용하지 않도록 한다.
④ 기초판(Footing)은 그 지방의 동결선 이하에 설치한다.

15. 학교교사의 배치형식과 거리가 먼 것은?

① 플랫형
② 폐쇄형
③ 분산병렬형
④ 클러스터형

16. 호텔건축의 기능적 분류에 해당되지 않는 것은?

① 요리부분
② 관리부분
③ 사교부분
④ 숙박부분

17. 강구조에서 기둥과 보의 접합에 관한 설명으로 옳지 않은 것은?

① 휨모멘트에 작은 곳에서 접합한다.
② 보와 기둥의 강접합 시 플랜지와 웨브는 기둥에 모두 모살용접으로 처리한다.
③ 보를 기둥에 직접 용접하면 하향자세로 용접이 가능하여 용접속도가 좋다.
④ 접합된 기둥에 웨브에는 스티프너로 보강한다.

정답 12 ④ 13 ② 14 ① 15 ① 16 ① 17 ②

18. 다음 반자의 분류 중 널반자에 속하지 않는 것은?

① 치받이널반자
② 구성반자
③ 살대반자
④ 우물반자

19. 사무소 건축의 화장실 배치에 관한 설명으로 옳지 않은 것은?

① 각 사무실로부터 동선이 간단할 것
② 각층마다 공통의 위치에 있을 것
③ 가능하면 외기에 접하는 위치로 할 것
④ 각 층에서 3개소 이상 여러 곳에 분산 배치할 것

20. 주택의 동선계획에 관한 설명으로 옳지 않은 것은?

① 동선이 가지는 요소는 빈도, 속도, 하중의 세 가지이다.
② 동선상의 하중이 큰 가사노동은 굵고 짧게 배치하는 것이 좋다.
③ 복도가 없는 거실은 가족동선의 집중으로 안정된 분위기가 확보된다.
④ 개인, 사회, 가사노동권의 3개 동선이 서로 분리되어 간섭이 없어야 한다.

02. 위생설비

21. 10℃의 물 150kg과 80℃의 물 100kg을 혼합할 경우, 혼합된 물의 온도는?

① 28℃
② 38℃
③ 45℃
④ 63.2℃

해설 |
$$\frac{10 \times 150 + 80 \times 100}{250} = 38$$

22. 최대강우량 120mm/h의 지역에 있는 지붕의 수평투영면적이 1200m²인 건물에 4개의 우수수직관을 설치할 경우, 우수수직관의 관경은?

〈강우량 100mm/h일 때 우수수직관의 관경〉

관경(mm)	허용최대지붕면적(m²)
50	67
65	121
75	204
100	427
125	804

① 50mm
② 65mm
③ 75mm
④ 100mm

해설 |
$$\frac{120mm/h \times 1200m^2}{100mm/h} = 1440m^2$$

$$\frac{1440}{4} = 360m^2$$

그러므로 427면적 100mm 선정

23. 옥외소화전의 설치개수가 3개인 경우, 옥외소화전설비의 수원의 저수량은 최소 얼마 이상이 되도록 하여야 하는가?

① 4.8m³   ② 7.8m³
③ 14m³   ④ 21m³

해설 |
2 × 350L/min × 20min = 14000L = 14m³
2개 이상인 경우 2개로 한다.

24. 내경 25mm, 광길이 15m인 매끈한 관을 통하여 물을 1.5m/s의 속도로 보낼 때, 압력손실은? (단, 관마찰계수는 0.03이다)

① 20.25Pa   ② 20.25kPa
③ 40.5Pa   ④ 40.5kPa

해설 |
$$h = f\frac{l}{D}\frac{u^2}{2g} = 0.03\frac{15}{0.025}\frac{1.5^2}{2\times 9.8}$$
$$= 2.066\text{mAq} = 20.25\text{kPa}$$

25. 급수배관에 에어챔버를 설치하는 주된 이유는?

① 수격작용을 방지하기 위하여
② 배관의 부식을 방지하기 위하여
③ 배관의 동파를 방지하기 위하여
④ 크로스 커넥션을 방지하기 위하여

해설 |
에어챔버는 수격작용을 방지하기 위하여 급수배관 말단에 설치한다.

26. 다음의 급수방식 중 일반적으로 하향급수 배관 방식으로 배관하는 것은?

① 수도직결방식   ② 고가탱크방식
③ 압력탱크방식   ④ 펌프직송방식

해설 |
고가수조방식은 하향급수로 낙차만 이용한다.

27. 직접가열식 급탕방식에 관한 설명으로 옳지 않은 것은?

① 간접가열식에 비해 열효율이 높다.
② 일반적으로 저압 보일러를 사용한다.
③ 보일러 내부에 방식처리를 고려할 필요가 있다.
④ 저탕조와 보일러를 직결하여 순환가열하는 방식이다.

해설 |
직접가열식 급탕방식은 일반적으로 고압 보일러를 사용한다.

28. 오수처리 방법 중 물리적 처리 방법에 속하지 않는 것은?

① 소독   ② 침전
③ 교반   ④ 스크린

해설 |
화학적 처리 방법

29. 다음 설명에 알맞은 통기관의 종류는?

> 물림 또는 병렬로 설치한 위생기구의 기구배수관 교차점에 접속하여, 그 양쪽 기구의 트랩봉수를 보호하는 1개의 통기관을 말한다.

① 각개통기관 ② 결합통기관
③ 신정통기관 ④ 공용통기관

30. 기구배수부하단위(FU)의 기준이 되는 기구는?

① 세탁기   ② 세면기
③ 소변기   ④ 대변기

해설 |
세면기의 배수량(28.5L/min)을 기준으로 단위화한 것

31. 경질 염화 비닐관에 관한 설명으로 옳지 않은 것은?

① 금속관에 비해 열에 약하다.
② 금속관에 비해 전기 절연성이 크다.
③ 금속관에 비해 산, 알칼리에 약하다.
④ 금속관에 비해 온도변화로 인한 신축이 크다.

해설 |
PVC는 산과 알칼리에 모두 강하다.

32. 다음 중 배관의 신축·팽창량을 흡수 처리하기 위해 사용되는 신축이음에 속하지 않는 것은?

① 슬리브형 이음
② 벨로즈형 이음
③ 플랜지형 이음
④ 스위블형 이음

해설 |
플랜지 이음은 유지보수를 위해 분해가 가능한 이음이다.

33. 다음 중 건물의 급수량 계산에 고려할 사항과 가장 관계가 먼 것은?

① 급수기구의 종류 ② 급수기구의 수
③ 건물의 용적률   ④ 사용 인원수

해설 |
건물의 용적률은 건축허가 신고와 관계된다.

34. 간접배수에서 음료용 저수탱크의 간접배수관의 배수구 공간은 최소 얼마 이상으로 하여야 하는가?

① 50mm   ② 100mm
③ 150mm   ④ 200mm

해설 |
간접배수관의 배수구 공간(토수구 공간)은 150mm 이상으로 한다.

정답 29 ④ 30 ② 31 ③ 32 ③ 33 ③ 34 ③

35. 가스의 연소성을 나타내는 것은?

① 비열비　　② 가버너
③ 웨버지수　④ 단열지수

해설 |
웨버지수는 가스기구에 대한 가스의 입열량을 표시하는 지수로 가스의 연소 특성을 나타낸다.

웨버지수 $= \dfrac{H}{\sqrt{s}}$

H : 가스단위체적당 발열량 $[kcal/m^3]$
s : 가스비중

36. 다음 설명에 알맞은 화재의 종류는?

> 인화성 액체, 가연성 액체, 타르, 오일, 유성도료, 솔벤트, 래커, 알코올 및 인화성 가스와 같은 유류가 타고나서 재가 남지 않는 화재

① A급 화재　② B급 화재
③ C급 화재　④ K급 화재

해설 |
B급 화재 유류화재 황색화재

37. 배관용 동관을 M, L 및 K 타입으로 구분하는 기준이 되는 것은?

① 관의 두께　② 관의 외경
③ 관의 재질　④ 관의 길이

해설 |
동관 가장 두꺼운 관 K형이며 순서는
K > L > M

38. 급수방식 중 고가탱크방식에 관한 설명으로 옳은 것은?

① 대규모의 급수 수요에 대응할 수 없다.
② 단수 시에도 일정량의 급수를 계속할 수 있다.
③ 급수공급압력의 변화가 심하고 취급이 까다롭다.
④ 위생성 및 유지·관리 측면에서 가장 바람직한 방식이다.

39. 다음 중 터빈펌프에서 안내날개를 설치하는 이유로 가장 알맞은 것은?

① 진동을 감소시키기 위해서
② 소음을 감소시키기 위해서
③ 펌프 내에 스케일 발생을 감소시키기 위해서
④ 속도 에너지를 압력 에너지로 효율 좋게 변환하기 위해서

해설 |
임펠러의 회전속도 에너지를 안내깃을 설치하여 압력 에너지로 변환하기 위해서

40. 펌프설치 시 유효흡입양정을 고려하는 이유는?

① 고양정을 얻기 위해서
② 대유량을 얻기 위해서
③ 수격작용을 방지하기 위해서
④ 캐비테이션을 방지하기 위해서

해설 |
공동화현상 방지

정답　35 ③　36 ②　37 ①　38 ②　39 ④　40 ④

03. 공기조화설비

41. 다음의 습공기선도 구성 내용으로 옳지 않은 것은?

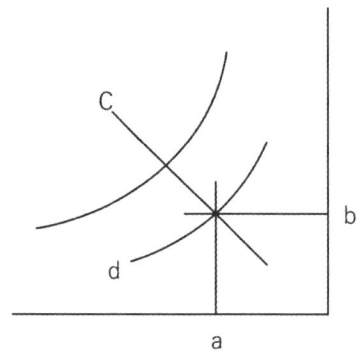

① a : 건구온도　② b : 절대습도
③ c : 습구온도　④ d : 엔탈피

해설 |
d는 상대습도

42. 다음 중 환기공간과 배출요소의 연결이 옳지 않은 것은?

① 전기실 - 열　② 화장실 - 분진
③ 주방 - 수증기　④ 주차장 - 배기가스

해설 |
화장실 - 악취(제3종)

43. 다음 중 냉난방 설계용 외기온도 설정 시 TAC온도를 적용하는 이유와 가장 관계가 먼 것은?

① 에너지 절약
② 합리적인 적용
③ 과대 장치용량 지양
④ 혹한기나 혹서기 대비

해설 |
TAC(Technical Advisory Committee) 온도 냉난방 설계시 외기온도를 결정할 때 사용, 건설교통부 고시 자료를 바탕으로 각 지역의 온도를 적용한다.

44. 단일덕트방식에 관한 설명으로 옳지 않은 것은?

① 전공기방식의 특성이 있다.
② 냉풍과 온풍을 혼합하는 혼합상자가 필요 없다.
③ 각 실이나 존의 부하변동에 즉시 대응할 수 있다.
④ 2중덕트방식에 비해 덕트 스페이스를 적게 차지한다.

해설 |
이중덕트방식이 각 실이나 존의 부하변동에 즉시 대응할 수 있다.

45. 공기조화기의 에어필터에 관한 설명으로 옳지 않은 것은?

① 송풍기의 흡입 측이면서 코일의 흡입 측에 설치한다.
② 필터에 공기의 흐름방향이 있는 경우에는 역방향으로 설치한다.
③ 필터의 설치 위치 전후에는 점검과 보수를 위한 충분한 공간과 점검문을 설치한다.
④ 유닛형 필터를 여러 개 조합하여 설치하는 경우에는 지그재그로 하여 통과면적을 크게 한다.

해설 |
필터에 공기의 흐름방향이 있는 경우에는 순방향으로 설치한다.

46. 송풍기의 관한 설명으로 옳지 않은 것은?

① 방사형은 자기청소(self clening)의 특성이 있다.
② 측류형은 낮은 충압에 많은 풍량을 송풍하는 데 적합하다.
③ 후곡형은 효율이 높고 논오버로드(Nonover Load) 특성이 있다.
④ 다익형은 다른 형식에 비해 동일 용량에 대해서 회전수가 가장 많다.

해설 |
다익형은 다른 형식에 비해 동일 용량에 대해서 날개 수가 가장 많다.

47. 전기히터를 사용하여 습공기를 가열한 경우에 관한 설명으로 옳은 것은?

① 습구온도와 절대습도가 낮아진다.
② 건구온도는 높아지고 엔탈피는 일정하다.
③ 절대습도는 일정하고 상태습도는 낮아진다.
④ 절대습도는 높아지고 상대습도는 일정하다.

48. 공조기부하에 펌프 및 배관 등의 열부하를 더한 것으로서 냉동기나 보일러 용량을 결정하는 데 이용되는 부하는?

① 외기부하　② 열원부하
③ 기간부하　④ 현열부하

해설 |
열원부하는 공조기 부하(코일부하)에 펌프 및 배관 등의 열부하를 더한 것

49. 덕트 경로 중 풍량이 일정한 상태에서 덕트의 크기가 축소되었을 경우 압력변화에 관한 설명으로 옳은 것은?

① 정압이 증가한다.
② 동압이 증가한다.
③ 전압과 정압이 증가한다.
④ 전압, 동압, 정압이 모두 증가한다.

해설 |
유속이 빨라져 동압이 증가한다.

50. 냉온수 배관의 기본회로 방식에 관한 설명으로 옳지 않은 것은?

① 배관의 분기부에 원칙적으로 밸브를 설치한다.
② 배관 방식은 원칙적으로 리버스리턴방식으로 한다.
③ 배관의 최소 구경은 원칙적으로 호칭경은 25A로 한다.
④ 밀폐회로 방식에 대해서는 1개의 순환계통에 팽창탱크는 1기로 한다.

정답 46 ④　47 ③　48 ②　49 ②　50 ③

해설 |
배관의 최소 구경은 원칙적으로 호칭경은 15A로 한다.

51. 전열교환기에 관한 설명으로 옳지 않은 것은?

① 잠열만이 교환된다.
② 공기 대 공기의 열교환기이다.
③ 공장 등에서 환기에서의 에너지 회수 방식으로 사용한다.
④ 공조시스템에서 보일러나 냉동기의 용량을 줄일 수 있다.

해설 |
전열교환기는 전열을 교환한다.

52. 공조조화기 내 냉각코일은 통과하는 공기와 열교환을 하게 된다. 이와 관련된 설명으로 옳지 않은 것은?

① 바이패스 팩터와 콘택트 팩터의 곱은 1이다.
② 코일 핀의 형상에 따라 바이패스 팩터는 작아진다.
③ 냉각코일의 열수가 많을수록 바이패스 팩터는 작아진다.
④ 냉각코일을 통과하는 공기의 속도가 빠를수록 바이패스 팩터는 커진다.

해설 |
바이패스 팩터와 콘택트 팩터의 합은 1이다.

53. 증기트랩 중 벨로즈식 트랩에 관한 설명으로 옳지 않은 것은?

① 온도조절식 트랩이다.
② 방열기 트랩 등에 적용된다.
③ 구조상 역류의 우려가 없다.
④ 초기 가동 시에 공기배출능력이 좋다.

해설 |
벨로즈식 트랩은 응축수 온도에 따라 역류의 우려가 있다.

54. 다음과 같은 특징을 갖는 밸브는?

- 유체의 흐름 방향을 90℃로 전환시킬 수 있다.
- 내부 구조는 글로브 밸브와 동일하며 유량 조절용으로 사용된다.

① 콕 ② 볼 밸브
③ 앵글 밸브 ④ 체크 밸브

55. 다음과 같은 조건에서 실의 환기량이 2500m³/h인 경우, 환기에 의한 잠열부하는?

㉠ 실내공기상태 $t_2 = 24℃$, $X_r = 0.012 kg/kg'$
㉡ 외기상태 $t_0 = -5℃$, $X_0 = 0.003 kg/kg'$
㉢ 0℃에서 물의 증발잠열 2501KJ/Kg
㉣ 공기의 밀도 1.2Kg/m³

① 10.93kW ② 14.19kW
③ 18.76kW ④ 23.73kW

정답 51 ① 52 ① 53 ③ 54 ③ 55 ③

해설 |
잠열은 풍량과 증발잠열과 절대습도 차의 곱으로 구한다.
수증기의 비열분을 계산하는 것이 원칙이나 보통 난방에 있어서 수증기 비열분을 생략한다.
잠열부하 = 2500 × 1.2 × 2501(0.012 − 0.003) × $\frac{1}{3600}$ = 18.75kJ/s

56. 직경이 50cm인 원형덕트에서 동압을 측정한 결과 60Pa이었다. 이때 덕트를 통과하는 풍량은?

① 0.96m³/S ② 1.96m³/S
③ 2.96m³/S ④ 3.96m³/S

해설 |
동압에서 속도를 구하면
$\frac{U^2}{2}\rho = \frac{x^2}{2} \times 1.2 = 60$Pa
∴ $x = 10$m/s
Q = AU 에서
$\frac{0.5^2 \pi}{4} \times 10 = 1.963$

57. 어떤 실내의 취득 현열량이 8000W, 잠열량이 2000W이다. 실내의 공기조건을 26℃, 50%RH로 유지하기 위하여 취출온도를 17℃로 송풍하고자 할 때 현열비(SHF)는?

① 0.8 ② 0.75
③ 0.7 ④ 0.25

해설 |
현열비 = $\frac{현열}{전열}$ = $\frac{8000}{2000+8000}$ = 0.8

58. 길이 20m의 증기난방 배관에서 관의 온도를 30℃에서 109℃로 높였을 경우 늘어난 길이는? (단, 선팽창계수 1.3×10^{-5}/℃이다)

① 18.54mm ② 19.54mm
③ 20.54mm ④ 21.54mm

해설 |
선팽창량 20m × 1000mm/m × 1.3×10^{-5}/℃ × (109−30) = 20.54mm

59. 외기 CO_2 농도는 350ppm이며, 실내 CO_2의 허용농도를 1000ppm으로 할 때, 호흡 시의 1인당 CO_2 배출량이 0.02m³/h일 경우 1인당 요구되는 필요환기량은?

① 24.9m³/h·인 ② 27.5m³/h·인
③ 30.8m³/h·인 ④ 35.6m³/h·인

해설 |
$M + QC_0 = QC_i$
0.02 = Q(1000−350) × 10^{-6}
∴ Q = 30.769

60. 외기온도 $t_0=-10$℃, 실내온도 $t_i=20$℃일 때, 벽체 면적 10m²를 통하여 손실되는 열량은? (단, 벽체의 열관류율 K=0.5W/m²·K)

① 50W   ② 100W
③ 150W ④ 200W

해설 |
q = 10 × 0.5 × 30 = 150W

정답 56 ② 57 ① 58 ③ 59 ③ 60 ③

04. 건축설비관계법규

61. 건축물의 거실(피난층의 거실 제외)에 국토교통부령으로 정하는 기준에 따라 배연설비를 하여야 하는 대상 건축물에 속하지 않는 것은? (단, 6층 이상인 건축물의 경우)

① 종교시설 ② 판매시설
③ 운동시설 ④ 공동주택

해설 |
건축법 시행령
피난층과 공동주택은 해당되지 않는다.

62. 건축물의 주계단·피난계단 또는 특별피난계단에 설치하는 난간 및 바닥을 이동의 이용에 안전하고 노약자 및 신체장애인의 이용에 편리한 구조로 하여야 하는 대상 건축물에 속하지 않는 것은?

① 판매시설
② 위락시설
③ 문화 및 집회시설
④ 공동주택 중 기숙사

해설 |
건축물 피난·방화구조기준
공동주택(기숙사 제외)

63. 피난 용도로 쓸 수 있는 광장을 옥상에 설치하여야 하는 경우에 해당되지 않는 것은?

① 5층 이상인 층이 판매시설의 용도로 쓰는 경우
② 5층 이상인 층이 종교시설의 용도로 쓰는 경우
③ 5층 이상인 층이 위락시설 중 주점영업의 용도로 쓰는 경우
④ 5층 이상인 층이 문화 및 집회시설 중 전시장의 용도로 쓰는 경우

해설 |
건축법 시행령
5층 이상인 층이 제2종 근린생활시설 중 공연장, 종교집회장, 인터넷컴퓨터게임시설제공업소(해당 용도로 쓰는 바닥면적의 합계가 각각 300제곱미터 이상인 .경우만 해당한다)문화 및 집회시설(전시장 및 동·식물원은 제외한다), 종교시설, 판매시설, 위락시설 중 주점영업 또는 장례식장의 용도로 쓰는 경우에는 피난 용도로 쓸 수 있는 광장을 옥상에 설치하여야 한다.

64. 다음은 건축법상 건축허가에 관한 기준이다. ( ) 안에 알맞은 것은?

> 건축물을 건축하거나 대수선하려는 자는 특별자치시장·특별자치도지사 또는 시장·군수·구청장의 허가를 받아야 한다. 다만 ( ) 이상의 건축물 등 대통령령으로 정하는 용도 및 규모의 건축물을 특별시나 광역시에 건축하려면 특별시장이나 광역시장의 허가를 받아야 한다.

① 10층 ② 16층
③ 21층 ④ 41층

정답 61 ④ 62 ④ 63 ④ 64 ③

65. 공동주택의 거실에서 채광을 위하여 설치하는 창문등의 면적은 그 거실의 바닥면적의 최소 얼마 이상이어야 하는가? (단, 거실의 용도에 따른 조도 기준 이상의 조명장치를 설치하지 않은 경우)

① 5분의 1
② 10분의 1
③ 20분의 1
④ 30분의 1

해설 |
건축물 피난·방화구조기준
환기 1/20, 채광 1/10

66. 다음 중 건축법령상 건축에 속하지 않는 것은?

① 증축
② 개축
③ 재축
④ 대수선

67. 공동주택과 오피스텔의 난방설비를 개별난방 방식으로 하는 경우에 관한 기준 내용으로 옳지 않은 것은?

① 보일러는 거실외의 곳에 설치할 것
② 오피스텔의 경우에는 난방구획을 방화구획으로 구획할 것
③ 보일러를 설치하는 곳과 거실 사이의 경계벽은 출입구를 제외하고는 내화구조의 벽으로 구획할 것
④ 보일러실의 아랫부분에는 지름 5cm 이상의 배기구를 항상 열려 있는 상태로 바깥공기에 접하도록 설치할 것

해설 |
건축물의 설비기준 등에 관한 규칙 제13조
1. 보일러의 연도는 내화구조로서 공동연도로 설치할 것
2. 보일러실 뒷부분에는 그 면적이 최소 1.0m² 이상인 환기창을 설치할 것
3. 보일러를 설치하는 곳과 거실 사이의 경계벽은 출입구를 제외하고는 내화구조의 벽으로 구획할 것

68. 제연설비를 설치하여야 하는 특정소방대상물에 속하지 않는 것은?

① 지하가(터널 제외)로서 연면적 1000m² 이상인 것
② 종교시설로서 무대부의 바닥면적이 200m² 이상인 것
③ 문화 및 집회시설로서 무대부의 바닥면적이 150m² 이상인 것
④ 문화 및 집회시설 중 영화상영관으로서 수용 인원 100명 이상인 것

해설 |
소방법 시행령
문화 및 집회시설로서 무대부의 바닥면적이 200m² 이상인 것

69. 건축법령상 문화 및 집회시설에 속하지 않는 것은?

① 기념관
② 박람회장
③ 종교집회장
④ 산업전시장

해설 |
문화 및 집회시설과 종교시설은 별개

정답 65 ② 66 ④ 67 ④ 68 ③ 69 ③

70. 건축물 관련 건축기준의 허용오차 범위가 3% 이내인 것은?

① 출구 너비
② 반자 높이
③ 벽체 두께
④ 건축물 높이

해설 |
건축법 시행규칙 별표5
2. 건축물 관련 건축기준의 허용오차

항목	허용되는 오차의 범위
건축물 높이	2퍼센트 이내(1미터를 초과할 수 없다)
평면길이	2퍼센트 이내(건축물 전체길이는 1미터를 초과할 수 없고, 벽으로 구획된 각 실의 경우에는 10센티미터를 초과할 수 없다)
출구너비	2퍼센트 이내
반자높이	2퍼센트 이내
벽체두께	3퍼센트 이내
바닥판두께	3퍼센트 이내

71. 다음 중 방화벽의 구조 기준으로 옳지 않은 것은?

① 내화구조로서 홀로 설 수 있는 구조일 것
② 방화벽에 설치하는 출입문에는 60분 방화문 또는 30분 방화문을 설치할 것
③ 방화벽에 설치하는 출입문의 너비 및 높이는 각각 2.5m 이하로 할 것
④ 방화벽의 양쪽 끝과 위쪽 끝을 건축물의 외벽면 및 지붕면으로부터 0.5m 이상 튀어나오게 할 것

해설 |
건축물의 피난·방화구조 등의 기준에 관한 규칙
출입구에는 60분+ 방화문 또는 60분 방화문을 설치할 것

72. 층수가 10층이고, 각 층의 거실면적이 1000m²인 업무시설에 설치하여야 하는 승용승강기의 최소 대수는? (단, 16인승 승강기인 경우)

① 1대
② 2대
③ 3대
④ 4대

해설 |
기본 3000평방미터 1대 + 추가 2000평방미터 1대
= 2대/2 = 1대
16인승은 2대로 계산한다.

73. 축냉식 전기냉방설비의 설계기준 내용으로 옳지 않은 것은?

① 축열조는 보온을 철저히 하여 열손실과 결로를 방지해야 한다.
② 열교환기에서 점검을 위한 부분은 해체와 조립이 용이하도록 하여야 한다.
③ 열교환기는 시간당 최대냉난방열량을 처리할 수 있는 용량 이상으로 설치하여야 한다.
④ 자동제어설비는 수동조작을 할 수 없도록 하며 감시기능 등을 갖추어야 한다.

해설 |
자동제어설비는 수동조작으로도 할 수 있도록 하며 감시기능 등을 갖추어야 한다.

74. 공동 소방안전관리자 선임대상 특정소방대상물의 층수 기준은? (단, 복합건축물의 경우)

① 층수가 3층 이상인 것
② 층수가 5층 이상인 것
③ 층수가 8층 이상인 것
④ 층수가 10층 이상인 것

해설 |
화재예방, 소방시설 설치·유지 및 안전관리에 관한 법률 : 공동 소방안전관리자 선임 대상
1. 고층 건축물(지하층 제외 11층 이상인 건축물)
2. 지하가(지하의 인공구조물 안에 설치된 상점 및 사무실, 그 밖에 이와 비슷한 시설이 연속하여 지하도에 접하여 설치된 것과 그 지하도를 합한 것을 말한다)
3. 복합건축물로서 연면적 5천 제곱미터 이상인 것 또는 층수가 5층 이상인 것
4. 판매시설 중 도매시장 또는 소매시장

75. 건축물의 바깥쪽으로 나가는 출구를 안여닫이로 하여서는 안 되는 건축물에 속하지 않는 것은?

① 종교시설
② 위락시설
③ 문화 및 집회시설 중 전시장
④ 문화 및 집회시설 중 공연장

해설 |
건축법 시행령, 건축물 피난방화규칙
바깥쪽으로의 출구로 쓰이는 문을 안여닫이 불가
2. 문화 및 집회시설(전시장 및 동식물원 제외)

76. 건축물의 에너지절약설계기준상 다음과 같이 정의되는 용어는?

> 냉(난)방 기간 동안 또는 연간 총 시간에 대한 온도출현분포 중에서 가장 높은(낮은) 온도 쪽으로부터 총 시간의 일정 비율에 해당하는 온도를 제외시키는 비율

① 위험률
② 온도율
③ 부분부하율
④ 최대부하율

해설 |
건축물에너지절약기준
"위험률"이라 함은 냉(난)방기간 동안 또는 연간 총 시간에 한 온도출현분포 중에서 가장 높은(낮은) 온도 쪽으로부터 총 시간의 일정 비율에 해당하는 온도를 제외시키는 비율

77. 다음의 소방시설 중 소화활동설비에 속하지 않는 것은?

① 연소방지설비
② 연결살수설비
③ 연결송수관설비
④ 자동화재탐지설비

해설 |
〈소방법 시행령〉
소화활동설비 : 제연설비, 연결송수관설비, 연결살수설비, 비상콘센트설비, 무선통신보조설비, 연소방지설비

78. 다음은 건축허가 등을 할 때 미리 소방본부장 또는 소방서장의 동의를 받아야 하는 건축물 등의 범위에 관한 기준 내용이다. ( ) 안에 알맞은 것은? (단, 공연장이 아닌 경우)

> 지하층 또는 무창층이 있는 건축물로서 바닥면적이 ( ) 이상인 층이 있는 것

① 100m²   ② 150m²
③ 200m²   ④ 300m²

해설 |
건축허가 등을 할 때에 소방본부장이나 소방서장의 동의를 받아야 하는 건축물 등의 범위
소방시설 설치 및 관리에 관한 법률 시행령
2. 지하층 또는 무창층이 있는 건축물로서 바닥면적이 150제곱미터(공연장의 경우에는 100제곱미터) 이상

79. 신축 또는 리모델링하는 100세대 이상의 공동주택은 시간당 최소 몇 회 이상의 환기가 이루어질 수 있도록 자연환기설비 또는 기계환기설비를 설치하여야 하는가?

① 0.5회   ② 0.7회
③ 1.2회   ④ 1.5회

해설 |
건축물의 설비기준 등에 관한 규칙
30세대 이상 공동주택은 시간당 0.5회 이상 환기

80. 상업지역 및 주거지역에서 건축물에 설치하는 냉방 및 환기시설의 배기구는 도로면으로부터 최소 얼마 이상의 높이에 설치하여야 하는가?

① 1.5m
② 1.8m
③ 2.0m
④ 2.5m

해설 |
건축물의 설비기준 등에 관한 규칙
냉방시설 및 환기시설의 배기구는 도로면으로부터 최소 2m 이상 높이에 설치

정답 78 ② 79 ① 80 ③

2019년 2회

01. 건축일반

1. 실표면의 총 흡음량이 160m² 이고, 실의 크기가 10m×18m×4m인 학교 교실에서 세이빈(Sabine)의 공식을 이용하여 구한 잔향시간은?

① 0.42초   ② 0.52초
③ 0.62초   ④ 0.72초

해설 |
$T = 0.16 \dfrac{V}{A} = 0.16 \times \dfrac{720}{160} = 0.72$
잔향시간 T
흡음력 A = 160m², 실의 크기 V = 720m²

2. 5kg의 물을 20℃에서 60℃로 올리는 데 필요한 열량 값은? (단, 물의 비열은 4.2kJ/kg·℃이다)

① 420kJ   ② 630kJ
③ 840kJ   ④ 1050kJ

해설 |
q = 5 × 4.2 × 40 = 840

3. 실내 환기횟수의 정의로 옳은 것은?

① 환기량(m³/h) × 실용적(m³)
② 환기량(m³/h) × 실용적(m³) × 2
③ 환기량(m³/h) / 실용적(m³)
④ 실용적(m³) / 환기량(m³/h)

4. 내부결로의 방지대책으로 옳지 않은 것은?

① 단열재를 가능한 한 벽의 내측에 설치
② 벽체 내부온도를 그 부분의 노점온도보다 높게 할 것
③ 실내의 수증기 발생 억제
④ 벽체 내부의 수증기압을 포화수증기압보다 작게 할 것

5. 일주일 평균 48시간 수업을 하는 어느 중학교에서 한 교실의 과학수업에 6시간 사용할 때 이 교실의 이용률은?

① 12.5%
② 14.5%
③ 20.5%
④ 32.5%

해설 |
$\dfrac{6}{48} \times 100\% = 12.5\%$

6. 다음 창호 중 개폐방식에 의한 종류가 아닌 것은?

① 미닫이 문
② 양판문
③ 회전문
④ 미서기 문

정답 1 ④ 2 ③ 3 ③ 4 ① 5 ① 6 ②

7. 개실형(복도형) 사무실에 관한 설명으로 옳지 않은 것은?

① 방 길이에는 변화를 줄 수 있다.
② 방 깊이에는 변화를 줄 수 없다.
③ 독립성은 있으나 공사비가 비교적 높다.
④ 신축성이 있으며 전 면적을 유용하게 이용할 수 있다.

8. 아파트 배치계획에서의 인동간격과 가장 거리가 먼 요소는?

① 일조
② 통풍
③ 방화
④ 단위세대의 면적

9. 15층인 중소형 아파트를 시공할 때 현재 가장 많이 적용되는 구조 방식은?

① 내력벽식 구조 ② 가구식 구조
③ 현수 구조   ④ 박판 구조

10. 철골조에서 보와 슬래브의 합성 거동을 향상시키기 위하여 설치하는 부재는?

① 스터드 볼트(Stud Bolt)
② 슬리브(Sleeve)
③ 철근 간격재(Spacer)
④ 형틀 간격재(Separator)

11. 주택의 실내동선계획에 관한 설명으로 옳지 않은 것은?

① 동선은 현관에서 시작된다.
② 짧고 직선적이어야 한다.
③ 다른 행위를 방해하지 않아야 한다.
④ 거실을 통과하여 각 실에 접근하는 것이 좋다.

12. 수평하중에 의한 목조 뼈대의 변형을 방지하는 가장 유효한 방법은?

① 버팀대를 넣는다.
② 부축기둥을 넣는다.
③ 가새를 넣는다.
④ 붙임기둥을 넣는다.

13. 사무소 건축에서 코어시스템을 채용하는 이유와 가장 거리가 먼 것은?

① 개실의 독립성 보장
② 내진성능확보 등 구조적 이점
③ 설비비의 절약
④ 공용공간 집중으로 인한 사용상 이점

정답 7 ④ 8 ④ 9 ① 10 ① 11 ④ 12 ③ 13 ①

14. 시티 호텔의 종류가 아닌 것은?

① 아파트먼트 호텔(Apartment Hotel)
② 클럽 하우스(Club House)
③ 레지덴셜 호텔(Residential Hotel)
④ 커머셜 호텔(Commercial Hotel)

15. 상점이 위치할 대지의 선정조건으로 옳지 않은 것은?

① 2면 이상 도로에 접하지 않은 곳
② 교통이 편리한 곳
③ 사람의 통행이 많고 번화한 곳
④ 눈에 잘 띄는 곳

16. 호텔건축 계획에 관한 설명으로 옳지 않은 것은?

① 사교부분은 공공성을 주체로 하며 호텔 전체의 매개공간 역할을 한다.
② 공공부분은 호텔의 가장 중요한 부분으로, 이에 의해 호텔의 형이 결정된다.
③ 관리부분은 경영과 서비스의 중추적인 역할을 한다.
④ 시티 호텔의 경우 부지의 제한으로 대지 경계선에 따라 모양이 결정되기 쉽다.

17. 열려진 여닫이문이 자동으로 닫아지게 하는 창호철물은?

① 도어 스톱
② 도어 체크
③ 문버팀쇠
④ 크레센트

18. 건물 내외의 기압차를 이용한 지붕 구조는?

① 절판구조
② 현수구조
③ 곡면판구조
④ 공기막구조

해설 |
대규모 스타디움 등 지붕을 천, 풍선 등으로 덮는 구조로 더운 공기의 상승을 이용한다.

19. 전면도로와 상점 내부와의 경계인 숍 프런트(Shop Front)의 형식은 크게 3가지로 구분되는 데 이에 해당되지 않는 것은?

① 개방형
② 폐쇄형
③ 병렬형
④ 혼합형

20. 벽체의 모서리, 창문 옆 또는 붙임기둥에 많이 사용되는 블록의 종류는?

① 반블록
② 평마구리형 블록
③ 가로근용 블록
④ 인방블록

정답 14 ② 15 ① 16 ② 17 ② 18 ④ 19 ③ 20 ②

02. 위생설비

21. 급수방식 중 수도직결방식에 관한 설명으로 옳지 않은 것은?

① 급수압력이 일정하다.
② 고층으로의 급수가 어렵다.
③ 정전으로 인한 단수의 염려가 없다.
④ 위생성 측면에서 바람직한 방식이다.

해설 |
수도직결방식은 공급압력변화와 사용량에 따라 압력의 변동이 생긴다.

22. 액화천연가스에 관한 설명으로 옳지 않은 것은?

① 주성분은 메탄이다.
② 공기보다 가벼워 안정성이 높다.
③ 천연가스를 냉각 액화한 것을 말한다.
④ 작은 용기에 담아 간단히 사용할 수 있다.

해설 |
액화천연가스는 고압용기가 필요하다.

23. 통기관의 최소관경에 관한 설명으로 옳지 않은 것은?

① 각개통기관의 관경은 그것이 접속되는 배수관 관경의 1/2 이상으로 한다.
② 루프통기관의 관경은 배수수평지관과 통기수직관 중 작은 쪽 관경의 1/2 이상으로 한다.
③ 결합통기관의 관경은 통기수직관과 배수수직관 중 작은 쪽의 관경 이상으로 한다.
④ 배수수평지관의 도피통기관의 관경은 그것을 접속하는 배수수평지관의 관경보다 작게 해서는 안 된다.

해설 |
도피통기관은 배수 수평지관의 1/2 이상으로 하되 최소 32mm 이상

24. 오수 중에 분해 가능한 유기물이 용존산소의 존재하에 미생물의 작용에 의해 산화분해되어 안정한 물질로 변해갈 때 소비되는 산소량을 의미하는 것은?

① pH ② ppm
③ BOD ④ COD

해설 |
생화학적 산소소비량으로 유기물 오염 정도를 나타낼 때 사용한다.

정답 21 ① 22 ④ 23 ④ 24 ③

25. 기구배수 부하단위 산정에 기준이 되는 기구는?

① 욕조 ② 세면기
③ 소변기 ④ 대변기

해설 |
기구급수부하단위의 기준은 세면기 15mm 28L/min

26. 스프링클러설비의 배관 중 직접 또는 수직배관을 통하여 가지배관에 급수하는 배관은?

① 주배관 ② 교차배관
③ 급수배관 ④ 신축배관

27. 저탕식 전기가열기를 사용하여 $0.2m^3/h$의 급탕을 공급할 경우 사용 전력은? (단, 물의 비열은 4.2kJ/kg·K, 급탕온도는 60℃, 급수온도는 10℃, 전기효율은 100%이다)

① 3.5kW ② 11.7kW
③ 23.1kW ④ 50.4kW

해설 |
$q[kW] = 200 \times 4.2(60-10) \times \dfrac{1}{3600}$
∴ q = 11.66[kW]

28. 강관 또는 동관 등의 배관으로 곡관을 만들어 배관의 신축을 흡수하는 신축이음쇠로 신축곡관이라고도 불리는 것은?

① 루프형 신축이음쇠
② 밸로즈형 신축이음쇠
③ 스위블형 신축이음쇠
④ 슬리브형 신축이음쇠

29. 베르누이의 정리에 따른 전압, 정압 및 동압에 관한 설명으로 옳은 것은?

① 동압에서 정압을 뺀 것이 전압이다.
② 압력수두에서의 압력은 전압을 의미한다.
③ 배관의 관경이 증가하면 동압은 감소한다.
④ 배관 내 마찰저항이 증가하면 정압은 증가한다.

해설 |
관경이 증가하면 유량은 변함없고 유속은 느려져 동압은 감소한다.

30. 배수용 트랩으로서의 성능에 문제가 있어 사용하지 않는 것이 바람직한 트랩에 속하지 않는 것은?

① 2중 트랩 ② 격벽 트랩
③ 수봉식 트랩 ④ 가동부분이 있는 것

해설 |
일반적으로 사용하는 P, U 트랩을 포괄하는 수봉식 트랩은 물로 밀봉한다는 뜻이며 일반적으로 가장 많이 쓰이는 권장 트랩이다.

정답 25 ② 26 ② 27 ② 28 ① 29 ③ 30 ③

31. 저수 및 고가탱크 등 상수 탱크에 관한 설명으로 옳지 않은 것은?

① 물의 정체를 방지할 수 있는 조치를 취하여야 한다.
② 건물 최하층의 바닥 밑 또는 바닥 밑의 지중에 설치하지 않는다.
③ 상수관 이외의 관이 상수 탱크를 관통하거나 상부를 횡단하지 않도록 한다.
④ 상수 탱크의 천장·바닥 또는 주변 벽은 건축물의 구조부분과 겸용하도록 한다.

해설 |
상수 탱크의 천장, 바닥 또는 주변 벽은 건축물의 구조 부분과 겸용하지 않도록 한다. 즉, 별도의 탱크로 해야 한다.

32. 연결살수설비에서 송수구의 설치 위치로 옳은 것은?

① 지면으로부터 높이가 0.5m 이상 1m 이하의 위치
② 지면으로부터 높이가 0.5m 이상 1.5m 이하의 위치
③ 지면으로부터 높이가 1m 이상 1.5m 이하의 위치
④ 지면으로부터 높이가 1m 이상 2m 이하의 위치

해설 |
바닥으로부터 높이 0.5m 이상 1m 이하의 위치 (소방대가 쓰는 설비+옥외소화전 공통)

33. 관의 스케줄 번호의 결정 요소는?

① 관의 내경
② 관의 외경
③ 관의 두께
④ 관의 길이

해설 |
sch는 관의 두께를 나타낸다(운전압력 P를 배관재질의 최대허용응력 S값으로 나눈 값에 1000을 곱한 값).

34. 강관 이음쇠와 사용 용도의 연결이 옳지 않은 것은?

① 엘보 - 관의 방향을 바꿀 때
② 와이 - 관을 도중에서 분기할 때
③ 니플 - 관경이 같은 관을 연결할 때
④ 플러그 - 관경이 다른 관을 연결할 때

해설 |
관을 안쪽으로 막을 때

35. 2개 이상의 트랩을 보호하기 위하여 기구배수관이 배수수평지관에 접속하는 지점의 바로 하류에서 취출하여, 통기수직관에 연결하는 통기관은?

① 습통기관
② 신정통기관
③ 각개통기관
④ 회로통기관

정답 31 ④ 32 ① 33 ③ 34 ④ 35 ④

36. 급탕설비에 관한 설명으로 옳지 않은 것은?

① 배관은 적정한 압력손실 상태에서 피크시를 충족시킬 수 있어야 한다.
② 냉수, 온수를 혼합사용해도 압력차에 의한 온도변화가 없도록 하여야 한다.
③ 개방형 급탕시스템에는 온도상승에 의한 압력을 도피시킬 수 있는 팽창탱크를 설치하여야 한다.
④ 배관거리가 30m를 초과하는 중앙급탕방식에서는 일정한 급탕온도 유지를 위하여 환탕관과 순환펌프를 설치한다.

해설 |
개방형 시스템은 배관 중에 대기압에 노출된 부분이 있어 수해의 우려가 없다면 팽창탱크가 없어도 된다.

37. 급탕설비의 가열방식에 관한 설명으로 옳지 않은 것은?

① 직접가열식은 간접가열식보다 열효율이 높다.
② 직접가열식은 보일러 안에 스케일 부착의 우려가 있다.
③ 간접가열식은 일반적으로 규모가 큰 건물의 급탕에 사용된다.
④ 직접가열식에서 가열보일러는 난방용 보일러와 일반적으로 겸용하여 사용된다.

해설 |
직접가열식의 급탕은 필요한 곳에 직접 공급되므로 난방과 겸용하여 사용이 어렵다.

38. 고층건물의 급수시스템을 저층건물과 같이 단일계통으로 할 경우의 문제점과 가장 거리가 먼 것은?

① 저층부 수질 저하
② 저층부 소음 증대
③ 저층부 수압 과대 작용
④ 저층부 워터 해머 발생

해설 |
구조상 수질 저하와 관계가 없다.

39. 수도직결방식의 급수방식에서 수도 본관의 압력이 160kPa, 수전의 높이가 6m, 마찰손실 수두가 2mAq일 때, 이 수전이 받는 압력은? (단, 10kPa=1m)

① 약 40kPa   ② 약 80kPa
③ 약 152kPa   ④ 약 240kPa

해설 |
160 = 60 + 20 + X
∴ X = 80

40. 대변기 세정수의 급수방식 중 로 탱크식에 관한 설명으로 옳은 것은?

① 대변기의 연속사용이 가능하다.
② 세정음은 유수음이 포함되기 때문에 소음이 크다.
③ 단시간에 다량의 물이 필요하기 때문에 주변 수전에 큰 영향을 끼친다.
④ 탱크로의 급수압력에 관계없이 세정시 대변기로의 공급 압력이 일정하다.

해설 |
탱크에서 대변기로 공급되므로

정답 36 ③　37 ④　38 ①　39 ②　40 ④

03. 공기조화설비

41. 냉방부하 계산 시 잠열을 계산하지 않아도 되는 것은?

① 인체의 발생열량
② 유리로부터의 취득열량
③ 극간풍에 의한 취득열량
④ 외기의 도입으로 인한 취득열량

해설 |
유리로 수분이 통과하지 않는다.

42. 유리창으로 통한 취득열량을 줄이기 위한 방법으로 옳지 않은 것은?

① 반사율이 큰 유리 사용
② 열관류율이 큰 유리 사용
③ 투과율이 작은 유리 사용
④ 차폐계수가 작은 유리 사용

해설 |
열관류율이 큰 유리 사용하면 유리창으로 통한 취득열량이 커진다.

43. 온수난방 배관에서 역환수방식(Reverse Return System)을 채택하는 가장 주된 이유는?

① 재료비 절감   ② 수격작용 방지
③ 펌프동력 절감 ④ 균등한 유량분배

해설 |
균등한 유량분배로 균등한 열량 분배

44. 다음 중 배관의 신축에 대응하기 위해 사용되는 신축이음에 속하지 않는 것은?

① 스위블형   ② 플로트형
③ 슬리브형   ④ 벨로즈형

해설 |
플로트형은 기계식 트랩의 종류

45. 다음과 같은 조건에서 난방 시 외기에 의한 현열부하는?

> ㉠ 외기량 : 500kg/h
> ㉡ 외기
> • 건구온도 5℃
> • 절대습도 : 0.002kg/kg'
> ㉢ 실내공기
> • 건구온도 : 24℃
> • 절대습도 : 0.009kg/kg'
> ㉣ 공기의 비열 : 1.01KJ/kg·K

① 2.67kW   ② 3.17kW
③ 3.68kW   ④ 4.12kW

해설 |
$q = 500 \times 1.01 \times (24 - 5) \times \dfrac{1}{3600} = 2.667 \text{kW}$

46. 다음 중 습공기선도에 직접 표현되지 않는 상태 값은?

① 비체적   ② 엔탈피
③ 열용량   ④ 상대습도

47. 건구온도 20℃, 절대습도 0.01kg/kg'인 습공기 10kg의 엔탈피는? (단, 건공기의 정압비열은 1.01kJ/kg·K, 수증기의 정압비열은 1.85kJ/kg·K, 0℃에서 포화수의 증발잠열은 2501kJ/kg이다)

① 201.6kJ   ② 254.5kJ
③ 369.6kJ   ④ 455.8kJ

해설 |
현열 = 10 × 1.01 × 20 = 202
잠열 = 10 × 0.01(2501 + 1.85 × 20) = 253.8
그러므로 합 = 455.8

48. 아네모스탯형 취출구에 관한 설명으로 옳지 않은 것은?

① 확산형 취출구이다.
② 확산반경이 크고 도달거리가 짧다.
③ 주로 벽체 하부에 설치되어 사용된다.
④ 1차 공기에 의한 2차 공기의 유인성능이 좋다.

해설 |
천장에 설치되어 사용된다.

49. 덕트의 방향전환을 위해 사용되는 장방형 단면의 원호형 엘보의 국부저항손실계수가 0.22일 때, 이 엘보에 발생하는 국부저항손실은? (단, 풍속은 10m/s, 공기의 밀도는 1.2kg/m³이다)

① 11.0Pa   ② 13.2Pa
③ 15.4Pa   ④ 19.6Pa

해설 |
국부저항 $= \zeta \dfrac{U^2}{2}\rho = 0.22 \dfrac{10^2}{2} \times 1.2 = 13.2$

50. 다음 중 펌프의 비교회전수가 가장 적은 것은?

① 사류펌프   ② 축류펌프
③ 터빈펌프   ④ 볼류트펌프

해설 |
비교회전수는 펌프의 유량 특성을 나타낸다. 양정을 목적으로 하는 터빈펌프가 가장 적다.

51. 5000W의 열을 발산하는 기계실의 온도를 26℃로 유지시키기 위한 필요 환기량(m³/h)은? (단, 외기온도 6℃, 공기의 밀도 1.2kg/m³, 공기의 정압비열 1.01kJ/kg·K, 기계실의 열전달 손실은 무시한다)

① 225.0m³/h   ② 396.8m³/h
③ 594.1m³/h   ④ 742.6m³/h

해설 |
$5[kW] = Q \times 1.2 \times 1.01(26-6) \times \dfrac{1}{3600}$
∴ Q = 742.57[m³/h]

52. 배관에 설치하여 관속의 유체에 섞여 있는 모래 등의 이물질을 제거하여 기기의 성능을 보호하는 기구로서 여과기라고도 불리는 것은?

① 트랩   ② 밸브
③ 볼조인트   ④ 스트레이너

53. 다음 중 증기트랩의 설치위치로 가장 적당한 곳은?

① 펌프의 입구
② 펌프의 출구
③ 방열기의 입구
④ 방열기의 환수구

54. 외기의 이산화탄소(CO_2) 함유량이 300ppm, 사람의 호흡 시 1인당 CO_2 배출량이 $0.017m^3/h$인 경우, 1인당 필요한 환기량은? (단, CO_2의 실내허용농도는 1000ppm이다)

① $24.3m^3/h \cdot 인$
② $25.9m^3/h \cdot 인$
③ $26.7m^3/h \cdot 인$
④ $28.3m^3/h \cdot 인$

해설 |
$M + QC_0 = QC_i$
$0.017 = Q(1000-300) \times 10^{-6}$
∴ $Q = 24.29$

55. 보일러에 관한 설명으로 옳지 않은 것은?

① 입형보일러는 사용압력이 높아 규모가 큰 건물에 주로 사용된다.
② 노통연관보일러는 부유수면이 넓어서 급수 조절이 용이하다.
③ 관류보일러는 수관보일러와 같이 수관으로 되어 있으나 드럼이 없다.
④ 수관보일러는 대형 건물 또는 병원이나 호텔 등과 같이 고압증기를 다량 사용하는 곳이나 지역난방 등에 사용된다.

해설 |
입형보일러는 소형 건물에 주로 사용되는 보일러다.

56. 송풍량 $300m^3/min$, 정압 30mmAq인 송풍기의 회전수를 높여 풍량을 $360m^3/min$로 변화시킬 경우 정압은?

① 36mmAq
② 43.2mmAq
③ 51.8mmAq
④ 64.6mmAq

해설 |
$\frac{x}{30} = (\frac{360}{300})^2$
∴ $x = 43.2$

57. 바닥복사난방에 관한 설명으로 옳지 않은 것은?

① 증기난방에 비해 쾌적감이 높다.
② 예열시간이 짧기 때문에 간헐난방에 적합하다.
③ 천장고가 높은 경우에도 난방감을 얻을 수 있다.
④ 실내에 방열기를 설치하지 않으므로 바닥이나 벽면을 유용하게 이용할 수 있다.

해설 |
열용량이 커 예열시간이 길다.

58. 다음과 같은 특징을 갖는 냉동기는?

- 임펠러의 원심력에 의해 냉매가스를 압축한다.
- 대용량에서는 압축효율이 좋고 비례제어가 가능하다.
- 대·중형 규모의 중앙식 공조에서 냉방용으로 사용된다.

① 터보식 냉동기
② 흡수식 냉동기
③ 왕복동식 냉동기
④ 스크루식 냉동기

59. 덕트의 배치방식 중 개별덕트방식에 관한 설명으로 옳은 것은?

① 공장의 급배기에 주로 사용된다.
② 소요되는 덕트 스페이스가 작다.
③ 각 실의 개별 제어성이 우수하다.
④ 공사비는 저렴하나 실내에서 기류 분포가 좋지 않다.

60. 공기조화시스템에서 공기를 가습하는 방법으로 옳지 않은 것은?

① 증기의 직접분무
② 온수의 직접분무
③ 에어 와셔의 이용
④ 직접 팽창코일의 이용

해설 |
직접 팽창코일식은 냉방의 방법

04. 건축설비관계법규

61. 바닥면적이 200m²인 학교 교실에 채광을 위하여 설치하는 창문등의 최소 면적은? (단, 별도의 조명장치를 설치하지 않고 창문등으로만 채광을 하는 경우)

① 10m²
② 20m²
③ 30m²
④ 40m²

해설 |
건축물의 피난·방화구조 등의 기준에 관한 규칙 제17조 (채광 및 환기를 위한 창문등)에 따라 채광을 위하여 거실에 설치하는 창문등의 면적은 그 거실의 바닥면적의 10분의 1 이상이어야 한다. 다만 거실의 용도에 따라 조도 이상의 조명장치를 설치하는 경우에는 그러하지 아니하다.

62. 6층 이상의 거실면적의 합계가 20000m²인 15층 아파트에 설치하여야 할 승용승강기의 최소 대수는? (단, 12인승 승용승강기의 경우)

① 5대 ② 6대
③ 7대 ④ 8대

해설 |
기본 3천 제곱미터 1대 + 17000/3000 6대 = 7대
건축물의 설비기준 등에 관한 규칙 별표1의2
<승용승강기의 설치기준(제5조 본문 관련)>

건축물의 용도 \ 6층 이상의 거실면적의 합계	3천 제곱미터 이하	3천 제곱미터 초과
가. 공동주택 나. 교육연구시설 다. 노유자시설 라. 그 밖의 시설	1대	1대에 3천 제곱미터를 초과하는 3천 제곱미터 이내마다 1대를 더한 대수

63. 건축물의 용도변경과 관련된 시설군 중 주거 업무시설군에 속하지 않는 것은?

① 공동주택   ② 업무시설
③ 노유자시설 ④ 교정 및 군사시설

해설 |
주거 업무시설군 - 단독주택, 공동주택, 업무시설, 교정 및 군사시설

64. 건축물의 에너지절약 설계기준에 따른 야간단열장치의 총열관류저항은 최소 얼마 이상되어야 하는가?

① 0.1m²·K/W 이상
② 0.2m²·K/W 이상
③ 0.3m²·K/W 이상
④ 0.4m²·K/W 이상

해설 |
건축물의 에너지절약 설계기준
야간단열장치 총열관류저항 0.4m²·K/W 이상

65. 건축물의 에너지절약설계기준상 다음과 같이 정의되는 용어는?

> 냉(난)방기간 동안 또는 연간 총 시간에 대한 온도 출현분포 중에서 가장 높은(낮은) 온도 쪽으로부터 총 시간의 일정 비율에 해당하는 온도를 제외시키는 비율

① 효율
② 위험률
③ 수용률
④ 분포율

66. 건축물의 설비기준 등에 관한 규칙에 따라 피뢰설비를 설치하여야 하는 대상 건축물의 높이 기준은?

① 20m 이상
② 24m 이상
③ 27m 이상
④ 31m 이상

해설 |
건축설비기준 등에 관한 규칙
피뢰설비 - 20m 이상 건물

67. 피난용 승강기의 설치에 관한 기준 내용으로 옳지 않은 것은?

① 예비전원으로 작동하는 조명설비를 설치할 것
② 승강장의 바닥면적은 승강기 1대당 5m² 이상으로 할 것
③ 각 층으로부터 피난층까지 이르는 승강로를 단일구조로 연결하여 설치할 것
④ 승강장의 출입구 부근의 잘 보이는 곳에 해당 승강기가 피난용 승강기임을 알리는 표지를 설치할 것

해설 |
건축물의 설비기준 등에 관한규칙
옥내에 있는 승강자의 바닥면적은 비상용승강기 1대에 대하여 6m² 이상으로 설치할 것

68. 건축물의 일부를 완공하여 임시로 사용하고자 할 때 임시사용승인의 기간은 몇 년 이내를 원칙으로 하는가?

① 1년   ② 2년
③ 3년   ④ 4년

해설 |
건축법 시행규칙
임시사용의 기간은 2년 이내

69. 다음은 다중이용시설을 신축하는 경우 기계환기설비를 설치하여야 하는 대상 다중이용 시설에 관한 기준 내용이다. ( ) 안에 알맞은 것은?

> 의료시설 : 연면적이 (㉠) 이상이거나 병상 수가 (㉡) 이상인 [의료법] 제3조에 따른 의료기관

① ㉠ 1000m², ㉡ 100개
② ㉠ 1000m², ㉡ 200개
③ ㉠ 2000m², ㉡ 100개
④ ㉠ 2000m², ㉡ 200개

해설 |
건축물의 설비기준 등에 관한 규칙
기계환기설비를 설치하여야 하는 다중이용시설 종류
마. 의료시설 : 연면적이 1000m² 이상이거나 병상 수가 100개 이상인 의료기관

70. 특정소방대상물이 문화 및 집회시설인 경우, 모든 층에 스프링클러설비를 설치하여야 하는 수용인원 기준은? (단, 동·식물원은 제외)

① 50명 이상
② 100명 이상
③ 150명 이상
④ 200명 이상

해설 |
국가화재안전기준
문화 및 집회시설(동·식물원 제외) 수용인원 100명 이상인 것

정답 67 ② 68 ② 69 ③ 70 ②

71. 건축물의 바깥쪽에 설치하는 피난계단의 유효너비는 최소 얼마 이상으로 하여야 하는가?

① 0.7m　② 0.8m
③ 0.9m　④ 1.0m

해설 |
건축물방화구조 규칙
제9조(피난계단 및 특별피난계단의 구조) ①
2. 건축물의 바깥쪽에 설치하는 피난계단의 구조
　다. 계단의 유효너비는 0.9미터 이상으로 할 것

72. 다음은 승강기의 설치에 관한 기준 내용이다. 대통령령으로 정하는 건축물의 기준 내용으로 옳은 것은?

> 건축주는 5층 이상으로 연면적이 2000m² 이상인 건축물(대통령령으로 정하는 건축물은 제외한다)을 건축하려면 승강기를 설치하여야 한다.

① 층수가 6층인 건축물로서 각 층 거실의 바닥면적 300m² 이내마다 1개소 이상의 직통계단을 설치한 건축물
② 층수가 6층인 건축물로서 각 층 거실의 바닥면적 500m² 이내마다 1개소 이상의 직통계단을 설치한 건축물
③ 연면적이 2000m²인 건축물로서 각 층 거실의 바닥면적 300m² 이내마다 1개소 이상의 직통계단을 설치한 건축물
④ 연면적이 2000m²인 건축물로서 각 층 거실의 바닥면적 500m² 이내마다 1개소 이상의 직통계단을 설치한 건축물

해설 |
건축법 시행령
제89조(승용승강기의 설치)
"대통령령으로 정하는 건축물"이란 층수가 6층인 건축물로서 각 층 거실의 바닥면적 300제곱미터 이내마다 1개소 이상의 직통계단을 설치한 건축물을 말한다.

73. 다음은 거실등의 방습에 관한 기준 내용이다. ( ) 안에 알맞은 것은?

> 숙박시설의 욕실의 바닥과 그 바닥으로부터 높이 ( )까지의 안벽의 마감은 이를 내수재료로 하여야 한다.

① 0.5m　② 1m
③ 1.2m　④ 1.5m

해설 |
건축물의 피난·방화구조 등의 기준에 관한 규칙
다음 각 호의 어느 하나에 해당하는 욕실 또는 조리장의 바닥과 그 바닥으로부터 높이 1미터까지의 안쪽벽의 마감은 이를 내수재료로 해야 한다.
1. 제1종 근린생활시설중 목욕장의 욕실과 휴게음식점의 조리장
2. 제2종 근린생활시설 중 일반음식점 및 휴게음식점의 조리장과 숙박시설의 욕실

74. 건축법령상 다중주택이 갖춰야 할 요건에 속하지 않는 것은?

① 19세대 이하가 거주할 수 있을 것
② 독립된 주거의 형태를 갖추지 아니한 것
③ 1개 동의 주택으로 쓰이는 바닥면적의 합계가 330m² 이하일 것
④ 학생 또는 직장인 등 여러 사람이 장기간 거주할 수 있는 구조로 되어 있는 것

정답　71 ③　72 ①　73 ②　74 ①

해설 |
건축법 시행령 별표1
학생 또는 직장인 등 다수인이 장기간 거주할 수 있는 구조로 되어 있고, 각 실은 독립된 주거의 형태가 아니며, 건물의 연면적이 330제곱미터 이하이고 층수가 3층 이하인 경우의 단독주택

해설 |
건축법
제14조(건축신고) ①
3. 연면적이 200제곱미터 미만이고 3층 미만인 건축물의 대수선

75. 에스컬레이터는 건축물의 출입구에 설치하는 회전문으로부터 최소 얼마 이상의 거리를 두어야 하는가?

① 2m
② 4m
③ 6m
④ 8m

해설 |
건축물방화구조 규칙
제12조(회전문의 설치기준) 영 제39조 제2항의 규정에 의하여 건축물의 출입구에 설치하는 회전문은 다음 각 호의 기준에 적합하여야 한다.
1. 계단이나 에스컬레이터로부터 2미터 이상의 거리를 둘 것

77. 다음은 특정소방대상물의 소방시설 설치의 면제에 관한 기준 내용이다. ( ) 안에 알맞은 것은?

> 스프링클러설비를 설치하여야 하는 특정소방대상물에 ( )를 화재안전기준에 적합하게 설치한 경우에는 그 설비의 유효범위에서 설치가 면제된다.

① 연결살수설비
② 옥내소화전설비
③ 옥외소화전설비
④ 물분무등소화설비

해설 |
물분무 등 소화설비와 스프링클러 소화설비는 설치 시 상호 면제된다.

76. 건축물을 대수선하려는 경우, 허가 대상 건축물이라 하더라도 특별자치시장·특별자치도지사 또는 시장·군수·구청장에게 국토교통부령으로 정하는 바에 따라 신고를 하면 건축허가를 받은 것으로 보는 건축물의 연면적 기준은? (단, 3층 미만)

① 연면적의 합계가 200m² 미만인 건축물
② 연면적의 합계가 100m² 미만인 건축물
③ 연면적의 합계가 500m² 미만인 건축물
④ 연면적의 합계가 300m² 미만인 건축물

78. 다음은 연결살수설비를 설치하여야 하는 특정 소방대상물에 관한 기준 내용이다. ( ) 안에 알맞은 것은?

> 판매시설, 운수시설, 창고시설 중 물류터미널로서 해당 용도로 사용되는 부분의 바닥면적의 합계가 ( ) 이상인 것

① 300m²
② 500m²
③ 1000m²
④ 1500m²

79. 다음의 소방시설 중 소화활동설비에 속하지 않는 것은?

① 제연설비
② 비상콘센트설비
③ 자동화재속보설비
④ 무선통신보조설비

해설 |
자동화재속보설비는 경보설비

80. 6층 이상인 건축물로서 건축물의 거실(피난층의 거실 제외)에 국토교통부령으로 정하는 기준에 따라 배연설비를 하여야 하는 대상 건축물에 속하지 않는 것은?

① 운동시설
② 종교시설
③ 제1종 근린생활시설
④ 교육연구시설 중 연구소

해설 |
건축법 시행령
제2종 근린생활시설만 해당

2019년 1회

건축설비산업기사 과년도 필기

01. 건축일반

1. 2가지 음이 동시에 귀에 들어와서 한쪽의 음 때문에 다른 쪽의 음이 작게 들리는 현상을 무엇이라 하는가?

① 명료도　　② 정재파 현상
③ 마스킹 효과　④ 반향

해설 |
마스킹 효과 : 특정음을 듣고 있을 때, 다른 음이 크게 들리면 특정음의 감도가 줄어들거나 들리지 아니하는 현상

2. 전시장의 자연채광 방법 중 지붕을 통해 들어온 자연광을 지붕과 천장 사이에서 조정하여 실내 전체를 조명하는 형식은?

① 측광 형식　　② 정광형 형식
③ 고측광 형식　④ 정측광 형식

3. 다음에서 설명하는 빛의 단위는?

"빛 에너지가 단위 입체각을 통과하는 비율로서, 단위는 루멘(lm)을 사용한다."

① 조도　　② 광도
③ 광속　　④ 휘도

해설 |
광속은 빛의 양으로 단위로 루멘을 쓴다.

4. 일사에 의한 복사열의 흡수로 불투명한 벽면 또는 지붕면에서의 외표면 온도는 차츰 상승하게 되는데, 이와 같은 효과로 상승되는 온도에 외기온도를 가산한 값을 의미하는 것은?

① 유효온도
② 상당외기온도
③ 습구온도
④ 효과온도

해설 |
상당외기온도는 냉난방 시 일사 복사열로 벽면이나 지붕면에서 외표면 온도가 상승하고 축열되어 상승된 온도를 외기온도로 보정한 값

5. 건물 에너지 절약을 위하여 고려하여야 할 사항으로 옳지 않은 것은?

① 고기밀·고단열 창호의 적용
② 주광을 적극적으로 이용하는 조명 방식
③ 열전도율이 높은 단열재 사용
④ 자연 에너지의 이용

해설 |
열전도율이 높으면 열통과율이 높아져 에너지의 낭비가 된다.

정답　1 ③　2 ②　3 ③　4 ②　5 ③

6. 다음과 같은 특징을 갖는 도서관의 출납 시스템은?

> 열람자는 직접 서가에 면하여 책의 체제나 표지 정도는 볼 수 있으나 내용을 보려면 관원에게 요구하여 대출기록을 남긴 후 열람하는 형식으로 신간서적 안내에 채용된다.

① 자유개가식   ② 안전개가식
③ 반개가식   ④ 폐가식

7. 상점의 진열장 배치에서 부문별의 상품진열이 용이하고 대량판매 형식이 가능한 형태로 주로 침구코너, 식기코너, 서점 등에서 사용되는 것은?

① 환상배열형   ② 굴절배열형
③ 직렬배열형   ④ 복합형

8. 석조건축물의 장점으로 옳지 않은 것은?

① 외관이 장중·미려하다.
② 마모에 대한 저항성이 크다.
③ 내화적이다.
④ 가공이 쉽고 비교적 저렴하다.

9. 철근콘크리트구조에서 건조수축이나 온도변화에 의해 발생한 균열에 저항하기 위해 배근하는 것은?

① 주근   ② 배력근
③ 스터럽   ④ 띠철근

10. 벽이나 기둥모서리를 마모로부터 보호하기 위해 사용하는 철물은?

① 논슬립
② 코너비드
③ 도어체크
④ 피벗힌지

11. 판보에서 웨브에 스티프너를 설치하는 가장 주된 목적은?

① 웨브판의 좌굴 방지
② 플랜지의 처짐 방지
③ 플랜지의 부식 방지
④ 철근의 배근 용이

12. 호텔의 동선계획으로 옳지 않은 것은?

① 고객동선과 서비스동선이 교차되지 않도록 한다.
② 숙박고객과 연회고객의 출입구는 분리하는 것이 좋다.
③ 고객동선은 고객이 원하는 장소에 갈 수 있도록 명확하게 하는 것이 좋다.
④ 숙박고객이 프런트를 통하지 않고 주차장으로 갈 수 있도록 하는 것이 좋다.

정답 6 ③ 7 ③ 8 ④ 9 ② 10 ② 11 ① 12 ④

13. 다음 각 구조형식에 관한 설명으로 옳지 않은 것은?

① 철골철근콘크리트구조는 철골을 중심으로 그 주위를 철근으로 둘러싸는 구조이다.
② 트러스구조는 각 부재를 절점에서 연결해 삼각형으로 짜 맞춘 구조이다.
③ 라멘구조에서 기둥과 보 접합부는 강접합으로 된다.
④ 트러스구조의 각 부재에는 축방향력과 전단력, 휨이 발생한다.

14. 아파트의 중복도형의 특징이 아닌 것은?

① 대지에 대한 이용도가 좋다.
② 채광과 통풍을 동시에 좋게 할 수 없다.
③ 프라이버시가 나쁘고 시끄럽다.
④ 복도의 불필요한 면적이 적다.

15. 상점건축에서 진열장의 반사를 방지하는 방법과 거리가 먼 것은?

① 진열장 내, 외부의 온도차를 적게 한다.
② 진열장 내부의 조도를 높인다.
③ 차양을 설치하여 진열장 외부에 그늘을 만든다.
④ 진열장의 유리를 경사지게 한다.

16. 아파트의 평면형식에 의한 분류 중 계단실형에 관한 설명으로 옳지 않은 것은?

① 각 호 내의 주거성 및 독립성이 강하다.
② 코어의 시설비가 낮고, 이용률이 높아 경제적으로 매우 유리하다.
③ 동선이 짧으므로 출입이 용이하다.
④ 통행부의 면적이 작으므로 건물의 이용도가 높다.

17. 사무소 건축에서 코어(Core)에 관한 설명으로 옳지 않은 것은?

① 사람 및 물품의 수직방향 교통시설이다.
② 기계·전기 설비와는 별도로 구성한다.
③ 주 내력벽 구조체의 역할을 담당하는 경우가 많다.
④ 코어설치 시 사무소의 유효면적이 증대된다.

18. 병원의 간호사대기소에 관한 설명으로 옳지 않은 것은?

① 병실군의 중앙에 위치시킨다.
② 각 간호단위 또는 각층 및 동별로 설치한다.
③ 가능하면 계단이나 엘리베이터실 등에 인접하여 외부인의 출입을 감시할 수 있도록 한다.
④ 오물 처리실 및 배선실 등의 공간이 설치된다.

19. 학교 교실의 배치 및 세부계획에 관한 설명으로 옳은 것은?

① 교실은 운동장에 직접 면하는 것이 좋다.
② 출입구는 각 교실마다 1개소에 설치하고, 여닫이문일 경우 여는 방향은 안여닫이로 한다.
③ 교실의 채광은 일조시간이 긴 방위를 택한다.
④ 초등학교 저학년 교실은 최상층에 두는 것이 좋다.

20. 주거공간 계획에서 가사노동을 경감하기 위한 방안이 아닌 것은?

① 필요 이상의 주거공간을 최대한 확보한다.
② 세탁실과 건조실은 근접시킨다.
③ 설비를 고도화하고 자동화한다.
④ 입식 부엌을 도입한다.

02. 위생설비

21. 펌프의 전양정이 25m, 양수량이 60m³/h일 때 회전수가 1000rpm이였다. 회전수가 2000rpm이 되었을 때 전양정과 양수량으로 맞는 것은

① 100m, 120m³/h
② 50m, 240m³/h
③ 50m, 120m³/h
④ 100m, 240m³/h

해설 |
상사의 법칙
양정은 회전수비 제곱에 비례하고, 유량은 회전수비에 정비례한다.

$\dfrac{y}{25} = \left(\dfrac{2000}{1000}\right)^2 \quad \therefore y = 100$

$\dfrac{x}{60} = \dfrac{2000}{1000} \quad \therefore x = 120$

22. 1개의 트랩을 위해 트랩 하류에서 취출하여, 그 기구보다 윗부분에서 통기계통에 접속하거나 또는 대기 중에 개구하도록 설치한 통기관은?

① 습통기관
② 각개통기관
③ 결합통기관
④ 신정통기관

23. 정화조 중 유입된 오수를 혐기성균에 의한 소화 작용으로 분리 침전이 이루어지도록 하는 곳은?

① 부패조　② 여과조
③ 산화조　④ 소독조

해설 |
혐기성균 : 산소가 필요없이 생육하는 미생물

24. 콘크리트 벽이나 바닥 등의 배관이 관통하는 곳에 관의 보호를 위하여 사용하는 것은?

① 티　② 행거
③ 슬리브　④ 신축곡관

해설 |
슬리브 : 배관이 벽을 통과할 때 고착되지 않도록 하여 열팽창 수축에도 원활이 움직일 수 있도록 한다.

25. 건물 내 급수방식에 관한 설명으로 옳은 것은?

① 압력수조방식에는 저수조를 설치하지 않는다.
② 펌프직송방식은 유지·관리가 가장 용이한 방식이다.
③ 고가수조방식은 급수압력이 일정하다는 장점이 있다.
④ 수도직결방식은 일반적으로 중·고층의 건물에 사용된다.

해설 |
고가수조방식은 높이에 따른 급수압력이 일정하다.

26. 급탕기기의 부속장치에 관한 설명으로 옳지 않은 것은?

① 안전 밸브와 팽창탱크 및 배관 사이에는 어떠한 밸브도 설치되어서는 안 된다.
② 밀폐형 가열장치에는 일정 압력 이상이면 압력을 도피시킬 수 있도록 도피 밸브나 안전 밸브를 설치한다.
③ 온수탱크 상단에는 배수 밸브를, 하부에는 진공방지 밸브가 설치되어야 한다.
④ 온수탱크의 보급수관에는 급수관의 압력변화에 의한 환탕의 유입을 방지하도록 역류방지 밸브를 설치한다.

해설 |
온수탱크 진공방지 밸브(vacuum relief valve)를, 하부에는 상단에는 배수 밸브(drain valve)가 설치되어야 한다.

27. 고가탱크에 시간당 20m³의 물을 양수할 때 유속을 2m/sec라 하면 양수펌프의 구경은?

① 38.6mm　② 47.2mm
③ 56.4mm　④ 59.5mm

해설 |
Q=AU 에서
$$\frac{20}{3600} = \frac{D^2 \pi}{4} \times 2$$
∴ D = 0.05947m = 59.47mm

28. 다음 중 급수설비에서 수격작용의 발생이 가장 우려되는 경우는?

① 급수관의 지름이 클 경우
② 물을 과도하게 사용할 경우
③ 급수관 내의 유속이 느릴 경우
④ 급수관 내에서 물의 흐름을 갑자기 정지할 경우

해설 |
급폐쇄의 경우 - 급수관 내에서 물의 흐름을 갑자기 정지할 경우

29. 옥내의 배수수평주관 끝에 설치하여 공공하수관으로부터의 유해가스가 건물 안으로 침입하는 것을 방지하는 데 사용되는 트랩은?

① P트랩
② U 트랩
③ S트랩
④ 벨트랩

30. 다음의 옥내소화전설비의 배관에 관한 설명 중 ( ) 안에 알맞은 내용은?

> 펌프의 토출 측 주배관의 구경은 유속이 (㉠) 이하가 될 수 있는 크기 이상으로 하여야 하고, 옥내소화전방수구와 연결되는 가지배관의 구경은 (㉡) 이상으로 하여야 한다.

① ㉠ 4m/s, ㉡ 40mm
② ㉠ 4m/s, ㉡ 50mm
③ ㉠ 6m/s, ㉡ 40mm
④ ㉠ 6m/s, ㉡ 50mm

해설 |
국가화재안전기준
옥내소화전설비 펌프 토출 측 주배관의 구경은 유속이 4m/s 이하가 될 수 있는 크기 이상
옥내소화전방수구와 연결되는 가지배관의 구경은 40mm 이상

31. 2개 이상의 엘보를 사용하여 이음부의 나사회전을 이용, 배관의 신축을 흡수하는 신축 이음쇠는?

① 스위블형
② 슬리브형
③ 벨로즈형
④ 루프형

32. 도시가스는 압력에 따라 고압, 중압, 저압으로 구분할 수 있다. 고압의 기준으로 옳은 것은? (단, 게이지압력)

① 10kPa 이상
② 0.1MPa 이상
③ 1MPa 이상
④ 10MPa 이상

해설 |
도시가스 고압가스 - 1MPa 이상
도시가스 중압가스 - 0.1MPa 이상 ~ 고압 미만
도시가스 저압가스 - 0.1MPa 미만

33. 다음 중 원칙적으로 청소구를 설치해야 하는 곳이 아닌 것은?

① 배수수직관의 최하부
② 배수수평주관 및 배수수평지관의 기점
③ 배수관이 30°의 각도로 방향을 바꾸는 곳
④ 배수수평주관과 부지배수관의 접속점에 가까운 곳

해설 |
배수관이 45도 이상의 각도로 방향을 바꾸는 곳에 설치한다.

34. 관로를 전개하거나 전개할 목적으로 사용되는 것으로 게이트 밸브라고도 불리는 것은?

① 앵글 밸브 ② 체크 밸브
③ 글로브 밸브 ④ 슬루스 밸브

해설 |
슬루스 밸브 = 게이트 밸브 = On/Off용 밸브

35. 스프링클러설비에서 스프링클러헤드의 방수구에서 유출되는 물을 세분시키는 작용을 하는 것은?

① 반사판 ② 연성계
③ 교차배관 ④ 충압펌프

해설 |
반사판 = 디플렉터

36. 다음 중 기구급수 부하단위가 가장 큰 것은? (단, 개인용의 경우)

① 욕조 ② 샤워
③ 세면기 ④ 세정 밸브식 대변기

해설 |
세면기가 1FU로 기준이며 세정 밸브식 대변기는 10FU

37. 다음의 급수 수직 배관에 관한 설명 중 ( ) 안에 공통으로 들어가는 용어는?

수직배관에는 25~30m 구간마다 ( )를 설치하여 유동 정지 시의 역류에너지의 작용을 분산하고, ( ) 상류 측에는 워터해머흡수기를 부착하여 ( )의 파손을 방지하고 워터해머로 인한 소음과 진동을 흡수하도록 하여야 한다.

① 체크 밸브 ② 퇴수 밸브
③ 슬루스 밸브 ④ 공기빼기 밸브

38. 먹는물 중 수돗물의 경도는 최대 얼마를 넘지 아니하여야 하는가?

① 100mg/L ② 300mg/L
③ 1000mg/L ④ 1200mg/L

해설 |
먹는물의 경도는 300mg/L를 넘지 아니할 것

39. 포집기의 종류와 그 사용 용도의 연결이 옳지 않은 것은?

① 오일 포집기 - 주유소의 배수
② 모발용 포집기 - 미용실의 배수
③ 런드리 포집기 - 치과 병원의 배수
④ 그리스 포집기 - 영업용 조리장의 배수

해설 |
런드리 포집기 : 세탁기의 배수
플라스터 포집기 : 치과 병원의 배수

40. 급탕설비에 사용하는 순환펌프에 관한 설명으로 옳지 않은 것은?

① 피스톤 펌프와 사류 펌프가 주로 사용된다.
② 소규모 설비에서는 배관도중에 설치하는 라인펌프(line pump)가 사용된다.
③ 순환펌프의 수량은 순환관로의 열손실과 급탕관, 반탕관의 온도차로 구한다.
④ 순환펌프의 양정이 지나치게 높으며 관 내를 진공상태로 만들기 쉽기 때문에 충분히 주의해야 한다.

해설 |
급탕설비에 사용하는 순환펌프는 주로 원심펌프가 사용된다.

03. 공기조화설비

41. 다음 중 공기조화배관에 사용되는 신축이음의 종류에 속하지 않는 것은?

① 루프형   ② 리프트형
③ 슬리브형 ④ 벨로즈형

해설 |
리프트형 배관은 방열기보다 환수라인이 상위에 있을 때 사용

42. 보일러의 출력 중 난방부하와 급탕부하를 합한 용량으로 표시되는 것은?

① 상용출력 ② 정미출력
③ 정격출력 ④ 과부하출력

해설 |
정미출력 = 난방부하 + 급탕부하
상용출력 = 정미출력 + 배관부하
정격출력 = 상용출력 + 예열부하
과부하출력 = 정격출력의 1.1 ~ 1.2
과부하출력은 운전 초기나 과부하 발생 시의 출력

43. 도달거리가 길며 소음이 적은 축류형 취출구는?

① 팬형   ② 노즐형
③ 아네모스탯형 ④ 브리즈라인형

해설 |
노즐형은 도달거리가 길며 소음이 적어 대형 취출구 사용

정답 40 ① / 41 ② 42 ② 43 ②

44. 각종 밸브에 관한 설명으로 옳지 않은 것은?

① 앵글 밸브는 유체의 흐름방향을 90°로 전환시킬 수 있다.
② 글로브 밸브는 유체가 밸브 내의 아래에서 위쪽으로 흐르도록 설치된다.
③ 체크 밸브에서 리프트형은 수평배관 및 흐름방향이 상향인 수직배관에 사용되며, 스윙형은 수평배관에만 사용된다.
④ 게이트 밸브는 밸브를 완전히 열면 배관경과 밸브의 구경이 동일하므로 유체의 저항이 적으나, 부분개폐 상태에서는 밸브판이 침식되어 완전히 닫아도 누설될 우려가 있다.

해설 |
체크 밸브에서 스윙형은 수평배관 및 수직배관 모두에 사용된다.

45. 습공기의 건구온도와 습구온도를 알 때 습공기 선도상에서 알 수 없는 것은?

① 엔탈피 ② 상대습도
③ 복사온도 ④ 절대습도

해설 |
습공기 선도에 일사온도는 표기되지 않는다.

46. 2중효용 흡수식 냉동기에 관한 설명으로 옳은 것은?

① 저압흡수기와 고압흡수기로 구성된다.
② 고온증발기와 저온증발기로 구성된다.
③ 저압응축기와 고압응축기로 구성된다.
④ 고온발생기와 저온발생기로 구성된다.

해설 |
발생기가 2개면 2중 효용이다.

47. 복사난방에 관한 설명으로 옳지 않은 것은?

① 실내 상하의 온도차가 작다.
② 증기난방에 비하여 쾌적감이 높다.
③ 열용량이 작아 간헐난방에 적합하다.
④ 외기 침입이 있는 곳에서도 난방감을 얻을 수 있다.

해설 |
복사난방은 열용량이 커 연속난방에 적합

48. 계산된 냉온수량을 수송하기 위한 적정 관경을 마찰저항선도를 사용하여 선정할 때, 필요한 값은?

① 레이놀드수와 배관길이
② 배관길이와 사용배관재의 조도
③ 수력반경과 유체의 동점성 계수
④ 제반 손실을 고려한 관마찰 저항과 유속

해설 |
배관 마찰저항선도 : 유량, 유속, 관경, 마찰저항으로 구성되어 2가지 이상 요소로 관경을 구한다.

49. 다음의 가습방식 중 물을 공기 중에 직접 분무하는 수분 무식에 속하지 않는 것은?

① 원심식 ② 초음파식
③ 과열증기식 ④ 노즐 분무식

해설 |
과열증기식은 증기식

50. 다음 중 겨울철 건물의 출입구로부터 들어오는 틈새바람량을 줄이기 위한 방법으로 가장 적당한 것은?

① 방풍실에 회전문 설치
② 방풍실에 자동문 설치
③ 방풍실에 자재문 설치
④ 방풍실에 여닫이문 설치

해설 |
겨울철 틈새바람 방지 대책 : 회전문설치, 방풍실 설치, 실내외 온도차를 적게, 층고를 낮게 한다.

51. 주방, 화장실 등과 같이 냄새 또는 유해가스나 증기발생이 많은 공간에 주로 사용되는 환기 방식은?

① 자연환기
② 강제급기 + 배기구
③ 급기구 + 강제배기
④ 강제급기 + 강제배기

해설 |
냄새 또는 유해가스나 증기발생이 많은 곳은 급기구 + 강제배기(제3종)를 적용한다.

52. 난방부하 계산 시 일반적으로 고려하지 않는 것은?

① 인체부하
② 외벽을 통한 관류부하
③ 틈새바람에 의한 외기부하
④ 도입외기에 의한 외기부하

해설 |
난방부하 계산 시 인체부하 조명부하는 일반적으로 제외한다.

53. 직교류식 냉각탑에서 쿨링레인지(Cooling range)를 바르게 표시한 것은?

① 냉각탑 입구수온 + 냉각탑 출구수온
② 냉각탑 출구수온 - 외기 습구온도
③ 외기 습구온도 - 냉각탑 입구수온
④ 냉각탑 입구수온 - 냉각탑 출구수온

해설 |
어프로치(approach) : 냉각탑 출구수온과 입구공기 습구온도의 차 작을수록 냉각탑 냉각능력이 우수
쿨링레인지(Cooling range) : 물의 입구온도와 출구 온도의 차 클수록 냉각탑의 냉각능력이 우수

54. $1800m^3$의 실용적을 갖는 사무실에서 시간당 0.5회의 환기를 할 때 환기량은?

① $750m^3/h$ ② $750m^3/min$
③ $900m^3/h$ ④ $900m^3/min$

해설 |
$1800 \times 0.5 = 900m^3/h$

55. 공조기부하에 펌프 및 배관 등의 열부하를 더한 것으로 냉동기나 보일러 용량을 결정하는 데 이용되는 것은?

① 외기부하 ② 현열부하
③ 열원부하 ④ 예냉부하

해설 |
열원부하 : 공조기 부펌프 및 배관 열부하

56. 공기조화용 덕트로 원형이 아닌 장방형을 사용하는 가장 주된 이유는?

① 층고를 낮출 수 있다.
② 소음을 적게 할 수 있다.
③ 마찰저항을 줄일 수 있다.
④ 송풍기의 필요 동력을 낮출 수 있다.

57. 다음과 같은 조건에서 재실인원이 20명인 실내의 냉방에 요구되는 외기부하량은?

- 실내공기의 엔탈피 : 55.4KJ/kg(DA)
- 외기의 엔탈피 : 84.8KJ/kg(DA)
- 1인당 필요외기량 : 25m³/h
- 공기의 밀도 : 1.2kg/m³

① 3.4kW ② 4.2kW
③ 4.9kW ④ 5.7kW

해설 |
엔탈피가 주어진 경우 전열의 계산은 공기량과 엔탈피 차이로 구한다.

q = 25 × 20 × 1.2(84.8 − 55.4) × $\frac{1}{3600}$
= 4.9kJ/s

58. 배관 내에 1.5m/sec의 유속으로 0.042m³/min의 물이 흐를 때 계산에 의한 배관의 관경은?

① 20.2mm ② 24.4mm
③ 28.5mm ④ 31.6mm

해설 |
Q=AU 에서

Q = $\frac{D^2 \times \pi}{4}$ × 1.5 = 0.042m³/60s

∴ D = 24.4mm

59. 여름철 건물 내 어떤 실의 취득 현열량이 25000W이고 잠열량이 7000W일 경우, 현열비는?

① 0.52 ② 0.64
③ 0.78 ④ 0.90

해설 |
현열비 = $\frac{현열}{전열}$ = $\frac{25000}{25000+7000}$ = 0.78

60. 건구온도 26℃, 상대습도 50%인 공기 1000m³과 건구온도 32℃인 공기 500m³를 혼합하였을 때, 혼합공기의 건구온도는?

① 27.2℃ ② 27.6℃
③ 28.0℃ ④ 28.3℃

해설 |
$\frac{26 \times 1000 + 32 \times 500}{1500}$ = 28

정답 55 ③ 56 ① 57 ③ 58 ② 59 ③ 60 ③

04. 건축설비관계법규

61. 다음은 건축설비 설치의 원칙에 관한 기준 내용이다. ( ) 안에 알맞은 것은?

> 연면적이 ( ) 이상인 건축물의 대지에는 국토교통부령으로 정하는 바에 따라 「전기사업법」 제2조 제2호에 따른 전기사업자가 전기를 배전(配電)하는 데 필요한 전기설비를 설치할 수 있는 공간을 확보하여야 한다.

① 100m² ② 200m²
③ 500m² ④ 1000m²

해설 |
건축법 시행령 제87조 제6항
500m² 이상

62. 세대수가 7세대인 주거용 건축물에 설치하는 급수관 지름의 최소 기준은?

① 20mm ② 25mm
③ 32mm ④ 40mm

해설 |
건축물의 설비기준 등에 관한 규칙 별표3
주거용 건축물 급수관의 지름(제18조 관련)

가구 또는 세대수	1	2·3	4·5	6~8	9~16	17 이상
급수관 지름의 최소기준 (밀리미터)	15	20	25	32	40	50

63. 건축법령상 다음과 같이 정의되는 용어는?

> 건축물의 실내를 안전하고 쾌적하며 효율적으로 사용하기 위하여 내부 공간을 칸막이로 구획하거나 벽지, 천장재, 바닥재, 유리 등 대통령령으로 정하는 재료 또는 장식물을 설치하는 것

① 실내건축
② 실내장식
③ 리모델링
④ 실내디자인

64. 다음의 소방시설 중 소화활동설비에 속하는 것은?

① 연결살수설비
② 옥내소화전설비
③ 자동화재탐지설비
④ 상수도소화용수설비

해설 |
소방법 시행령
소화활동설비 : 제연설비, 연결송수관설비, 연결살수설비, 비상콘센트설비, 무선통신보조설비, 연소방지설비

정답 61 ③ 62 ③ 63 ① 64 ①

65. 거실의 바닥면적이 50m² 이상인 지하층에 설치하는 비상탈출구에 관한 기준 내용으로 옳지 않은 것은? (단, 주택의 경우 제외)

① 비상탈출구는 출입구로부터 3m 이내의 장소에 설치할 것
② 비상탈출구의 유효너비는 0.75m 이상으로 하고, 유효높이는 1.5m 이상으로 할 것
③ 비상탈출구의 문은 피난방향으로 열리도록 하고, 실내에서 항상 열 수 있는 구조로 할 것
④ 비상탈출구는 피난층 또는 지상으로 통하는 복도나 직통계단에 직접 접하거나 통로 등으로 연결될 수 있도록 설치할 것

해설 |
건축물 피난·방화구조 규칙
비상탈출구는 출입구로부터 3m 이상 떨어진 곳에 설치할 것

66. 건축물을 특별시나 광역시에 건축하려는 경우 특별시장이나 광역시장의 허가를 받아야 하는 대상 건축물의 연면적 기준은?

① 연면적의 합계가 5천 제곱미터 이상인 건축물
② 연면적의 합계가 1만 제곱미터 이상인 건축물
③ 연면적의 합계가 10만 제곱미터 이상인 건축물
④ 연면적의 합계가 20만 제곱미터 이상인 건축물

해설 |
건축법 시행령
특별시장 또는 광역시장의 허가를 받아야 하는 대상 건축물의 층수가 21층 이상이거나 연면적의 합계가 10만 제곱미터 이상인 건축

67. 건축물의 거실(피난층의 거실 제외)에 국토교통부령으로 정하는 기준에 따라 배연설비를 하여야 하는 대상건축물에 속하지 않는 것은? (단, 6층 이상인 건축물의 경우)

① 공동주택 ② 종교시설
③ 업무시설 ④ 장례시설

해설 |
건축법 시행령
피난층과 공동주택은 제외

68. 건축물에 설치하는 굴뚝의 옥상 돌출부는 지붕면으로부터의 수직거리를 최소 얼마 이상으로 하여야 하는가?

① 0.5m ② 1m
③ 1.5m ④ 2m

해설 |
건축물 피난·방화구조 규칙
굴뚝: 옥상돌출부는 지붕면으로부터의 수직거리 최소 1m 이상

정답 65 ① 66 ③ 67 ① 68 ②

69. 다음 중 건축물의 층수와 상관없이 방염성능기준 이상의 실내장식물 등을 설치하여야 하는 특정소방대상물에 속하지 않는 것은?

① 숙박시설
② 판매시설
③ 노유자시설
④ 의료시설 중 종합병원

해설 |
소방시설 설치·유지 및 안전관리에 관한 법률 시행령 제19조(방염성능기준 이상의 실내장식물 등을 설치하여야 하는 특정소방대상물)
1. 근린생활시설 중 체력단련장, 숙박시설, 방송통신시설 중 방송국 및 촬영소
2. 건축물의 옥내에 있는 시설로서 다음 각 목의 시설
   가. 문화 및 집회시설
   나. 종교시설
   다. 운동시설(수영장은 제외한다)
3. 의료시설 중 종합병원, 요양병원 및 정신의료기관
3의2. 노유자시설 및 숙박이 가능한 수련시설
4. 「다중이용업소의 안전관리에 관한 특별법」 제2조 제1항 제1호에 따른 다중이용업의 영업장
5. 제1호부터 제4호까지의 시설에 해당하지 아니하는 것으로서 층수(「건축법 시행령」 제119조 제1항 제9호에 따라 산정한 층수를 말한다. 이하 같다)가 11층 이상인 것(아파트는 제외한다)
6. 별표2 제8호에 따른 교육연구시설 중 합숙소

70. 공동주택과 오피스텔의 난방설비를 개별난방방식으로 하는 경우에 관한 기준 내용으로 옳지 않은 것은?

① 보일러는 거실외의 곳에 설치할 것
② 보일러의 연도는 내화구조로서 공동연도로 설치할 것
③ 오피스텔의 경우에는 난방구획을 방화구획으로 구획할 것
④ 전기보일러를 사용하는 경우, 보일러실의 윗부분에는 면적이 $0.5m^2$ 이상인 환기창을 설치할 것

71. 문화 및 집회시설 중 공연장의 개별관람석 각 출구의 유효너비는 최소 얼마 이상으로 하여야 하는가? (단, 바닥면적이 $300m^2$ 이상인 경우)

① 1m   ② 1.5m
③ 2m   ④ 2.5m

해설 |
건축물의 설비기준 등에 관한 규칙 제13조
1. 보일러의 연도는 내화구조로서 공동연도로 설치할 것
2. 보일러실 뒷부분에는 그 면적이 최소 $1.0m^2$ 이상인 환기창을 설치할 것
3. 보일러를 설치하는 곳과 거실 사이의 경계벽은 출입구를 제외하고는 내화구조의 벽으로 구획할 것

정답 69 ② 70 ④ 71 ②

72. 건축물의 에너지절약설계기준에 따른 건축부문의 권장사항으로 옳지 않은 것은?

① 공동주택은 인동간격을 넓게 하여 저층부의 일사 수열량을 증대시킨다.
② 건축물의 체적에 대한 외피면적의 비 또는 연면적에 대한 외피면적의 비는 가능한 작게 한다.
③ 거실의 층고 및 반자 높이는 실의 용도와 기능에 지장을 주지 않는 범위 내에서 가능한 높게 한다.
④ 건물 옥상에는 조경을 하여 최상층 지붕의 열저항을 높이고, 옥상면에 직접 도찰하는 일사를 차단하여 냉방부하를 감소시킨다.

해설 |
거실의 층고 및 반자 높이는 실의 용도와 기능에 지장을 주지 않는 범위 내에서 가능한 낮게 한다.

73. 다음의 무창층의 정의에 관한 기준 내용 중 밑줄 친 요건에 해당하지 않는 것은?

"무창층"이라 함은 지상층 중 다음 각 목의 요건을 모두 갖춘 개구부의 면적의 합계가 당해 층의 바닥면적의 30분의 1 이하가 되는 층을 말한다.

① 내부 또는 외부에서 파괴할 수 없을 것
② 도로 또는 차량이 진입할 수 있는 빈터를 향할 것
③ 크기는 지름 50cm 이상의 원이 내접(內接)할 수 있는 크기일 것
④ 해당 층의 바닥면으로부터 개구부 밑부분까지의 높이가 1.2m 이내일 것

해설 |
내부 또는 외부에서 쉽게 부수거나 파괴할 수 있을 것

74. 옥내에 있는 계단 및 계단참의 유효너비를 최소 120cm 이상으로 하여야 하는 것은? (단, 연면적 200m²를 초과하는 건축물의 경우)

① 중학교의 계단
② 초등학교의 계단
③ 고등학교의 계단
④ 판매시설의 계단

해설 |
건축물방화구조 규칙 제15조
판매시설 중 상점인 경우, 계단 및 계단참의 유효너비는 120cm 이상

75. 상업지역 및 주거지역에서 건축물에 설치하는 냉방시설 및 환기시설의 배기구는 도로면으로부터 최소 얼마 이상의 높이에 설치하여야 하는가?

① 1m   ② 2m
③ 3m   ④ 4m

해설 |
건축물의 설비기준 등에 관한 규칙
냉방시설 및 환기시설의 배기구는 도로면으로부터 최소 2m 이상 높이에 설치

76. 건축법령상 의료시설에 속하지 않는 것은?

① 한의원   ② 치과병원
③ 한방병원 ④ 요양병원

해설 |
한의원은 근린생활시설 1종

정답 72 ③ 73 ① 74 ④ 75 ② 76 ①

77. 다음 중 신고 대상에 속하는 용도변경은?

① 위락시설에서 판매시설로의 용도변경
② 수련시설에서 숙박시설로의 용도변경
③ 의료시설에서 장례시설로의 용도변경
④ 업무시설에서 교육연구시설로의 용도변경

해설 |
건축법 시행령
4. 문화집회시설군(위락시설)에서
5. 영업시설군(판매시설) 하위그룹으로 변경은 신고 대상 시설군
　① 자동차 관련 시설군
　② 산업 등의 시설군
　③ 전기통신시설군
　④ 문화 및 집회시설군
　⑤ 영업시설군
　⑥ 교육 및 복지시설군
　⑦ 근린생활시설군
　⑧ 주거업무시설군
　⑨ 그 밖의 시설군

78. 건축물의 에너지절약설계기준에 따른 용어의 정의가 옳지 않은 것은?

① 일사조절장치라 함은 태양열의 실내 유입을 조절하기 위한 목적으로 설치하는 장치를 말한다.
② 태양열취득률(SHGC)이라 함은 입사된 태양열에 대하여 실내로 유입된 태양열취득의 비율을 말한다.
③ 투광부라 함은 창, 문면적의 30% 이상이 투과체로 구성된 문, 유리블럭, 플라스틱패널 등과 같이 투과재료로 구성되며, 외기에 접하여 채광이 가능한 부위를 말한다.
④ 야간단열장치라 함은 창의 야간 열손실을 방지할 목적으로 설치하는 단열셔터, 단열덧문으로서 총열관류저항(열관류율의 역수)이 $0.4m^2 \cdot K/W$ 이상인 것을 말한다.

해설 |
건축물에너지절약기준
"투광부"라 함은 창, 문면적의 50% 이상이 투과체로 구성된 문, 유리블록, 플라스틱 패널 등과 같이 투과재료로 구성되며, 외기에 접하여 채광이 가능한 부위를 말한다.

정답 77 ① 78 ③

79. 다음은 연결살수설비를 설치하여야 하는 특정 소방대상물에 관한 기준 내용이다. ( ) 안에 알맞은 것은?

> 판매시설, 운수시설, 창고시설 중 물류터미널로서 해당 용도로 사용되는 부분의 바닥면적의 합계가 ( ) 이상인 것

① 300m^2
② 500m^2
③ 1000m^2
④ 1500m^2

해설 |
소방법령 제15조
연결살수설비를 설치하여야 하는 특정소방대상물 판매시설, 운수시설, 창고시설 중 물류터미널로서 해당 용도로 사용되는 부분의 바닥면적의 합계가 1천m^2 이상인 것

80. 6층 이상의 거실면적의 합계가 10000m^{2}인 업무시설에 설치하여야 하는 승용승강기의 최소 대수는? (단, 8인승 승강기의 경우)

① 3대
② 4대
③ 5대
④ 6대

해설 |
기본 3000m^2 1대 + 7000/2000 4대 = 5대
승용승강기의 설치기준(제5조 본문 관련)

건축물의 용도	6층 이상의 거실면적의 합계 3천m^2 이하	3천m^2 초과
2 가. 문화 및 집회시설(전시장 및 동·식물원만 해당한다) 나. 업무시설 다. 숙박시설 라. 위락시설	1대	1대에 3천 제곱미터를 초과하는 2천 제곱미터 이내마다 1대를 더한 대수

정답 79 ③ 80 ③

2018년 4회

01. 건축일반

1. 환기횟수의 의미를 옳게 설명한 것은?
① 한 시간 동안에 창문을 여닫는 횟수를 의미한다.
② 하루 동안에 공조기를 작동하는 횟수를 의미한다.
③ 하루 동안의 환기량을 창의 면적으로 나눈 것을 의미한다.
④ 한 시간 동안의 환기량을 실의 용적으로 나눈 것이다.

해설 |
$[\dfrac{m^3/h}{m^3/회}]$ = [회/h]

2. 광도 1200cd인 전등으로부터 2m 떨어진 면에서 조도를 측정하였더니 300lx이었다. 이 면을 전등으로부터 4m 떨어진 곳에 놓으면 그 면에서의 조도는?
① 100lx   ② 75lx
③ 50lx   ④ 25lx

해설 |
$\dfrac{300}{2^2}$ =75

3. 습도의 표시 중 공기의 습한 정도의 상태를 말하는 상대습도를 나타내는 식으로 옳은 것은?
① $\dfrac{현재수증기량}{공기량} \times 100(\%)$
② $\dfrac{현재수증기량}{포화수증기량} \times 100(\%)$
③ $\dfrac{건공기량}{현재수증기량} \times 100(\%)$
④ $\dfrac{포화수증기량}{현재수증기량} \times 100(\%)$

4. 철근의 정착 위치에 관한 설명으로 옳지 않은 것은?
① 기둥 철근은 큰보 또는 슬래브에 정착한다.
② 벽 철근은 보 또는 슬래브에 정착한다.
③ 슬래브 철근은 보 또는 벽체에 정착한다.
④ 지중보 철근은 기초 또는 기둥에 정착한다.

해설 |
실내 측 표면온도 저하 시 결로가 발생한다.

정답 1 ④ 2 ② 3 ② 4 ①

5. 도서관 서고계획에 관한 설명으로 옳지 않은 것은?

① 서고의 채광과 통풍을 원활히 할 수 있는 넓은 창호가 되어야 한다.
② 개가식 서고 통로는 폐가식 서고 통로보다 커야 한다.
③ 서고 내의 온도는 15℃, 습도 63% 이하가 좋다.
④ 서고의 층고는 열람실의 층고와 달리 별도 계획할 수도 있다.

6. 음식점 건축의 서비스 형식에 따른 종류가 옳게 연결된 것은

① 테이블 서비스형(Table Service)
   - 드라이브인 레스토랑
② 카운터 서비스형(Counter Service)
   - 스낵바
③ 셀프 서비스형(Self Service)
   - 중국요리 음식점
④ 객실 서비스형(Room Service)
   - 푸드코트

7. 사무소건축의 코어시스템에 관한 설명으로 옳지 않은 것은?

① 공용부분을 한 곳에 집약시킴으로써 사무실의 유효면적이 증대된다.
② 설비시설을 집약시킬 수 있다.
③ 편심 코어형은 바닥면적이 큰 경우에 적합하며, 2방향 피난에 이상적이다.
④ 중심 코어형은 내부공간과 외관이 획일적으로 되기 쉽다.

8. 공동주택의 평면형식 중 편복도형에 관한 설명으로 옳지 않은 것은?

① 각호의 통풍 및 채광이 양호하다.
② 공용복도에 있어서는 프라이버시가 침해되기 쉽다.
③ 고층에서는 개방형 복도에 안정감을 갖도록 설계하여야 한다.
④ 계단실형에 비해 통행부 면적이 작아서 건물의 이용도가 높다.

9. 치수조정(Modular Coordination : MC)에 관한 설명으로 옳지 않은 것은?

① 설계작업을 단순화할 수 있다.
② 대량생산에 의한 생산비용을 낮출 수 있다.
③ 현장작업이 단순하므로 공기를 단축시킬 수 있다.
④ 다양한 형태의 건축물 생산이 가능하다.

10. 상점의 부지 선정 시 고려하여야 할 사항으로 옳지 않은 것은?

① 사람의 통행이 많고 번화한 곳
② 부지가 불규칙적이지 않은 곳
③ 2면 이상 도로에 면하지 않은 곳
④ 보행자의 눈에 잘 띄는 곳

정답 5 ① 6 ② 7 ③ 8 ④ 9 ④ 10 ③

11. 사무소 건축계획에 관한 설명으로 옳지 않은 것은?

① 엘리베이터 홀이 출입구면에 근접해 있지 않도록 한다.
② 최상층은 기준층의 층고보다 낮게 계획한다.
③ 코어는 각 층마다 공통의 위치로 계획한다.
④ 엘리베이터는 규모가 큰 건물의 경우에도 되도록 1개소에 집중해서 배치하는 것이 바람직하다.

12. 건축물에 설치하는 루버장치의 주된 역할로 옳은 것은?

① 외관상의 변화를 준다.
② 자연환기를 돕는다.
③ 태양광선의 직사를 피한다.
④ 비와 눈을 막아준다.

13. 도서관 내부의 서고 채광에 관한 설명으로 옳지 않은 것은?

① 서고 조명은 서가 표면 통로를 균등하게 조명한다.
② 서고 통로는 충분하게 조명하며 눈이 부시지 않게 한다.
③ 서고 조명기구는 파손이 적고 취급이 용이한 기구를 사용한다.
④ 서고 내부는 자연 채광으로 하는 편이 좋다.

14. 두께 20mm의 마루널을 장선위에 깔 때 사용하는 못의 길이로 가장 적당한 것은?

① 10~20mm   ② 20~30mm
③ 50~60mm   ④ 70~80mm

15. 창호에 사용하는 철물에 관한 설명으로 옳지 않은 것은?

① 미닫이문에는 도어 체크(door check)를 단다.
② 여닫이문에는 도어 스톱(door stop)을 단다.
③ 미서기창에는 크레센트(crescent)를 사용한다.
④ 자재문에는 플로어 힌지(floor hinge)를 사용한다.

16. 병원 건축형식 중 집중식에 관한 설명으로 옳지 않은 것은?

① 고층집약적인 형태이다.
② 일조, 통풍, 등의 조건이 불리해진다.
③ 분관식에 비하여 보행거리가 길다.
④ 관리가 편리하고 설비 등의 시설비가 적게 소요된다.

17. 아파트의 단면형식 중 복층형에 관한 설명으로 옳지 않은 것은?

① 주택 내의 공간의 변화가 있다.
② 복도가 없는 층은 피난상 불리하다.
③ 소규모 주택에 경제적으로 유리하여 활용도가 높다.
④ 엘리베이터의 정지층수가 적어지므로 운행면에서 경제적이다.

18. 철골조에서 기둥과 기둥의 접합에 관한 설명으로 옳지 않은 것은?

① 주로 볼트로 접합을 하며 볼트는 일반볼트를 사용한다.
② 윗기둥과 아랫기둥의 크기가 서로 다를 때에는 보통 끼움판을 설치하고 접합한다.
③ 용접 접합 시 완전 용입을 위하여 철골의 단면에 각도를 주어 절단한다.
④ 슬래브 상단 1 ~ 1.5m 정도에서 이음을 하는 것이 좋다.

19. 실내의 표면 결로 방지법으로 옳지 않은 것은?

① 벽체를 내단열로 시공한다.
② 벽체 내부에 방습층을 설치한다.
③ 벽체표면을 환기시킨다.
④ 실내의 온도를 상승시킨다.

20. 병원설립을 위한 기본계획 시 검토하여야 할 사항으로 옳지 않은 것은?

① 부지선정을 위해서는 병원이 건립될 지역, 면적 등이 함께 검토되어야 한다.
② 병원의 시설계획상 주요구성 부분의 동선이 교차되도록 계획되어야 한다.
③ 병원의 규모는 병상규모, 입원환자의 배분율의 추정을 통하여 산정한다.
④ 장래의 확장, 변경 등을 고려하여 계획되어야 한다.

02. 위생설비

21. 내경 500mm, 길이 50m인 주철관에 1.7m/s의 유속으로 물이 흐를 때 마찰손실수두는? (단, 마찰계수 λ = 0.03이다)

① 0.44m   ② 0.52m
③ 0.78m   ④ 0.97m

해설 |
$h = f \dfrac{l}{D} \dfrac{u^2}{2g} = 0.03 \dfrac{50}{0.5} \dfrac{1.7^2}{2 \times 9.8} = 0.4466 \text{mAq}$

22. 급탕 인원수 150명인 아파트의 1일당 최대 예상급탕량은? (단, 1일 1인당 급탕량은 140L/c/d이다)

① 17800L/d   ② 21000L/d
③ 24000L/d   ④ 16800L/d

해설 |
시간당 급탕량 = 150 × 140 = 21000L/d

23. 배관을 통해 고가수조에 매시 25.2m³의 물을 유속 1.5m/s로 양수하려고 할 경우, 필요한 배관의 내경은?

① 약 65mm   ② 약 70mm
③ 약 77mm   ④ 약 81mm

해설 |
Q = AU 에서
$Q = \dfrac{D^2 \times \pi}{4} \times 1.5 = 25.2 \text{m}^3/3600\text{s}$
∴ D = 77.08mm

정답 18 ① 19 ① 20 ② / 21 ① 22 ② 23 ③

24. 최대강우량 120mm/h의 지역에 있는 지붕의 수평투영면적이 1200m²인 건물에 4개의 우수수직관을 설치할 경우, 우수수직관의 관경은?

〈강우량 100mm/h일 때 우수수직관의 관경〉

관경(mm)	허용최대지붕면적(m²)
50	67
65	121
75	204
100	427
125	804

① 50mm   ② 65mm
③ 75mm   ④ 100mm

해설 |
$\dfrac{120mm/h \times 1200m^2}{100mm/h} = 1440m^2$

$\dfrac{1440}{4} = 360m^2$

그러므로 427면적 10mm 선정

25. 연관에 관한 설명으로 옳지 않은 것은?
① 내식성이 작다.
② 가공이 용이하다.
③ 전성, 연성이 풍부하다.
④ 건조한 공기 중에서는 침식되지 않는다.

해설 |
내식성이 크나 알칼리에 쉽게 부식되어 콘크리트 매입관으로 부적당하다.

26. 가스계량기의 설치위치에 관한 설명으로 옳지 않은 것은?
① 전기계량기와 60cm 이상 떨어져 있어야 한다.
② 전기계폐기와 60cm 이상 떨어져 있어야 한다.
③ 전기접속기와 15cm 이상 떨어져 있어야 한다.
④ 절연조치를 하지 않은 전선과 15cm 이상 떨어져 있어야 한다.

해설 |
전기점멸기(스위치) 30cm 이상
전기개폐기 60cm 이상
화기 2m 이상

27. 대규모 건물에서 간접가열식 중앙식 급탕방식에 관한 설명으로 옳지 않은 것은?
① 직접가열식에 비해 열효율이 높다.
② 가열보일러는 난방보일러와 겸용할 수 있다.
③ 직접가열식에 비해 구조가 약간 복잡해진다.
④ 고온의 탕을 얻기 위해서는 증기 또는 고온수 보일러를 사용한다.

해설 |
간접가열식 중앙식 급탕식은 배관이 길어 손실량이 많아 열효율은 낮아진다.

28. 유류화재에 대한 소화기의 적응 화재별 표시로 옳은 것은?
① A   ② B
③ C   ④ D

해설 |
유류화재 = B급 화재 = 황색화재

29. 대변기의 세정방식에 관한 설명으로 옳은 것은?

① 로 탱크식은 연속사용이 가능하다.
② 하이 탱크식과 로 탱크식은 급수압이 낮아도 사용이 가능하다.
③ 플러시 밸브식은 급수관경에 제한이 없어 일반 가정용으로 주로 사용된다.
④ 로 탱크식은 하이 탱크식에 비해 세정 소음이 크나, 화장실 면적을 넓게 사용할 수 있다는 장점이 있다.

해설 |
1차적으로 탱크의 충수만 감당하면 된다.

30. 다음 중 오수정화시설에서 유량조정조를 설치하는 이유와 가장 관계가 먼 것은?

① 처리기능을 안정화할 수 있기 때문에
② 건물 내 오수량의 시간별 차이가 크기 때문에
③ 후속 처리공정의 용량을 줄일 수 있기 때문에
④ 유입되는 오수의 찌꺼기를 제거할 수 있기 때문에

해설 |
유량조정조는 유입 오수량의 시간대별 차이를 완충하는 버퍼 역할

31. 옥내소화전설비에서 압력수조를 이용한 가압송수장치의 경우, 압력수조의 압력은 다음의 어느 식에 의하여 산출한 수치 이상으로 하여야 하는가? (단, P : 필요한 압력, P_1 : 소방용호스의 마찰손실 수두압, P_2 : 배관의 마찰손실 수두압, P_3 : 낙차의 환산 수두압, 단위는 MPa)

① $P = P_1 + P_2 + P_3 + 0.17$
② $P = P_1 + P_2 + P_3 - 0.17$
③ $P = P_1 + P_2 - P_3 + 0.17$
④ $P = P_1 + P_2 - P_3 - 0.17$

32. 다음과 같이 정의되는 통기관의 종류는?

> 2개 이상의 트랩을 보호하기 위하여 기구 배수관이 배수수평 지관에 접속하는 지점의 바로 하류에서 취출하며, 통기입상관에 연결하는 통기관

① 각개통기관　② 회로통기관
③ 신정통기관　④ 결합통기관

33. 급수설비의 조닝방식 중 중간수조방식에 관한 설명으로 옳은 것은?

① 정밀한 조닝이 용이하다.
② 중간수조실 및 양수펌프가 필요 없다.
③ 수압이 일정하지 않고 변화가 심하다.
④ 감압 밸브 방식에 비해 에너지 절약을 꾀할 수 있다.

해설 |
중간수조 방식은 감압 밸브 방식에 비해 에너지 절약을 꾀할 수 있다. 그러나 정밀한 조닝이 어려워지고, 양수펌프와 중간 수조실 공간이 필요하다.

34. 배수관 계통에서 통기관을 설치하는 목적은?

① 배관의 결로방지를 위하여
② 트랩의 봉수를 보호하기 위하여
③ 배관의 수명을 연장하기 위하여
④ 배관 내의 소음을 방지하기 위하여

해설 |
봉수보호가 주목적

35. 간접가열식 급탕설비에서 트랩을 설치하는 가장 주된 이유는?

① 신축을 흡수하기 위하여
② 급탕의 오염을 방지하기 위하여
③ 저탕조의 온도를 감지하기 위하여
④ 응축수를 보일러로 환수하기 위하여

36. 펌프에 관한 설명으로 옳지 않은 것은?

① 마찰펌프는 소용량에 비해 높은 양정을 얻을 수 있다.
② 원심식 펌프에는 피스톤 펌프, 다이아프램 펌프 등이 있다.
③ 급수설비에서 급수 및 양수펌프로는 주로 원심식 펌프가 사용된다.
④ 볼류트펌프는 와권 케이싱과 회전차로 구성되며, 디퓨저 펌프는 회전차 주위에 디퓨저인 안내 날개를 가지고 있다.

해설 |
원심식 펌프에는 터빈펌프, 볼류트펌프 등이 있다.

37. 다음의 급수방식 중 수질오염 가능성이 가장 큰 것은?

① 수도직결방식
② 압력탱크방식
③ 고가탱크방식
④ 펌프직송방식

해설 |
고가탱크의 오염으로 수질오염의 가능성이 가장 크다.

38. 배수관 관경결정에 이용되는 기구배수부하 단위의 기준이 되는 기구는?

① 욕조
② 소변기
③ 세면기
④ 대변기

해설 |
기구급수부하단위의 기준은 세면기 15mm 28L/min이다.

39. 양수펌프에서 흡수면으로부터 토출수면까지 물이 올라가는 데 필요한 에너지를 무엇이라 하는가?

① 실양정
② 전양정
③ 압력수두
④ 속도수두

정답 34 ② 35 ④ 36 ② 37 ③ 38 ③ 39 ②

40. 각종 밸브에 관한 설명으로 옳은 것은?

① 볼 밸브 : 콕의 일종으로 구조가 간단하나 밸브를 완전히 열고 사용할 때 저항 손실이 크다.
② 체크 밸브 : 역류방지 밸브로서 스윙형은 저항손실이 적고 수평, 수직배관에 모두 사용이 가능하다.
③ 슬루스 밸브 : 밸브를 일부만 열고 사용하여도 유체의 저항손실이 작기 때문에 유량조절용에 적합하다.
④ 글로브 밸브 : 밸브를 완전히 열고 사용하는 경우에는 유체저항손실이 없으나 일부만 열고 사용하는 경우에는 저항손실이 크다.

03. 공기조화설비

41. 덕트에 사용되는 스플릿 댐퍼에 관한 설명으로 옳지 않는 것은?

① 주덕트의 압력강하가 적다.
② 정밀한 풍량조절이 용이하다.
③ 누설이 많아 폐쇄용으로 사용이 곤란하다.
④ 분기부에 설치하여 풍량조절용으로 사용된다.

해설 |
스플릿 댐퍼는 분기부 날개 1장으로 풍량을 조절하여 정밀성이 없어 풍량조절이 어렵다.

42. 건구온도 25℃의 공기 1000m³를 32℃로 가열하기 위해 필요한 열량은? (단, 공기의 비열은 1.01kJ/kg·K이고, 공기의 밀도는 1.2kg/m³이다)

① 7070kJ   ② 8484kJ
③ 9642kJ   ④ 9854kJ

해설 |
q = 1000 × 1.2 × 1.01 × (32−25) = 8484[kJ]

43. 진공환수 시 방열기보다 높은 곳에 환수횡주관을 배관하거나, 환수주관보다 높은 위치에 진공 펌프를 설치하는 경우 환수관의 응축수를 끌어올리기 위해 사용하는 것은?

① 팽창관   ② 증발탱크
③ 리프트 이음   ④ 응축수 트랩

정답 40 ② / 41 ② 42 ② 43 ③

해설 |
리프트 이음은 1.5m 이내로 하고 사용개수는 적은 게 좋다.

44. 다음과 같은 [조건]에 있는 사무실의 환기에 의한 손실 열량(현열)은?

- 사무실의 크기 : 7m × 5m × 3.5m
- 실내온도 : 20℃
- 외기온도 : 5℃
- 사무실의 환기횟수 : 2회/h
- 공기의 밀도 : 1.2kg/m³
- 공기의 정압비열 : 1.01KJ/kg·K

① 842.01W ② 1075.78W
③ 1237.25W ④ 4274.03W

해설 |
$q = (7 \times 5 \times 3.5) \times 2 \times 1.2 \times 1.01 \times (20 - 5) \times \frac{1000}{3600} = 1237.25W$

45. 취출구에 관한 설명으로 옳지 않은 것은?

① 팬(pan)형은 유인비 및 소음발생이 적다.
② 아네모스탯형은 1차 공기에 의한 2차 공기의 유인성능이 좋다.
③ 노즐형은 소음이 크기 때문에 취출풍속을 5m/s 이하로 하여 사용된다.
④ 브리즈 라인형은 선의 개념을 통하여 인테리어 디자인에서 미적인 감각을 살릴 수 있다.

해설 |
노즐형은 소음이 적기 때문에 방송국 스튜디오 등 저속 취출하여 사용된다.

46. 중앙공기조화방식 중 전공기 방식의 일반적 특징으로 옳지 않은 것은?

① 덕트 스페이스가 필요 없다.
② 중간기에 외기냉방이 가능하다.
③ 실내에 배관으로 인한 누수의 우려가 없다.
④ 외기도입이 가능하여 실내 공기의 오염이 적다.

해설 |
전공기 방식이 공간 필요가 크다.

47. 화장실, 부엌 및 욕실 등과 같이 부압을 유지해야 하는 공간에 주로 적용되는 환기 방식은?

① 제1종 환기 ② 제2종 환기
③ 제3종 환기 ④ 자연환기

해설 |
3종 환기는 배출기만 있는 형태로 부압을 유지해야 하는 욕실 등에 적용된다.

48. 에너지절감을 목적으로 사용하는 전열교환기는 어떤 열을 회수하는 장치인가?

① 복사열 ② 대류열
③ 엔탈피 ④ 엔트로피

해설 |
엔탈피 = 전열(현열 + 잠열)교환에 적합

정답 44 ③ 45 ③ 46 ① 47 ③ 48 ③

49. 온수난방의 부속기기로 사용되는 팽창탱크에 관한 설명으로 옳지 않은 것은?

① 장치 내의 온도변화에 따른 물의 체적 변화를 흡수한다.
② 팽창된 물의 배출을 방지하여 장치의 열손실을 방지한다.
③ 밀폐식 팽창탱크는 장치 내의 주된 공기배출구로 이용되며, 온수보일러의 도피관으로도 사용된다.
④ 장치의 휴지 중에도 배관계를 일정압력 이상으로 유지하여, 물의 누수 등으로 발생하는 공기의 침입을 방지한다.

해설 |
밀폐식 팽창탱크는 공기배출구 기능은 불가하며(개방식은 가능) 온수보일러의 도피관으로 사용됨

50. 습공기를 현열만으로 가열할 경우 감소되는 것은?

① 엔탈피 ② 건구온도
③ 습구온도 ④ 상대습도

해설 |
습공기를 가열하면 포화능력이 커지므로 절대습도는 변화 없고 상대습도는 감소

51. 송풍기의 특성 곡선에 나타나지 않는 것은?

① 전압 ② 효율
③ 풍속 ④ 축동력

52. 덕트의 아스팩트비(Aspect Ratio)의 정의로 옳은 것은?

① 장방형덕트에서 면적과 장변의 비율
② 장방형덕트에서 장변과 단변의 비율
③ 원형덕트에서 단면적과 직경의 비율
④ 원형덕트에서 풍량과 단면적의 비율

53. 다음 중 구조체의 열용량이 클 경우 발생하는 현상과 거리가 먼 것은?

① 결로 방지
② 시간지연효과
③ peak load의 감소
④ 실내온열환경 안정화

54. 증기 발생기라고도 불리며 수관으로 되어 있으나 드럼이 없고 증기 발생이 빠르므로 간단히 고압의 증기를 얻으려 하는 경우에 사용되는 보일러는?

① 관류 보일러
② 연관 보일러
③ 수관 보일러
④ 주철제 보일러

해설 |
관류 보일러는 1개의 관으로 구성된 수관 보일러로 증기발생이 빠르고 간단히 고압의 증기를 얻으려 하는 산업용에 적합

정답 49 ③ 50 ④ 51 ③ 52 ② 53 ① 54 ①

55. 다음 중 공기조화부하 계산에 사용되는 유리의 차폐계수가 가장 큰 것은? (단, 내부 블라인드가 없는 경우)

① 두께 3mm 보통유리
② 두께 3mm 흡열유리
③ 두께 5mm 보통유리
④ 두께 5mm 흡열유리

해설 |
차폐계수가 클수록 투과율이 크다.

56. 보일러의 실제 증발량이 2000kg/h이고, 발생증기의 엔탈피는 2768.8kJ/kg, 보일러에 보급되는 급수의 엔탈피는 335.2kJ/kg이다. 이 보일러의 환산증발량(상당증발량)은? (단, 100℃에서 물의 증발잠열은 2257kJ/kg이다)

① 약 1000kg/h   ② 약 1078kg/h
③ 약 1124kg/h   ④ 약 2156kg/h

해설 |
상당증발량 = $\dfrac{\text{발생증기엔탈피} - \text{급수엔탈피}}{\text{증발잠열}}$

∴ 상당증발량
$= \dfrac{2000 kg/h\,(2768.8 kJ/kg - 335.2 kJ/kg)}{2257 kJ/kg}$
$= 2156 kg/h$

57. 다음의 냉동기 중 소음 진동이 가장 적은 것은?

① 흡수식   ② 터보식
③ 왕복동식   ④ 스크류식

해설 |
흡수식 냉동기에는 회전체가 없다.

58. 길이 20m인 배관 내로 증기가 간헐적으로 흐르고 있다. 증기가 통과할 때의 관온도가 100℃, 흐르지 않고 있을 때의 관온도가 20℃라고 하면, 증기가 통과할 때 늘어나는 관길이는? (단, 배관재료의 선팽창계수는 1.2×10^{-5}/℃이다)

① 19.2mm   ② 25.2mm
③ 29.4mm   ④ 38.4mm

해설 |
선팽창량 20m × 1000mm/m × 1.2×10^{-5}/℃ × (100−20) = 19.2mm

59. 몰리에르 선도상에서 히트펌프의 난방시 성적계수를 산정하는 식은?

① $\dfrac{\text{증발기출구엔탈피} - \text{증발기입구엔탈피}}{\text{압축일}}$

② $\dfrac{\text{응축기입구엔탈피} - \text{응축기출구엔탈피}}{\text{압축일}}$

③ $\dfrac{\text{압축기입구엔탈피} - \text{압축기출구엔탈피}}{\text{압축일}}$

④ $\dfrac{\text{응축기출구엔탈피} - \text{증발기입구엔탈피}}{\text{압축일}}$

60. 증기난방에 관한 설명으로 옳지 않은 것은?

① 온수난방에 비해 열용량이 크다.
② 한랭지에서 동결의 우려가 적다.
③ 방열면적을 온수난방보다 작게 할 수 있다.
④ 증발잠열을 이용하기 때문에 열의 운반능력이 크다.

해설 |
열용량이 크다고 할 수 없다(질량유량당).

정답 55 ① 56 ④ 57 ① 58 ① 59 ② 60 ①

04. 건축설비관계법규

61. 숙박시설의 용도로 쓰는 건축물로서 방송공동 수신설비를 설치하여야 하는 건축물의 바닥면적 기준은?

① 바닥면적의 합계가 1000m² 이상인 건축물
② 바닥면적의 합계가 2000m² 이상인 건축물
③ 바닥면적의 합계가 5000m² 이상인 건축물
④ 바닥면적의 합계가 10000m² 이상인 건축물

해설 |
건축법 시행령
공동주택(아파트, 연립주택, 다세대주택)
바닥면적의 합계가 5천 제곱미터 이상으로서 업무시설이나 숙박시설의 용도로 쓰는 건축물

62. 화재안전기준에 따라 소화기구를 설치하여야 하는 특정소방대상물의 연면적 기준은?

① 10m² 이상   ② 25m² 이상
③ 33m² 이상   ④ 45m² 이상

해설 |
소방법 시행령

63. 다음은 건축물의 에너지절약설계기준에 따른 에너지 성능지표의 판정에 관한 기준 내용이다. ( ) 안에 알맞은 것은?

> 에너지성능지표는 평점합계가 ( ) 이상일 경우 적합한 것으로 본다. 다만 공공기관이 신축하는 건축물(별동이나 증축하는 건축물을 포함한다)은 74점 이상일 경우 적합한 것으로 본다.

① 65점   ② 72점
③ 84점   ④ 90점

64. 다음 중 철근콘크리트조의 두께가 10cm 이상인 경우에만 내화구조에 속하는 것은?

① 보   ② 바닥
③ 지붕   ④ 계단

해설 |
바닥, 벽에서 철근콘크리트조의 두께가 10cm 이상인 경우 내화구조

65. 건축법령상 고층건축물의 정의로 옳은 것은?

① 층수가 20층 이상이거나 높이가 60m 이상인 건축물
② 층수가 20층 이상이거나 높이가 80m 이상인 건축물
③ 층수가 30층 이상이거나 높이가 90m 이상인 건축물
④ 층수가 30층 이상이거나 높이가 120m 이상인 건축물

정답 61 ③ 62 ③ 63 ① 64 ② 65 ④

해설 |
건축법 제2조
고층건축물 층수가 30층 이상이거나 높이가 120m 이상

66. 건축물의 설비기준 등에 관한 규칙에 따라 피뢰설비를 설치하여야 하는 대상 건축물의 높이 기준은?

① 높이 10m 이상인 건축물
② 높이 20m 이상인 건축물
③ 높이 30m 이상인 건축물
④ 높이 50m 이상인 건축물

해설 |
건축설비기준 등에 관한 규칙
피뢰설비 : 20m 이상 건물

67. 다음은 건축물의 바깥쪽으로의 출구의 설치에 관한 기준 내용이다. ( ) 안에 알맞은 것은?

> 판매시설의 용도에 쓰이는 피난층에 설치하는 건축물의 바깥쪽으로의 출구의 유효너비의 합계는 해당 용도에 쓰이는 바닥면적이 100m²마다 ( )의 비율로 산정한 너비 이상으로 하여야 한다.

① 0.6m   ② 1.2m
③ 1.5m   ④ 1.8m

해설 |
건축물 피난·방화구조기준
100평방미터마다 0.6m의 비율로 산정한 너비 이상

68. 다음의 소방시설 중 소화활동설비에 속하지 않는 것은?

① 연결송수관설비
② 비상콘센트설비
③ 무선통신보조설비
④ 상수도소화용수설비

해설 |
소방법 시행령
소화활동설비 : 제연설비, 연결송수관설비, 연결살수설비, 비상콘센트설비, 무선통신보조설비, 연소방지설비

69. 건축법령상 단독주택에 속하지 않는 것은?

① 공관
② 다중주택
③ 다세대주택
④ 다가구주택

70. 다음 중 피난용도로 쓸 수 있는 광장을 옥상에 설치하여야 하는 대상 건축물은?

① 5층 이상인 층이 판매시설의 용도로 사용되는 건축물
② 5층 이상인 층이 공동주택의 용도로 사용되는 건축물
③ 5층 이상인 층이 업무시설의 용도로 사용되는 건축물
④ 5층 이상인 층이 의료시설의 용도로 사용되는 건축물

해설 |
건축법 시행령
5층 이상인 층이 제2종 근린생활시설 중 공연장, 종교집회장, 인터넷컴퓨터게임시설제공업소(해당 용도로 쓰는 바닥면적의 합계가 각각 300제곱미터 이상인 경우만 해당한다), 문화 및 집회시설(전시장 및 동·식물원은 제외한다), 종교시설, 판매시설, 위락시설 중 주점영업 또는 장례식장의 용도로 쓰는 경우에는 피난 용도로 쓸 수 있는 광장을 옥상에 설치하여야 한다.

71. 건축물 내부에 설치하는 피난계단의 구조에 관한 기준 내용으로 옳지 않은 것은?

① 계단실에는 예비전원에 의한 조명설비를 할 것
② 계단실의 실내에 접하는 부분의 마감은 난연재료로 할 것
③ 계단은 내화구조로 하고 피난층 또는 지상까지 직접 연결되도록 할 것
④ 계단실은 창문·출입구 기타 개구부를 제외한 당해 건축물의 다른 부분과 내화구조의 벽으로 구획할 것

해설 |
계단실의 실내에 접하는 부분의 마감은 불연 재료로 할 것

72. 승용승강기 설치 대상 건축물에서 승용승강기 설치 대수의 산정 요소로만 나열된 것은?

① 건축물의 용도, 6층 이상의 거실면적의 합계
② 건축물의 층수, 6층 이상의 거실면적의 합계
③ 건축물의 용도, 6층 이상의 바닥면적의 합계
④ 건축물의 층수, 6층 이상의 바닥면적의 합계

해설 |
건축물의 설비기준 등에 관한 규칙 [별표1의 2]
승용승강기의 설치기준

건축물의 용도	6층 이상의 거실 면적의 합계	3천m² 이하	3천m² 초과
1. 가. 문화 및 집회시설 (공연장·집회장 및 관람장만 해당한다) 나. 판매시설 다. 의료시설		2대	2대에 3천m²를 초과하는 2천m² 이내마다 1대를 더한 대수

73. 건축물에 설치하는 급수·배수 등의 용도로 쓰이는 배관설비에 관한 기준 내용으로 옳지 않은 것은?

① 배수용 우수관과 오수관은 분리하여 배관 할 것
② 건축물의 주요부분을 관통하여 배관하지 아니할 것
③ 배수용 배관설비의 오수에 접히는 부분은 내수재료를 사용할 것
④ 승강기의 승강로 안에는 승강기의 운행에 필요한 배관 설비외의 배관설비를 설치하지 아니할 것

74. 다음의 스프링클러설비의 설치면제에 관한 기준 내용 중 ( ) 안에 알맞은 것은?

> 스프링클러설비를 설치하여야 하는 특정 소방대상물 ( )를 화재안전기준에 적합하게 설치한 경우에는 그 설비의 유효범위에서 설치가 면제된다.

① 연결살수설비
② 옥내소화전설비
③ 옥외소화전설비
④ 물분무등소화설비

해설 |
물분무등소화설비를 설치하여야 하는 차고·주차장에 ( )를 화재안전기준에 적합하게 설치한 경우에는 그 설비의 유효범위에서 설치가 면제된다.
(스프링클러설비)를 설치하면 물분무등소화설비도 면제

75. 건축물을 특별시나 광역시에 건축하고자 하는 경우 특별시장이나 광역시장의 허가를 받아야 하는 건축물의 규모 기준으로 옳은 것은?

① 층수가 11층 이상이거나 연면적의 합계가 10000m² 이상인 건축물
② 층수가 11층 이상이거나 연면적의 합계가 100000m² 이상인 건축물
③ 층수가 21층 이상이거나 연면적의 합계가 10000m² 이상인 건축물
④ 층수가 21층 이상이거나 연면적의 합계가 100000m² 이상인 건축물

해설 |
건축법(특별시장이나 광역시장의 허가를 받아야 하는 대상건축물)
21층 이상 건축물, 연면적 10만 평방미터 이상 건축물(공장, 창고 제외)

76. 다음 중 주요 구조부를 내화구조로 하여야 하는 건축물은?

① 종교시설의 용도로 쓰이는 건축물로서 집회실의 바닥면적의 합계가 150m²인 건축물
② 판매시설의 용도로 쓰는 건축물로서 그 용도로 쓰는 바닥면적의 합계가 400m²인 건축물
③ 공장의 용도로 쓰는 건축물로서 그 용도로 쓰는 바닥면적의 합계가 1000m²인 건축물
④ 운수시설의 용도로 쓰는 건축물로서 그 용도로 쓰는 바닥면적의 합계가 500m²인 건축물

해설 |
건축법 시행령
제56조(건축물의 내화구조)
① 주요구조부와 지붕은 내화구조로 해야 한다
2. 문화 및 집회시설 중 전시장 또는 동·식물원, 판매시설, 운수시설, 교육연구시설에 설치하는 체육관·강당, 수련시설, 운동시설 중 체육관·운동장, 위락시설(주점영업의 용도로 쓰는 것은 제외한다), 창고시설, 위험물저장 및 처리시설, 자동차 관련 시설, 방송통신시설 중 방송국·전신전화국·촬영소, 묘지 관련 시설 중 화장시설·동물화장시설 또는 관광휴게시설의 용도로 쓰는 건축물로서 그 용도로 쓰는 바닥면적의 합계가 500제곱미터 이상인 건축물

77. 건축물의 에너지절약 설계기준상 다음과 같이 정의 되는 용어는?

> 중간기 또는 동계에 발생하는 냉방부하를 실내 엔탈피보다 낮은 도입 외기에 의하여 제거 또는 감소시키는 시스템

① 변풍량제어시스템
② 이코너마이저시스템
③ 비례제어운전시스템
④ 대수분할운전시스템

해설 |
"이코노마이저시스템"이라 함은 중간기 또는 동계에 발생하는 냉방부하를 실내 엔탈피보다 낮은 도입 외기에 의하여 제거 또는 감소시키는 시스템을 말한다.

78. 비상용승강기의 승강장 및 승강로의 구조에 관한 기준 내용으로 옳지 않은 것은?

① 승강로는 당해 건축물의 다른 부분과 내화구조로 구획할 것
② 승강장의 바닥면적은 비상용승강기 1대에 대하여 $5m^2$ 이상으로 할 것
③ 각층으로부터 피난층까지 이르는 승강로를 단일구조로 연결하여 설치할 것
④ 승강장은 각층의 내부와 연결될 수 있도록 하되, 그 출입구(승강로의 출입구를 제외 한다)에는 갑종방화문을 설치할 것

해설 |
건축물의 설비기준 등에 관한규칙
옥내에 있는 승강자의 바닥면적은 비상용승강기 1대에 대하여 $6m^2$ 이상으로 설치할 것

79. 공동 소방안전관리자 선임대상 특정소방대상물 기준으로 옳지 않은 것은?

① 판매시설 중 도매시장 및 소매시장
② 복합건축물로서 층수가 5층 이상인 것
③ 지하층을 제외한 층수가 6층 이상인 건축물
④ 복합건축물로서 연면적이 $5000m^2$ 이상인 것

정답 77 ② 78 ② 79 ③

해설 |
화재예방, 소방시설 설치·유지 및 안전관리에 관한 법률
공동 소방안전관리자 선임 대상
1. 고층 건축물(지하층 제외 11층 이상인 건축물)
2. 지하가(지하의 인공구조물 안에 설치된 상점 및 사무실, 그 밖에 이와 비슷한 시설이 연속하여 지하도에 접하여 설치된 것과 그 지하도를 합한 것을 말한다)
3. 복합건축물로서 연면적 5천 제곱미터 이상인 것 또는 층수가 5층 이상인 것
4. 판매시설 중 도매시장 또는 소매시장

80. 오피스텔의 난방설비를 개별난방방식으로 하는 경우에 관한 기준 내용으로 옳지 않은 것은?

① 난방구획을 방화구획으로 구획할 것
② 보일러의 연도는 내화구조로서 개별연도로 설치할 것
③ 가스보일러인 경우, 보일러실의 윗부분에는 그 면적이 0.5m² 이상인 환기창을 설치할 것
④ 보일러는 거실외의 곳에 설치하되, 보일러를 설치하는 곳과 거실 사이의 경계벽은 출입구를 제외하고는 내화구조의 벽으로 구획할 것

해설 |
건축물의 설비기준 등에 관한 규칙 제13조
1. 보일러의 연도는 내화구조로서 공동연도로 설치할 것
2. 보일러실 윗부분에는 그 면적이 최소 1.0m² 이상인 환기창을 설치할 것
3. 보일러를 설치하는 곳과 거실 사이의 경계벽은 출입구를 제외하고는 내화구조의 벽으로 구획할 것

2018년 2회 건축설비산업기사

01. 건축일반

1. 고층 숙박시설에서의 방재 및 피난계획으로 옳지 않은 것은?

① 피난 동선은 일상동선과 별도로 4방향 이상을 확보한다.
② 화재의 조기발견과 통보, 초기 소화, 배연 등을 위한 설비를 갖춘다.
③ 화재의 확산방지와 피난이 용이하도록 방화벽, 방화문 등을 설치한다.
④ 비상시를 위하여 자가발전설비 등을 갖추도록 한다.

해설 |
피난 동선은 일상동선과 같도록 2방향 이상을 확보한다.

2. 다음 중 유효온도의 구성요소로 옳은 것은?

① 온도, 습도, 복사열
② 온도, 습도, 기류
③ 온도, 습도, 착의량
④ 온도, 기류, 복사열

해설 |
작용온도 : 기온과 주벽의 복사열 및 기류의 영향을 조합시킨 지표
유효온도 : 기온, 습도와 기류의 영향을 조합시킨 지표

3. 음환경에서 정의하는 음압(sound pressure level)의 단위로 옳은 것은?

① 폰(phon)
② 데시벨(dB)
③ 주파수(Hz)
④ 손(sone)

해설 |
데시벨 : 소리의 강약을 나타내는, 즉 음압레벨의 단위이다.

4. 태양으로부터 방사되는 전 에너지 중 46%를 차지하며, 파장이 약 380~760mm 범위에 있는 것은?

① 가시광선
② 자외선
③ 적외선
④ X선

해설 |
가시광선 : 인간의 눈으로 볼 수 있는 광선

정답 1 ① 2 ② 3 ② 4 ①

5. 실내 음환경에서 잔향시간에 관한 설명으로 옳은 것은?
   ① 음향 청취를 목적으로 하는 공간에서의 잔향시간은 음성 전달을 목적으로 하는 공간에서의 잔향시간보다 짧아야 한다.
   ② 음의 잔향시간은 실의 용적에 비례하며 벽면의 흡음력에 따라 결정된다.
   ③ 실의 형태를 변경하면 잔향시간은 조정이 가능하다.
   ④ 영화관은 전기음향설비가 주가 되므로 잔향시간은 길수록 좋다.

   해설 |
   $T = 0.16 \dfrac{V}{A}$
   공간용적 V[m³], 흡음력 A[m²], 잔향시간 T[s]

6. ALC(Auto Lightweight Concrete)의 특징에 관한 설명으로 옳지 않은 것은?
   ① 타 재료에 비하여 경량이다.
   ② 톱으로 절단하여 사용할 수 있다.
   ③ 단열성이 우수한 편이다.
   ④ 공장 제작이 불가하여 주로 현장에서 제작 및 설치된다.

7. 주거공간 계획에서 가사노동을 경감하기 위한 방안이 아닌 것은?
   ① 주거공간을 최대한 확보한다.
   ② 세탁실과 건조실은 근접시킨다.
   ③ 설비를 고도화하고 자동화한다.
   ④ 입식 부엌을 도입한다.

8. 다음과 같은 특징을 갖는 도서관의 출납 시스템은?

   > 열람자는 직접 서가에 면하여 책의 체제나 표지 정도는 볼 수 있으나 내용을 보려면 관원에게 요구하여 대출기록을 남긴 후 열람하는 형식으로서 신간서적 안내에 채용된다.

   ① 폐가식　　　② 안전개가식
   ③ 반개가식　　④ 자유개가식

9. 은행의 공간 및 평면 계획 시 유의할 점으로 옳지 않은 것은?
   ① 출입문은 도난방지상 바깥여닫이로 하는 것이 타당하다.
   ② 겨울철 기온이 낮은 우리나라에서는 주출입구에 전실(前室)을 설치하는 것이 좋다.
   ③ 큰 건물의 경우에도 고객출입구는 되도록 1개소로 한다.
   ④ 내부 업무의 흐름은 되도록 고객이 알기 어렵게 한다.

10. 건물의 주요 부분은 건축주가 전용으로 사용하고 나머지를 대실하는 사무소의 분류상 명칭은?
    ① 대여 사무소
    ② 준전용 사무소
    ③ 전용 사무소
    ④ 준대여 사무소

11. 병실의 환경 및 설비계획에 관한 설명으로 옳지 않은 것은?

① 병실의 창면적은 바닥면적의 1/3~1/4 정도로 한다.
② 창대의 높이는 90cm 이하로 하여 병상에서의 전망을 고려한다.
③ 병실의 조명은 실 중앙에 전등을 달아 조도를 균일하게 한다.
④ 환자마다 손이 닿는 위치에 간호사 호출용 벨을 설치한다.

12. 왕대공 지붕틀에서 평보와 왕대공의 보강 접합 철물은?

① 감잡이쇠　　② 띠쇠
③ 볼트　　　　④ 주걱볼트

13. 한식주택과 양식주택을 비교한 설명으로 옳지 않은 것은?

① 한식주택은 은폐적인 조합평면이다.
② 한식주택의 각 실은 단일용도이며 양식주택의 각 실은 다용도 형식으로 되어있다.
③ 한식주택은 방한상으로는 불리하나 통풍에는 유리한 창호구조이다.
④ 양식주택은 가구의 종류와 형에 따라 실의 크기가 결정된다.

14. 에스컬레이터에 관한 설명으로 옳지 않은 것은?

① 고객입장에서 매장을 여러 각도에서 볼 수 있다.
② 환자나 화물 수송에는 곤란하다.
③ 엘리베이터의 10배 정도의 수송력을 가진다.
④ 에스컬레이터의 오름 경사도는 60°가 한도이다.

15. 알루미늄 새시에 관한 설명으로 옳지 않은 것은?

① 스틸 새시에 비하여 내화성이 약하다.
② 공작이 용이하고 기밀성이 있다.
③ 모르타르, 회반죽 등의 알칼리성에 강하다.
④ 여닫음이 경쾌하다.

16. 사질토에서 수위차에 의해 물이 기초파기 면에 솟아오르는 현상을 무엇이라고 하는가?

① 히빙(heaving) 현상
② 보일링(boiling) 현상
③ 블리딩(bleeding) 현상
④ 레이턴스(laitance) 현상

17. 도서관의 어린이 열람실 계획에 관한 설명으로 옳지 않은 것은?

① 1층에 배치하고 출입구를 별도로 한다.
② 열람은 폐가식으로 운영한다.
③ 실내구성은 각 연령층의 이용을 구분한다.
④ 개가대출실과 독서실이 함께 구성되도록 한다.

18. 건축에서 사용하는 모듈(module)에 관한 설명으로 옳지 않은 것은?

① 인간의 생활이나 동작을 토대로 한 치수상의 기준 단위이다.
② 건축의 계획상, 생산상, 사용상 편리한 치수 측정 단위이다.
③ 모듈은 최도 산위를 설정하고 이의 배수로 다양한 규모를 결정한다.
④ 미터법과 같은 정해진 치수의 절대단위이다.

19. 기둥에서 콘크리트 기초로의 응력전달이 원활하도록 철골기둥 하부에 설치되는 판은?

① 플레이트 거더
② 윙 플레이트
③ 베이스 플레이트
④ 거셋 플레이트

20. 호텔건축의 공용부분에 해당되지 않는 것은?

① 연회실   ② 로비
③ 린넨실   ④ 커피숍

02. 위생설비

21. 급탕설비에 관한 설명으로 옳지 않은 것은?

① 배관은 적정한 압력손실 상태에서 피크시를 충족시킬 수 있어야 한다.
② 냉수, 온수를 혼합 사용해도 압력차에 의한 온도변화가 없도록 하여야 한다.
③ 개방형 급탕시스템에는 온도상승에 의한 압력을 도피시킬 수 있는 팽창탱크를 설치하여야 한다.
④ 배관거리가 30m를 초과하는 중앙급탕 방식에서는 배관으로부터 열 손실을 보상하고, 일정한 급탕온도 유지를 위하여 환탕관과 순환펌프를 설치한다.

해설 |
밀폐형 급탕시스템에는 온도상승에 의한 압력을 도피시킬 수 있는 팽창탱크를 설치하여야 한다.

22. 스프링클러설비에 관한 설명으로 옳지 않은 것은?

① 초기 화재의 진압에 효과적이다.
② 감지부의 구조가 기계적이므로 오보 및 오동작이 적다.
③ 사람이 없는 야간에도 자동으로 화재를 방어할 수 있다.
④ 다른 소화설비에 비해 시공이 단순하며, 유지관리가 용이하다.

해설 |
스프링클러는 초기 자동 화재 진압에 효과적이며 자동으로 화재를 경보하나 시공이 어렵고 비싸며, 유지관리가 까다롭다.

23. Pole의 공식은 어떤 관의 관경을 산정하기 위한 공식인가?

① 급수관　② 가스관
③ 급탕관　④ 배수관

해설 |
$$Q = K\sqrt{\frac{D^5 \times h}{SL}}$$
Q(가스량), L(관의 길이), P(가스압), S(가스비중), K(유량계수)

24. 수도 본관에서 최고층 급수기구까지 높이 5m, 기구 소요압력 150kPa, 전마찰손실수두압 50kPa일 때, 이 기구 사용에 필요한 수도 본관의 최저 압력은? (단, 수도 직결방식의 경우)

① 약 150kPa　② 약 200kPa
③ 약 250kPa　④ 약 500kPa

해설 |
수도본관 최저압력 = 50 + 150 + 50 = 250KPa

25. 급탕설비에서 순환 배관로에서의 열손실이 2000W, 급탕과 환탕의 온도차가 5℃일 경우 순환펌프의 순환량은? (단, 물의 비열은 4.2kJ/kg·K, 밀도는 1kg/L이다)

① 1.4L/min　② 2.9L/min
③ 5.7L/min　④ 8.2L/min

해설 |
$2[kW] = Q[L/min] \times 4.2[kJ/(kg \cdot K)] \times 5K \times \frac{1}{60 s/min}$

∴ Q = 5.7[L/min]

26. 나무, 섬유, 종이, 고무, 플라스틱류와 같은 일반 가연물이 타고 나서 재가 남는 화재로 정의되는 화재의 종류는?

① A급 화재　② B급 화재
③ C급 화재　④ K급 화재

해설 |
A급 화재 = 일반화재 = 백색화재

27. 다음 설명에 알맞은 밸브의 종류는?

> 유체가 밸브의 아래로부터 유입하여 밸브 시트의 사이를 통해 흐르게 되어 있어 유체의 흐름이 갑자기 바뀌기 때문에 유체에 대한 저항은 크나 개폐가 쉽고 유량 조절이 용이하다.

① 콕
② 체크 밸브
③ 글로브 밸브
④ 게이트 밸브

해설 |
글로브 밸브 = 유량조절용 밸브

28. 간접가열식 급탕방식에 관한 설명으로 옳지 않은 것은?

① 직접가열식에 비해 열효율이 낮다.
② 간접가열의 열매로 증기만이 사용된다.
③ 가열보일러는 난방용 보일러와 겸용할 수 있다.
④ 일반적으로 규모가 큰 건물의 급탕에 적용된다.

해설 |
간접가열 열매로 증기가 많이 쓰이기는 하나 물, 공기 등 어떤 열매도 사용할 수 있다.

29. 급수방식 중 수도직결방식에 관한 설명으로 옳지 않은 것은?

① 급수압력이 일정하다.
② 고층으로의 급수가 어렵다.
③ 정전으로 인한 단수의 염려가 없다.
④ 위생성 측면에서 바람직한 방식이다.

해설 |
"급수압력이 일정하다"는 고가수조 방식

30. 급수배관에 관한 설명으로 옳지 않은 것은?

① 상향 급수배관 방식의 경우 수평배관은 진행방향에 따라 올라가는 기울기로 한다.
② 하향 급수배관 방식의 경우 수평배관은 진행방향에 따라 내려가는 기울기로 한다.
③ 배수관과 급수관을 동일한 장소에 매설할 경우 배수관은 반드시 급수관 위에 매설한다.
④ 공기가 모일 수 있는 부분에는 공기빼기 밸브, 물이 고일 수 있는 부분에는 퇴수 밸브를 설치한다.

해설 |
누수 시 오염을 방지하기 위하여 배수관과 급수관을 동일한 장소에 매설할 경우 배수관은 반드시 급수관 아래 매설

31. 일반적으로 하향급수배관 방식이 사용되는 급수 방식은?

① 고가수조방식
② 수도직결방식
③ 압력수조방식
④ 펌프직송방식

정답 28 ② 29 ① 30 ③ 31 ①

32. 정화조의 유입수의 BOD가 500mg/L, 방류수의 BOD가 200mg/L일 때, BOD 제거율은?

① 40%   ② 50%
③ 60%   ④ 70%

해설 |
$\dfrac{500 - 2000}{500} \times 100\% = 60\%$

33. 다음의 봉수 파괴 요인 중 통기관의 설치와 관계없이 봉수가 파괴될 수 있는 것은?

① 흡인작용   ② 분출작용
③ 증발작용   ④ 자기사이폰작용

해설 |
장기간 배수가 없었을 경우 증발에 의해 봉수가 파괴된다.

34. 대변기의 세정방식 중 플러시 밸브식에 관한 설명으로 옳은 것은?

① 대변기의 연속 사용이 가능하다.
② 일반 가정용으로 주로 사용된다.
③ 소음이 적으며 급수압력에 제한을 받지 않는다.
④ 낙차에 의한 수압으로 대변기를 세정하는 방식이다.

해설 |
높은 수압으로 수량의 소비가 많으나 연속 사용할 수 있는 장점이 있다.

35. 다음과 같이 정의되는 통기관의 종류는?

> 2개 이상의 트랩을 보호하기 위하여 기구 배수관이 배수수평 지관에 접속하는 지점의 바로 하류에서 취출하며, 통기입상관에 연결하는 통기관

① 각개통기관   ② 회로통기관
③ 신정통기관   ④ 결합통기관

36. 동관의 관에 두께에 따른 분류에 속하지 않는 것은?

① K형   ② L형
③ M형   ④ N형

해설 |
동관 가장 두꺼운 관 K형이며 순서는 K > L > M N형이란 것은 없다.

37. 배수관의 관경에 관한 설명으로 옳지 않은 것은?

① 배수관은 배수의 유하방향으로 관경을 축소해서는 안 된다.
② 지중에 매설하는 배수관의 관경은 최소 25mm 이상으로 하여야 한다.
③ 기구배수관의 관경은 이것에 접속하는 위생기구의 트랩구경 이상으로 한다.
④ 배수수직관의 관경은 이것에 접속하는 배수수평지관의 최대관경 이상으로 한다.

해설 |
급수관경이 최소 25mm 이상이며, 지중 매설 배수관의 최소 관경은 50A 이상이다.

정답 32 ③ 33 ③ 34 ① 35 ② 36 ④ 37 ②

38. 배수설비에서 원칙적으로 사용이 금지되는 트랩에 속하지 않는 것은?

① 2중 트랩
② 수봉식 트랩
③ 가동부분이 있는 것
④ 내부 치수가 동일한 S 트랩

해설 |
일반적으로 사용하는 P, U 트랩을 포괄하는 수봉식 트랩은 물로 밀봉하다는 뜻이며 일반적으로 가장 많이 쓰이는 권장 트랩이다.

39. 흐르는 물에 피토(Pitot)관을 흐름의 방향으로 세웠을 때 수주의 높이가 1mAq 이었다. 유속은 얼마인가?

① 4.43m/sec
② 4.78m/sec
③ 5.24m/sec
④ 5.69m/sec

해설 |
$U = \sqrt{2 \times 9.8 \times 1}$ = 4.43m/sec

40. 상수의 급수·급탕계통과 그 외의 계통배관이 장치를 통하여 직접 접속되는 것을 의미하는 용어는?

① 더블 옵셋
② 루프 드레인
③ 크로스 커넥션
④ 버큠 브레이커

해설 |
크로스 커넥션은 오접속으로 오염발생의 우려가 있는 것

03. 공기조화설비

41. 공기조화의 4요소에 속하지 않는 것은?

① 기류
② 습도
③ 복사
④ 청정도

해설 |
공기조화의 4요소 : 온도, 습도, 기류, 청정도

42. 그림과 같은 습공기선도에 표시된 P점의 상태량이 옳지 않은 것은?

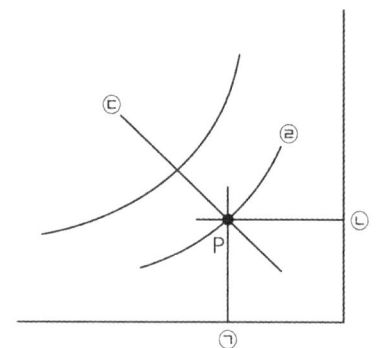

① ㉠ : 건구온도
② ㉡ : 절대습도
③ ㉢ : 엔탈피
④ ㉣ : 습구온도

해설 |
㉣ : 상대습도

정답 38 ② 39 ① 40 ③ / 41 ③ 42 ④

43. 건축물의 난방 시 발생하는 굴뚝효과에 관한 설명으로 옳지 않은 것은?

① 난방 시 중성대 상부에서는 내부공기가 외부로 유출된다.
② 건축물 내부의 공기유동은 온도차에 의한 밀도차가 원인이다.
③ 일반적으로 건물 내부온도가 상승하면 중성대 위치는 상부로 이동한다.
④ 중성대 하부에 개구부를 많이 설치하면 중성대 위치가 하부로 이동한다.

해설 |
온도 상승 시 밀도가 낮은 공기층이 과대해져 상부로 이동하므로 중성대는 밀려내려 낮아진다.

44. 공기조화방식 중 전수방식의 일반적 특징으로 옳지 않은 것은?

① 반송동력이 적게 든다.
② 덕트 스페이스가 필요 없다.
③ 개별제어, 개별운전이 가능하다.
④ 송풍량이 많아서 실내 공기의 오염이 거의 없다.

해설 |
송풍량이 없어 실내 공기 청정도가 나쁘다(오염이 많다) 자연환기가 가능한 외주부에 많이 사용된다.

45. 배관 지지물의 구비요건으로 옳지 않은 것은?

① 관의 신축으로 움직이지 않을 것
② 외부의 진동이나 충격에 견딜 것
③ 배관 진동을 구조체에 전달하지 않을 것
④ 배관의 자중과 유체의 하중 등에 견딜 것

해설 |
관의 신축을 흡수할 수 있어야 한다.

46. 지역난방에 관한 설명으로 옳지 않은 것은?

① 연료비가 절감된다.
② 대기오염을 줄일 수 있다.
③ 보일러 설비가 대용량이 된다.
④ 각 세대의 설비 스페이스가 증대된다.

해설 |
세대에 설비가 배관류, 계량기류 외 없어 스페이스는 극소이다.

47. 벽체를 통과하는 관류열량에 관한 설명으로 옳은 것은?

① 벽체의 열저항이 클수록 커진다.
② 실내외 온도 차와는 관계가 없다.
③ 표면 열전달률이 작을수록 커진다.
④ 벽체 구성재료의 열전도율이 클수록 커진다.

해설 |
열전도율과 관류열량은 비례한다.

정답 43 ③ 44 ④ 45 ① 46 ④ 47 ④

48. 냉·난방 설계용 외기온도를 결정할 때 냉·난방기간 중 외기 설정온도 밖으로 벗어나는 비율(%)로 정한 온도는?

① 표준온도 ② 유효온도
③ TAC온도 ④ 상당외기온도

해설 |
TAC온도를 설정온도 밖으로 벗어나는 비율(%)로 정하는 이유는 경제성을 위한 것이다.
보통 TAC 2.5%를 많이 적용한다.

해설 |
바이패스팩터=
$$\frac{출구공기온도 - 냉각코일표면온도}{입구공기온도 - 냉각코일표면온도} = \frac{t_3 - t_2}{t_1 - t_2}$$

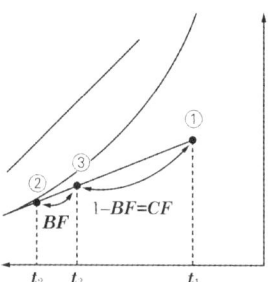

49. 온수난방설비에서 역환수(Reverse return) 방식이 아닌 직접환수방식을 적용하는 경우 각 계통의 필요유량 분배를 위하여 설치하는 것은?

① 차압 밸브 ② 정유량 밸브
③ 게이트 밸브 ④ 글로브 밸브

해설 |
유량분배를 균등히 하기 위한 방법
1. 역환수방식을 적용
2. 직접환수 방식에 정유량 밸브를 설치

50. 냉각코일의 입구공기온도 t_1, 출구공기온도 t_3, 냉각코일표면온도가 t_2일 때 바이패스팩터(BF)를 바르게 표기한 것은?

① $BF = \dfrac{t_1 - t_2}{t_3 - t_2}$ ② $BF = \dfrac{t_3 - t_2}{t_1 - t_2}$

③ $BF = \dfrac{t_1 - t_3}{t_1 - t_2}$ ④ $BF = \dfrac{t_2 - t_1}{t_3 - t_1}$

51. 다음의 송풍기 풍량제어법 중 축동력이 가장 적게소요되는 것은?

① 회전수제어 ② 흡입댐퍼제어
③ 흡입베인제어 ④ 토출댐퍼제어

해설 |
토출댐퍼제어 > 흡입댐퍼제어 > 흡입베인제어 > 회전수제어
회전수제어가 가장 축동력이 적어 경제적

52. 증기압축식 냉동기의 주요구성장치 중 이용하고자 하는 냉수나 차가운 공기를 실제로 만드는 부분은?

① 압축기 ② 응축기
③ 증발기 ④ 팽창장치

해설 |
증발기에서는 고압의 액체냉매가 니들 밸브를 통과하여 기체냉매로 증발하면서 온도가 급격히 낮아지고 함께 압력이 낮아진다.

53. 다음 설명에 알맞은 증기트랩의 종류는?

> 실로폰트랩이라고도 하며, 금속 벨로즈 안에 휘발성 액체를 봉입하여 증기가 벨로즈에 닿으면 안의 액체가 팽창하여 밸브를 닫고, 응축수 또는 공기가 닿으면 수축하여 밸브를 연다.

① 버킷트랩 ② 열동트랩
③ 충격트랩 ④ 플로트트랩

해설 |
열동트랩 : 열로 동작하는 트랩으로 정의는 문제 설명과 같다.

54. 냉각수 배관에서 직관부 마찰손실수두(Pa)의 크기와 반비례하는 것은?

① 관의 길이 ② 관의 내경
③ 유체의 속도 ④ 관의 마찰계수

해설 |
달시와이스바하 식 = $h = f \dfrac{l}{D} \times \dfrac{u^2}{2g}$

55. 증기난방에 관한 설명으로 옳지 않은 것은?

① 방열면적을 온수난방보다 작게 할 수 있다.
② 부하변동에 따른 실내 방열량의 제어가 용이하다.
③ 증발잠열을 이용하기 때문에 열의 운반 능력이 크다.
④ 예열시간이 온수난방에 비해 짧고 증기의 순환이 빠르다.

해설 |
증기는 단속적인 on/off 제어로 방열량 제어가 어렵다.

56. 아네모스탯 천장취출구에 관한 설명으로 옳지 않은 것은?

① 확산형 취출구의 일종이다.
② 몇 개의 콘(cone)이 있어서 1차 공기에 의한 2차 공기의 유인성능이 좋다.
③ 확산반경이 크고 도달거리가 짧아 천장취출구로 많이 사용된다.
④ 라인형 취출구의 일종으로 선의 개념을 통하여 인테리어 디자인에서 미적인 감각을 살릴 수 있다.

해설 |
선의 개념이 아닌 동심원의 형태다.

57. 5000W의 열을 발산하는 기계실의 온도를 26℃로 유지시키기 위한 필요 환기량(m³/h)은? (단, 외기온도 6℃, 공기의 밀도 1.2kg/m³, 공기의 정압비열 1.01 kJ/kg·K, 기계실의 열전달 손실은 무시한다)

① 225.0m³/h
② 396.8m³/h
③ 594.1m³/h
④ 742.6m³/h

해설 |
필요환 기량은 외기 100%를 의미하므로 실내온도와 외기온도의 차이를 가지고 구한다.

5[kW] = Q × 1.2 × 1.01(26 − 6) × $\dfrac{1}{3600}$

∴ Q = 742.57[m³/h]

58. 송풍기의 토출구 풍속이 6m/s일 때, 송풍기 동압은? (단, 공기의 밀도는 1.2kg/m³이다)

① 2.16Pa ② 4.32Pa
③ 21.6Pa ④ 43.2Pa

해설 |
$\dfrac{U^2}{2}\rho = \dfrac{6^2}{2} \times 1.2 = 21.6\text{Pa}$

59. 유량 2m³/min, 양정 50mAq인 펌프의 축동력은? (단, 펌프의 효율은 0.6으로 한다)

① 16.3kW ② 22.2kW
③ 25.3kW ④ 27.2kW

해설 |
$\text{kW} = \dfrac{1000HQ}{102n} = \dfrac{1000 \times 50 \times \dfrac{2}{60}}{102 \times 0.6} = 27.2$

60. 덕트의 곡부에서 풍속이 15m/sec이고 국부저항 계수가 0.23일 때 국부저항은 얼마인가? (단, 유체의 밀도는 1.2kg/m³이다)

① 약 17Pa ② 약 25Pa
③ 약 31Pa ④ 약 43Pa

해설 |
국부저항 = $\zeta\dfrac{U^2}{2}\rho = 0.35\dfrac{12^2}{2} \times 1.2 = 30.24$

04. 건축설비관계법규

61. 건축물의 에너지절약설계기준에 따른 단열재의 두께는 지역별로 다르다. 지역별 분류 중 중부지역에 속하지 않는 곳은?

① 경기도
② 서울특별시
③ 대전광역시
④ 충남 천안시

해설 |
건축물에너지절약기준
대전광역시 : 남부지역

62. 다음은 건축물의 에너지절약설계기준에 따른 야간단열장치의 정의이다. ( ) 안에 알맞은 것은?

> 야간단열장치라 함은 창의 야간 열손실을 방지할 목적으로 설치하는 단열셔터, 단열덧문으로서 총열관류 저항(열관류율의 역수)이 ( ) 이상인 것을 말한다.

① 0.2m²·K/W
② 0.4m²·K/W
③ 0.6m²·K/W
④ 0.8m²·K/W

해설 |
건축물에너지절약기준
야간단열장치라 함은 창의 야간 열손실을 방지할 목적으로 설치하는 단열셔터, 단열덧문으로서 총열관류저항(열관류율의 역수)이 0.4m²·K/W 이상인 것을 말한다.

63. 다음은 화재예방, 소방시설 설치·유지 및 안전 관리에 관한 법령에 따른 무창층의 정의이다. 밑줄 친 각 목의 요건 내용으로 옳지 않은 것은?

> "무창층"(無窓層)이란 지상층 중 다음 각 목의 요건을 모두 갖춘 개구부(건축물에서 채광·환기·통풍 또는 출입 등을 위하여 만든 창·출입구, 그밖에 이와 비슷한 것을 말한다)의 면적의 합계가 해당 층의 바닥면적의 0분의 1 이하가 되는 층을 말한다.

① 내부 또는 외부에서 부수거나 열 수 없을 것
② 도로 또는 차량이 진입할 수 있는 빈터를 향할 것
③ 크기는 지름 50cm 이상의 원이 내접(內接)할 수 있는 크기일 것
④ 해당 층의 바닥면으로부터 개구부 밑부분까지의 높이가 1.2m 이내일 것

해설 |
내부 또는 외부에서 쉽게 부수거나 파괴할 수 있을 것

64. 건축물의 바깥쪽에 설치하는 피난계단의 구조에 관한 기준 내용으로 옳지 않은 것은?

① 계단의 유효너비는 0.9m 이상으로 할 것
② 계단실에는 예비전원에 의한 조명설비를 할 것
③ 계단은 내화구조로 하고 지상까지 직접 연결되도록 할 것
④ 건축물의 내부에서 계단으로 통하는 출입구에는 갑종방화문을 설치할 것

해설 |
건축물의 바깥쪽에 설치하는 피난계단의 구조 조명설비의 기준이 없다.
건축물 내부에 설치하는 피난계단의 구조에 관한 기준 계단실에는 예비전원에 의한 조명설비를 할 것

65. 공동주택의 난방설비를 개별난방방식으로 하는 경우에 관한 기준 내용으로 옳지 않은 것은?

① 난방구획을 방화구획으로 구획할 것
② 보일러의 연도는 내화구조로서 공동연도로 설치할 것
③ 보일러실의 윗부분에는 그 면적이 $0.5m^2$ 이상인 환기창을 설치할 것
④ 보일러를 설치하는 곳과 거실 사이의 경계벽은 출입구를 제외하고는 내화구조의 벽으로 구획할 것

해설 |
건축물의 설비기준 등에 관한 규칙 제13조
1. 보일러를 설치하는 곳과 거실 사이의 경계벽은 출입구를 제외하고는 내화구조의 벽으로 구획할 것
2. 보일러실의 윗부분에는 그 면적이 0.5제곱미터 이상인 환기창을 설치하고, 보일러실의 윗부분과 아랫부분에는 각각 지름 10센티미터 이상의 공기흡입구 및 배기구를 항상 열려 있는 상태로 바깥공기에 접하도록 설치할 것. 다만 전기보일러의 경우에는 그러하지 아니하다.
6. 오피스텔의 경우에는 난방구획을 방화구획으로 구획할 것
7. 보일러의 연도는 내화구조로서 공동연도로 설치할 것 "그러므로 공동주택의 경우 난방구획을 무엇으로 하라고 정의하지 않았다."

정답 63 ① 64 ② 65 ①

66. 다음은 허가 대상 건축물이라 하더라도 미리 특별자치시장·특별자치도지사 또는 시장·군수·구청장에게 국토교통부령으로 정하는 바에 따라 신고를 하면 건축허가를 받은 것으로 보는 경우에 관한 기준 내용이다. ( ) 안에 알맞은 것은?

> 바닥면적의 합계가 ( ) 이내의 증축·재축, 다만 3층 이상 건축물인 경우에는 증축·개축 또는 재축하려는 부분의 바닥면적의 합계가 건축물 연면적의 10분의 1 이내인 경우로 한정한다.

① 30m²　　② 50m²
③ 85m²　　④ 100m²

해설 |
건축법
85m² 증축 개축 재축
그 외 경우 100m²임을 주의

67. 다음 중 건축법령상 건축물의 주요구조부에 속하지 않는 것은?

① 보　　② 차양
③ 바닥　　④ 지붕틀

해설 |
건축법
"주요구조부"란 내력벽(耐力壁), 기둥, 바닥, 보, 지붕틀 및 주계단(主階段)을 말한다

68. 채광을 위하여 단독주택의 거실에 설치하는 창문등의 면적은 그 거실의 바닥면적의 최소 얼마 이상이어야 하는가? (단, 거실의 용도에 따라 규정된 조도 이상의 조명장치를 설치하지 않은 경우)

① 5분의 1　　② 10분의 1
③ 20분의 1　　④ 30분의 1

해설 |
건축물의 피난·방화구조 등의 기준에 관한 규칙 제17조 (채광 및 환기를 위한 창문등)에 따라 채광을 위하여 거실에 설치하는 창문등의 면적은 그 거실의 바닥면적의 10분의 1 이상이어야 한다. 다만 거실의 용도에 따라 조도 이상의 조명장치를 설치하는 경우에는 그러하지 아니하다.

69. 다음 중 방화구조가 아닌 것은?

① 심벽에 흙으로 맞벽치기한 것
② 철망모르타르로서 그 바름두께가 2cm인 것
③ 시멘트모르타르 위에 타일을 붙인 것으로서 그 두께의 합계가 2cm인 것
④ 석고판 위에 시멘트모르타르를 바른 것으로서 그 두께의 합계가 2.5cm인 것

해설 |
건축물 피난·방화구조 규칙
시멘트모르타르 위에 타일을 붙인 것으로서 그 두께의 합계가 2.5cm인 것

정답　66 ③　67 ②　68 ②　69 ③

70. 건축법령상 다세대주택의 정의로 옳은 것은?

① 주택으로 쓰는 1개 동의 바닥면적 합계가 330m² 이하이고, 층수가 4개 층 이하인 주택
② 주택으로 쓰는 1개 동의 바닥면적 합계가 330m² 초과하고, 층수가 4개 층 이하인 주택
③ 주택으로 쓰는 1개 동의 바닥면적 합계가 660m² 이하이고, 층수가 4개 층 이하인 주택
④ 주택으로 쓰는 1개 동의 바닥면적 합계가 660m² 초과하고, 층수가 4개 층 이하인 주택

해설 |
정의
아파트 : 층수가 5개층 이상
다가구주택 : 주택으로 쓰는 1개 동의 바닥면적 합계가 660m² 이하하고, 층수가 3개 층 이하이며 19세대 이하
연립주택 : 주택으로 쓰는 1개 동의 바닥면적 합계가 660m² 초과하고, 층수가 4개 층 이하인 주택

71. 건축법령상 다음과 같이 정의되는 용어는?

건축물의 실내를 안전하고 쾌적하며 효율적으로 사용하기 위하여 내부 공간을 칸막이로 구획하거나 벽지, 천장재, 바닥재, 유리 등 대통령령으로 정하는 재료 또는 장식물을 설치하는 것

① 개축   ② 대수선
③ 실내건축   ④ 리모델링

72. 다음은 건축물의 피난·안전을 위하여 건축물 중간층에 설치하는 대피공간인 피난안전구역에 관한 기준 내용이다. ( ) 안에 알맞은 것은?

초고층 건축물에는 피난층 또는 지상으로 통하는 직통계단과 직접 연결되는 피난안전구역을 지상층으로부터 최대 ( )개 층마다 1개소 이상 설치하여야 한다.

① 20   ② 30
③ 40   ④ 50

해설 |
건축법 시행령
초고층 건축물에는 피난층 또는 지상으로 통하는 직통계단과 직접 연결되는 피난안전구역을 지상층으로부터 최대 30층마다 1개소 이상 설치하여야 한다.

73. 다음은 건축법령상 건축설비 설치의 원칙에 관한 기준 내용이다. ( ) 안에 알맞은 것은?

연면적이 ( ) 이상인 건축물의 대지에는 국토교통부령으로 정하는 바에 따라 「전기사업법」 제2조 제2호에 따른 전기사업자가 전기를 배전(配電)하는 데 필요한 전기설비를 설치할 수 있는 공간을 확보하여야 한다.

① 100m²   ② 200m²
③ 500m²   ④ 1000m²

해설 |
건축법 시행령
500m² 이상

74. 급수·배수(配水)·배수(排水)·환기·난방 설비를 건축물에 설치하는 경우 건축기계설비기술사 또는 공조냉동기계기술사의 협력을 받아야 하는 대상 건축물에 속하지 않는 것은? (단, 해당 용도에 사용되는 바닥면적의 합계가 2000m²인 건축물의 경우)

① 기숙사　② 업무시설
③ 의료시설　④ 숙박시설

해설 |
건축물설비기준 규칙
제2조(관계전문기술자의 협력을 받아야 하는 건축물)
5. 다음 각 목의 어느 하나에 해당하는 건축물로서 해당 용도에 사용되는 바닥면적의 합계가 3천 제곱미터 이상인 건축물
　다. 업무시설

75. 특정소방대상물이 아파트인 경우 특급 소방안전관리대상물 기준으로 옳은 것은? (단, 층수는 지하층을 제외한 층수이다)

① 30층 이상이거나 지상으로부터 높이가 90m 이상인 아파트
② 30층 이상이거나 지상으로부터 높이가 120m 이상인 아파트
③ 50층 이상이거나 지상으로부터 높이가 150m 이상인 아파트
④ 50층 이상이거나 지상으로부터 높이가 200m 이상인 아파트

해설 |
화재의 예방 및 안전관리에 관한 법률 시행령 별표4
1. 특급 소방안전관리대상물
　가. 특급 소방안전관리대상물의 범위
　　「소방시설 설치 및 관리에 관한 법률 시행령」 별표2의 특정소방대상물 중 다음의 어느 하나에 해당하는 것
1. 50층 이상(지하층은 제외한다)이거나 지상으로부터 높이가 200미터 이상인 아파트
2. 30층 이상(지하층을 포함한다)이거나 지상으로부터 높이가 120미터 이상인 특정소방대상물(아파트는 제외한다)
3. 2)에 해당하지 않는 특정소방대상물로서 연면적이 10만 제곱미터 이상인 특정소방대상물(아파트는 제외한다)

76. 신축 또는 리모델링하는 경우 시간당 0.5회 이상의 환기가 이루어질 수 있도록 자연환기설비 또는 기계환기설비를 설치하여야 하는 대상 공동주택의 세대수 기준은?

① 10세대 이상의 공동주택
② 20세대 이상의 공동주택
③ 30세대 이상의 공동주택
④ 50세대 이상의 공동주택

해설 |
건축물의 설비기준 등에 관한 규칙
(공동주택 및 다중이용시설의 환기설비기준 등)
신축 또는 리모델링하는 다음 각 호의 어느 하나에 해당하는 주택 또는 건축물(이하 "신축공동주택등"이라 한다)은 시간당 0.5회 이상의 환기가 이루어질 수 있도록 자연환기설비 또는 기계환기설비를 설치해야 한다.
1. 30세대 이상의 공동주택

77. 다음은 자동화재속보설비를 설치하여야 하는 특정소방대상물에 관한 기준 내용이다. 해당되지 않는 특정소방대상물은?

① 노유자 생활시설
② 국보로 지정된 목조건축물
③ 접골원
④ 산후조리원

해설 |
소방시설 설치 및 관리에 관한 법률 시행령 별표4 사. 자동화재속보설비를 설치해야 하는 특정소방대상물(다만 방재실 등 화재 수신기가 설치된 장소에 24시간 화재를 감시할 수 있는 사람이 근무하고 있는 경우에는 자동화재속보설비를 설치하지 않을 수 있다)
1) 노유자 생활시설
2) 노유자 시설로서 바닥면적이 500m² 이상인 층이 있는 것
3) 수련시설(숙박시설이 있는 것만 해당한다)로서 바닥면적이 500m² 이상인 층이 있는 것
4) 문화재 중 「문화재보호법」 제23조에 따라 보물 또는 국보로 지정된 목조건축물
5) 근린생활시설 중 다음의 어느 하나에 해당하는 시설
  가) 의원, 치과의원 및 한의원으로서 입원실이 있는 시설
  나) 조산원 및 산후조리원
6) 의료시설 중 다음의 어느 하나에 해당하는 것
  가) 종합병원, 병원, 치과병원, 한방병원 및 요양병원(의료재활시설은 제외한다)
  나) 정신병원 및 의료재활시설로 사용되는 바닥면적의 합계가 500m² 이상인 층이 있는 것
7) 판매시설 중 전통시장

78. 다음 건축물 중 건축 시 설치하여야 하는 승용승강기의 최소 대수가 가장 많은 것은? (단, 6층 이상의 거실면적의 합계가 7000m²이며, 15인승 승용승강기의 경우)

① 판매시설
② 업무시설
③ 숙박시설
④ 위락시설

해설 |
승용승강기의 설치기준(제5조 본문 관련)

건축물의 용도	6층 이상의 거실 면적의 합계	3천m² 이하	3천m² 초과
1	가. 문화 및 집회시설 (공연장·집회장 및 관람장만 해당한다) 나. 판매시설 다. 의료시설	2대	2대에 3천m²를 초과하는 2천m² 이내마다 1대를 더한 대수
2	가. 문화 및 집회시설 (전시장 및 동·식물원만 해당한다) 나. 업무시설 다. 숙박시설 라. 위락시설	1대	1대에 3천m²를 초과하는 2천m² 이내마다 1대를 더한 대수
3	가. 공동주택 나. 교육연구시설 다. 노유자시설 라. 그 밖의 시설	1대	1대에 3천m²를 초과하는 3천m² 이내마다 1대를 더한 대수

79. 다음 중 주요구조부를 내화구조로 하여야 하는 대상 건축물에 속하지 않는 것은?

① 종교시설의 용도로 쓰는 건축물로서 집회실의 바닥면적의 합계가 200m²인 건축물
② 장례시설의 용도로 쓰는 건축물로서 집회실의 바닥면적의 합계가 200m²인 건축물
③ 판매시설의 용도로 쓰는 건축물로서 그 용도로 쓰는 바닥면적의 합계가 200m²인 건축물
④ 제2종 근린생활시설 중 공연장의 용도로 쓰는 건축물로서 관람석의 바닥면적의 합계가 200m²인 건축물

해설 |
(건축물의 내화구조)
① 다음 각 호의 어느 하나에 해당하는 건축물의 주요구조부와 지붕은 내화구조로 해야 한다. 다만 연면적이 50제곱미터 이하인 단층의 부속건축물로서 외벽 및 처마 밑면을 방화구조로 한 것과 무대의 바닥은 그렇지 않다.
1. 제2종 근린생활시설 중 공연장·종교집회장(해당 용도로 쓰는 바닥면적의 합계가 각각 300제곱미터 이상인 경우만 해당한다), 문화 및 집회시설(전시장 및 동·식물원은 제외한다), 종교시설, 위락시설 중 주점영업 및 장례시설의 용도로 쓰는 건축물로서 관람실 또는 집회실의 바닥면적의 합계가 200제곱미터(옥외관람석의 경우에는 1천 제곱미터) 이상인 건축물
2. 문화 및 집회시설 중 전시장 또는 동·식물원, 판매시설, 운수시설, 교육연구시설에 설치하는 체육관·강당, 수련시설, 운동시설 중 체육관·운동장, 위락시설(주점영업의 용도로 쓰는 것은 제외한다), 창고시설, 위험물저장 및 처리시설, 자동차 관련 시설, 방송통신시설 중 방송국·전신전화국·촬영소, 묘지 관련 시설 중 화장시설·동물화장시설 또는 관광휴게시설의 용도로 쓰는 건축물로서 그 용도로 쓰는 바닥면적의 합계가 500제곱미터 이상인 건축물

80. 다음은 건축허가등을 할 때 미리 소방본부장 또는 소방서장의 동의를 받아야 하는 건축물 등의 범위에 관한 기준 내용이다. ( ) 안에 알맞은 것은?

> 차고·주차장으로 사용되는 시설로서 바닥면적이 ( )m² 이상인 층이 있는 건축물이나 주차시설

① 100 ② 200
③ 300 ④ 400

해설 |
소방시설 설치 및 관리에 관한 법률 시행령
(건축허가 등의 동의대상물의 범위 등)
3. 차고·주차장 또는 주차 용도로 사용되는 시설로서 다음 각 목의 어느 하나에 해당하는 것
  가. 차고·주차장으로 사용되는 바닥면적이 200제곱미터 이상인 층이 있는 건축물이나 주차시설
  나. 승강기 등 기계장치에 의한 주차시설로서 자동차 20대 이상을 주차할 수 있는 시설

2018년 1회

01. 건축일반

1. 사무소건축의 승강기 배치에 관한 설명으로 옳지 않은 것은?

① 1개소의 승강기가 6대일 경우 알코브형으로는 배치할 수 없으므로 직렬로 배치하도록 한다.
② 되도록 1개소에 집중 배치한다.
③ 외래자에게 직접 잘 알려질 수 있는 위치에 배치한다.
④ 승강기의 배열은 단거리 보행으로 모든 승강기에 접근할 수 있도록 한다.

해설 |
다수의 승강기는 알코브(막다른 곳은 막힌 곳에 3대씩 마주보게 배치)으로 배치하는 경우가 많다.

2. 천창채광방식에 관한 설명으로 옳지 않은 것은?

① 통풍과 차열에 불리하다.
② 조도 분포가 균일하다.
③ 채광량면에서 매우 우수하다.
④ 구조와 시공이 용이하며, 빗물처리에 탁월한 효과가 있다.

해설 |
천창은 시공이 어렵고 빗물 등 방수처리가 어렵다.

3. Sabine의 잔향시간(RT)을 구하는 식으로 옳은 것은? (단, V : 실의 용적, A : 실내 총 흡음력)

① $0.16\dfrac{A}{V}$(초) ② $0.16\dfrac{V}{A}$(초)
③ $1.6\dfrac{A}{V}$(초) ④ $1.6\dfrac{V}{A}$(초)

4. 환기설비 중 후드를 설치해야 하는 장소는?

① 다용도실   ② 욕실
③ 부엌   ④ 안방

해설 |
후드를 사용한 국부환기는 제한된 장소에서 환기가 필요한 부엌, 조리실 등에 적용된다.

5. 결로의 원인으로 보기 어려운 것은?

① 생활습관에 의한 잦은 환기 실시
② 시공 직후 콘크리트, 모르타르 등의 미건조 상태
③ 실내와 실외의 큰 온도차
④ 실내 습기의 과다 발생

해설 |
겨울철 환기는 결로의 예방에 도움이 된다.

정답 1 ① 2 ④ 3 ② 4 ③ 5 ①

6. 주택계획에 관한 설명으로 옳지 않은 것은?
① 주택의 규모가 작을 경우 복도를 설치하는 것은 부적합하다.
② 소규모 주택에서 부엌의 일부에 식탁을 놓아 사용하는 식당의 형태를 리빙 다이닝이라 한다.
③ 거실영역이 통과 동선이 되지 않도록 한다.
④ 침실에서 침대상수 머리 쪽에는 창을 두지 않는 것이 좋다.

7. 목재의 이음과 맞춤에 관한 설명으로 옳지 않은 것은?
① 목재는 될 수 있는 한 적게 깎아내어 약하지 않게 한다.
② 이음과 맞춤은 그 응력이 작은 곳에서 만든다.
③ 동작이 간단한 접합을 이용하고 모양에 치중하지 않는다.
④ 이음과 맞춤의 단면은 응력방향에 수평으로 한다.

8. 학교의 복도 및 계단 계획에서 고려해야 할 사항으로 옳지 않은 것은?
① 단순한 통로의 기능 이외에 기타의 공간으로도 적극 활용하도록 한다.
② 계단은 옥외시설, 공지 등에 출입하기 쉬운 위치에 둔다.
③ 알코브는 구조계획상 어려움이 동반되고 위험요소가 될 수 있으므로 되도록 피한다.
④ 계단의 위치는 각 층의 학생이 균일하게 이용할 수 있는 곳에 설치한다.

9. 교실 유닛플랜 중 복도에서의 소음이 가장 적은 유형은?
① 배터리형
② 중복도형
③ 편복도형
④ 오픈플랜형

10. 철근콘크리트구조에서 철근의 부착력에 관한 설명으로 옳지 않은 것은?
① 철근의 주장과는 관계가 없다.
② 철근의 끝에 갈고리(Hook)가 있는 것이 크다.
③ 압축강도가 큰 콘크리트일수록 크다.
④ 철근의 표면상태와 단면모양에 큰 영향을 받는다.

11. 철근콘크리트 슬래브의 단변 방향 철근에 해당하는 것은?
① 주근
② 부근
③ 늑근
④ 보강근

12. 경제적 채산성이 가장 우선시되는 사무소 유형은?
① 전용사무소
② 준전용사무소
③ 임대사무소
④ 운임대사무소

정답 6 ② 7 ④ 8 ③ 9 ① 10 ① 11 ③ 12 ③

13. 리조트 호텔(Resort Hotel)에 속하지 않는 것은?

① 산장 호텔(Mountain Hotel)
② 온천 호텔(Hot Spring Hotel)
③ 터미널 호텔(Terminal Hotel)
④ 해변 호텔(Beach Hotel)

14. 호텔의 동선계획에 관한 설명으로 옳지 않은 것은?

① 고객 동선과 서비스 동선은 분리시킨다.
② 숙박고객과 연회고객의 출입구는 분리한다.
③ 숙박고객은 프런트를 거치지 않고 직업 주차장으로 가도록 한다.
④ 고객동선은 명료하고 단순해야 한다.

15. 프리스트레스트 콘크리트 구조에 사용되는 재료 또는 장비가 아닌 것은?

① 엔드탭
② 커플러
③ 시스
④ 긴장재

16. 쇼핑센터(Shopping Center)를 구성하는 주요 요소와 가장 관계가 먼 것은?

① 핵상점
② 페데스트리언 지대
③ 몰(Mall)
④ 터미널(Terminal)

17. 건축모듈의 사용방법에 관한 설명으로 옳지 않은 것은?

① 창호의 치수는 문틀과 벽 사이의 줄눈 중심 간의 치수가 모듈치수에 적합해야 한다.
② 조립식 건물은 각 조립부재의 줄눈 중심 간의 거리가 모듈치수에 일치해야 한다.
③ 모든 모듈상의 치수는 공칭치수를 말한다.
④ 건물의 평면길이와 높이는 모두 2m(30cm)의 배수가 되게 한다.

18. 기둥, 보, 바닥, 벽과 같은 구조체 자체의 무게에 해당되는 하중은?

① 풍하중
② 고정하중
③ 적재하중
④ 적설하중

정답 13 ③ 14 ③ 15 ① 16 ④ 17 ④ 18 ②

19. 상점건축의 계획요소 중 외관 전시계획 수립 시 고려해야 할 내용으로 옳지 않은 것은?

① 셔터를 내린 후의 건축물 외관은 영업 종료 시점이므로 고려대상이 아니다.
② 상점 내로의 유도를 위한 효과 있는 전시계획 및 입구를 마련한다.
③ 통행고객의 시선을 멈추게 하는 효과를 고려한다.
④ 상점의 업종 취급상품이 인지될 수 있도록 투명 유리를 이용한다.

20. 주거단위가 동일층에 한하여 구성되며 각 층에 통로 또는 엘리베이터를 설치하는 아파트의 단면형식은?

① 플랫형(Flat Type)
② 스킵형(Skip Type)
③ 트리플렉스형(Triplex Type)
④ 메조넷형(Maisonette Type)

해설 |
플랫형 : 주거단위가 1개 층에 형성
메조넷형 : 2개 층에 형성(또는 다단으로)
스킵형 : 반층 걸쳐진 형태
트리플렉스형 : 3개 층 걸쳐진 형태

02. 위생설비

21. 다음 중 배수트랩에 속하지 않는 것은?

① S 트랩
② 벨 트랩
③ 드럼 트랩
④ 버킷 트랩

해설 |
버킷 트랩은 응축수용 트랩이다.

22. 보틀트랩에 관한 설명으로 옳지 않은 것은?

① 청소가 용이하다.
② 자기사이펀 작용으로 인한 봉수파괴가 어렵다.
③ 내부에 격벽이 있어 배수 트랩으로 많이 사용된다.
④ P형, S형, U형 등의 트랩에 비하여 자정작용이 떨어진다.

해설 |
보틀트랩은 큰 용기(또는 큰 관) 내부에 작은 관이 인입되어 있는 형태이다.

23. 가스사용시설에서 가스계량기는 전기계량기로부터 최소 얼마 이상의 거리를 유지하여야 하는가?

① 15cm
② 30cm
③ 45cm
④ 60cm

해설 |
전기점멸기(스위치) 30cm 이상
전기개폐기 및 전기계량기 60cm 이상
화기 2m 이상

24. 지하의 수조에서 매시간 27m의 물을 고가수조로 양수할 때 유속을 1.5m/s로 하면 필요한 양수펌프의 구경은?

① 50mm ② 60mm
③ 70mm ④ 80mm

해설 |
Q = AU 에서
$Q = \dfrac{D^2 \times \pi}{4} \times 1.5 = 27m^3/3600s$
∴ D = 80mm

25. 수도직결방식의 급수방식에 관한 설명으로 옳지 않은 것은?

① 고층으로의 급수가 어렵다.
② 위생성 측면에서 바람직한 방식이다.
③ 수도 본관의 영향을 그대로 받아 수압 변화가 심하다.
④ 저수조가 있어 단수 시에도 일정량의 급수를 계속할 수 있다.

해설 |
수도직결방식에 저수조는 없고 단수 시 바로 사용 불가 하다.

26. 스프링클러헤드가 설치되어 있는 배관을 의미하는 것은?

① 주배관   ② 가지배관
③ 교차배관   ④ 신축배관

27. 배수 수직관의 상단을 연장시켜 대기 중에 개구시키는 통기관은?

① 각개통기관   ② 신정통기관
③ 루프통기관   ④ 결합통기관

28. 수격작용에 관한 설명으로 옳지 않은 것은?

① 수격압은 관 내의 유속과 반비례한다.
② 수격작용은 밸브를 급속도로 개폐할 때 발생한다.
③ 수격작용으로 인하여 배관이 진동되고 소음이 발생되기도 한다.
④ 수격작용의 발생을 방지하기 위하여 위생기구 근처에 공기실을 설치한다.

해설 |
수격작용을 일으키는 에너지는 관 내 동압으로 비례한다.

29. 역류를 방지하여 오염으로부터 상수계통을 보호하기 위한 방법으로 옳지 않은 것은?

① 토수구 공간을 둔다.
② 역류방지 밸브를 설치한다.
③ 크로스 커넥션이 되도록 배관한다.
④ 대기압식 또는 가압식 진공브레이커를 설치한다.

해설 |
크로스 커넥션은 오수와 시수의 연결이 교차됨을 의미하여 오염을 일으키는 원인이다.

정답 24 ④ 25 ④ 26 ② 27 ② 28 ① 29 ③

30. 배수배관에 통기관을 설치하는 목적과 가장 관계가 먼 것은?

① 배수의 흐름을 원활하게 한다.
② 관 내의 기압을 높여 악취를 배출한다.
③ 배수계통 내의 공기의 흐름을 원활하게 한다.
④ 자기사이펀 작용, 유도사이펀 작용 등으로부터 봉수를 보호한다.

해설 |
통기관은 관 내 기압을 대기압에 맞춘다.

31. 위생기구에 관한 설명으로 옳지 않은 것은?

① 위생기구의 오버플로관은 기구트랩의 유출 측에 접속하여야 한다.
② 위생기구에는 배수관이나 이음쇠 등의 연결부에 청소용 소제구를 설치한다.
③ 벽 또는 바닥에 접촉되는 위생기구의 접합부는 합성수지제 방수제로 막거나 방수처리를 한다.
④ 오버플로 기능을 내장한 기구는 오버플로에서 넘친물이 배수경로에 잔류하지 않는 구조로 한다.

해설 |
위생기구의 오버플로관은 트랩 인입 배수관과 연결 접속한다.

32. 다음은 옥내소화전설비의 방수구에 관한 설명이다. ( ) 안에 알맞은 것은?

특정소방대상물의 층마다 설치하되, 해당 특정소방대상물의 각 부분으로부터 하나의 옥내소화전 방수구까지의 수평거리가 ( ) 이하가 되도록 할 것

① 15m   ② 20m
③ 25m   ④ 30m

해설 |
옥내소화전의 화재안전기준
옥내소화전 방수구는 층마다 설치하되 수평거리 25미터 이하가 되도록 할 것

33. 물의 경도는 물속에 녹아있는 칼슘, 마그네슘 등의 염류의 양을 무엇의 농도로 환산하여 나타낸 것인가?

① 탄산칼슘   ② 탄산나트륨
③ 염화나트륨   ④ 염화마그네슘

34. 급탕기기의 용량에 관한 설명으로 옳지 않은 것은?

① 일반적으로 가열기 능력과 저탕탱크 용량과의 사이에는 반비례 관계가 있다.
② 동시사용률이 높은 건물은 일반적으로 가열 부하와 최대부하가 거의 일치한다.
③ 동시사용률이 높은 건물은 일반적으로 가열기 능력을 작게 하고 저탕탱크는 대용량으로 한다.
④ 급탕기기는 건물 내 사람의 일일 사용량과 피크시간대에 대응할 수 있는 용량으로 선정한다.

해설 |
동시사용율이 높은 건물은 가열기 능력을 크게 하고 저탕탱크는 소용량으로 한다.

해설 |
기구급수부하단위의 기준은 세면기 15mm 28L/min이다.

35. 동일한 관경의 관을 직선 연결할 때 사용되는 관 이음쇠는?
① 니플   ② 부싱
③ 크로스 ④ 플러그

해설 |
니플은 나사산을 양쪽으로 만든 파이프 토막으로 동일 관경의 부속과 부속을 연결할 때 사용한다.

36. 급수배관의 설계 및 시공상의 주의점으로 옳지 않은 것은?
① 고가수조에서의 수평주관은 하향기울기로 한다.
② 수평배관에는 공기나 오물이 정체하지 않도록 한다.
③ 급수주관으로부터 분기하는 경우에는 반드시 엘보(elbow)를 사용한다.
④ 주배관에는 적당한 위치에 플랜지 이음을 하여 보수 점검을 용이하게 한다.

해설 |
엘보는 방향을 바꾸는 부속으로 분기의 기능이 없다. 주로 T를 사용한다.

37. 기구배수 부하단위(fuD) 산정에 기준이 되는 기구는?
① 세면기 ② 대변기
③ 샤워기 ④ 욕조

38. 중앙식 급탕법 중 직접가열식에 관한 설명으로 옳지 않은 것은?
① 열효율이 높다.
② 보일러 안에 스케일이 부착될 우려가 있다.
③ 건물높이에 관계없이 저압보일러가 사용된다.
④ 저탕조와 보일러를 직결하여 순환 가열하는 방식이다.

해설 |
직접가열식은 고압보일러가 사용된다.
저압보일러는 간접가열식에 사용된다.

39. 수질과 관련된 용어 중 SS의 의미로 가장 알맞은 것은?
① 부유물질
② 용존산소
③ 수소이온농도
④ 생물화학적 산소요구량

해설 |
SS(Suspended Solids)이란 물속에 현탁되어 있는 불용성 물질로서 0.1μm의 여과지에 통과되지 않고 걸리는 물질의 정도를 나타낸다.

정답 35 ① 36 ③ 37 ① 38 ③ 39 ①

40. 유량 2m³/min, 양정 50mAq인 펌프의 축동력은? (단, 펌프의 효율은 0.6으로 한다)

① 16.3kW   ② 22.2kW
③ 25.3kW   ④ 27.2kW

해설 |

$$kW = \frac{1000HQ}{102n} = \frac{1000 \times 50 \times \frac{2}{60}}{102 \times 0.6} = 27.2$$

03. 공기조화설비

41. 다음 중 사용 목적이 동일한 배관 부속의 연결이 아닌 것은?

① 플러그 - 캡
② 티 - 레듀서
③ 유니온 - 플랜지
④ 부싱 - 이경소켓

해설 |
티(Tee), 크로스(Cross)는 관을 도중에서 분기할 때 사용된다. 레듀서(Reducer)는 관경이 서로 다른 관을 접속할 때 사용된다.

42. 송풍기의 풍량제어방식 중 축동력이 가장 많이 소요되는 방식은?

① 회전수제어   ② 토출댐퍼제어
③ 흡입베인제어 ④ 흡입댐퍼제어

해설 |
토출댐퍼제어 > 흡입댐퍼제어 > 흡입베인제어 > 회전수제어
토출댐퍼제어가 가장 축동력이 많아 모터사용의 경우 소손의 위험도 있다.

43. 냉난방 부하계산 시 최저 또는 최고 기온을 적용하지 않고 TAC온도를 적용하는 가장 주된 이유는?

① 대수분리 제어
② 과대용량 억제
③ 비정상 부하계산
④ 계산의 용이성 확보

정답 40 ④ / 41 ② 42 ② 43 ②

해설 |
TAC : 경제적인 설계법
보수적인 온도설정으로 공조설비용량이 적어(과대용량 억제) 초기 투자비가 적고 운전 시 효율이 높아 운전비가 적게 든다.

44. 냉방부하 중 송풍기 풍량의 산출 요인과 관계가 없는 것은?

① 인체의 발생열량
② 벽체로부터의 취득열량
③ 극간풍에 의한 취득열량
④ 외기의 도입으로 인한 취득열량

해설 |
송풍기 풍량은 취출온도와 실내온도 차로 구한다.
① ~ ③은 실내온도의 구성요소이다.

45. 여름철 실내에 위치한 냉장고 안의 습도는 어떤 상태인가?

① 상대습도는 높고 절대습도는 낮다.
② 상대습도는 높고 절대습도도 높다.
③ 상대습도는 낮고 절대습도는 높다.
④ 상대습도는 낮고 절대습도도 낮다.

해설 |
온도가 낮으므로 외부에 비해 상대습도는 높고 외부에 비해 노점 이하로 떨어져 있으므로 절대습도는 낮다.

46. 다음 중 대단위 아파트 단지에 지역난방을 택하는 이유와 가장 관계가 먼 것은?

① 연료관리가 합리적이다.
② 보일러의 열효율이 높다.
③ 각 세대의 개별제어가 쉽다.
④ 운전관리를 전문화시킬 수 있다.

해설 |
지역난방은 개별제어가 어렵다.

47. 급탕배관계통에서 배관 중 총손실열량이 15000W이고 급탕온도가 70℃, 환수온도가 60℃일 때, 순환수량은? (단, 물의 비열은 4.2kJ/kg · K, 밀도는 1kg/L이다)

① 21.4L/min   ② 26.5L/min
③ 50.1L/min   ④ 72.5L/min

해설 |
$15[kW] = Q[L/min] \times 4.2[kJ/(kg \cdot K)] \times 10K \times \dfrac{1}{60s/min}$
∴ Q = 21.4[L/min]

48. 다음 중 난방용 온수배관 설계 순서에 있어서 가장 먼저 이루어져야 하는 작업은?

① 배관경 결정
② 난방부하 계산
③ 온수순환펌프 결정
④ 각 구간별 온수 순환량 산출

정답 44 ④ 45 ① 46 ③ 47 ① 48 ②

49. 배관 내를 흐르는 유체의 마찰에 의해 발생되는 압력손실에 관한 설명으로 옳은 것은?

① 관 내경에 반비례한다.
② 관 길이에 반비례한다.
③ 유체의 밀도에 반비례한다.
④ 유체속도의 제곱에 반비례한다.

해설 |
달시공식 참조 $h = f \dfrac{L}{D} \dfrac{U^2}{2g}$

50. 전공기방식의 공조에서 환기에 일정량의 외기를 혼합하여 공조기를 거치게 하는 가장 주된 이유는?

① 습도조절
② 온도조절
③ 에너지 절감
④ 오염도 희석

해설 |
오염도 희석, 같은 말로 청정도 확보

51. 공조기용 코일에 관한 설명으로 옳지 않은 것은?

① 냉수코일의 전면풍속은 2.0 ~ 3.0m/s의 범위내로 하는 것이 좋다.
② 튜브내의 유속은 1.0m/s 전후로 하는 것이 배관이나 펌프의 설비비 및 효율상 적당하다.
③ 냉수코일과 온수코일을 겸용으로 사용하는 경우, 선정은 온수코일을 기준으로 하는 것이 원칙이다.
④ 냉수코일에 부착된 응축수가 날려서 송풍기의 흡입구 측으로 들어오는 것을 막기 위해 코일 출구 쪽에 엘리베이터를 설치한다.

해설 |
냉수코일과 온수코일을 겸용으로 사용하는 경우, 선정은 냉수코일을 기준

52. 펌프의 전양정이 30m이며, 양수량이 2000L/min일 때, 양수펌프의 축동력은? (단, 펌프의 효율은 80%이다)

① 약 9.8kW
② 약 12.3kW
③ 약 13.3kW
④ 약 16.7kW

해설 |
$$kW = \dfrac{1000HQ}{102\eta} = \dfrac{1000 \times 30 \times \dfrac{2}{60}}{102 \times 0.8} = 12.25$$

53. 다음 중 각 실의 개별제어성이 가장 우수한 덕트 배치 방식은?

① 간선덕트(천장취출)
② 간선덕트(벽취출)
③ 개별덕트(천장취출)
④ 환상덕트(벽취출)

해설 |
존마다 단독 덕트를 사용하므로 개별 제어가 매우 우수하다.

54. 실의 난방부하가 10kW인 사무실에 설치할 난방용 방열기의 필요 섹션수는? (단, 표준상태이며, 표준방열량은 0.523 kW/m², 방열기 섹션 1개의 방열면적은 0.2m²이다)

① 74섹션
② 85섹션
③ 90섹션
④ 96섹션

해설 |
$$\frac{10000\,W}{523\,W(온수표준발열량)/m^2} = 19.12 m^2$$

그러므로 $\frac{19.12}{0.2}$ = 95.6 = 96개

55. 취출구 및 흡입구에서의 풍속을 제한하는 가장 주된 이유는?

① 소음제어
② 송풍동력 절감
③ 덕트크기의 제한
④ 기류확산 범위 확대

56. 온수난방에 관한 설명으로 옳은 것은?

① 온수순환펌프는 반드시 진공펌프를 사용한다.
② 증기난방보다 열용량이 적으므로 예열시간이 짧다.
③ 증기난방에 비하여 난방부하 변동에 따른 온도 조절이 어렵다.
④ 보일러 정지 후에도 여열이 남아 있어 실내 난방이 어느 정도 지속된다.

해설 |
온수난방은 열용량이 매우 커서 실내 난방이 어느 정도 지속된다.

57. 실내 취득 현열량이 50000W 일 때, 실내의 온도를 26℃로 유지하기 위해 실내에 공급하여야 할 풍량은? (단, 공기의 비열은 1.01kJ/kg·K, 공기의 밀도는 1.2kg/m³이고 실내에 공급되는 공기의 온도는 14.1℃이다)

① 약 9250m³/h
② 약 10450m³/h
③ 약 12480m³/h
④ 약 15115m³/h

해설 |
필요환기량은 외기 100%를 의미하므로 실내온도와 외기온도의 차이를 가지고 구한다.

50[kW] = Q × 1.2 × 1.01(20 − 14.1) × $\frac{1}{3600}$

∴ Q = 12480[m³/h]

정답 53 ③ 54 ④ 55 ① 56 ④ 57 ③

58. 2m/s의 유속으로 35L/min의 유량이 흐르는 배관의 관경을 계산에 의해 구한 값은?

① 약 15.4mm ② 약 19.3mm
③ 약 22.7mm ④ 약 25.2mm

해설 |
Q = AU 에서
$Q = \dfrac{D^2 \times \pi}{4} \times 2 = 35 \times 10^{-3} m^3/60s$
∴ D = 19.3mm

59. 습공기에 관한 설명으로 옳은 것은?

① 수증기 함유량이 많을수록 엔탈피는 작아진다.
② 노점온도가 낮을수록 공기 중의 수증기 함유량은 많아진다.
③ 습공기 중의 수증기 함유량이 많을수록 수증기 분압이 커진다.
④ 동일온도에서는 수증기 함유량이 많을수록 건구온도와 습구온도의 차이는 커진다.

해설 |
돌턴의 분압법칙 : 혼합 기체에서 각 성분 기체 압력의 합이 기체 혼합물 전체의 압력과 같다.
∴ $P_t = P_{da} + P_w$
P_t : 전압력, P_{da} : 건공기분압, P_w : 수증기분압
습공기의 압력이 수분 증가 전, 후 압력이 같다면 수분이 많을수록 P_{da} 압력이 작고 P_w 압력이 커진다.

60. 겨울철 중력환기를 위한 급기구와 배기구의 설치위치로 가장 알맞은 것은?

① 급기구 및 배기구를 모두 낮은 곳에 설치
② 급기구 및 배기구를 모두 높은 곳에 설치
③ 급기구는 낮은 곳, 배기구는 높은 곳에 설치
④ 급기구는 높은 곳, 배기구는 낮은 곳에 설치

해설 |
높은 온도의 공기가 밀도가 낮아 위로 올라 배출되고 낮은 온도의 공기가 밀도가 높아 아래로 들어온다.

04. 건축설비관계법규

61. 다음은 건축물의 에너지절약설계기준에 따른 용어의 정의이다. ( ) 안에 알맞은 것은?

> "중앙집중식 냉·난방설비"라 함은 건축물의 전부 또는 냉난방 면적의 ( ) 이상을 냉방 또는 난방 함에 있어 해당 공간에 순환펌프, 증기난방설비 등을 이용하여 열원 등을 공급하는 설비를 말한다.

① 40% ② 50%
③ 60% ④ 70%

해설 |
건축물의 에너지절약설계기준
11. 기계설비부문
자. "중앙집중식 냉·난방설비"라 함은 건축물의 전부 또는 냉난방 면적의 60% 이상을 냉방 또는 난방함에 있어 해당 공간에 순환펌프, 증기난방설비 등을 이용하여 열원 등을 공급하는 설비를 말한다.

62. 건축물의 피난·안전을 위하여 초고층 건축물 중간층에 설치하는 대피공간인 피난안전구역의 높이는 최소 얼마 이상이어야 하는가?

① 1.8m ② 2.1m
③ 2.4m ④ 4.0m

해설 |
건축물 피난·방화구조기준 규칙
피난안전구역의 내부 마감재료는 불연재료로 설치할 것
건축물의 내부에서 피난안전구역으로 통하는 계단은 특별피난계단의 구조로 설치할 것
비상용승강기는 피난안전구역에서 승하차할 수 있는 구조로 설치할 것
피난안전구역의 높이는 2.1미터 이상일 것

63. 공동주택과 오피스텔의 난방설비를 개별난방 방식으로 하는 경우에 관한 기준 내용으로 옳지 않은 것은?

① 보일러의 연도는 내화구조로서 공동연도로 설치할 것
② 오피스텔의 경우에는 난방구획을 방화구획으로 구획 것
③ 보일러실의 윗부분에는 그 면적이 0.5m 이상인 환기창을 설치할 것
④ 보일러실의 윗부분에는 공기흡입구를 평상시에 닫혀 있는 상태가 되도록 설치할 것

해설 |
건축물의 설비기준 등에 관한 규칙
보일러실의 윗부분에는 그 면적이 0.5제곱미터 이상인 환기창을 설치하고, 보일러실의 윗부분과 아랫부분에는 각각 지름 10센티미터 이상의 공기흡입구 및 배기구를 항상 열려 있는 상태로 바깥공기에 접하도록 설치할 것. 다만 전기보일러의 경우에는 그러하지 아니하다.

정답 61 ③ 62 ② 63 ④

64. 다음 중 신고대상에 속하는 건축물의 용도변경은?

① 운동시설에서 수련시설로의 용도변경
② 숙박시설에서 종교시설로의 용도변경
③ 위락시설에서 방송통신시설로의 용도변경
④ 운수시설에서 자동차 관련 시설로의 용도변경

해설 |
신고대상 : 각 호의 어느 하나에 해당하는 시설군(施設群)에 속하는 건축물의 용도를 하위군(아래로)에 해당하는 용도로 변경하는 경우
1. 자동차 관련 시설군
2. 산업 등의 시설군
3. 전기통신시설군
4. 문화 및 집회시설군
5. 영업시설군
6. 교육 및 복지시설군
7. 근린생활시설군
8. 주거업무시설군
9. 그 밖의 시설군
운동시설은 영업시설군 수련시설은 교육 및 복지시설군이다.

65. 건축법령상 주요구조부에 속하지 않는 것은?

① 보   ② 바닥
③ 지붕틀   ④ 옥외 계단

해설 |
건축법
"주요구조부"란 내력벽(耐力壁), 기둥, 바닥, 보, 지붕틀 및 주계단(主階段)을 말한다.

66. 방염성능기준 이상의 실내장식물 등을 설치하여야 하는 특정소방대상물에 속하지 않는 것은?

① 수영장
② 숙박시설
③ 의료시설 중 종합병원
④ 방송통신시설 중 방송국

해설 |
소방시설 설치·유지 및 안전관리에 관한 법률 시행령 (방염성능기준 이상의 실내장식물 등을 설치하여야 하는 특정소방대상물)
2. 건축물의 옥내에 있는 시설로서 다음 각 목의 시설 중
   다. 운동시설(수영장은 제외한다)

67. 급수·배수(配水)·배수(排水)·환기·난방설비를 건축물에 설치하는 경우, 건축기계설비기술사 또는 공조냉동기계기술사의 협력을 받아야 하는 대상 건축물에 속하지 않는 것은? (단, 해당 용도에 사용되는 바닥면적의 합계가 2000m²인 건축물의 경우)

① 업무시설
② 의료시설
③ 숙박시설
④ 유스호스텔

정답 64 ① 65 ④ 66 ① 67 ①

해설 |
건축물설비기준 규칙
관계전문기술자의 협력을 받아야 하는 건축물
1. 냉동냉장시설·항온항습시설로서 당해 용도에 사용되는 바닥면적의 합계가 5백 제곱미터 이상인 건축물
2. 아파트 및 연립주택
3. 다음 각 목의 어느 하나에 해당하는 건축물로서 해당 용도에 사용되는 바닥면적의 합계가 5백 제곱미터 이상
   가. 목욕장
   나. 물놀이형 시설(실내) 및 수영장(실내)
4. 다음 각 목의 어느 하나에 해당하는 건축물로서 해당 용도에 사용되는 바닥면적의 합계가 2천 제곱미터 이상
   가. 기숙사
   나. 의료시설
   다. 유스호스텔
   라. 숙박시설
5. 다음 각 목의 어느 하나에 해당하는 건축물로서 해당 용도에 사용되는 바닥면적의 합계가 3천 제곱미터 이상
   가. 판매시설
   나. 연구소
   다. 업무시설
6. 다음 각 목의 어느 하나에 해당하는 건축물로서 해당 용도에 사용되는 바닥면적의 합계가 1만 제곱미터 이상
   가. 문화 및 집회시설
   나. 종교시설
   다. 교육연구시설(연구소 제외)
   라. 장례식장

68. 다음의 소방시설 중 경보설비에 속하지 않는 것은?

① 비상방송설비
② 자동화재탐지설비
③ 자동화재속보설비
④ 무선통신보조설비

해설 |
무선통신보조설비는 소화활동설비이다.

69. 문화 및 집회시설 중 공연장의 개별관람석의 출구에 관한 기준 내용으로 옳지 않은 것은? (단, 개별관람석의 바닥면적이 300m² 이상인 경우)

① 관람석별로 2개소 이상 설치할 것
② 각 출구의 유효너비는 1.5m 이상일 것
③ 개별관람석으로부터 바깥쪽으로의 출구로 쓰이는 문은 안여닫이로 하지 않을 것
④ 개별 관람석 출구의 유효너비의 합계는 개별 관람석의 바닥면적 100m²마다 0.5m의 비율로 산정한 너비 이상으로 할 것

해설 |
개별 관람석 출구의 유효너비의 합계는 개별 관람석의 바닥면적 100m²마다 0.6m의 비율로 산정한 너비 이상으로 할 것

70. 피난층이 있는 비상용승강기의 승강장 출입구로부터 도로 또는 공지(공원·광장 기타 이와 유사한 것으로서 피난 및 소화를 위한 당해 대지에의 출입에 지장이 없는 것을 말한다)에 이르는 거리는 최대 얼마 이하로 하여야 하는가?

① 10m   ② 20m
③ 30m   ④ 40m

정답 68 ④ 69 ④ 70 ③

해설 |
건축물설비기준 규칙
(비상용승강기의 승강장 및 승강로의 구조)
사. 피난층이 있는 승강장의 출입구(승강장이 없는 경우에는 승강로의 출입구)로부터 도로 또는 공지(공원·광장 기타 이와 유사한 것으로서 피난 및 소화를 위한 당해 대지에의 출입에 지장이 없는 것을 말한다)에 이르는 거리가 30미터 이하일 것

71. 공동주택에서 리모델링이 쉬운 구조에 관한 기준 내용으로 옳지 않은 것은?

① 공동주택의 층수, 건축면적 또는 연면적을 변경할 수 있을 것
② 구조체에서 건축설비, 내부 마감재료 및 외부마감재료를 분리할 수 있을 것
③ 개별 세대 안에서 구획된 실(室)의 크기, 개수 또는 위치 등을 변경할 수 있을 것
④ 각 세대는 인접한 세대와 수직 또는 수평 방향으로 통합하거나 분할할 수 있을 것

해설 |
공동주택의 층수, 건축면적 또는 연면적은 건축 준공으로 규정화되어 있는 사항으로 바꿀 수 없다. 리모델링이 쉬운 구조란 리모델링 허가를 위해 조건을 갖추고 있는가에 대한 판단 근거이다.

72. 6층 이상의 거실 면적의 합계가 10000m² 인 업무 시설에 설치하여야 하는 승용승강기의 최소 대수는? (단, 15인승 승강기의 경우)

① 4대   ② 5대
③ 6대   ④ 7대

해설
기본 3000평방미터 1대 + 추가 2000평방미터 마다 7000/2000으로 4대 = 합 5대

73. 비상방송설비를 설치하여야 하는 특정소방대상물의 연면적 기준은?

① 1500m² 이상   ② 2500m² 이상
③ 3500m² 이상   ④ 4500m² 이상

해설 |
비상방송설비 설치대상
1. 연면적 3천 5백 제곱미터 이상
2. 층수가 11층 이상 또는 지하층의 층수가 3이상인 소방대상물

74. 다음은 건축법령상 건축설비 설치의 원칙에 관한 기준 내용이다. ( ) 안에 알맞은 것은?

> 건축물에 설치하는 급수·배수·냉방·난방·환기·피뢰 등 건축설비의 설치에 관한 기술적 기준은 (㉠)으로 정하되, 에너지 이용 합리화와 관련한 건축설비의 기술적 기준에 관여하는 (㉡)과 협의하여 정한다.

① ㉠ 국토교통부령
   ㉡ 산업통상자원부장관
② ㉠ 국토교통부령
   ㉡ 과학기술정보통신부장관
③ ㉠ 산업통상자원부령
   ㉡ 국토교통부장관
④ ㉠ 산업통상자원부령
   ㉡ 과학기술정보통신부장관

해설 |
건축법 시행령
건축설비 설치 관련 : 국토교통부령
에너지합리화 관련 : 산업통상자원부장관

75. 건축법령상 다음과 같이 정의되는 주택의 종류는?

> 주택으로 쓰는 1개 동의 바닥면적 합계가 660m 이하이고, 층수가 4개 층 이하인 주택

① 다중주택 ② 연립주택
③ 다가구주택 ④ 다세대주택

해설 |
건축법
아파트 : 지상 5층 이상. 연면적 상관없음
다가구주택 : 지상 3층 이하
　　　　　　연면적 660m² (약 200평) 이하
다세대주택 : 지상 4층 이하
　　　　　　연면적 660m² (약 200평) 이하
연립주택 : 지상 4층 이하
　　　　　연면적 660m² (약 200평) 초과

76. 건축물의 출입구에 설치하는 회전문에 관한 기준 내용으로 옳지 않은 것은?

① 회전문과 바닥 사이는 3cm 이상의 간격을 확보할 것
② 계단이나 에스컬레이터로부터 1.5m 이상의 거리를 둘 것
③ 회전문의 회전속도는 분당회전수가 8회를 넘지 아니하도록 할 것
④ 출입에 지장이 없도록 일정한 방향으로 회전하는 구조로 할 것

해설 |
계단이나 에스컬레이터로부터 2m 이상의 거리를 둘 것

77. 건축물에 설치하는 경계벽을 내화구조로 하고, 지붕 밑 또는 바로 위층의 바닥판까지 닿게 하여야 하는 대상에 속하지 않는 것은?

① 숙박시설의 객실 간 경계벽
② 의료시설의 병실 간 경계벽
③ 업무시설의 사무실 간 경계벽
④ 교육연구시설 중 학교의 교실 간 경계벽

해설 |
건축법 시행령(경계벽 등의 설치)
① 법 제49조 제4항에 따라 다음 각 호의 어느 하나에 해당하는 건축물의 경계벽은 국토교통부령으로 정하는 기준에 따라 설치해야 한다.
1. 단독주택 중 다가구주택의 각 가구 간 또는 공동주택(기숙사는 제외한다)의 각 세대 간 경계벽(제2조 제14호 후단에 따라 거실·침실 등의 용도로 쓰지 아니하는 발코니 부분은 제외한다)
2. 공동주택 중 기숙사의 침실, 의료시설의 병실, 교육연구시설 중 학교의 교실 또는 숙박시설의 객실 간 경계벽
3. 제1종 근린생활시설 중 산후조리원(가. 임산부실 간, 나. 신생아실 간 경계벽, 다. 임산부실과 신생아실 간 경계벽)
4. 제2종 근린생활시설 중 다중생활시설의 호실 간 경계벽
5. 노유자시설 중 「노인복지법」 제32조 제1항 제3호에 따른 노인복지주택(이하 "노인복지주택"이라 한다)의 각 세대 간 경계벽
6. 노유자시설 중 노인요양시설의 호실 간 경계벽

정답 75 ④ 76 ② 77 ③

78. 건축물의 에너지절약설계기준에 따른 건축부문의 권장사항으로 옳지 않은 것은?

① 외벽 부위는 외단열로 시공한다.
② 건축물은 대지의 향, 일조 및 주풍향 등을 고려하여 배치하며, 남향 또는 남동향 배치를 한다.
③ 건물의 창 및 문은 가능한 작게 설계하고, 특히 열손실이 많은 북측 거실의 창 및 문의 면적은 최소화한다.
④ 거실의 층고 및 반자 높이는 실의 용도와 기능에 지장을 주지 않는 범위 내에서 가능한 높게 한다.

해설 |
건축물에너지절약설계기준
거실의 층고 및 반자 높이는 실의 용도와 기능에 지장을 주지 않는 범위 내에서 가능한 낮게 한다.

79. 특정소방대상물이 판매시설인 경우, 모든 층에 스프링클러설비를 설치하여야 하는 바닥면적 기준은?

① 바닥면적의 합계가 1000m² 이상인 경우
② 바닥면적의 합계가 3000m² 이상인 경우
③ 바닥면적의 합계가 5000m² 이상인 경우
④ 바닥면적의 합계가 10000m² 이상인 경우

해설 |
스프링클러설비를 설치하여야 하는 특정소방대상물
판매시설, 운수시설, 물류창고 바닥면적 5000m² 이상 이거나 수용인원이 500명 이상

80. 건축물의 피난·방화구조 등의 기준에 관한 규칙상 내화구조에 속하지 않는 것은?

① 철골조 계단
② 벽돌조로서 두께가 19cm인 벽
③ 철근콘크리트조로서 두께가 8cm인 바닥
④ 작은 지름이 25cm인 철근콘크리트조 기둥

해설 |
내화구조
철근콘크리트조로서 두께가 10cm인 것

정답 78 ④ 79 ③ 80 ③

2017년 4회

01. 건축일반

1. 주택단지내의 건물 배치계획에서 남북 간 인동간격의 결정요소와 가장 관계가 먼 것은?

① 대지 경사도
② 태양의 고도
③ 건물의 높이
④ 창의 크기

해설 |
인동간격은 인접한 동과 동 사이 거리를 의미한다.

2. 작업환경에서 눈의 피로를 야기할 수 있는 환경요인으로 거리가 먼 것은?

① 부적합한 조도
② 형광등의 깜박거림 현상
③ 불쾌감을 주는 현휘 발생
④ 작업과 배경 사이의 휘도대비가 매우 작을 때

해설 |
작업과 배경 사이의 휘도대비가 클 때 눈의 피로를 야기할 수 있다.

3. 인체의 열쾌적에 영향을 미치는 요소를 물리적 변수와 개인적 변수로 분류할 때 물리적 변수에 속하지 않는 것은?

① 기온
② 습도
③ 활동량
④ 기류

해설 |
활동량은 개인적 변수이다.

4. 다음 중 전기 조명장치를 간접조명으로 하기에 가장 적합한 반자는?

① 층단 구성반자
② 종이반자
③ 우물반자
④ 널반자

해설 |
층단구성반자는 천장의 갓 둘레를 한층 높게 하여 층이 진 천장으로 층 사이 조명장치를 설치하여 간접조명에 적합하다.

5. 실내의 환기량 산정에서 1인당의 환기량을 나타내는 방법으로 옳은 것은?

① $g/m^3 \cdot 인$
② $m^2/h \cdot 인$
③ $kg/m^3 \cdot 인$
④ $m^3/h \cdot 인$

해설 |
건축설비 환기량의 기본 단위는 시간당 입방미터 부피유량이다.

정답 1 ④ 2 ④ 3 ③ 4 ① 5 ④

6. 도서관 계획에 관한 설명으로 옳은 것은?
① 도서관은 건축적으로 확장, 또는 변화에 순응할 수 있도록 유연성 있는 평면을 계획해야 한다.
② 서고와 열람실의 층고는 동일하게 하여야 한다.
③ 계획초기부터 서고와 열람실의 위치를 분리 계획하여야 한다.
④ 서고는 인공조명보다 자연채광이 좋다.

7. 곡면판이 지니는 역학적 특성을 응용한 구조로서 외력은 주로 판의 면내력으로 전달되기 때문에 경량이고 내력이 큰 구조물을 구성할 수 있는 구조는?
① 보강 블록조
② 철골 구조
③ 쉘 구조
④ 벽식 구조

8. 전학급을 2개 집단으로 하고 한쪽이 일반교실을 사용할 때 다른쪽은 특별교실을 사용하는 학교운영 방식은?
① 달톤형
② 플래툰형
③ 종합교실형
④ 교과교실형

9. 아파트의 평면형식 중 홀형에 관한 설명으로 옳지 않은 것은?
① 프라이버시가 양호하다.
② 고층 아파트의 경우 엘리베이터 설치 등에 따른 시설비가 많이 소요된다.
③ 세대 출입이 편리하다.
④ 채광의 통풍 조건이 매우 불리하다.

10. 400~500호 정도의 규모이며 일상 소비생활에 필요한 공동시설이 운영 가능한 단위로서 소비시설을 갖추며, 후생시설, 보육시설 등으로 구성되는 주거단지는?
① 인보구   ② 근린분구
③ 인보분구 ④ 쿨데삭

11. 두 부재를 끝맞춤할 때 마구리가 보이지 않도록 모서리 부분을 45°로 하는 목재의 맞춤 방식은?
① 반턱맞춤   ② 주먹장맞춤
③ 연귀맞춤   ④ 사개맞춤

12. 소음조절을 위한 건축계획에 관한 설명으로 옳지 않은 것은?
① 부지경계선에 장벽을 설치한다.
② 아파트는 경계벽을 중심으로 다른 종류의 방을 배치한다.
③ 소음원 쪽에 건물의 배면이 향하도록 배치한다.
④ 침실, 서재 등은 소음원의 반대쪽에 배치한다.

정답 6① 7③ 8② 9④ 10② 11③ 12②

13. 벽돌벽 등에 장식적으로 구멍을 내어 쌓는 벽돌 쌓기법은?

① 영롱쌓기
② 엇모쌓기
③ 영식쌓기
④ 세워쌓기

14. 시티 호텔로서 장기간 체재자를 위한 것으로 일반적으로 각 단위실에 주방이 부속되어 있는 호텔은?

① 커머셜 호텔(Commercial Hotel)
② 산장 호텔(Mountain Hotel)
③ 아파트먼트 호텔(Apartment Hotel)
④ 클럽 하우스(Club House)

15. 사무실 코어설계에서 방재설비와 관련 있는 것은?

① 파이프샤프트
② 스모크타워
③ 더스트슈트
④ 메일슈트

16. 병원의 기능에 따라 건물의 배치가 집중식으로 되는 요인에 해당되지 않는 것은?

① 부지의 협소화
② 종합 진찰의 기능 구성
③ 장애자 특수 시설의 수용
④ 건축의 설비와 구조의 발달

17. 상점에서 측면판매에 관한 설명으로 옳지 않은 것은?

① 상품이 손에 잡혀서 충동구매가 이루어질 수 있다.
② 판매원의 정위치를 정하기 어렵고 불안정하다.
③ 진열면적이 커지고 상품에 친근감이 있다.
④ 포장이 편리하며 시계, 귀금속, 카메라 상점에서 일반적으로 사용된다.

18. 상점에서 진열장의 반사방지를 위한 방법이 아닌 것은?

① 진열장 내의 밝기를 인공적으로 낮게 한다.
② 차양을 설치한다.
③ 유리면을 경사지게 한다.
④ 특수한 경우에는 곡면유리를 사용한다.

정답 13 ① 14 ③ 15 ② 16 ③ 17 ④ 18 ①

19. 새로운 주거계획의 기본방향과 거리가 먼 것은?

① 전통주거의 계승
② 가족본위의 주거
③ 가사노동의 경감
④ 생활의 쾌적함 증대

20. 보의 종류에 관한 설명으로 옳지 않은 것은?

① 양단이 벽돌, 블록 등에 얹혀있는 상태로 된 보를 단순보라고 한다.
② 2개 이상의 경간 사이에 걸쳐 일체로 연결된 보를 내민보라고 한다.
③ 플레이트 보는 철골조 조립보의 일종이다.
④ 프리캐스트 콘크리트보는 공장에서 생산하여 현장에서 조립하는 보이다.

02. 위생설비

21. 고가수조에 관한 설명으로 옳지 않은 것은?

① 재질로서 강판, 스테인리스, FRP 등이 사용된다.
② 정기적인 청소를 위해 중간에 칸막이를 설치할 필요가 있다.
③ 양수관, 급수관, 오버플로우관, 배수관, 통기관 등을 구비한다.
④ 고가수조의 용량은 고가수조로 송수하는 양수펌프의 양수량과 관계가 없다.

해설 |
고가수조 사용 즉시 양수펌프의 작동으로 수량을 보충하므로 양수량과 관계없다고 말할 수 없다.

22. 고층건물에서 배수수직관 내의 압력변화를 방지 또는 완화하기 위하여, 배수수직관으로부터 분기·입상하여 통기수직관에 접속하는 통기관은?

① 신정통기관   ② 공용통기관
③ 결합통기관   ④ 각개통기관

해설 |
배수수직관과 통기수직관을 결합한 통기관은 결합통기관이다.

23. 2개 이상의 엘보를 사용하여 나사부분의 회전에 의해 신축을 흡수하는 신축이음은?

① 루프형　　② 스위블형
③ 슬리브형　　④ 벨로즈형

해설 |
스위블형 : 2개 이상 엘보를 사용하여 엘보부분의 회전각을 이용 신축을 흡수하는 가장 보편적인 신축이음

24. 스프링클러설비의 배관에 관한 설명으로 옳은 것은?

① 가지배관이란 스프링클러헤드가 설치되어 있는 배관을 말한다.
② 교차배관이란 직접 또는 수직배관을 통하여 주배관에 급수하는 배관을 말한다.
③ 주배관이란 수원 및 옥외송수구로부터 스프링클러헤드에 급수하는 전체 배관을 말한다.
④ 급수배관이란 가지배관과 스프링클러헤드를 연결하는 구부림이 용이하고 유연성을 가진 배관을 말한다.

25. 급탕배관에 관한 설명으로 옳은 것은?

① 도피관의 배수는 간접배수로 한다.
② 중앙식 급탕설비는 원칙적으로 중력식 순환 방식으로 한다.
③ 하향배관의 경우 급탕관은 상향구배, 반탕관은 하향구배로 한다.
④ 팽창관 및 도피관에는 물의 역류를 방지하기 위해 체크 밸브를 설치한다.

해설 |
도피관(가열 밀폐용기의 압력팽창에 부피의 도피-팽창관)의 배수는 간접배수이며, 중앙식 급탕설비는 기계식 순환
방식으로 하며, 하향배관의 경우 급탕관, 반탕관 모두 하향구배로 하며, 팽창관 및 도피관에 밸브 설치는 금지한다.

26. 회전차 주위에 디퓨저인 안내 날개를 가지고 있는 터보형 펌프는?

① 터빈펌프　　② 베인펌프
③ 마찰펌프　　④ 볼류트펌프

해설 |
없는 것의 대표적인 것은 볼류트펌프

27. 간접가열식 급탕방식에 관한 설명으로 옳지 않은 것은?

① 보일러 내면에 스케일이 낄 염려가 없다.
② 가열 보일러는 난방용 보일러와 겸용할 수 있다.
③ 저탕조는 가열코일을 내장하는 등 구조가 약간 복잡하다.
④ 소규모 급탕설비에 적당하며 대규모 급탕설비에는 사용할 수 없다.

해설 |
간접가열식 급탕방식은 대규모 중앙 급탕설비에 적합하다.

정답 23 ② 24 ① 25 ① 26 ① 27 ④

28. 트랩의 봉수파괴 요인 중 배수수직관 가까운 곳에 기구를 설치하는 경우, 상층부 기구의 다량배수가 급속히 흘러 배수수평지관의 공기 흐름이 유인되어 봉수가 파괴되는 것은?

① 증발 현상
② 모세관 현상
③ 자기사이폰 작용
④ 유도사이폰 작용

해설 |
유도사이폰 : 주변 다량배수에 유인되어 봉수가 파괴되는 현상

29. 액화석유가스에 관한 설명으로 옳지 않은 것은?

① 액화하면 체적이 약 1/250로 된다.
② 연소 시 소요 공기량이 가장 적다.
③ 발열량이 높아 단시간에 온도를 높일 수 있다.
④ 공기보다 무거우므로 누설되면 대기 중으로 확산되지 않고 지면에 체류한다.

해설 |
LNG에 비하여 LPG가 연소 시 소요공기량이 크다.

30. 고가수조방식의 급수방식에서 양수펌프의 전양정 계산 시 일반적으로 무시하는 것은?

① 압력 수두차
② 위치 수두차
③ 흡입 마찰 손실 수두
④ 토출 마찰 손실 수두

해설 |
고가수조 방식에서 양수펌프의 압력수두가 수전 등 토출압력과 무관하기 때문이다.

31. 다음의 물의 경도에 관한 설명 중 ( ) 안에 알맞은 용도는?

물의 경도는 물 속에 녹아있는 칼슘, 마그네슘 등의 염류의 양을 ( )의 농도로 환산하여 나타낸다.

① 불소
② 탄산칼슘
③ 탄산나트륨
④ 탄산마그네슘

32. 다음 중 건물의 급수량 산정과 가장 관계가 먼 것은?

① 건물의 층고
② 급수 대상 인원
③ 건물의 유효면적
④ 설치된 위생기구수

33. 다음의 배관부속 중 관의 말단을 막을 때 사용하는 것은?

① 부싱
② 니플
③ 엘보
④ 플러그

해설 |
관의 암나사 말단을 막는 부속은 플러그
관의 숫나사 말단을 막는 부속은 캡

정답 28 ④ 29 ② 30 ① 31 ② 32 ① 33 ④

34. 급수설비에 관한 설명으로 옳은 것은?

① 펌프의 흡상 높이는 수온이 상승에 따라 높아진다.
② 급수배관을 콘크리트에 매설할 경우 주로 연관이 사용된다.
③ 급수관 내 물의 흐름을 급격히 정지하면 수격 작용이 발생하기 쉽다.
④ 압력수조식 급수방법은 고가수조식 급수방법보다 유지 관리가 비교적 용이하고 고장이 적다.

해설 |
급폐쇄시 수격작용(워터해머링) 발생

35. 화장실에서 배출되는 오수를 정화시설을 통해 정화하는 가장 주된 이유는?

① 화학적 산소요구량을 줄이기 위해
② 화학적 산소요구량을 늘리기 위해
③ 생물화학적 산소요구량을 줄이기 위해
④ 생물화학적 산소요구량을 늘리기 위해

해설 |
생물화학적 산소요구량(BOD)가 크다는 것은 유기물 농도가 높아 활발한 미생물 번식을 의미한다.

36. 트랩의 유효봉수깊이는 일반적으로 50~100mm이다. 봉수깊이가 100mm 이상으로 너무 깊을 경우에 관한 설명으로 옳은 것은?

① 봉수가 쉽게 파괴된다.
② 사이폰 현상이 커지게 된다.
③ 급탕의 온도저하를 막을 수 없게 된다.
④ 통수능력이 감소되며 그에 따라 자정 작용이 없어지게 된다.

37. 기구배수부하단위(FUD)가 1인 기구명과 배수량으로 옳은 것은?

① 세면기, 14L/min
② 세면기, 28.5L/min
③ 대변기, 14L/min
④ 대변기, 28.5L/min

해설 |
1기구배수부하단위(FUD)는 세면기, 28.5L/min 기준

38. 연결송수관설비에 관한 설명으로 옳지 않은 것은?

① 주배관의 구경은 100mm 이상의 것으로 할 것
② 방수구의 호스접결구는 바닥으로부터 높이 0.5m 이상 1m 이하의 위치에 설치할 것
③ 방수구는 연결송수관설비의 전용방수구 또는 옥내소화전방수구로서 구경 65mm의 것으로 할 것
④ 배관은 지면으로부터의 높이가 25m 이상인 특정소방대상물 또는 지상 7층 이상인 특정 소방대상물에 있어서는 습식설비로 할 것

해설 |
연결송수관설비 화재안전기준
배관은 지면으로부터의 높이가 33m 이상인 특정 소방대상물 또는 지상 11층 이상인 특정 소방대상물에 있어서는 습식설비로 할 것

정답 34 ③ 35 ③ 36 ④ 37 ② 38 ④

39. 펌프의 전양정이 25m, 양수량이 60m³/h 일 때 펌프의 축동력은? (단, 펌프의 효율은 70%)

① 5.84kW　② 6.84kW
③ 58.4kW　④ 68.4kW

해설 |

$$kW = \frac{1000HQ}{102n} = \frac{1000 \times 25 \times \frac{60}{3600}}{102 \times 0.7} = 5.84$$

40. 수도직결식 급수방식에서 수도본관으로부터 수직 높이 6m에 샤워기를 설치하는 경우 수도 본관의 최소 필요압력은? (단, 샤워기의 최소 필요압력은 70kPa, 수도본관에서 샤워기까지의 전마찰손실압력은 50kPa이다)

① 약 100kPa　② 약 180kPa
③ 약 570kPa　④ 약 680kPa

해설 |
수도본관 최저압력 = 60 + 70 + 50 = 180KPa

03. 공기조화설비

41. 밸브와 사용 용도의 연결이 옳지 않은 것은?

① 체크 밸브 - 역류 방지용
② 글로브 밸브 - 유량 조절용
③ 게이트 밸브 - 관로의 개폐용
④ 볼 밸브 - 관경이 큰 관로의 유량 조절용

해설 |
볼 밸브 : 콕의 일종으로 구조가 간단하며 저항손실이 작고 소유량 저점도 유체에 적합하여 가스용으로 많이 사용되는 On/Off용 밸브

42. 온수난방에서 상당방열면적을 구할 때 기준이 되는 표준방열량은?

① 450W/m²　② 523W/m²
③ 650W/m²　④ 756W/m²

해설 |
온수표준방열량 523W/m²
증기표준방열량 756W/m²

43. 다음 중 공기조화 설비계획 시 외부 존의 조닝 방법으로 가장 적합한 것은?

① 소음별 조닝
② 방위별 조닝
③ 공기의 청정도별 조닝
④ 관리에 따른 시간별 조닝

해설 |
외부 존은 외부 환경에 따라 밀접하게 영향을 받는 구역을 말하며, 방위에 따라 외부의 특성이 크게 다르기 때문에 방위별로 조닝한다.

44. 습공기선도에 관한 설명으로 가장 옳은 것은?

① 습공기의 상태변화에 따른 열량변화를 파악할 수 있다.
② 습공기의 상태변화에 따른 유속변화를 파악할 수 있다.
③ 습공기의 상태변화에 따른 소요환기횟 수를 파악할 수 있다.
④ 습공기의 상태변화에 따른 공기조화기 의 크기를 파악할 수 있다.

45. 다음 중 온수난방 배관에서 역환수 (Reverse Return) 방식을 사용하는 이 유로 가장 알맞은 것은?

① 배관의 신축을 흡수하기 위하여
② 배관의 부식을 방지하기 위하여
③ 온수의 유량공급을 동일하게 하기 위하여
④ 배관 내의 공기배출을 용이하게 하기 위하여

해설 |
온수의 유량공급을 동일하게 하여 방열량의 편차를 적게 하기 위하여

46. 덕트의 아스펙트비(Aspect Ratio)에 관한 설명으로 옳은 것은?

① 아스펙트비가 크면 층고를 작게 차지한다.
② 아스펙트비는 8 : 1을 기준으로 근접할수록 바람직하다.
③ 덕트의 단면이 정사각형일 경우 아스펙트비는 4 : 1이다.
④ 동일한 상당직경인 경우 아스펙트비가 클수록 덕트재료비가 적게 든다.

해설 |
아스펙트비(aspect ratio)는 장변과 단변의 비로 크면 단변이 작아지므로 층고를 적게 차지한다.

47. 냉방부하의 종류 중 현열과 잠열을 동시에 보유하고 있는 부하에 속하지 않는 것은?

① 인체부하
② 외기부하
③ 조명기구부하
④ 틈새바람부하

해설 |
조명기구의 발열에는 잠열이 없다.

48. 풍량이 1000m³/h인 공기를 건구온도 32℃, 습구온도 27℃, 엔탈피 84.82kJ/kg의 상태에서 건구온도 17℃, 상대습도 95%인 상태까지 냉각할 경우, 필요한 냉각열량은? (단, 건조공기 밀도는 1.2kg/m³이며, 건구온도 17℃의 엔탈피는 46.25kJ/kg이다)

① 10.09kW
② 11.25kW
③ 12.86kW
④ 13.57kW

해설 |
$q = 1000 \times 1.2 \times (84.82 - 46.25) \times \dfrac{1}{3600}$
$= 12.856 kJ$

49. 증기트랩 중 기계식 트랩으로만 나열된 것은?

① 버킷 트랩, 플로트 트랩
② 버킷 트랩, 벨로즈 트랩
③ 플로트 트랩, 열동식 트랩
④ 바이메탈 트랩, 열동식 트랩

해설 |
벨로즈 트랩은 열동식 트랩의 일종이다.

50. 다음 중 일반적으로 독립된 환기계통으로 하는 곳은?

① 식당 ② 사무실
③ 강의실 ④ 설계실

해설 |
독립 환기는 오염 물질이 발생 장소로 식당, 화장실이 대표적이다.

51. 옥내의 공조배관에서 보온 및 보냉을 하지 않는 관은?

① 증기관 ② 냉수관
③ 온수관 ④ 냉각수관

해설 |
냉각수는 기기의 냉각을 위한 것으로 상온에서 크게 벗어나지 않는 온도 이므로 일반적으로 보온 및 보냉을 하지 않는다.

52. 다음 중 실내를 정압(+)으로 유지하여야 하는 곳은?

① 식당 ② 수술실
③ 사무실 ④ 공연장

해설 |
실내를 정압(+)으로 유지하여 외부로부터 오염물질 침입을 방지한다.

53. 건구온도 20℃, 절대습도 0.015kg/kg' 인 습공기의 엔탈피는? (단, 건공기의 정압비열 1.01kJ/kg·K, 수증기의 정압비열 1.85kJ/kg·K, 0℃에서 포화수의 증발잠열 2501kJ/kg)

① 23.15kJ/kg ② 35.24kJ/kg
③ 58.27kJ/kg ④ 67.36kJ/kg

해설 |
현열 = 1.01 × 20 = 20.2
잠열 = 0.015(2501 + 1.85 × 20) = 38.07
그러므로 합 = 58.27

54. 설계 외기조건을 선정하기 위한 위험률(TAC)에 관한 설명으로 옳지 않은 것은?

① 위험률을 크게 잡으면 장치용량도 커진다.
② 요구조건이 엄격한 건물일수록 위험률은 작게 한다.
③ 위험률 5%는 위험률 2.5%보다 설계 외기기준 온도를 벗어나는 시간이 2배이다.
④ 위험률은 난방 또는 냉방기간의 총 시간에 대한 온도출현 빈도분포로부터 구한다.

정답 49 ① 50 ① 51 ④ 52 ② 53 ③ 54 ①

해설 |
설계 외기조건을 선정하기 위한 위험률(TAC)은 에너지 절약을 위해서 적용하는 것으로 위험률을 크게 잡으면 장치용량은 작아진다.

55. 다음 중 공기를 가습하는 방법으로 부적당한 것은?

① 에어워셔의 이용
② 증기의 직접분무
③ 히트파이프의 이용
④ 물 또는 온수의 직접 분무

해설 |
히트파이프는 전열관으로 열전달을 위한 파이프이다.

56. 다음 중 축류형 취출구에 속하지 않는 것은?

① 팬형
② 노즐형
③ 그릴형
④ 펑커루버

해설 |
취출구의 분류를 복류형과 축류형으로 할 때 복류형은 팬형, 아네모스텟형이고 축류형은 노즐형, 라인형, 그릴형이다.

57. 전열교환기에 관한 설명으로 옳지 않은 것은?

① 현열과 잠열을 동시에 교환한다.
② 공기조화용 송풍량이 비교적 많은 곳에서 유리하다.
③ 열회수율이 좋고, 고온 측 및 저온 측 유체의 누설이 없는 것을 사용한다.
④ 배열회수에 이용되는 배기는 원칙적으로 주방 및 보일러의 배기가스를 이용한다.

해설 |
전열교환기의 외기와 배기를 직접 접촉 교환하기 때문에 오염 배기가스의 교환은 불가하다.

58. 공기의 상태변화 중 열의 출입이 없는 단열 변화에 속하는 것은?

① 가열가습
② 냉각감습
③ 증발냉각
④ 가습포화

해설 |
증발기 내부 증발에 의한 냉각작용은 단열변화이다.

59. 유리창을 통한 일사취득량을 줄이기 위한 방법으로 옳지 않은 것은?

① 입사각을 작게 한다.
② 투과율을 작게 한다.
③ 반사유리를 사용한다.
④ 차폐계수를 작게 한다.

해설 |
입사각을 작게 하는 것은 건축을 통한 일사량 취득 줄이기 위한 방법이다.

60. 송풍기에 관한 법칙으로 옳지 않은 것은?

① 풍량은 회전속도비에 비례하여 변화한다.
② 동력은 회전속도비의 3제곱에 비례하여 변화한다.
③ 압력은 송풍기 크기비의 2제곱에 비례하여 변화한다.
④ 동력은 송풍기 크기비의 4제곱에 비례하여 변화한다.

해설 |
상사의 법칙 : 동력은 송풍기 크기비(임펠러 직경비)의 5제곱에 비례하여 변화한다.

04. 건축설비관계법규

61. 층수가 10층이고, 각 층의 거실면적이 1000m² 업무시설에 설치하여야 하는 승용승강기의 최소 대수는? (단, 8인승 승강기의 경우)

① 1대 ② 2대
③ 3대 ④ 4대

해설 |
6층 이상 거실면적은 5000m²
업무시설 3000까지 1대 + 초과 2000마다 1대 추가 = 2대

62. 축물의 에너지절약 설계기준에 따른 단열재의 두께는 지역별로 다르게 적용된다. 다음 중 중부 지역에 속하지 않는 것은?

① 경기도 ② 대전광역시
③ 경상북도 청송군 ④ 충청남도 천안시

해설 |
대전광역시는 남부 지역

63. 건축법령상 다음과 같이 정의되는 용어는?

> 건축물의 노후화를 억제하거나 기능 향상 등을 위하여 대수선하거나 일부 증축하는 행위

① 재축 ② 리빌딩
③ 리모델링 ④ 리노베이션

해설 |
리모델링의 정의

정답 60 ④ / 61 ② 62 ② 63 ③

64. 음은 건축설비 설치의 원칙에 관한 기준 내용이다. ( ) 안에 알맞은 것은?

> 건축물에 설치하는 급수·배수·냉방·난방·환기·피뢰 등 건축설비의 설치에 관한 기술적 기준은 (㉠)으로 정하되, 에너지 이용합리화와 관련한 건축설비의 기술적 기준에 관하여는 (㉡)과 협의하여 정한다.

① ㉠ 국토교통부령
　㉡ 기획재정부장관
② ㉠ 국토교통부령
　㉡ 산업통상자원부장관
③ ㉠ 산업통상자원부령
　㉡ 국토교통부장관
④ ㉠ 산업통상자원부령
　㉡ 기획재정부장관

해설 |
건축법 시행령
건축설비의 기술적 기준은 국토교통부령으로 정하되, 에너지 이용 합리화와 관련한 기술적 기준은 산업통상자원부장관과 협의하여 정한다.

65. 다음의 소방시설 중 피난설비에 속하지 않는 것은?

① 완강기　　② 유도등
③ 인공소생기　④ 비상콘센트설비

해설 |
비상콘센트 설비는 소화활동설비

66. 건축물에 설치하는 헬리포트에 관한 기준 내용으로 옳지 않은 것은?

① 헬리포트의 주위한계선은 백색으로 할 것
② 헬리포트의 주위한계선의 너비는 38cm로 할 것
③ 헬리포트의 길이와 너비는 각각 20m 이상으로 할 것
④ 헬리포트의 중심으로부터 반경 12m 이내에는 헬리콥터의 이·착륙에 장애가 되는 건축물, 공작물, 조경시설 또는 난간 등을 설치하지 아니할 것

해설 |
건축물 피난·방화구조
헬리포트의 길이와 너비는 각각 22m 이상으로 할 것

67. 다음의 제연설비를 설치하여야 하는 특정소방대상물과 관련된 기준 내용 중 ( ) 안에 알맞은 것은?

> 문화 및 집회시설로서 무대부의 바닥면적이 ( )m² 이상 또는 문화 및 집회시설 중 영화 상영관으로서 수용인원 100인 이상인 것

① 100　　② 150
③ 200　　④ 300

해설 |
소방법 시행령 별표5
문화 및 집회시설로서 무대부의 바닥면적이 200 이상 또는 문화 및 집회시설 중 영화상영관으로서 수용인원 100인 이상인 것

정답 64 ② 65 ④ 66 ③ 67 ③

68. 공동주택과 오피스텔의 난방설비를 개별난방 방식으로 하는 경우에 대한 기준 내용으로 옳지 않은 것은?

① 보일러의 연도는 내화구조로서 공동연도로 설치할 것
② 보일러실의 윗부분에는 면적이 $0.5m^2$ 이상인 환기창을 설치할 것
③ 공동주택의 경우에는 난방구획마다 내화구조로 된 벽·바닥과 갑종방화문으로 된 출입문으로 구획할 것
④ 보일러는 거실 외의 곳에 설치하되, 보일러를 설치하는 곳과 거실 사이의 경계벽은 출입구를 제외하고는 내화구조의 벽으로 구획할 것

해설 |
설비기준
오피스텔의 경우에는 난방구획마다 내화구조로 된 벽바닥과 60분, 60분+ 방화문으로 된 출입문으로 구획할 것

69. 건축물의 용도변경과 관련된 시설군 중 영업 시설군에 속하지 않는 것은?

① 판매시설   ② 운동시설
③ 업무시설   ④ 숙박시설

해설 |
건축법 시행령
업무시설은 주거업무시설군이다.

70. 건축물의 설비기준 등에 관한 규칙에 따라 피뢰설비를 설치하여야 하는 대상 건축물의 높이 기준은?

① 10m 이상   ② 20m 이상
③ 30m 이상   ④ 50m 이상

해설 |
건축물설비기준
피뢰설비 : 20m 이상 건축물

71. 건축법령상 용도에 따른 건축물의 종류가 옳지 않은 것은?

① 공동주택 - 다세대주택
② 숙박시설 - 유스호스텔
③ 제1종 근린생활시설 - 한의원
④ 제2종 근린생활시설 - 일반음식점

해설 |
수련시설 - 유스호스텔

72. 연면적이 $200m^2$을 초과하는 초등학교에 설치하는 복도의 유효너비는 최소 얼마 이상으로 하여야 하는가? (단, 양옆에 거실이 있는 복도)

① 1.2m   ② 1.5m
③ 1.8m   ④ 2.4m

해설 |
건축물 피난·방화구조
초등학교 양옆에 거실의 경우 복도의 유효 너비 : 2.4m

73. 특정소방대상물이 숙박시설인 경우, 자동화재 탐지설비를 설치하여야 하는 연면적 기준은?

① $600m^2$ 이상   ② $1000m^2$ 이상
③ $1500m^2$ 이상   ④ $2000m^2$ 이상

정답 68 ③ 69 ③ 70 ② 71 ② 72 ④ 73 ①

해설 |
소방법 시행령 별표5
자동화재탐지설비 설치대상 판매시설 1000m² 이상

74. 국토교통부령으로 정하는 기준에 따라 채광 및 환기를 위한 창문등이나 설비를 설치하여야 하는 대상에 속하지 않는 것은?

① 공동주택의 거실
② 의료시설의 병실
③ 종교시설의 집회실
④ 교육연구시설 중 학교의 교실

해설 |
건축법 시행령
종교시설의 집회실은 해당이 없다.

75. 건축물의 에너지절약설계기준상 야간단열장치의 총열 관류저항은 최소 얼마 이상이 되어야 하는가?

① $0.1 m^2 \cdot K/W$
② $0.4 m^2 \cdot K/W$
③ $0.5 m^2 \cdot K/W$
④ $0.8 m^2 \cdot K/W$

해설 |
건축물에너지절약기준
야간단열장치의 총열관류저항 : $0.4 m^2 \cdot K/W$ 이상

76. 다음 중 방화구조에 속하지 않는 것은?

① 심벽에 흙으로 맞벽치기한 것
② 철망모르타르로서 그 바름두께가 2cm인 것
③ 시멘트모르타르 위에 타일을 붙인 것으로서 그 두께의 합계가 3cm인 것
④ 석고판 위에 시멘트모르타르를 바른 것으로서 그 두께의 합계가 2cm인 것

해설 |
건축물 피난·방화구조
석고판 위에 시멘트모르타르를 바른 것으로서 그 두께의 합계가 2.5cm 이상인 것

77. 특정소방대상물이 아파트인 경우, 특급소방안전관리대상물이기 위한 기준 내용으로 옳은 것은?

① 30층 이상(지하층을 포함한다)이거나 지상으로부터 높이가 120m 이상인 아파트
② 30층 이상(지하층을 제외한다)이거나 지상으로부터 높이가 120m 이상인 아파트
③ 50층 이상(지하층은 포함한다)이거나 지상으로부터 높이가 200m 이상인 아파트
④ 50층 이상(지하층은 제외한다)이거나 지상으로부터 높이가 200m 이상인 아파트

해설 |
화재예방, 소방시설 설치유지 및 안전관리에 관한 법률
특급 소방안전관리대상물 : 50층 이상(지하층을 제외한다)이거나 지상으로부터 높이가 200m 이상인 아파트

78. 특별시나 광역시에 건축하는 경우, 특별시장이나 광역시장의 허가를 받아야 하는 대상 건축물의 연면적 기준은?

① 연면적의 합계가 1만 제곱미터 이상인 건축물
② 연면적의 합계가 5만 제곱미터 이상인 건축물
③ 연면적의 합계가 10만 제곱미터 이상인 건축물
④ 연면적의 합계가 20만 제곱미터 이상인 건축물

해설 |
건축법 시행령
특별시장이나 광역시장의 허가를 받아야 하는 대상 건축물 : 21층 이상, 연면적의 합계가 10만 제곱미터 이상

79. 다음은 옥상광장 등의 설치에 관한 기준 내용이다. ( ) 안에 알맞은 것은?

> 옥상광장 또는 2층 이상인 층에 있는 노대나 그 밖에 이와 비슷한 것의 주위에는 높이 ( ) 이상의 난간을 설치하여야 한다. 다만 그 노대 등에 출입할 수 없는 구조인 경우에는 그러하지 아니하다.

① 0.9m　　② 1.2m
③ 1.5m　　④ 1.8m

해설 |
건축법 시행령
옥상광장 또는 2층 이상인 층에 있는 노대(노출된 바닥) 주위에는 높이 1.2m 이상의 난간을 설치할 것

80. 문화 및 집회시설 중 공연장의 개별관람석의 바닥면적이 1200m²인 경우, 이 개별관람석의 출구는 최소 몇 개소 이상 설치하여야 하는가? (단, 각 출구의 유효너비가 1.8m인 경우)

① 2개소　　② 3개소
③ 4개소　　④ 5개소

해설 |
건축물 피난·방화구조
100m²마다 0.6m 출구너비
1200m² × 0.6m = 7.2m
출구 개소 = 7.2/1.8 = 4개소

정답 78 ③   79 ②   80 ③

2017년 2회

01. 건축일반

1. 다음 중 빛의 단위로 옳지 않은 것은?

   ① 광속 : W/m·K ② 조도 : lx
   ③ 광도 : cd   ④ 휘도 : cd/m^2

   해설 |
   광속은 빛의 양으로 단위는 루멘[lm]을 쓴다.

2. 열의 전달에 관한 기본 3가지 형태에 속하지 않는 것은?

   ① 전도   ② 대류
   ③ 복사   ④ 증발

   해설 |
   열의 이동은 전도, 대류, 복사

3. 실내외의 온도차에 의하여 발생하는 환기는?

   ① 중력 환기   ② 개별 환기
   ③ 송풍 환기   ④ 기계 환기

   해설 |
   중력환기 : 더워진 공기의 밀도가 작아져 상승하고 차가워진 공기의 밀도가 커져 하강하는 온도차에 의해 발생되는 환기

4. 상점별 조명계획에 관한 설명으로 옳지 않은 것은?

   ① 서점 - 조도를 균일하게 함
   ② 제화점 - 바닥까지 충분한 조도가 요구됨
   ③ 피혁, 가방 상점 - 높은 조도가 요구됨
   ④ 귀금속점 - 전체조도는 높게 하고 국부조도는 낮게 함

5. 간접조명의 특징에 관한 설명으로 옳지 않은 것은?

   ① 조명효율이 좋다.
   ② 음영이 적다.
   ③ 음산한 감을 주기 쉽다.
   ④ 물건에 입체감을 주기 어렵다.

   해설 |
   간접조명은 밝기의 효율은 나빠진다.

6. 사무소 건축에서 코어 시스템을 채용하는 이유로 옳지 않은 것은?

   ① 사용상의 편리
   ② 설비비의 절약
   ③ 구조적인 이점
   ④ 독립성의 보장

정답 1 ① 2 ④ 3 ① 4 ④ 5 ① 6 ④

7. 학교의 운영방식 중 전 학급을 2개의 분단으로 나누어 한쪽이 일반교실을 사용할 때, 다른 분단은 특별교실을 사용하는 방식은?

① 종합교실형
② 교과교실형
③ 플래툰형
④ 달톤형

8. 조적공사의 담, 박공벽, 옥상의 난간벽 등의 상부를 덮어씌우는 돌의 명칭으로 옳은 것은?

① 쌤돌
② 부란
③ 사고석
④ 두겁돌

9. 주거계획의 기본방향에 관한 설명으로 옳지 않은 것은?

① 생활의 쾌적성 증대
② 가사노동의 경감
③ 입식에서 좌식으로의 전환
④ 가족 본위의 주거

10. 재래식 지붕틀 구조에서 지붕의 하중이 크고 간 사이가 넓을 때 그 중간에 기둥을 세우고 이 기둥과 지붕보 사이에 직각으로 설치하는 것을 무엇이라 하는가?

① 서까래
② 버팀대
③ 베개보
④ 중도리

11. 도서관의 서고계획에 관한 설명으로 옳은 것은?

① 서고 공간은 $1m^3$당 약 66권으로 산정한다.
② 서고의 위치는 Modular System에 의하여 위치를 고정시켜 확장을 고려하지 않는다.
③ 서고의 내부는 자연채광방식을 이용하여 밝게 하는 것이 좋다.
④ 일반적으로 서고의 높이는 4.6m 전후로 한다.

12. 상점의 진열장 배열형식 중 고객의 이동흐름이 빠르고 부문별 상품 진열이 용이한 것은?

① 굴절배열형
② 복합형
③ 직렬배열형
④ 환상배열형

13. 철근콘크리트 기둥의 띠철근에 관한 설명으로 옳지 않은 것은?

① 주근의 위치를 고정한다.
② 기둥의 전단보강에 쓰인다.
③ 기둥의 단부보다 중앙부에 많이 배근한다.
④ 주근보다 단면적이 작은 철근이 쓰인다.

정답 7 ③ 8 ④ 9 ③ 10 ③ 11 ① 12 ③ 13 ③

14. 호텔의 기준층 평면계획에 관한 설명으로 옳지 않은 것은?

① 기준층의 객실 수는 기준층의 면적이나 기둥간격의 구조적인 문제와 관련이 있다.
② 하나의 객실 폭을 기준으로 하여 최소 기둥간격을 정하는 것이 적절하다.
③ 객실의 크기와 종류는 건물의 단부와 층으로 차이를 둘 수 있다.
④ 동일 기준층에 필요한 실로는 서비스실, 배선실, 계단실 등이 있다.

15. 아파트의 평면 형식 중 홀형에 대한 설명으로 옳지 않은 것은?

① 프라이버시가 좋지 않으며 시끄럽다.
② 통행이 양호한 편이다.
③ 통행부 면적이 작아서 건물의 이용도가 높다.
④ 좁은 대지에서 집약형 주거 등이 가능하다.

16. 실내 벽체 하부에 높이 1~1.5m 정도로 널을 댄 것으로 아래 부분을 보호하고 장식을 겸한 용도로 사용되는 것은?

① 고막이널
② 징두리판벽
③ 걸레받이
④ 코펜하겐 리브

17. 종합병원건축의 클로즈드 시스템의 계획상 요점에 대한 설명으로 옳지 않은 것은?

① 외과계통 각과는 소 진료실을 다수 설치하도록 한다.
② 외래규모 산정 시 보통 병상수의 2~3배의 환자를 1일 환자수로 예상한다.
③ 약국 등은 정면 출입구 근처에 설치한다.
④ 동선을 체계화하고 대기공간을 통로공간과 분리해서 대기실을 독립적으로 배치한다.

18. 구조물 바닥(Slab)의 두께를 증가시킨 결과에 대한 설명으로 옳지 않은 것은?

① 바닥구조의 강성이 커진다.
② 풍하중에 불리해진다.
③ 건물 전체의 자중이 커진다.
④ 층간 소음이 줄어든다.

19. 바닥높이가 2단으로 되어 있어 대지가 경사지인 경우에 주로 이용하는 평면계획의 유형은?

① 중층식
② 스킵플로어식
③ 필로티식
④ 코어식

정답 14 ② 15 ① 16 ② 17 ① 18 ② 19 ②

20. 다음 중 사무소 계획에서 사무실의 크기를 결정하는 가장 중요한 요소는?

① 사무원의 수
② 방문객의 수
③ 사무실의 위치
④ 서류함, 책상 등의 비품

02. 위생설비

21. 압력탱크식 급수방식에 관한 설명으로 옳지 않은 것은?

① 급수 공급 압력의 변화가 심하다.
② 고가탱크 방식을 적용하기 어려운 경우에 사용된다.
③ 공기압축기 등을 이용하여 압력탱크 내의 압력을 조절한다.
④ 하향식 급수방식이므로 압력탱크의 설치위치에 제한을 받는다.

해설 |
압력탱크식은 상하향 모두 적용성이 있다.

22. 유로를 폐쇄하거나 수도본관의 유량조절에 사용되는 밸브로 스톱 밸브라고도 불리우는 것은?

① 콕
② 볼 밸브
③ 글로브 밸브
④ 슬루스 밸브

해설 |
유량조절 밸브는 글로브 밸브로 스톱 밸브라 불리는 것은 유량을 천천히 줄여가며 off시키므로 수격작용이 일어나지 않아 stop시키는 것에 적절하다는 의미이다.

23. 급수배관에 관한 설명으로 옳지 않은 것은?

① 급수기구수가 증가하면 동시 사용률도 증가한다.
② 직관의 마찰손실수두는 배관의 길이에 비례한다.
③ 백플로(back flow) 현상이 발생되지 않도록 설계한다.
④ 수격작용 방지를 위하여 한계유속 이내로 흐르게 한다.

해설 |
급수기구수가 증가하면 동시 사용률은 감소한다.
기구 수가 1개일 때 100% 으로부터 시작한다.

24. 각종 기구의 기구배수 부하단위의 기준이 되는 것은?

① 소변기
② 대변기
③ 세면기
④ 욕조

해설 |
기구배수부하단위의 기준
= 세면기 28.5 ℓ/min이다.

25. 동 및 동합금관에 관한 설명으로 옳지 않은 것은?

① 연수에 내식성은 크나 담수에는 부식된다.
② 아세톤, 에테르, 프레온 가스, 휘발유에는 침식되지 않는다.
③ 암모니아수, 습한 암모니아가스, 초산, 진한 황산에는 심하게 침식된다.
④ 상온공기 중에서는 변하지 않으나 탄산가스를 포함한 공기 중에서는 푸른 녹이 생긴다.

해설 |
동은 연수에 내식성은 작다. = 연수에 쉽게 부식된다.

26. 최상부 배수수평관이 배수수직관에 연결된 위치보다 더욱 위로 배수수직관을 끌어올려 대기 중에 개구한 통기관은?

① 각개통기관
② 신정통기관
③ 루프통기관
④ 결합통기관

해설 |
대기중 개구 통기관 = 신정통기관이다.

27. 급탕배관에 사용하는 신축이음쇠에 속하지 않는 것은?

① 루프형
② 스위블형
③ 슬리브형
④ 사이렌서형

해설 |
사이렌서는 급탕설비 직접교환식에서 기수혼합 시 소음방지장치

28. 다음 중 정화조의 설계 순서에서 가장 나중에 이루어지는 사항은?

① 오수량 결정
② 정화조 용량 산정
③ 오수 정화 성능 결정
④ 처리 대상 인원 산출

정답 23 ① 24 ③ 25 ① 26 ② 27 ④ 28 ②

해설 |
대상인원설정 > 오수량결정 > 오수정화성능결정 > 정화조 용량산정 순이다.

29. 다음 중 공동주택 단지의 급수설계를 할 때 가장 먼저 이루어져야 할 사항은?

① 급수량의 산정
② 저수조의 크기 산정
③ 급수관 재료의 결정
④ 수도 인입관의 관경 선정

해설 |
대상인원 산정 > 급수량 산정이 먼저 이루어져야 한다.

30. LPG와 LNG에 관한 설명으로 옳지 않은 것은?

① LNG는 공기보다 가볍다.
② LPG는 메탄(CH_4)이 주성분이다.
③ LNG는 액화천연가스를 의미한다.
④ LPG는 연소 시 이론공기량이 많다.

해설 |
LNG는 메테인(CH_4)이 주성분이며 LPG가 프로테인(C_3H_8) 주성분이다.

31. 급탕배관 시공에 관한 설명으로 옳지 않은 것은?

① 팽창관은 팽창탱크에 개방한다.
② 팽창관 중간에 조절 밸브를 설치한다.
③ 강제순환식인 경우 배관 물매는 1/200 정도로 한다.
④ 보일러 및 온수저장탱크의 배수는 간접배수로 한다.

해설 |
팽창관과 안전 밸브의 중간에는 밸브를 설치하면 안 된다.

32. 배관 시공 시 바닥이나 벽에 배관을 통과시키기 위해 설치하는 것은?

① 앵커
② 슬리브
③ 지수 밸브
④ 스트레이너

해설 |
슬리브는 구조물을 통과할 때 설치하는 것으로 진동이 구조물에 전달되는 것을 방지하고 신축이 자유롭고 수리 시 용이성을 위해 설치된다.

33. 트랩의 봉수파괴 원인 중 통기관을 설치하여도 봉수파괴를 방지할 수 없는 것은?

① 모세관 현상
② 자기사이펀 현상
③ 역압에 의한 분출작용
④ 감압에 의한 흡인작용

해설 |
모세관 현상 : 머리카락 등 이물질에 의해 형성된다.

34. 다음 중 관의 방향을 바꿀 때 사용하는 이음류는?

① 소켓 ② 엘보
③ 니플 ④ 유니온

해설 |
소켓 : 동일 지름의 관이음을 위한 부속
니플 : 파이프 토막 양단에 숫나사를 낸 동일지름 부속과 부속을 연결하기 위한 부속
유니온 : ㅁ자 구조물 중간을 연결하기 위한 이음 부속

35. 세정 밸브식 대변기에 버큠 브레이커(vacuum breaker)를 설치하는 가장 주된 이유는?

① 소음을 작게 하기 위해서
② 세정력을 크게 하기 위해서
③ 세정수의 역류를 방지하기 위해서
④ 세정 밸브의 수리나 점검을 용이하게 하기 위해서

해설 |
버큠 브레이커(vacuum breaker)는 진공방지기로 세정 밸브식 오수의 역류를 방지하는 역할을 한다.

36. 간접가열식 급탕법에 관한 설명으로 옳은 것은?

① 대규모 급탕설비에는 사용할 수 없다.
② 저탕조 내면에 스케일의 발생이 심하다.
③ 급탕용 고압 보일러만을 사용하여야 한다.
④ 보일러에서 만들어진 증기 또는 고온수를 열원으로 한다.

해설 |
간접가열식 대규모 급탕설비에 주로 사용되며, 직접가열식은 저탕조 내면에 스케일의 발생이 심하나 간접가열식은 발생이 없다. 간접가열식 급탕과 난방 겸용이 가능하고 저압 보일러를 사용할 수 있다.

37. 연결송수관설비의 주배관의 구경은 최소 얼마 이상으로 하여야 하는가?

① 32mm ② 50mm
③ 65mm ④ 100mm

38. 호텔의 주방이나 레스토랑의 주방 등에서 배출되는 세정 배수 중의 유지분을 포집하기 위해 사용되는 포집기는?

① 샌드 포집기
② 오일 포집기
③ 그리스 포집기
④ 플라스터 포집기

39. 저탕식 전기가열기를 사용하여 $0.2m^3/h$의 급탕을 공급할 경우 사용 전력은? (단, 물의 비열은 $4.2kJ/kg \cdot K$, 급탕온도는 60℃, 급수온도는 10℃, 전기효율은 100%이다)

① 3.5kW ② 11.7kW
③ 23.1kW ④ 50.4kW

해설 |
$q[kW] = 200 \times 4.2 \times (60 - 10) \times \dfrac{1}{3600}$

∴ q = 11.66[kW]

40. 다음과 같은 조건에서 전기순간 온수기를 사용하여 매시 500L/h의 급탕을 할 경우 전기소모량은?

- 급탕온도 : 60℃, 급수온도 : 10℃
- 온수기의 효율 : 96%
- 물의 비열 : 4.2KJ/kg·K

① 10.5kW ② 20.2kW
③ 25.3kW ④ 30.4kW

해설 |
$q[kW] = 500 \times 4.2 \times (60-10) \times \dfrac{1}{3600 \times 0.96}$
∴ q = 30.4[kW]

03. 공기조화설비

41. 다음 중 성적계수가 가장 낮은 냉동기는?

① 흡수식 냉동기   ② 원심식 냉동기
③ 왕복동식 냉동기 ④ 전기식 히트펌프

해설 |
증기 압축식(원심식, 왕복동식, 히트펌프)은 성적계수가 3~4 정도이나 흡수식 냉동기는 성적계수가 1 내외이다. 성적계수는 압축식을 기준으로 만든 계수로 흡수식 냉동기의 효율을 비교하기에 적합하지 않을 뿐이지 효용이 없다는 것을 의미하지 않는다.

42. 다음의 가습방법 중 열수분비가 가장 큰 경우는?

① 5℃의 온수가습
② 50℃의 증기가습
③ 100℃의 온수가습
④ 100℃의 증기가습

해설 |
열수분비 = (dh/dx)로
100℃의 증기는 2681[kJ/kg]이다.
50℃의 증기는 1기압에서 존재하지 않으며, 온수의 열수분비는 증기보다 작다. 변화량은 0℃를 기준으로 한다.

43. 냉동기의 응축기에서 냉각탑으로 흐르는 유체의 명칭은?

① 냉수   ② 온수
③ 응축수 ④ 냉각수

정답 40 ④ / 41 ① 42 ④ 43 ④

해설 |
냉각수 : 기기를 냉각하기 위한 순환수

44. 다음 그림과 같은 냉각장치에서 30℃ 공기 1000kg/h가 20℃로 냉각되어 나간다면 냉각열량은? (단, 공기의 비열은 1.01kJ/kg·K이다)

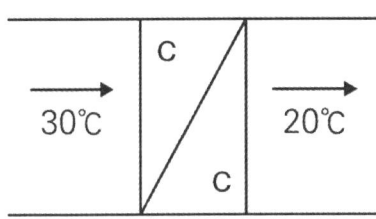

① 2245.3W ② 2805.6W
③ 3366.7W ④ 4256.8W

해설 |
q = 1000 × 1.01 × (30−20) = $\dfrac{10100 kJ/h}{3600 s/h}$
= 2805.6W

45. 내경 50mm인 파이프 내로 2m/s의 속도로 온수가 흐르고 있다. 배관 길이 20m에 대한 직관부 마찰 손실은? (단, 관 마찰계수는 0.02이다)

① 1.6mAq ② 1.9mAq
③ 2.7mAq ④ 3.2mAq

해설 |
$h = f \dfrac{l}{D} \times \dfrac{u^2}{2g}$ = $0.02 \dfrac{20}{50 \times 10^{-3}} \dfrac{2^2}{2 \times 9.8}$
= 1.63mAq

46. 환기 방식 중 정확한 환기량과 급기량 변화에 의해 실내압을 정압 또는 부압으로 유지할 수 있는 것은?

① 자연환기 방식
② 급기팬과 배기팬의 조합
③ 급기팬과 자연배기의 조합
④ 자연급기와 배기팬의 조합

해설 |
급기팬과 배기팬의 조합(제1종 기계환기)

47. 원형덕트와 4각덕트와의 관계식으로 옳은 것은? (단, a는 원형덕트의 직경, b와 강는 각각 4각 덕트의 장변, 단변의 길이이다)

① $d = 1.3 \left\{ \dfrac{(a \cdot b)^3}{(a+b)^2} \right\}^{1/8}$

② $d = 1.3 \left\{ \dfrac{(a+b)^3}{(a \cdot b)^2} \right\}^{1/8}$

③ $d = 1.3 \left\{ \dfrac{(a \cdot b)^5}{(a+b)^2} \right\}^{1/8}$

④ $d = 1.3 \left\{ \dfrac{(a+b)^5}{(a \cdot b)^2} \right\}^{1/8}$

해설 |
수력반경에 따른 지름계산식

정답 44 ② 45 ① 46 ② 47 ③

48. 다음의 송풍기 풍량제어법 중 축동력이 가장 많이 소요되는 것은?

① 회전수제어 ② 흡입베인제어
③ 흡입댐퍼제어 ④ 토출댐퍼제어

해설 |
토출댐퍼제어 > 흡입댐퍼제어 > 흡입베인제어 > 회전수제어

49. 다음 중 습공기선도상에 나타나 있지 않은 것은?

① 현열비 ② 엔탈피
③ 엔트로피 ④ 수증기분압

해설 |
습공기 선도에서 엔트로피(무용화되는 에너지의 정도로 사용된 엔탈피를 절대온도로 나눈 것을 의미)는 없다.

50. 저압증기용 증기트랩으로서 대량의 응축수를 처리하기 위한 목적으로 사용되며 응축수의 유량에 따라 작동하는 것은?

① 벨트랩 ② 버킷트랩
③ 벨로즈트랩 ④ 플로트트랩

해설 |
증기트랩
온도나 열로 작동되는 열동식(벨로즈형, 바이메탈식) 부력을 이용하는 기계식(버킷 트랩, 플로트 트랩)으로 저압증기용으로 더 적합한 것은 플로트트랩이다.

51. 증기코일의 배관법에 관한 설명으로 옳지 않은 것은?

① 각 코일에는 별개의 트랩을 설치한다.
② 응축수가 발생하는 곳에는 상향구배를 한다.
③ 코일을 쉽게 떼어낼 수 있는 곳에 플랜지를 접속한다.
④ 증기의 횡주관 으로부터 지관의 분기는 횡주관의 윗부분에서 한다.

해설 |
응축수가 발생하는 곳에는 중력 환수되도록 하향구배를 한다.

52. 전열면적이 크고 고압 대용량에 적합하지만, 고도의 수처리가 요구되는 보일러는?

① 관류 보일러 ② 입형 보일러
③ 수관 보일러 ④ 주철제 보일러

해설 |
수관 보일러 : 고효율, 고압, 대용량에 적합, 고도의 수처리가 요구됨

53. 온수배관에 관한 설명으로 옳지 않은 것은?

① 팽창관에는 게이트 밸브를 설치한다.
② 펌프의 흡입 측에 스트레이너를 설치한다.
③ 배관·도중에 벨로즈형 등의 신축이음을 설치한다.
④ 유량을 균등하게 분배하기 위하여 리버스리턴 방식을 채용한다.

해설 |
팽창관에는 밸브를 설치하면 안 된다.

54. 복사냉난방 방식에 관한 설명으로 옳지 않은 것은?

① 열적 쾌감도가 좋다.
② 바닥면의 이용도가 높다.
③ 현열부하 처리가 용이하다.
④ 냉방 시 결로의 우려가 없다.

해설 |
냉방 시 복사표면에 결로의 우려가 크다.

55. 다음의 냉방부하 요소 중 잠열을 고려하지 않아도 되는 것은?

① 인체의 발생열량
② 일사에 의한 취득열량
③ 틈새바람에 의한 취득열량
④ 외기의 도입으로 인한 취득열량

해설 |
일사부하(복사열)에는 잠열이 없다.

56. 다음 중 천장에 아네모스탯형 취출구를 설치하고자 할 때 가장 우선적으로 고려하여야 하는 것은?

① 기류의 확산반경
② 기류의 도달거리
③ 유효드래프트온도
④ 공기확산성능계수

해설 |
아네모스탯형은 2차 유인에 의해 기류 확산에 그 특징이 있다.

57. 다음과 같은 조건에 있는 실의 난방부하 산정 시 틈새바람에 의한 외기현열부하는?

- 실의 체적 : 300m³
- 환기횟수 : 1회/h
- 실내온도 : 20℃
- 외기온도 : -10℃
- 공기의 비열 : 1.01KJ/kg·K
- 공기의 밀도 : 1.2kg/m³

① 1040W
② 2430W
③ 3636W
④ 4120W

해설 |
q = 300 × 1회 × 1.2 × 1.01 × 20 - (-10) × $\dfrac{1000}{3600}$ = 3636W

58. 각종 공기조화방식에 관한 설명으로 옳지 않은 것은?

① 팬코일 유닛방식은 덕트방식에 비해 유닛의 위치 변경이 쉽다.
② 팬코일 유닛방식은 덕트 샤프트나 스페이스가 필요 없거나 작아도 된다.
③ 각층 유닛방식은 부분운전이 불가능하므로 소형 건물에 주로 사용된다.
④ 유인 유닛방식은 각 유닛마다 수배관을 해야 하므로 누수의 우려가 있다.

해설 |
층별 구분 유닛방식은 덕트방식에 비하여 부분 운전이 가능하므로 중대형 건물에 주로 사용된다.

정답 54 ④ 55 ② 56 ① 57 ③ 58 ③

59. 다음 설명에 알맞은 덕트의 치수 결정법은?

> - 결정된 덕트는 먼지나 산업용 분말을 이송시키는 데 적당하다.
> - 각 구간마다 압력손실이 다르기 때문에 송풍기 용량을 구하기 위해 전체 구간의 압력손실을 구해야 하는 번거로움이 있다.

① 정압법
② 등속법
③ 전압법
④ 정압재취득법

해설 |
등속법은 구간마다 풍속이 고속으로(25~30m/s) 일정하여 먼지나 산업용 분말을 이송시키는 데 적당하며, 이에 따라 구간별 압력손실은 다르다.

60. 개방식 축열수조에 관한 설명으로 옳지 않은 것은?

① 수전 전력이 증가된다.
② 심야전력을 이용할 수 있다.
③ 공조기용 2차 펌프의 양정이 증가한다.
④ 대기에 개방되므로 수질 관리가 필요하다.

해설 |
축열수조 사용 시 피크전력을 분산시켜 수전전력(건축물이 받기로 계약한 전력의 크기)이 감소한다.

04. 건축설비관계법규

61. 배연설비의 설치에 관한 기준 내용으로 옳은 것은?

① 배연구는 손으로 열고 닫지 못하도록 할 것
② 배연창의 유효면적은 $0.5m^2$ 이상으로 할 것
③ 배연창의 상변과 천장 또는 반자로부터 수직 거리가 0.5m 이내일 것
④ 배연구는 열감지기 또는 연기감지기에 의해 자동으로 열 수 있는 구조로 할 것

해설 |
건축물의 설비기준 등에 관한 규칙(배연설비)
1. 배연구는 연기감지기 또는 열감지기에 의하여 자동으로 열 수 있는 구조로 하되, 손으로도 열고 닫을 수 있도록 할 것
2. 배연창의 상변과 천장 또는 반자로부터 수직거리가 0.9미터 이내일 것
3. 배연창의 유효면적은 1 제곱미터 이상

62. 건축법령상 공사감리자가 수행하여야 하는 감리 업무에 속하지 않는 것은?

① 설계변경의 적정여부의 검토·확인
② 공정표 및 상세시공도면의 작성·확인
③ 시공계획 및 공사관리의 적정여부의 확인
④ 품질시험의 실시 여부 및 시험성과의 검토·확인

해설 |
시공자 업무 : 공정표 및 상세시공도면의 작성·확인

63. 철근콘크리트조인 경우 두께와 상관없이 내화구조에 속하는 것은?

① 벽 ② 바닥
③ 지붕 ④ 외벽 중 비내력벽

해설 |
철근콘크리트조의 지붕과 보는 두께와 상관없이 내화구조에 속한다.

64. 기존 건축물이 재난으로 인하여 멸실된 대지 안에 종전의 기존 건축물 규모의 범위를 초과하여 다시 축조하는 건축행위는?

① 신축 ② 증축
③ 개축 ④ 대수선

해설 |
건축법 시행령
기존 건축물이 재난으로 인하여 멸실된 대지 안에 종전의 기존 건축물 규모의 같은 범위이면 재축이고, 그 범위를 초과하여 다시 축조하는 것은 신축으로 본다.

65. 연면적이 10000m²이고 층수가 10층인 백화점에 설치하여야 하는 승용승강기의 최소 대수는? (단, 각 층의 거실면적은 600m²이며, 15인승 승강기를 설치하는 경우)

① 1대 ② 2대
③ 3대 ④ 4대

해설 |
6층 이상 면적 600 × 5 = 3000
판매시설 기본 3000에 2대 + 추가 2000마다 1대
기본만이므로 = 2대
15인승 = 1대로 산정

66. 건축법령에 따른 아파트의 정의로 알맞은 것은?

① 주택으로 쓰는 층수가 3개 층 이상인 주택
② 주택으로 쓰는 층수가 5개 층 이상인 주택
③ 주택으로 쓰는 층수가 8개 층 이상인 주택
④ 주택으로 쓰는 층수가 10개 층 이상인 주택

해설 |
건축법 시행령
아파트 : 주택으로 쓰는 층수가 5개 층 이상인 주택

67. 환기를 위하여 교육연구시설 중 학교의 교실에 설치하는 창문등의 면적은 그 교실 바닥면적의 최소 얼마 이상이어야 하는가? (단, 기계환기장치 및 중앙관리방식의 공기조화 설비를 설치하지 않은 경우)

① 1/10 이상 ② 1/20 이상
③ 1/30 이상 ④ 1/40 이상

해설 |
건축물 피난·방화구조
환기 : 1/20 이상
채광 : 1/10 이상
환기와 채광 구분 주의

정답 63 ③ 64 ① 65 ② 66 ② 67 ②

68. 허가 대상 건축물이라 하더라도 미리 특별자치시장·특별자치도지사 또는 시장·군수·구청장에게 국토교통부령으로 정하는 바에 따라 신고를 하면 건축허가를 받은 것으로 보는 경우에 속하지 않는 것은? (단, 3층 미만의 건축물인 경우)

① 바닥면적의 합계가 85m² 이내의 신축
② 바닥면적의 합계가 85m² 이내의 증축
③ 바닥면적의 합계가 85m² 이내의 개축
④ 바닥면적의 합계가 85m² 이내의 재축

해설 |
건축법
바닥면적의 합계가 85m² 이내의 신축

69. 건축물에 설치하는 지하층의 비상탈출구에 관한 기준 내용으로 옳지 않은 것은?

① 비상탈출구의 유효너비는 0.75m 이상으로 할 것
② 비상탈출구의 문은 피난방향으로 열리도록 할 것
③ 비상탈출구는 출입구로부터 3m 이상 떨어진 곳에 설치할 것
④ 비상탈출구에서 피난층 또는 지상으로 통하는 복도나 직통계단까지 이르는 피난통로의 유효 너비는 최소 0.9m 이상으로 할 것

해설 |
건축물 피난·방화구조
비상탈출구에서 피난층 또는 지상으로 통하는 복도나 직통계단까지 이르는 피난통로의 유효너비는 최소 0.75m 이상으로 할 것

70. 비상용승강기를 설치하여야 하는 건축물의 높이 기준은?

① 21m 초과
② 31m 초과
③ 41m 초과
④ 51m 초과

해설 |
건축법 시행령
비상용승강기를 설치하여야 하는 건축물의 높이 31m 초과 시

71. 다음 중 주요구조부를 내화구조로 하여야 하는 대상 건축물은?

① 장례시설의 용도로 쓰는 건축물로서 집회실의 바닥면적의 합계가 200m²인 건축물
② 판매시설의 용도로 쓰는 건축물로서 그 용도로 쓰는 바닥면적의 합계가 200m²인 건축물
③ 운수시설의 용도로 쓰는 건축물로서 그 용도로 쓰는 바닥면적의 합계가 200m²인 건축물
④ 문화 및 집회시설 중 전시장의 용도로 쓰는 건축물로서 그 용도로 쓰는 바닥면적의 합계가 200m²인 건축물

해설 |
건축법 시행령
장례시설 : 바닥면적의 합계가 200m² 이상

72. 다음은 특정소방대상물의 소방시설 설치의 면제기준 내용이다. ( ) 안에 알맞은 설비는?

> 물분무등소화설비를 설치하여야 하는 차고·주차장에 ( )를 화재안전기준에 적합하게 설치한 경우에는 그 설비의 유효범위에서 설치가 면제된다.

① 연결살수설비 ② 스프링클러설비
③ 옥내소화전설비 ④ 옥외소화전설비

해설 |
물분무등소화설비 = 스프링클러설비 상호면제 참조

73. 다음 중 방화구조에 속하는 것은?

① 심벽에 흙으로 맞벽치기한 것
② 철망모르타르로서 그 바름두께가 1.5cm인 것
③ 시멘트모르타르 위에 타일을 붙인 것으로서 그 두께의 합계가 2cm인 것
④ 석고판 위에 시멘트모르타르를 바른 것으로서 그 두께의 합계가 2cm인 것

해설 |
방화구조
심벽에 흙으로 맞벽치기한 것
철망모르타르로서 그 바름두께가 2cm 이상인 것
시멘트모르타르 위에 타일을 붙인 것으로서 그 두께의 합계가 2.5cm 이상인 것
석고판 위에 시멘트모르타르를 바른 것으로서 그 두께의 합계가 2.5cm 이상인 것

74. 다음은 건축물의 냉방설비에 대한 설치 및 설계 기준에 따른 축열률의 정의이다. ( ) 안에 알맞은 것은?

> 축열률이라 함은 통계적으로 ( )을 기준으로 그 밖의 시간에 필요한 냉방열량 중에서 이용이 가능한 냉열량이 차지하는 비율을 말하며 백분율(%)로 표시한다.

① 연중 최소냉방부하를 갖는 날
② 연중 최대냉방부하를 갖는 날
③ 연중 최소냉방부하를 갖는 달
④ 연중 최대냉방부하를 갖는 달

해설 |
건축물냉방설비기준
축열률이라 함은 통계적으로(연중 최대냉방부하를 갖는 날)을 기준으로 하여 그 밖의 시간에 필요한 냉방열량 중에서 이용이 가능한 냉열량이 차지하는 비율을 말하며 백분율(%)로 표시함

75. 방염성능기준 이상의 실내장식물 등을 설치하여야 하는 특정소방대상물에 속하지 않는 것은? (단, 건축물의 옥내에 있는 시설로 층수가 11층 미만인 것)

① 종교시설
② 업무시설
③ 문화 및 집회시설
④ 운동시설 중 볼링장

해설 |
소방법 시행령
업무시설은 해당 없음

76. 건축물의 에너지절약 설계기준에서 사용되는 용어의 정의가 옳지 않은 것은?

① 거실의 외벽이라 함은 거실의 벽 중 외기에 직접 면하는 부위만을 말한다.
② 외기에 직접 면하는 부위라 함은 바깥쪽이 외기이거나 외기가 직접 통하는 공간에 면한 부위를 말한다.
③ 외피라 함은 거실 또는 거실 외 공간을 둘러싸고 있는 벽·지붕·바닥·창 및 문 등으로서 외기에 직접 면하는 부위를 말한다.
④ 방풍구조라 함은 출입구에서 실내외 공기 교환에 의한 열출입을 방지할 목적으로 설치하는 방풍실 또는 회전문 등을 설치한 방식을 말한다.

해설 |
에너지 절약기준
거실의 외벽이라 함은 거실의 벽 중 외기에 직접 또는 간접 면하는 부위를 말한다.

77. 다음의 소방시설 중 피난설비에 속하지 않는 것은?

① 구조대
② 공기호흡기
③ 객석유도등
④ 자동식사이렌설비

해설 |
자동식사이렌설비는 경보설비다.

78. 자동화재탐지설비를 설치하여야 하는 특정소방대상물의 연면적 기준은? (단, 판매시설의 경우)

① 300m² 이상
② 1000m² 이상
③ 1200m² 이상
④ 2000m² 이상

해설 |
소방법 시행령 별표5
자동화재탐지설비 설치대상 : 판매시설 1000m² 이상

79. 비상용승강기 승강장 및 승강로의 구조에 관한 기준 내용으로 옳지 않은 것은?

① 승강로는 당해 건축물의 다른 부분과 내화구조로구획할 것
② 각층으로부터 피난층까지 이르는 승강로를 단일구조로 연결하여 설치할 것
③ 옥내에 있는 승강장의 바닥면적은 비상용승강기 1대에 대하여 6m² 이상으로 할 것
④ 승강장은 각층의 내부와 연결될 수 있도록 하되, 승강로의 출입구를 포함한 출입구에는 갑종방화문을 설치할 것

해설 |
건축물설비기준 규칙
(비상용승강기의 승강장 및 승강로의 구조)
승강장은 각층의 내부와 연결될 수 있도록 하되, 그 출입구(승강로의 출입구를 제외한다)에는 갑종방화문(60분 방화문 이상)을 설치할 것. 다만 피난층에는 갑종방화문(60분 방화문 이상)을 설치하지 아니할 수 있다.

80. 급수·배수·난방 및 환기설비를 건축물에 설치하는 경우, 건축기계설비기술사 또는 공조냉동기계기술사의 협력을 받아야 하는 대상 건축물의 연면적 기준은? (단, 창고시설 제외)

① 1000m² 이상
② 2000m² 이상
③ 5000m² 이상
④ 10000m² 이상

해설 |
건축법 시행령
건축기계설비기술사 또는 공조냉동기계기술사의 협력을 받아야 하는 대상 건축물의 연면적 기준 10000m² 이상

2017년 1회

01. 건축일반

1. 실내 환기횟수의 정의로 옳은 것은?

① 환기량(m^3/h) × 실용적(m^3)
② 환기량(m^3/h) × 실용적(m^3) × 2
③ 환기량(m^3/h) / 실용적(m^3)
④ 실용적(m^3) / 환기량(m^3/h)

해설 |
환기횟수 = 회/h

2. 측창채광에 관한 설명으로 옳지 않은 것은?

① 구조와 시공이 용이한 편이다.
② 조도분포가 균열하여 넓은 실에 유리하다.
③ 통풍 및 차열에 유리하다.
④ 개패와 조작이 용이하다.

해설 |
천창채광 설명 : 조도분포가 균열하여 넓은 실에 유리하다.

3. 내부결로의 방지대책으로 옳지 않은 것은?

① 단열재를 가능한 벽의 내측에 설치
② 벽체 내부온도를 그 부분의 노점온도보다 높게 할 것
③ 실내의 수증기 발생 억제
④ 벽체 내부의 수증기압을 포화수증기보다 작게 할 것

해설 |
단열재를 가능한 벽의 외측에 설치

4. 진열장의 조명에 관한 설명으로 옳지 않은 것은?

① 전반조명은 시계점, 귀금속점 등에 주로 사용된다.
② 국부조명은 강조할 필요가 있는 고가의 상품에 사용된다.
③ 직접조명은 조명효율은 높으나 불쾌감을 준다.
④ 반간접조명은 광선이 부드럽고 그림자를 만들지 않는다.

해설 |
시계점, 귀금속점에는 상품에 국부조명이 사용된다.

정답 1 ③ 2 ② 3 ① 4 ①

5. 창호철물에 관한 설명 중 옳지 않은 것은?
   ① 경첩(Hinge)은 문짝을 문틀에 달아 여닫는 축이 된다.
   ② 도어 스톱(Door stop)은 열려진 문이 저절로 닫히게 하는 장치이다.
   ③ 크레센트(Crescent)는 오르내리창을 잠그는 데 쓰인다.
   ④ 플로어 힌지(Floor hinge)는 보통 경첩으로 유지할 수 없는 무거운 자재문에 사용한다.

6. 장소별 최적의 잔향시간에 관한 설명으로 옳지 않은 것은?
   ① 실의 사용목적과 실 용적에 의하여 최적의 잔향시간을 결정한다.
   ② 강연이나 연극이 이루어지는 실에서는 잔향시간을 비교적 짧게 한다.
   ③ 음향설비를 이용하는 경우에는 잔향시간을 최적치보다 짧게 한다.
   ④ 오케스트라나 뮤지컬 등 음악감상이 이루어지는 실에서는 잔향시간을 비교적 짧게 하여 명료도를 높인다.

7. 목구조에서 이음의 종류가 아닌 것은?
   ① 맞댄이음   ② 겹친이음
   ③ 안장이음   ④ 주먹장이음

8. 건축의 척도조정에 관한 설명으로 옳지 않은 것은?
   ① 외관의 융통성 부여
   ② 설계작업의 단순화
   ③ 건축구성재의 생산비용 절감
   ④ 공기단축

9. 각 층의 바닥면적이 400m^2인 12층 임대사무소의 예상 수용인원으로 가장 적절한 것은? (단, 인당 면적은 8~11m^2/인으로 계산)
   ① 240~400인
   ② 440~600인
   ③ 640~800인
   ④ 840~1000인

10. 호텔의 각 부분을 기능적으로 분류할 때 이에 속하지 않는 것은?
    ① 설비부분
    ② 숙박부분
    ③ 공용, 사교부분
    ④ 관리부분

11. 주택설계의 방향에 관한 설명으로 옳지 않은 것은?
    ① 생활의 쾌적함을 증대시키도록 한다.
    ② 가족본위의 생활을 추구하도록 한다.
    ③ 좌식생활 위주의 계획을 한다.
    ④ 가사노동의 경감을 고려한다.

12. 터미널 호텔 종류에 속하지 않는 것은?

① 공항 호텔(Airport hotel)
② 부두 호텔(Harbor hotel)
③ 철도역 호텔(Station hotel)
④ 해변 호텔(Beach hotel)

13. 아파트의 평면형식상의 분류에 속하지 않는 것은?

① 계단실형
② 편복도형
③ 중복도형
④ 메조넷형

14. 도서관의 기본계획에 대한 설명으로 옳지 않은 것은?

① 서고는 증축을 고려하여 계획한다.
② 서고는 화재에 대비하여 스프링클러설비를 설치한다.
③ 증가하는 자료에 대비하여 모듈러 플래닝에 의한 확장성을 고려한다.
④ 도서관에서는 원칙적으로 이용자, 관원의 출입구와 자료의 반입구 등을 별도로 계획한다.

15. 한식 지붕틀에 사용되는 부재가 아닌 것은?

① 동자기둥
② 대들보
③ 토대
④ 서까래

16. 사무소건축의 화장실 배치계획에 관한 설명 중 옳지 않은 것은?

① 각 층마다 공통의 위치에 둔다.
② 가능한 한 곳에 집중시킨다.
③ 가급적 계단실이나 승강기실에서 멀리 떨어지도록 한다.
④ 각 사무실에서 동선이 단순하게 구성되도록 한다.

17. 상하플랜지에 ㄱ형강을 쓰고 웨브재를 일정한 각도로 접합한 철골 조립보는?

① 판보
② 형강보
③ 래티스보
④ 허니컴보

18. 백화점 건축의 기둥간격 결정과 가장 거리가 먼 것은?

    ① 지하 주차장의 주차폭
    ② 매장의 면적
    ③ 쇼 케이스 치수
    ④ 에스컬레이터의 크기

19. 집합주거의 단지계획에 대한 설명으로 옳지 않은 것은?

    ① 단지 내에는 차량의 통과 동선을 계획하지 않는다.
    ② 단지 내의 도로는 가급적 긴 직선도로로 계획한다.
    ③ 단지 내 도로에 따른 건축물의 적절한 시각적 변화를 주도록 한다.
    ④ 단지 내 외부공간은 주민들이 소속감과 친근감을 느끼도록 계획한다.

20. 교사의 배치형식에 관한 설명으로 옳지 않은 것은?

    ① 폐쇄형 - 대지의 효율성이 크다.
    ② 분산병렬형 - 소음에 유리하다.
    ③ 집합형 - 동선이 짧아 학생 이동이 유리하다.
    ④ 클러스트형 - 건물 사이 공간 활용성이 좋다.

02. 위생설비

21. 트랩이 구비해야 할 조건으로 옳지 않은 것은?

    ① 가능한 구조가 간단할 것
    ② 배수 시 자기세정이 가능할 것
    ③ 유효 봉수깊이(50~100mm)를 가질 것
    ④ 유수의 힘으로 가동부분이 열리고 유수가 끝나면 자동으로 닫히게 되는 구조일 것

해설 |
트랩은 가동부분이 없어야 한다.

22. 배관이음 부속에 관한 설명으로 옳지 않은 것은?

    ① 캡은 관의 끝을 막는 데 사용한다.
    ② 티는 관 도중에서 분기하는 데 사용된다.
    ③ 엘보우는 관의 방향을 바꾸는 데 사용된다.
    ④ 유니온은 지름이 다른 관을 직선으로 연결하는 데 사용된다.

해설 |
레듀샤는 지름이 다른 관을 직선으로 연결하는 데 사용된다.

23. 배수관의 관경을 결정할 때 기준이 되는 것은?

① 층고
② 급수량
③ 배수관의 위치
④ 단위시간당 최대 배수량

해설 |
급수량은 급수관 배수량은 배수관이다.

24. 온수를 열원으로 하는 간접가열식 급탕설비의 구성에 속하지 않는 것은?

① 팽창관
② 저탕조
③ 증기트랩
④ 온도조절 밸브

해설 |
증기트랩은 증기를 열원으로 하는 곳에 사용된다.

25. 오수정화시설에서 생물학적 처리 방법 중 활성오니법에 속하는 것은?

① 장기폭기 방법
② 접촉산화 방법
③ 살수여상 방법
④ 회전원판접촉 방법

해설 |
활성오니법
표준활성오니법, 고율활성오니법, 장기간폭기방식, 순산소법, 산화구법

26. 주철관의 접합 방법에 속하는 것은?

① 나사 접합
② 용접 접합
③ 납땜 접합
④ 메커니컬 접합

해설 |
메커니컬 접합은 주철관의 기계적 접합방법이다.

27. 다음 중 압력탱크 급수방식에서 물 공급 순서로 가장 알맞은 것은?

① 상수도 → 압력탱크 → 펌프 → 저수조 → 위생기구
② 상수도 → 압력탱크 → 저수조 → 펌프 → 위생기구
③ 상수도 → 저수조 → 펌프 → 압력탱크 → 위생기구
④ 상수도 → 저수조 → 압력탱크 → 펌프 → 위생기구

28. 급탕설비에 관한 설명으로 옳지 않은 것은?

① 배관 방식은 2관식과 3관식이 있다.
② 급탕방식은 국소식과 중앙식이 있다.
③ 급탕순환방식은 중력식과 강제식이 있다.
④ 중앙식 가열장치는 직접가열식과 간접가열식이 있다.

해설 |
급탕설비의 배관 방식은 급탕구분공급으로 1관식(소규모)과 2관식(중·대규모)이 있고 3관식은 없다.

정답 23 ④ 24 ③ 25 ① 26 ④ 27 ③ 28 ①

29. 배수·통기배관에 관한 설명으로 옳지 않은 것은?

① 세탁기의 배수는 간접배수로 한다.
② 의료·위생기기 등의 배수관에는 안전을 위해 2중으로 트랩을 설치한다.
③ 청소구의 구경은 해당 배수관경과 동일한 관경으로 함을 원칙적으로 한다.
④ 루프통기관은 기구 넘침면으로부터 150mm 이상 입상시킨 다음 통기수직관에 연결한다.

해설 |
모든 트랩은 이중으로 설치하면 안 된다.

30. 통기관의 관경 결정에 관한 설명으로 옳지 않은 것은?

① 각개통기관의 관경은 접속하는 배수관 관경의 1/2 이상으로 한다.
② 결합통기관의 관경은 통기수직관과 배수수직관 중 작은 쪽 관경의 1/2 이상으로 한다.
③ 배수수평지관의 도피통기관 관경은 접속하는 배수수 평지관 관경의 1/2 이상으로 한다.
④ 루프통기관의 관경은 배수수평지관과 통기수직관 중 작은 쪽 관경의 1/2 이상으로 한다.

해설 |
결합통기관의 관경은 통기수직관과 배수수직관 중 작은 쪽 관경 이상으로 한다.

31. 화재의 등급에 따른 소화기 표시색 및 화재의 종류의 연결이 옳지 않은 것은?

① A급 화재 - 백색 - 일반화재
② B급 화재 - 황색 - 유류화재
③ C급 화재 - 청색 - 전기화재
④ D급 화재 - 녹색 - 화학화재

해설 |
D급 화재는 금속화재로 표시색이 없다.

32. 온수의 체적 팽창량을 구하는 식으로 옳은 것은?

- $\triangle V$: 온수의 체적 팽창량(L)
- V : 배관 및 기기 내의 온수량(L)
- ρ_1 : 가열 전 물의 밀도(kg/L)
- ρ_2 : 가열 후 물의 밀도(kg/L)

① $\triangle V = V(\frac{1}{\rho_2} - \frac{1}{\rho_1})$
② $\triangle V = V(\frac{1}{\rho_1} - \frac{1}{\rho_2})$
③ $\triangle V = V(\rho_2 - \rho_1)$
④ $\triangle V = V(\rho_1 - \rho_2)$

33. 가스사용시설에서 가스계량기와 전기계량기의 이격거리는 최소 얼마 이상으로 하여야 하는가?

① 15cm   ② 30cm
③ 60cm   ④ 90cm

정답 29 ② 30 ② 31 ④ 32 ① 33 ③

해설 |
전기점멸기(스위치) 30cm 이상
전기개폐기, 전기계량기 60cm 이상
화기 2m 이상

34. 관 내 유량을 구하는 공식에서 d가 의미하는 것은?

① 관경
② 유속
③ 관 길이
④ 마찰손실

해설 |
Q=AU

$Q = \dfrac{d^2\pi}{4} \times U$ d : 관경[m]

35. 강관의 스케줄 번호와 관계있는 것은?

① 관의 외경
② 관의 내경
③ 관의 두께
④ 관의 길이

해설 |
sch는 관의 두께를 나타낸다(운전압력 P를 배관재질의 최대허용응력 S값으로 나눈 값에 1000을 곱한 값).

36. 세정 밸브식 대변기에 관한 설명으로 옳은 것은?

① 연속사용이 가능하다.
② 일반 가정용으로 주로 사용된다.
③ 급수관경이 최소 40A 이상 필요하다.
④ 낙차에 의한 수압으로 대변기를 세척하는 방식이다.

해설 |
주로 상업용 시설에 사용되며 높은 압력으로 작은 관경으로도 충분하며 기본 수압으로 세척한다.

37. 고가수조 급수방식에 관한 설명으로 옳지 않은 것은?

① 급수압력이 일정하다.
② 단수 시에도 일정량의 급수를 할 수 있다.
③ 일반적으로 상향급수배관 방식이 사용된다.
④ 저수시간이 길어지면 수질이 나빠지기 쉽다.

해설 |
고가수조는 하향급수배관 방식만 사용된다.

38. 다음은 옥내소화전설비에서 전동기 또는 내연 기관에 따른 펌프를 이용하는 가압송수장치에 관한 기준 내용이다. (   ) 안에 알맞은 것은?

> 특정소방대상물의 어느 층에 있어서도 해당 층의 옥내소화전(5개 이상 설치된 경우에는 5개의 옥내소화전)을 동시에 사용할 경우 각 소화전의 노즐선단에서의 방수압력이 (㉠) 이상이고, 방수량이 (㉡) 이상이 되는 성능의 것으로 할 것

① ㉠ 0.17MPa, ㉡ 130L/miin
② ㉠ 0.17MPa, ㉡ 260L/miin
③ ㉠ 0.34MPa, ㉡ 130L/miin
④ ㉠ 0.34MPa, ㉡ 260L/miin

해설 |
법규개정에 따라 위 보기에서 "5개 이상", "5개의"를 "2개 이상", "2개의"로 교체 요청

39. 면적이 10000m²인 사무소 건물에 필요한 1일당 급수량은? (단, 유효면적비율은 60%, 1인 1일당 급수량은 100L, 유효면적당 거주인원은 0.2인/m²이다)

① 12m³ ② 20m³
③ 120m³ ④ 200m³

해설 |
1일 급수량
= 10000 × 0.6 × 0.2 × 100 = 120000L/d
= 120m³/d

40. 저수조에 물이 5m 높이까지 채워져 있을 경우, 수조 바닥면에서 받는 압력은?

① 약 0.5kPa ② 약 5kPa
③ 약 50kPa ④ 약 500kPa

해설 |
P[Pa] = $\gamma[N/m^3]$ × h[m]이므로
9800[N/m^3] × 5[m] = 49000Pa = 49kPa

03. 공기조화설비

41. 다음과 같은 조건에서 교실면적이 480m²인 경우 조명기구(형광등)로부터의 취득열량은?

- 실의 단위면적당 소비전력 : 13W/m²
- 점등률 : 0.5
- 안정기 발열량 20%를 가산

① 3372W ② 3744W
③ 3925W ④ 4120W

해설 |
q = 480 × 13 × 0.5 × 1.2 = 3744W

42. 덕트의 배치방식에 관한 설명으로 옳지 않은 것은?

① 수평덕트방식은 각개입상덕트방식에 비하여 덕트 스페이스를 적게 차지한다.
② 간선덕트방식은 주덕트인 입상덕트로부터 각 층에서 분기되어 각 취출구로 연결한다.
③ 개별덕트방식은 입상덕트에서 각개의 취출구로 각개의 덕트를 통해 분산하여 송풍하는 방식이다.
④ 환상덕트방식은 2개의 덕트 말단을 루프(loop)상태로 연결함으로써 양쪽 덕트의 정압이 균일하게 된다.

해설 |
수평덕트방식은 입상덕트방식에 비하여 덕트 스페이스를 많이 차지한다.

43. 실내공기오염농도의 종합적 지표로서 CO_2농도를 사용하는 가장 주된 이유는?

① CO_2량은 측정하기가 쉬우므로
② CO_2량에 비례하여 다른 오염농도로 증가되므로
③ CO_2량이 조금만 있어도 인체에 치명적인 해를 주므로
④ CO_2는 공기보다 밀도가 커서 실 바닥에 누적되므로

해설 |
이산화탄소량에 비례하여 실내공기오염의 다른 오염농도도 증가하므로 실내오염지표로 삼는다.

45. 냉동기에 관한 설명으로 옳지 않은 것은?

① 냉동기 냉매의 증발온도는 응축온도보다 높아야 한다.
② 흡수식 냉동기는 압축식 냉동기보다 소음·진동이 작다.
③ 흡수식 냉동기는 흡수체로서 LiBr, 냉매로서 물을 사용한다.
④ 압축식 냉동기 냉매는 압축 → 응축 → 팽창 → 증발의 순으로 순환한다.

해설 |
냉동기 냉매의 증발이 시작되는 온도와 응축이 시작되는 온도는 같다.

44. 증기트랩 중 플로트 트랩에 관한 설명으로 옳지 않은 것은?

① 구조상 동결의 우려가 있는 곳에 적합하다.
② 증기해머에 의해 내부손상을 입을 수 있다.
③ 다량 및 소량의 응축수를 모두 처리할 수 있다.
④ 넓은 범위의 압력과 급격한 압력변화에도 원활히 작동한다.

해설 |
기계식트랩은 동결의 우려가 있는 곳에 사용불가다.

46. 증기난방설비에 사용되는 플래시 탱크(Flash tank)의 역할로 가장 알맞은 것은?

① 고온, 고압의 응축수로부터 재증발 증기를 회수 한다.
② 스팀보일러로부터 발생한 증기를 각 계통으로 분배한다.
③ 환수주관보다 높은 위치에 진공펌프를 설치할 때 사용한다.
④ 보일러의 저수위면이 안전수위 이하로 내려가는 것을 방지한다.

해설 |
플래시 탱크는 고온, 고압의 응축수를 저압으로 감압시킬 때 발생하는 재증발 증기를 회수한다.

47. 냉방 시 벽체면적 30m²를 통해 취득되는 관류 열량은? (단, 벽체의 열관류율은 0.58W/m²·K이고, 상당외기 온도차는 10℃이다)

① 17.4W ② 34.8W
③ 174W   ④ 348W

해설 |
q = 30 × 0.58 × 10 = 174W

48. 용량이 386kW인 터보 냉동기에 1시간 동안 순환되는 냉각수량은? (단, 냉각기 입구의 냉수온도 10℃, 출구의 냉수온도 5℃, 물의 비열 4.2kJ/kg·K)

① 55.3m³/h ② 58.9m³/h
③ 64.9m³/h ④ 66.2m³/h

해설 |
386kW = m[kg/h] × 4.2 × (10 − 5) × $\dfrac{1}{3600}$

∴ m = 66171kg/h = 66.17m³/h

49. 습공기 선도에 표시되지 않는 공기의 상태값은?

① 비체적   ② 열수분비
③ 작용온도   ④ 수증기분압

해설 |
작용온도는 온도, 기류, 복사열로 구해지며 습공기 선도에는 없다. 습공기선도에는 건구온도와 습구온도만 있다.

50. 습공기의 엔탈피에 관한 설명으로 옳지 않은 것은?

① 현열은 온도의 변화에 따라 출입하는 열로 공기의 정압비열에 온도를 곱해서 구한다.
② 잠열은 상태의 변화에 따라 출입하는 열로 수증기의 증발잠열에 절대습도를 곱해서 구한다.
③ 20℃일 때 건공기의 엔탈피를 100으로 하여 습공기 1kg이 지니고 있는 열량으로 나타낸다.
④ 건조공기가 그 상태에서 가지고 있는 현열과 동일한 온도에서 수증기가 갖고 있는 잠열과의 합이다.

해설 |
습공기의 엔탈피 : 0℃일 때 건공기의 엔탈피를 0으로 하여 습공기 1kg이 지니고 있는 열량으로 나타낸다.

51. 대향류형 냉각탑과 비교한 직교류형 냉각탑의 특징을 설명한 내용 중 옳지 않은 것은?

① 팬 소요동력이 적다.
② 탑내 기류분포가 나쁘다.
③ 구조상 점검·보수가 용이하다.
④ 설치면적이 적고 냉각효율이 높다.

해설 |
직교류형 냉각탑은 높이가 낮아 설치면적이 크며 냉각효율이 나쁘다.

52. 펌프에 관한 설명으로 옳지 않은 것은?

① 순환펌프로는 주로 원심식 펌프가 사용된다.
② 비속도가 작은 펌프는 양수량이 변화하여도 양정의 변화가 작다.
③ 동일 특성의 펌프를 병렬 운전할 경우 실제로 유량이 2배 증가한다.
④ 펌프의 실양정은 흡입 측과 토출 측의 수위와 펌프의 설치 위치에 따라 다르다.

해설 |
동일 특성의 펌프를 병렬 운전할 경우 유량이 약 2배 증가한다. 일부 마찰손실 등이 있다.

53. 다음의 공조방식 중 중앙공조방식에 속하는 것은?

① 룸쿨러 방식
② 패키지 방식
③ 팬코일 유닛방식
④ 멀티 유닛형 룸쿨러 방식

해설 |
개별 공조방식 : 룸클러 방식, 패키지 방식, 멀티 유닛형 룸쿨러 방식
중앙 공조방식 : 팬코일 유닛방식

54. 냉각탑에서 응축기로 물을 보내기 위한 배관의 명칭은?

① 냉각수 공급관   ② 냉각수 환수관
③ 냉수 공급관   ④ 냉수 환수관

해설 |
냉각수 공급관 : 기기 냉각을 위한 공급관

55. 냉방부하의 종류 중 현열과 잠열을 동시에 보유하고 있지 않은 것은?

① 인체부하   ② 외기부하
③ 조명기구부하   ④ 틈새바람부하

해설 |
조명기구는 현열만 있다.

56. 틈새바람량의 산정 방법에 속하지 않는 것은?

① 틈새법   ② 풍압법
③ 면적법   ④ 환기횟수법

해설 |
틈새바람량의 산정 방법에 풍압법은 없다.

57. 환기방식에 관한 설명으로 옳지 않은 것은?

① 제3종 환기방식은 지붕에 설치된 모니터를 이용한다.
② 중력환기에 의한 환기량은 실내외 온도차에 비례한다.
③ 치환환기는 실내 온도보다 낮은 온도의 공기를 이용하는 방식이다.
④ 제2종 환기방식은 오염 공기의 침입을 방지하거나 연소용 공기가 필요한 경우에 적합하다.

해설 |
제3종 환기방식은 배출기만 있다.

정답 52 ③ 53 ③ 54 ① 55 ③ 56 ② 57 ①

58. 다음 설명에 알맞은 보일러는?

> • 수직으로 세운 드럼 내에 연관 또는 수관이 있는 소규모의 패키지형으로 되어 있다.
> • 설치면적이 작고, 취급이 용이하며, 수처리가 필요 없다.
> • 사용압력이 낮고, 용량이 적으로 효율도 낮다.

① 연관보일러 ② 입형 보일러
③ 수관 보일러 ④ 주철제 보일러

해설 |
입형 보일러의 설명으로 수직으로 세워져 있는 형태에서 이름이 붙었다.

59. 장변의 길이가 1.2m이고 단변의 길이가 0.7m인 장방형 덕트 풍속 5m/s로 공기가 통과할 경우 송풍량은?

① $42m^3/min$ ② $252m^3/min$
③ $300m^3/min$ ④ $420m^3/min$

해설 |
Q=AU에서
Q = ab × 5 = 1.2 × 0.7 × 5
∴ Q = $4.2m^3/s$ = $252m^3/min$

60. 습공기에 관한 설명으로 옳은 것은?

① 습공기를 가열하면 비체적은 감소한다.
② 습공기를 가열하면 엔탈피는 감소한다.
③ 습공기를 가열하면 상대습도는 증가한다.
④ 습공기를 가열해도 절대습도는 일정하다.

해설 |
습공기 가열 시 상대습도 감소 절대습도 일정하다.

04. 건축설비관계법규

61. 다음의 소방시설 중 소화설비에 속하지 않는 것은?

① 포소화설비 ② 연결살수설비
③ 옥외소화설비 ④ 스프링클러설비

해설 |
연결살수설비는 소방대가 쓰는 소화활동설비

62. 공동주택의 거실에 설치하는 반자의 높이는 최소 얼마 이상으로 하여야 하는가?

① 1.8m ② 2.1m
③ 2.7m ④ 4.0m

해설 |
건축물방화구조 규칙(거실의 반자높이)
① 영 제50조의 규정에 의하여 설치하는 거실의 반자(반자가 없는 경우에는 보 또는 바로 윗층의 바닥판의 밑면 기타 이와 유사한 것을 말한다. 이하 같다)는 그 높이를 2.1미터 이상으로 하여야 한다.

63. 건축물의 피난·방화구조 등의 기준에 관한 규칙에 따라 채광 및 환기를 위한 창문 등이나 설비를 설치하여야 하는 대상에 속하지 않는 것은?

① 의료시설의 병실
② 공동주택의 거실
③ 종교시설의 집회실
④ 교육연구시설 중 학교의 교실

해설 |
건축법 시행령
종교시설의 집회실은 해당이 없다.

64. 비상용승강기 승강장의 바닥면적은 비상용승강기 1대에 대하여 최소 얼마 이상으로 하여야 하는가? (단, 옥내에 승강장을 설치하는 경우)

① $5m^2$　　② $6m^2$
③ $8m^2$　　④ $10m^2$

해설 |
건축물의 설비기준 등에 관한 규칙
승강장의 바닥면적은 비상용승강기 1대에 대하여 6제곱미터 이상으로 할 것

65. 기계환기설비를 설치하여야 하는 다중이용시설 중 판매시설의 필요 환기량 기준은?

① $25m^3/(인 \cdot h)$ 이상
② $27m^3/(인 \cdot h)$ 이상
③ $29m^3/(인 \cdot h)$ 이상
④ $36m^3/(인 \cdot h)$ 이상

해설 |
건축물설비기준 규칙 별표1의6
판매시설 : $29m^3/(인 \cdot h)$ 이상

66. 판매시설로서 모든 층에 스프링클러설비를 설치하여야 하는 특정소방대상물의 수용인원 기준은?

① 200명 이상　② 400명 이상
③ 500명 이상　④ 1000명 이상

해설 |
소방법 시행령
스프링클러설비는 판매시설, 운수시설 및 창고시설(물류터미널에 한정한다)로서 바닥면적의 합계가 $5000m^2$ 이상이거나 수용인원이 500명 이상인 경우에는 모든 층

67. 아파트에 설치하여야 하는 대피공간에 관한 기준 내용으로 옳지 않은 것은?

① 대피공간은 바깥의 공기가 접할 것
② 대피공간은 실내의 다른 부분과 방화구획으로 구획될 것
③ 대피공간의 바닥면적은 각 세대별로 설치하는 경우에는 최소 $2m^2$ 이상일 것
④ 대피공간의 바닥면적은 인접 세대와 공동으로 설치하는 경우에는 최소 $4m^2$ 이상일 것

해설 |
건축법 시행령
인접 세대와 공동으로 설치하는 경우에는 최소 $3m^2$ 이상일 것

68. 건축법령상 다음과 같이 정의되는 용어는?

| 기존 건축물이 있는 대지에서 건축물의 건축면적, 연면적, 층수 또는 높이를 늘리는 것 |

① 증축　② 개축
③ 재축　④ 대수선

해설 |
건축법
증축의 정의

정답　64 ②　65 ③　66 ③　67 ④　68 ①

69. 건축물의 에너지절약 설계기준에 따른 건축부문의 권장사항으로 옳지 않은 것은?

① 외벽 부위는 외단열로 시공한다.
② 공동주택은 인동간격을 넓게 하여 저층부의 일사 수 열량을 증대시킨다.
③ 건축물의 체적에 대한 외피면적의 비 또는 연면적에 대한 외피면적의 비는 가능한 크게 한다.
④ 건물의 창 및 문은 가능한 작게 설계하고, 특히 열손실이 많은 북측 거실의 창 및 문의 면적은 최소화한다.

해설 |
건축물의 체적에 대한 외피면적의 비 또는 연면적에 대한 외피면적의 비는 가능한 작게 한다.

70. 건축허가 등을 함에 있어서 소방본부장 또는 소방서장의 동의를 받아야 하는 대상 건축물 등에 속하는 것은?

① 항공관제탑
② 주차장으로 사용되는 바닥면적이 $100m^2$인 층이 있는 건축물
③ 무창층이 있는 건축물로서 바닥면적이 $80m^2$인 층이 있는 것
④ 승강기 등 기계장치에 의한 주차시설로서 자동차 10대를 주차할 수 있는 시설

해설 |
소방법 시행령
소방본부장 또는 소방서장의 동의를 받아야 하는 대상
항공관제탑

71. 건축법령상 다음과 같이 정의되는 주택의 유형은?

주택으로 쓰는 1개의 바닥면적 합계가 $660m^2$를 초과하고, 층수가 4개 층 이하인 주택

① 다중주택   ② 연립주택
③ 다가구주택   ④ 다세대주택

해설 |
건축법
아파트 : 지상 5층 이상. 연면적 상관없음
다가구주택 : 지상 3층 이하, 연면적 $660m^2$ 이하
다세대주택 : 지상 4층 이하. 연면적 $660m^2$ 이하
연립주택 : 지상 4층 이하. 연면적 $660m^2$ 초과

72. 문화 및 집회시설 중 공연장 개별관람석의 출구에 관한 설명으로 옳지 않은 것은? (단, 개별관람석의 바닥면적이 $300m^2$ 이상인 경우)

① 안여닫이로 할 것
② 관람석별로 2개소 이상 설치할 것
③ 각 출구의 유효너비는 1.5m 이상일 것
④ 개별관람석 출구의 유효너비의 합계는 개별 관람석의 바닥면적 $100m^2$마다 0.6m의 비율로 산정한 너비 이상으로 할 것

해설 |
건축물 피난·방화구조
문화 및 집회시설 중 공연장 개별관람석의 출구는 안여닫이로 하지 않아야 한다.

정답 69 ③ 70 ① 71 ② 72 ①

73. 1급 소방안전관리대상물에 두어야 할 소방안전 관리자의 선임대상자에 속하지 않는 사람은?

① 소방설비기사의 자격이 있는 사람
② 소방설비산업기사의 자격이 있는 사람
③ 소방공무원으로 7년 근무한 경력이 있는 사람
④ 산업안전기사의 자격을 취득한 후 1년간 2급 소방안전관리대상물의 소방안전관리자로 근무한 실무 경력이 있는 사람

해설 |
산업안전기사는 1급 선임자격이 없다.

74. 공사감리자가 필요하다고 인정할 경우 공사 시공자에게 상세시공도면을 작성하도록 요청할 수 있는 대상 건축공사 기준은?

① 연면적의 합계가 3000m² 이상인 건축공사
② 연면적의 합계가 5000m² 이상인 건축공사
③ 연면적의 합계가 10000m² 이상인 건축공사
④ 연면적의 합계가 20000m² 이상인 건축공사

해설 |
건축법
연면적의 합계가 5000m² 이상인 건축공사

75. 건축물의 용도변경과 관련된 시설군 중 영업 시설군의 세부 용도에 속하지 않는 것은?

① 판매시설
② 운동시설
③ 업무시설
④ 숙박시설

해설 |
건축법 시행령
업무시설은 주거업무시설군이다.

76. 피난안전구역의 설치에 관한 기준 내용으로 옳지 않은 것은?

① 피난안전구역의 높이는 2.1m 이상일 것
② 피난안전구역의 내부 마감재료는 불연재료로 설치할 것
③ 비상용승강기는 피난안전구역에서 승하차할 수 있는 구조로 설치할 것
④ 건축물의 내부에서 피난안전구역으로 통하는 계단은 피난계단의 구조로 설치할 것

해설 |
건축물 피난·방화구조
건축물의 내부에서 피난안전구역으로 통하는 계단은 특별피난계단의 구조로 설치할 것

77. 내화구조에 속하지 않는 것은? (단, 바닥의 경우)

① 철근콘크리트조로서 두께가 10cm인 것
② 무근콘크리트조로서 두께가 10cm인 것
③ 철골철근콘크리트조로서 두께가 10cm인 것
④ 철재의 양면을 두께 5cm의 철망모르타르로 덮은 것

해설 |
무근콘크리트조는 어떤 구조에도 해당 없음

78. 건축물의 설비기준 등에 관한 규칙에 따라 피뢰설비를 설치하여야 하는 대상 건축물의 높이 기준은?

① 10m 이상
② 20m 이상
③ 30m 이상
④ 40m 이상

해설 |
건축물설비기준
피뢰설비 : 20m 이상 건축물

79. 건축물의 에너지절약 설계기준상 다음과 같이 정의되는 용어는?

> 냉(난)방기간 동안 또는 연간 총 시간에 대한 온도출현분포중에서 가장 높은(낮은) 온도 쪽으로부터 총 시간의 일정 비율에 해당하는 온도를 제외시키는 비율

① 위험률
② 온도율
③ 부분부하율
④ 최대부하율

해설 |
건축물에너지절약기준
"위험률"이라 함은 냉(난)방기간 동안 또는 연간 총 시간에 한 온도출현분포 증에서 가장 높은(낮은) 온도 쪽으로부터 총 시간의 일정 비율에 해당하는 온도를 제외시키는 비율

80. 각 층의 거실면적이 1500m²이고, 층수가 11층인 업무시설에 설치하여야 하는 승용승강기의 최소 대수는? (단, 15인승 승강기의 경우)

① 1대
② 2대
③ 3대
④ 4대

해설 |
15인승 = 1대
6층 이상 1500 × 6 = 9000
업무시설 기본 3000m² 1대 + 6000/2000 3대
= 4대

정답 77 ② 78 ② 79 ① 80 ④

모아 건축설비산업기사 필기(핵심이론+과년도)

발행일	2025년 5월 30일 초판 2쇄
지은이	이현석
발행인	황모아
발행처	(주)모아교육그룹
주 소	서울특별시 영등포구 영신로 32길 29 세화빌딩 2층
전 화	02-2068-2393(출판)
등 록	제2015-000006호 (2015.1.16.)
이메일	moagbooks@naver.com
ISBN	979-11-6804-211-7 (13540)

이 책의 가격은 뒤표지에 있습니다.

Copyright ⓒ (주)모아교육그룹 Co., Ltd. All Rights Reserved.

이 책은 저작권법에 의해 보호를 받는 저작물이므로 저자와 출판사의 서면 허락 없이 내용의 전부 또는 일부를 이용하는 것을 금합니다.